"十二五"职业教育国家规划教材修订版　　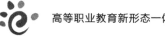高等职业教育新形态一体化教材

Principles of Chemical Engineering

化工原理

（第三版）

主编　杨祖荣

副主编　刘丽英　刘伟

高等教育出版社·北京

内容提要

本书是"十二五"职业教育国家规划教材修订版,也是国家级精品课程"化工原理"的配套教材。

本书重点介绍化工单元操作的基本原理、计算方法和典型设备。全书共九章,包括流体流动与输送机械、非均相物系分离、传热、蒸发、气体吸收、蒸馏、干燥、液液萃取及其它分离技术。每章均编有适量的例题,章首有本章学习要求,章末附有思考题和习题。

本书理论联系实际,强调工程观点,在阐明基本原理的基础上,注重各化工单元的基本操作方法,同时适当介绍本学科的新进展。内容深入浅出,突出重点。书中重要的动画和视频资源可通过扫描二维码观看。

本书适用于应用性、技能型各类教育的化工类专业及相关专业的"化工原理"课程教学,也可供相关科技人员参考。

图书在版编目(CIP)数据

化工原理/杨祖荣主编.--3 版.--北京:高等教育出版社,2020.10(2021.11重印)

ISBN 978-7-04-054263-9

Ⅰ.①化…　Ⅱ.①杨…　Ⅲ.①化工原理-高等职业教育-教材　Ⅳ.①TQ02

中国版本图书馆 CIP 数据核字(2020)第 104593 号

策划编辑　董淑静	责任编辑　董淑静	封面设计　姜　磊		版式设计　童　丹	
插图绘制　黄云燕	责任校对　张　薇	责任印制　刁　毅			

出版发行	高等教育出版社	网　　址	http://www.hep.edu.cn
社　　址	北京市西城区德外大街 4 号		http://www.hep.com.cn
邮政编码	100120	网上订购	http://www.hepmall.com.cn
印　　刷	山东临沂新华印刷物流集团有限责任公司		http://www.hepmall.com
开　　本	787mm×1092mm　1/16		http://www.hepmall.cn
印　　张	25.25	版　　次	2008 年 6 月第 1 版
字　　数	600 千字		2020 年 10 月第 3 版
购书热线	010-58581118	印　　次	2021 年 11 月第 2 次印刷
咨询电话	400-810-0598	定　　价	48.00 元

本书如有缺页、倒页、脱页等质量问题,请到所购图书销售部门联系调换

版权所有　侵权必究

物　料　号　54263-00

二维码资源提示

Ⅱ

二维码资源提示

资源标题	对应章	对应页码
多级错流萃取图解法	八	332
完全不互溶物系多级错流萃取	八	333
多级逆流萃取	八	335
混合澄清器	八	341
混合器与澄清器组合装置	八	341
筛板萃取塔	八	342
内循环式冷却结晶器	九	354
外循环式冷却结晶器	九	354
蒸发结晶器	九	354
吸附脱附过程	九	360
膜组件	九	368
渗透现象	九	369

第三版前言

preface

本书为"十二五"职业教育国家规划教材修订版和国家级精品课程配套教材。

自本书 2008 年问世以来,2014 年再版,众多读者和同行对本书给予了关注与支持,并提出了建设性意见。本次修订参考读者和同行的反馈意见,注意保持原教材的总体结构和风格,对部分内容进行了增删。

本版的重要改动在于章首增加了生产案例,便于读者了解单元操作的工程背景;增加了思维导图,以期更好地引导读者学习该章内容,便于读者形象地理解各章的构成;增配了过程原理及典型设备的动画和视频二维码,读者可以直接扫码观看,以加深对过程及设备的理解。本版还删减了一些理论性较强、较深的知识点和公式推导等,使教材更加简练,工程应用特点更加突出。此外,本版为双色印刷,使重点内容更加醒目、突出。

本次修订工作由各章的原执笔者完成,分别为北京化工大学杨祖荣(绪论、蒸发、结晶)、刘丽英(流体流动与输送机械、干燥、膜分离)、刘伟(气体吸收、吸附)、丁忠伟(传热)、武汉工程大学龙秉文(液液萃取)及开封大学陶颖(非均相物系分离、蒸馏)。

衷心感谢北京联合大学唐小恒教授和北京化工大学张泽廷教授对本书的审阅,同时也感谢北京化工大学化工原理教研室的同行在本书修订过程中给予的支持和帮助。

囿于编者的学识和精力,书中难免有不妥及疏漏之处,恳请读者批评指正。

编　者

2020 年 1 月

第二版前言

preface

　　本书为普通高等教育"十一五"国家级规划教材修订版,也是国家级精品课程"化工原理"的建设成果,本书 2009 年被评为国家级普通高等教育精品教材。

　　自本书第一版问世以来,广大读者与同行给予了关注与支持,并对教材提出了有益的建议。众多院校的教学实践证明,教材结构体系、内容、工程性及应用性等方面基本满足高职高专化工类专业的课程要求。但随着化工学科的发展,高职高专化工类专业人才的培养目标也相应地发生了变化,故有必要对教材进行修订再版。

　　本次修订,以加强分析、突出应用为原则,在保持原教材总体结构和特色风格的基础上,对部分内容进行了删减和补充。删除了部分工程上已少用的内容和计算方法,删减了部分理论推导;补充了反映化工学科现状及新进展的内容;为进一步加强基本原理的工程应用,更换了部分例题与习题。此外,对一些专业术语进行了规范化处理。

　　本次修订工作由各章的原执笔者完成,分别为北京化工大学杨祖荣(绪论、蒸发、结晶)、刘丽英(流体流动与输送机械、干燥、膜分离)、刘伟(气体吸收、吸附)、丁忠伟(传热)、龙秉文(液液萃取)及开封大学陶颖(非均相物系分离、蒸馏)。

　　衷心感谢北京联合大学唐小恒教授和北京化工大学张泽廷教授对本教材的审阅,同时也感谢北京化工大学化工原理教研室的同事和同行们在本书修订过程中给予的支持和帮助。

　　鉴于编者学识有限,书中难免有不妥之处,恳请读者批评指正。

编　者
2014 年 1 月

第一版前言
preface

  本书是普通高等教育"十一五"国家级规划教材,也是国家级精品课程"化工原理"的建设成果,是在普通高等教育"十五"国家级规划教材《化工原理》(杨祖荣主编)的基础上进行完善而成的。

  本书重点介绍化工单元操作的基本原理、计算方法和典型设备。在编写过程中,力争保证系统完整,并做到深入浅出,突出重点,注重理论联系实际,突出工程观点和研究方法,同时介绍新技术内容。各章中增加"过程强化与展望"一节,介绍过程的强化措施及该过程的发展方向。为便于学生学习,各章首有本章学习要求,明确本章应掌握、熟悉与了解的内容;各章末附有思考题和习题。

  与本书配套的数字化教学资源有:书后所附的学生用辅导光盘,内容有各章重点、难点分析,主要设备的多媒体素材,部分附录、附表,部分参考例题、模拟试卷,以及习题参考答案等。另提供给教师参考使用的授课用电子教案,请使用本书作为教材的教师向高等教育出版社相关人员索取。

  本书由杨祖荣主编,刘丽英、刘伟为副主编。具体参加编写的有:北京化工大学杨祖荣(绪论、蒸发、结晶)、刘丽英(流体流动与输送机械、干燥、膜分离)、丁忠伟(传热)、刘伟(气体吸收、吸附)、龙秉文(液液萃取)、开封大学陶颖(非均相物系分离、蒸馏)。

  本书承蒙北京联合大学唐小恒教授和北京化工大学张泽廷教授审定,提出了许多宝贵意见。在编写过程中,编者的同事们给予了热情的关心、支持和帮助,在此向他们表示深切的谢意。

编　者

2008 年 4 月

目 录
contents

绪论

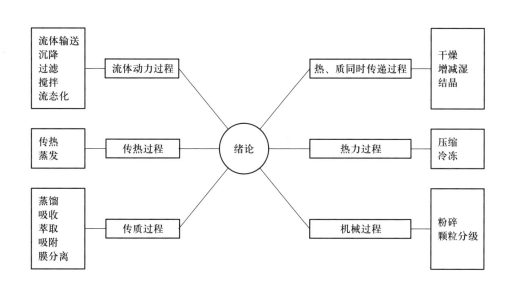

一、化工生产过程与单元操作

1. 化工生产过程

化学工业是将原料进行化学和物理方法加工而获得产品的工业。化工产品不仅是工业、农业和国防部门的重要生产资料，同时也是人们日常生活中的重要生活资料。特别是近年来，传统化学工业向石油化工、精细化工、生物化工、环境、医药、食品、冶金等领域或工业延伸、结合，因而出现"化工及其相近过程工业"的提法。不容置疑，它们已成为国民经济中十分重要的部分。

化工产品种类繁多，生产过程十分复杂，每种产品的生产过程也各不相同，但加以归纳均可视为由原料预处理过程、化学反应过程和反应产物后处理三个基本环节组成。例如，乙烯法制取氯乙烯生产过程，它是以乙烯、氯化氢和空气为原料，在压力为 0.5 MPa，温度为 220 ℃，以 $CuCl_2$ 为催化剂等条件下反应，制取氯乙烯。在反应前，乙烯和氯化氢需经预处理除去有害物质，避免催化剂中毒。反应后产物中，除反应主产物氯乙烯外，还含有未反应的氯化氢、乙烯及副产物，如二氯乙烷、三氯乙烷等，需经后处理过程，如氯化氢的吸收过程，二氯乙烷、三氯乙烷与氯乙烯的分离过程等，最终获得聚合级精制氯乙烯。其生产过程简图如下：

上述生产过程除单体合成属化学反应过程外，原料和反应产物的提纯、精制分离，包括为反应过程维持一定的温度、压力需进行的加热、冷却、压缩等均为物理加工过程。据资料报道，化学与石油化学、制药等工业中，预、后处理及物理加工过程的设备投资约占全厂设备投资的 90%，由此可见它们在化工生产过程中的重要地位。

2. 单元操作

通常，一种产品的生产过程往往需要几个或数十个物理加工过程。但研究后发现，根据这些物理过程的操作原理和特点，可以将其归纳为若干基本的操作过程，如流体流动及输送、沉降、过滤、加热或冷却、蒸发、蒸馏、吸收、干燥、结晶及吸附等，如表 0-1 所示。我们将这些具有共性的基本操作称为**单元操作**。由于各单元操作均遵循自身的规律和原理，并在相应的设备中进行，因此，单元操作包括过程原理和设备两部分内容。

在对诸多单元操作进行基础研究归纳后发现，它们遵循若干类似的基本规律并具有相应的理论基础。从表 0-1 可以看出，除压缩、冷冻、粉碎、颗粒分级分属热力过程和机械过程外，其余单元操作分属：

流体动力过程（动量传递）——遵循流体力学基本规律，以动量传递为理论基础的单元操作；

传热过程（热量传递）——遵循传热基本规律，以热量传递为理论基础的单元操作；

传质过程（质量传递）——遵循传质基本规律，以质量传递为理论基础的单元操作；

热、质同时传递的过程——遵循热、质同时传递规律的单元操作。

表 0-1　化工常用单元操作

单元操作 名称	过程原理与目的	基本过程 （理论基础）
流体输送 沉降 过滤 搅拌 流态化	输入机械能将一定量流体由一处送到另一处 利用密度差，从气体或液体中分离悬浮的固体颗粒、液滴或气泡 根据尺寸不同的截留，从气体或液体中分离悬浮的固体颗粒 输入机械能使流体间或与其它物质均匀混合 输入机械能使固体颗粒悬浮，得到具有流体状态的特性，利于燃烧、反应、干燥等过程	流体动力过程 （动量传递）
传热 蒸发	利用温差输入或移出热量，使物料升、降温或改变相态 加热以汽化物料，使之浓缩	传热过程 （热量传递）
蒸馏 吸收 萃取 吸附 膜分离	利用各组分间挥发度不同，使液体混合物分离 利用各组分在溶剂中的溶解度不同，分离气体混合物 利用各组分在萃取剂中的溶解度不同，分离液体混合物 利用各组分在吸附剂中的吸附能力不同，分离气、液混合物 利用各组分对膜渗透能力的差异，分离气体或液体混合物	传质过程 （质量传递）
干燥 增减湿 结晶	加热湿固体物料，使之干燥 利用加热或冷却来调节或控制空气或其它气体中的水汽含量 利用不同温度下溶质溶解度不同，使溶液中溶质变成晶体析出	热、质同时 传递过程
压缩 冷冻	利用外力做功，提高气体压力 加入功，使热量从低温物体向高温物体转移	热力过程
粉碎 颗粒分级	用外力使固体物体破碎 将固体颗粒分成大小不同的部分	机械过程

1923 年，美国麻省理工学院教授 W. H. 华克尔等出版了第一部关于单元操作的著作 Principles of Chemical Engineering（《化工原理》）。新中国成立后，我国也相继出版了以单元操作为主线的《化工原理》《化工过程与设备》等教材。至今仍沿用"化工原理"这一名称。

二、"化工原理"课程的性质、内容及任务

本课程的性质：本课程是继数学、物理、化学、物理化学、计算机基础之后开设的一门技术基础课，它也是一门实践性很强的课程，所讨论的每一单元操作均与生产实践紧密相连。

本课程的内容：主要研究化工生产中各单元操作的基本原理、典型设备及其设计计算方法，主要有表 0-1 中列出的：

（1）流体动力过程：包括流体流动、流体输送、非均相系分离等单元操作；

（2）传热过程：包括传热、蒸发等单元操作；

（3）传质过程：包括蒸馏、吸收、吸附、膜分离等单元操作；

（4）热、质同时传递过程：包括干燥、结晶等单元操作。

本课程的任务：培养学生具有运用本学科基础理论及技能，分析和解决化工生产中有关实际问题的能力。特别是要注意培养学生的工程观点、定量计算、设计开发能力和创新理念。具体要求有：

（1）选型　根据生产工艺要求、物料特性和技术、经济特点，会合理选择单元操作及设备；

（2）设计计算　根据选定的单元操作，进行工艺计算和设备设计，当缺乏数据时会设法获取，如通过实验测取必要数据；

（3）操作　熟悉操作原理、操作方法和调节参数。具备分析和解决操作中产生故障的基本能力；

（4）开发创新　具备探索强化或优化过程与设备的基本能力。

 小贴士：

　　近年来，随着高新技术产业的发展，如新材料、生物化工、制药、环境工程等领域的发展和崛起，出现了一系列新兴的单元操作和化工技术。如膜分离技术、超临界流体技术、超重力场分离、反应精馏技术、电磁分离技术、航天工程尿液回收技术等。它们是各单元操作、各专业学科间互相渗透、耦合的结果。因此，注意培养学生灵活运用本学科，以及各学科间的知识及技术来开发新型单元操作和化工新技术的基本能力十分重要。

三、单元操作中常用的基本概念和观点

在计算和分析单元操作的问题时，经常会用到下列四个基本概念和一个观点，即物料衡算、能量衡算、过程平衡和过程速率四个基本概念，以及建立一个经济核算观点，它们贯穿了本课程始终，应熟练掌握并灵活运用。这里仅作简单介绍。

1. 物料衡算

根据质量守恒定律，进入与离开某一过程或设备物料质量之差，应等于积累在该过程或设备中的物料质量，即

$$\sum m_{\text{入}} - \sum m_{\text{出}} = m \tag{0-1}$$

式中：$\sum m_{\text{入}}$——输入物料质量的总和；

$\sum m_{\text{出}}$——输出物料质量的总和；

m——积累物料质量。

在进行物料衡算时，应注意下列几点：

（1）**确定衡算系统**　上述式（0-1）既适合于一个生产过程，也适合于一个设备，甚至设备中的一个微元。计算时，应先确定衡算系统，并将其圈出，列出衡算式，求解未知量。

（2）**选定计算基准**　一般选不再变化的量作为衡算的基准。例如，用物料的总质量或物料中某一组分的质量作为基准，对于间歇过程可用一次（一批）操作为基准，对于连续过程，通常以单位时间为基准。

（3）**确定对象的物理量和单位**　物料量可用质量或物质的量表示，但一般不用体积表示。因为体积，特别是气体体积会随温度和压强的变化而改变。另外，在衡算中单位应统一。

2. 能量衡算

本教材中讨论的能量衡算主要为机械能衡算和热能衡算。机械能衡算将在第一章中介绍。热能衡算将在传热、蒸馏、干燥等章节中介绍。其衡算步骤和注意事项,与物料衡算基本相同。

3. 过程平衡

过程平衡表示过程进行的方向和能达到的极限。如传热,当两物质温度不同,即温度不平衡时,热量就会从高温物质向低温物质传递,直到温度相等为止,此时传热过程达到平衡,两物质间不再有热量的净传递。

在传质过程中,如吸收过程,当用清水吸收空气中的氨时,氨在两相间不平衡,空气中的氨将进入水中,当水中的氨含量增至一定值时,氨在气、液两相间达平衡,即不再有质量的净传递。

由上可知过程平衡可以用来判断过程能否进行,以及进行的方向和能够达到的极限。

4. 过程速率

过程速率是指过程进行的快慢,通常用单位时间内过程进行的变化量表示。如**传热过程速率**用单位时间内传递的热量,或用单位时间、单位面积传递的热量表示;**传质过程速率**用单位时间、单位面积传递的物质的量表示。显然,过程速率越大,设备生产能力越大,或在完成同样产量时,设备的尺寸越小。工程上,过程速率问题往往比过程平衡问题更为重要。过程速率通常可表示成以下关系式:

$$过程速率 = \frac{过程的推动力}{过程的阻力}$$

过程的推动力是指过程在某瞬间距平衡状态的差值。如传热推动力为温度差,传质推动力为实际浓度与平衡浓度之差。过程的阻力,则取决于过程机理,如操作条件、物性等。显然提高过程的推动力和减少过程阻力均可提高过程速率,但各有什么利弊,这将结合各单元操作的实际情况予以讨论。

5. 经济核算

在设计具有一定生产能力的设备时,根据设备型式、材料不同,可提出若干不同设计方案。对于同一设备,选用不同操作参数,则设备费和操作费也不同,因此,不仅要考虑技术先进,同时还要通过经济核算来确定最经济的设计方案,达到技术和经济的优化。当今,对于工程技术人员来言,建立优化的技术经济观点和环保、安全理念十分重要和必要。

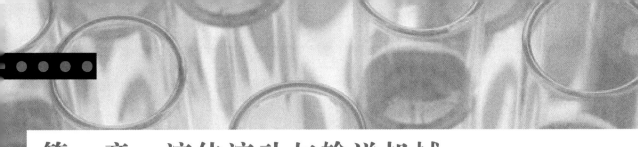

第一章　流体流动与输送机械

本章学习要求

1. 掌握的内容

流体的密度和黏度的定义、单位、影响因素,压力表示法及单位换算;流体静力学方程、连续性方程、伯努利方程及其应用;流动类型及其判据,雷诺数的物理意义及计算;流体在管内流动阻力的计算;简单管路的计算;离心泵的工作原理、性能参数、特性曲线,离心泵的工作点及流量调节,离心泵的安装及使用等。

2. 熟悉的内容

层流与湍流的特征;孔板流量计及转子流量计的结构、原理与计算;往复泵的工作原理及正位移特性;离心通风机的性能参数、特性曲线。

3. 了解的内容

复杂管路,其它化工用泵及气体输送机械。

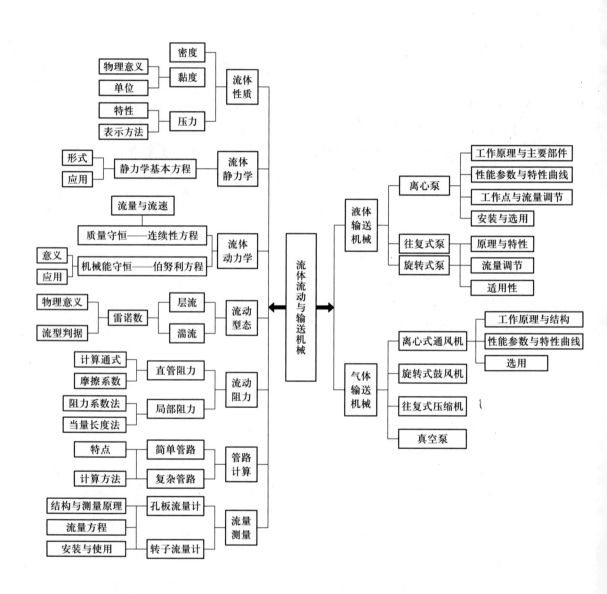

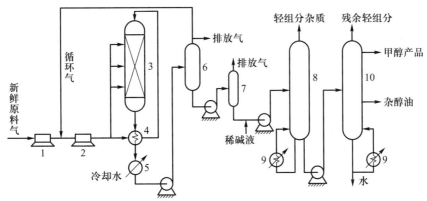

1—合成压缩机；2—循环压缩机；3—合成塔；4—换热器；5—冷凝器；6—分离器；
7—闪蒸罐；8—轻组分脱除塔；9—再沸器；10—精馏塔
图 1-0　低压合成甲醇工艺流程图

　　图 1-0 为低压合成甲醇工艺流程图。合成气（H_2 及 CO）经合成压缩机 1 加压与循环气混合，再经循环压缩机 2 加压后送至合成塔中。在一定条件下进行合成反应生成甲醇，反应后的气体经冷凝器 5 后甲醇气冷凝为液态，粗甲醇在分离器 6 中分离出来，而未反应的气体循环使用。粗甲醇再经闪蒸，把溶解在液体中的 H_2、CO 及 CO_2 等气体放出。闪蒸后的液体经轻组分脱除塔 8 和精馏塔 10 的精馏分离，脱除轻组分及水，最后在精馏塔中上部获得甲醇产品。

　　从上述流程中可以看出，化工生产中所处理的物料大多数是流体（液体与气体），为满足生产工艺的要求，常需要将流体由一个设备送至另一设备，从一个工序送至另一工序，这一过程的实现需要借助一定的化工管路和输送机械，这就涉及管路设计、流量测量、流体输送机械选择等一系列问题。因此，必须掌握流体流动的基本原理及输送机械的特性等。

　　连续介质假定：流体是由许多分子构成的，分子间有一定的间隙并且总是处于随机运动中。但工程上研究流体流动时，常将流体视为由无数流体质点组成的连续介质。所谓质点是指由大量分子构成的微团，其大小与管道或容器相比微不足道，但远大于分子自由程。这些质点在流体内部紧紧相连，彼此间没有间隙，即流体充满所占空间，为连续介质。基于连续介质假定，将以质点为考察对象来研究流体流动的规律。该假定在工程中大多数情况下均适用。

　　流体的可压缩性：若流体的体积不随压力变化，则该流体称为**不可压缩性流体**；若随压力变化，则称为**可压缩性流体**。一般液体的体积随压力变化很小，可视为不可压缩性流体；而对于气体，当压力变化时，体积会有较大的变化，常视为可压缩性流体，但若压力的变化率不大，则该气体也可当作不可压缩性流体处理。

　　本章主要研究流体流动的基本规律及流体输送所用的设备等。

9

第一节　流体静力学

流体静力学主要研究流体处于静止时各种物理量的变化规律。流体静力学基本原理在化工生产中应用广泛,如流体压力(差)的测量、容器液位的测定和设备液封等。

1-1-1　密度

单位体积流体的质量,称为**流体的密度**,其表达式为

$$\rho = \frac{m}{V} \tag{1-1}$$

式中：ρ——流体的密度,kg/m^3;

$\quad\quad m$——流体的质量,kg;

$\quad\quad V$——流体的体积,m^3。

对一定的流体,其密度是压力和温度的函数,即

$$\rho = f(p, T)$$

液体密度　一般液体的密度基本上不随压力变化(极高压力除外),但随温度变化。液体密度随温度变化关系可从物性手册中查得,本书附录Ⅱ给出了一些常用液体的密度。

气体密度　对于气体,当压力不太高、温度不太低时,可按理想气体处理,则

$$\rho = \frac{pM}{RT} \tag{1-2}$$

式中：p——气体的绝对压力,Pa;

$\quad\quad M$——气体的摩尔质量,kg/mol;

$\quad\quad T$——热力学温度,K;

$\quad\quad R$——摩尔气体常数,其值为 8.314 J/(mol·K)。

一般在手册中查得的气体密度都是在一定压力与温度下的数值,若条件不同,则此值需进行换算。

化工生产中遇到的流体,大多为几种组分构成的混合物,而通常手册中查得的是纯组分的密度,混合物的平均密度 ρ_m 可以通过纯组分的密度进行计算。

液体混合物的密度　对于液体混合物,其组成通常用质量分数表示。设混合液体的总体积等于各组分的体积之和,则

$$\frac{1}{\rho_m} = \frac{w_1}{\rho_1} + \frac{w_2}{\rho_2} + \cdots + \frac{w_n}{\rho_n} \tag{1-3}$$

式中：$w_1, w_2, \cdots, w_n$——液体混合物中各组分的质量分数;

$\quad\quad \rho_1, \rho_2, \cdots, \rho_n$——各纯组分的密度,$kg/m^3$。

气体混合物的密度　对于气体混合物,其组成通常用体积分数表示。混合气体的总

质量等于各组分的质量之和,则

$$\rho_m = \rho_1\varphi_1 + \rho_2\varphi_2 + \cdots + \rho_n\varphi_n \tag{1-4}$$

式中: $\varphi_1, \varphi_2, \cdots, \varphi_n$——气体混合物中各组分的体积分数。

气体混合物的平均密度 ρ_m 也可用式(1-2)计算,但式中的摩尔质量 M 应以混合气体的平均摩尔质量 M_m 代替,即

$$\rho_m = \frac{pM_m}{RT} \tag{1-5}$$

$$M_m = M_1 y_1 + M_2 y_2 + \cdots + M_n y_n \tag{1-6}$$

式中: $M_1, M_2, \cdots, M_n$——各纯组分的摩尔质量,kg/mol;

$y_1, y_2, \cdots, y_n$——气体混合物中各组分的摩尔分数。

对于理想气体,其摩尔分数 y 与体积分数 φ 相同。

例 1-1 试求干空气分别在 101.3 kPa、20 ℃ 及 260 kPa、90 ℃ 条件下的密度。

解:(1) 由手册或附录Ⅲ可直接查得在 101.3 kPa、20 ℃ 下空气的密度为 1.205 kg/m³。

空气密度也可根据式(1-2)计算,已知干空气的摩尔质量 $M = 28.95 \times 10^{-3}$ kg/mol,则

$$\rho = \frac{pM}{RT} = \left[\frac{101.3 \times 10^3 \times 28.95 \times 10^{-3}}{8.314 \times (273 + 20)} \right] \text{kg/m}^3 = 1.204 \text{ kg/m}^3$$

(2) 仍可由式(1-2)计算:

$$\rho = \frac{pM}{RT} = \left[\frac{260 \times 10^3 \times 28.95 \times 10^{-3}}{8.314 \times (273 + 90)} \right] \text{kg/m}^3 = 2.494 \text{ kg/m}^3$$

或将(1)中的密度换算为 260 kPa、90 ℃ 条件下的密度:

$$\rho = \rho_1 \frac{pT_1}{p_1 T} = \left[1.204 \times \frac{260 \times (273 + 20)}{101.3 \times (273 + 90)} \right] \text{kg/m}^3 = 2.494 \text{ kg/m}^3$$

1-1-2 压力

流体垂直作用于单位面积上的力,称为流体的压强,习惯上又称为压力。在静止流体中,作用于某点不同方向上的压力在数值上均相同。

压力的单位 在 SI 单位中,压力的单位是 N/m²,称为帕斯卡,以 Pa 表示。此外,压力的大小也间接地以流体柱高度表示,如米水柱或毫米汞柱等。若流体的密度为 ρ,则液柱高度 h 与压力 p 的关系为

$$p = \rho g h \tag{1-7}$$

由式(1-7)可知,同一压力,用不同液柱表示时,其高度不同。因此,当以液柱高度表示压力时,必须指明液体的种类,如 600 mmHg,10 mH₂O 等。

标准大气压有如下换算关系:

$$1\ atm=1.013\times10^{5}\ Pa=760\ mmHg=10.33\ mH_2O$$

压力的表示方法 压力的大小常以两种不同的基准来表示：一是绝对真空；另一是大气压力。基准不同，表示方法也不同。以绝对真空为基准测得的压力称为绝对压力，是流体的真实压力；以大气压力为基准测得的压力称为**表压**或**真空度**。

若绝对压力高于大气压力，则高出部分称为表压，即

$$表压 = 绝对压力 - 大气压力$$

表压可由压力表直接测得并在表上直接读数。

若绝对压力低于大气压力，则低出部分称为真空度，即

$$真空度 = 大气压力 - 绝对压力$$

真空度也可由真空表直接测量并读数。

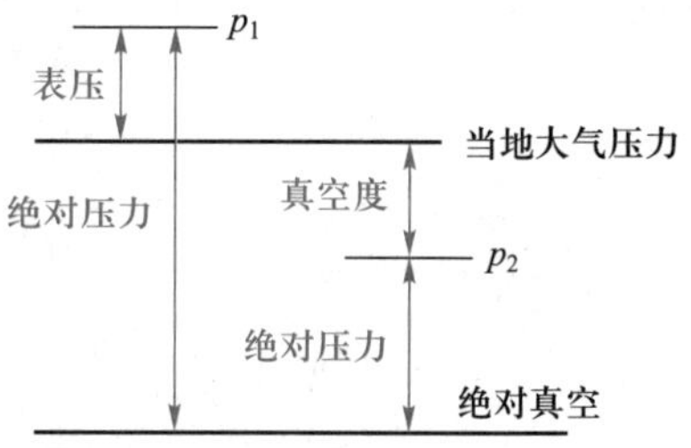

绝对压力与表压、真空度的关系如图 1-1 所示。一般为避免混淆，通常对表压、真空度等加以标注，如2 000 Pa（表压），10 mmHg（真空度）等，还应指明当地大气压力。

图 1-1 绝对压力与表压、真空度的关系

例 1-2 一台操作中的离心泵，进口真空表及出口压力表的读数分别为 0.02 MPa 和 0.11 MPa，试求绝对压力分别为多少。设当地的大气压力为 101.3 kPa。

解：进口真空表读数即为真空度，则进口绝对压力为

$$p_1 = (101.3-0.02\times10^3)\ kPa = 81.3\ kPa$$

出口压力表读数即为表压，则出口绝对压力为

$$p_2 = (101.3+0.11\times10^3)\ kPa = 211.3\ kPa$$

1-1-3 流体静力学基本方程

流体静力学基本方程是研究流体在重力场中处于静止时所受压力和重力的平衡规律，描述静止流体内部的压力与所处位置的关系。

一、流体静力学基本方程的形式

如图 1-2 所示，容器内装有密度为 ρ 的液体，液体可认为是不可压缩流体，其密度不随压力变化。在静止液体中取一段液柱，其截面积为 A，以容器底面为基准水平面，液柱的上、下端面与基准水平面的垂直距离分别为 z_1 和 z_2。作用在上、下两端面的压力分别为 p_1 和 p_2。

重力场中在垂直方向上对液柱进行受力分析：

（1）上端面所受总压力 $F_1 = p_1A$，方向向下；

（2）下端面所受总压力 $F_2 = p_2A$，方向向上；

（3）液柱的重力 $G = \rho gA(z_1-z_2)$，方向向下。

液柱处于静止时，上述三项力的合力应为零，即

$$p_2A - p_1A - \rho gA(z_1-z_2) = 0$$

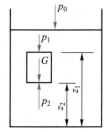

图 1-2 液柱受力分析示意图

整理并消去 A，得

$$p_2 = p_1 + \rho g(z_1 - z_2) \qquad (1-8)$$

变形得

$$\frac{p_1}{\rho} + z_1 g = \frac{p_2}{\rho} + z_2 g \qquad (1-8a)$$

若将液柱的上端面取在容器内的液面上，并设液面上方的压力为 p_0，液柱高度为 h，则式(1-8)可改写为

$$p_2 = p_0 + \rho g h \qquad (1-8b)$$

式(1-8)、式(1-8a)及式(1-8b)均称为**流体静力学基本方程**，其中式(1-8)、式(1-8b)是以压力形式表示，而式(1-8a)则以能量形式表示。

> **小贴士：**
>
> 流体静力学基本方程适用于在重力场中静止、连续的同种不可压缩流体，如液体。而对于气体来说，密度随压力变化，但若气体的压力变化不大，密度近似地取其平均值而视为常数时，式(1-8)、式(1-8a)及式(1-8b)也适用。

由流体静力学基本方程可知：

（1）当液面上方压力 p_0 一定时，静止流体内部任一点的压力 p 仅与流体的密度 ρ 和该点的深度 h 有关。因此，在静止的、连续的同种液体内，处于同一水平面上各点的压力均相等。压力相等的面称为**等压面**。液面上方压力变化时，液体内部各点的压力也将发生相应的变化。

（2）式(1-8a)中，zg 项可理解为 mgz/m（m 为流体的质量），其单位为 J/kg，即为单位质量流体所具有的位能；$\dfrac{p}{\rho}$ 项的单位为 $\dfrac{\mathrm{N/m^2}}{\mathrm{kg/m^3}} = \dfrac{\mathrm{N \cdot m}}{\mathrm{kg}} = \dfrac{\mathrm{J}}{\mathrm{kg}}$，即为单位质量流体所具有的静压能。由此可见，静止流体存在着两种能量形式，即位能和静压能。

式(1-8a)也可改写为如下形式：

$$\frac{p}{\rho} + zg = \text{常数}$$

即在同一静止流体中，处在不同位置的位能和静压能各不相同，但两项能量总和恒为常量。因此，静力学基本方程也反映了静止流体内部能量守恒与转换的关系。

（3）式(1-8b)可改写为

$$\frac{p_2 - p_0}{\rho g} = h$$

说明压力或压力差可用液柱高度表示，此为前面介绍压力的单位可用液柱高度表示的依据，但需注明液体的种类。

二、流体静力学基本方程的应用

利用流体静力学基本方程可以测量流体的压力、容器中液位及计算液封高度等。

1. 压力及压力差的测量

（1）U 形管压差计　　U 形管压差计的结构如图 1-3 所示。它是一根 U 形玻璃管，内装指示液。要求指示液与被测流体不互溶，不起化学反应，且其密度大于被测流体密度。常用的指示液有水银、四氯化碳、水和液体石蜡等，一般根据被测流体的种类及压差的大小选择指示液。

当用 U 形管压差计测量设备内两点的压差时，可将 U 形管两端与被测两点直接相连。由于作用于 U 形管两端的压力不等（图中 $p_1>p_2$），则指示液在 U 形管两端出现高度差 R。根据流体静力学基本方程，利用 R 的数值就可以计算出两点间的压力差。

设指示液的密度为 ρ_0，被测流体的密度为 ρ。由图 1-3 可知，A 与 A' 面在同一水平面上，且处于连通的同种静止流体内，因此，二者压力相等，即 $p_A=p_{A'}$，

而

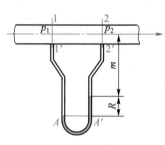

图 1-3　U 形管压差计

$$p_A=p_1+\rho g(m+R)$$

$$p_{A'}=p_2+\rho gm+\rho_0 gR$$

所以
$$p_1+\rho g(m+R)=p_2+\rho gm+\rho_0 gR$$

整理得
$$p_1-p_2=(\rho_0-\rho)gR \tag{1-9}$$

若被测流体是气体，由于气体的密度远小于指示液的密度，即 $\rho_0-\rho\approx\rho_0$，则式（1-9）可简化为

$$p_1-p_2\approx Rg\rho_0 \tag{1-9a}$$

U 形管压差计也可测量流体的压力，测量时将 U 形管一端与被测点连接，另一端与大气相通，此时测得的是流体的表压或真空度（见例 1-3）。

> **例 1-3**　如附图所示，水在水平管道内流动。为测量流体在某截面处的压力，直接在该处连接一 U 形管压差计，指示液为水银，读数 $R=250$ mm，$m=900$ mm。已知当地大气压力为 101.3 kPa，水的密度 $\rho=1\,000$ kg/m³，水银的密度 $\rho_0=13\,600$ kg/m³。试计算该截面处的压力。
>
> **解**：图中 $A-A'$ 间为静止、连续的同种流体，且处于同一水平面，因此为等压面，即 $p_A=p_{A'}$，而
>
> $$p_{A'}=p_a \quad, \quad p_A=p+\rho gm+\rho_0 gR$$
>
> 于是
> $$p_a=p+\rho gm+\rho_0 gR$$
>
> 则截面处绝对压力为
>
> 例 1-3 附图
>
> $$p=p_a-\rho gm-\rho_0 gR$$
> $$=(101\,300-1\,000\times9.81\times0.9-13\,600\times9.81\times0.25)\ \text{Pa}=5.91\times10^4\ \text{Pa}$$

或直接计算该截面处的真空度：

$$p_a - p = \rho g m + \rho_0 g R$$

$$= (1\,000 \times 9.81 \times 0.9 + 13\,600 \times 9.81 \times 0.25)\,\text{Pa} = 4.22 \times 10^4\,\text{Pa}$$

由此可见，当 U 形管一端与大气相通时，U 形管压差计实际反映的就是该处的表压或真空度。

U 形管压差计在使用时为防止水银蒸气向空气中扩散，通常在与大气相通的一侧水银液面上充入少量水（图中未画出），计算时其高度可忽略不计。

例 1-4　如附图所示，水在管道中流动。为测得 A-A'、B-B' 截面的压力差，在管路上方安装一 U 形管压差计，指示液为水银。已知 U 形管压差计的读数 $R = 150\,\text{mm}$，试计算两截面的压力差。已知水与水银的密度分别为 $1\,000\,\text{kg/m}^3$ 和 $13\,600\,\text{kg/m}^3$。

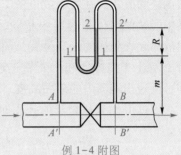

例 1-4 附图

解：图中，1 与 1' 面间及 2 与 2' 面间均为静止、连续的同种流体，且处于同一水平面，因此为等压面，即

$$p_1 = p_{1'}, \qquad p_2 = p_{2'}$$

又

$$p_{1'} = p_A - \rho g m$$

$$p_1 = p_2 + \rho_0 g R = p_{2'} + \rho_0 g R = p_B - \rho g(m + R) + \rho_0 g R$$

所以

$$p_A - \rho g m = p_B - \rho g(m + R) + \rho_0 g R$$

整理得

$$p_A - p_B = (\rho_0 - \rho) g R$$

此结果与式（1-9）相同，由此可见，U 形管压差计所测压差的大小只与被测流体及指示液的密度、读数 R 有关，而与 U 形管压差计放置的位置无关。代入数据：

$$p_A - p_B = (13\,600 - 1\,000) \times 9.81 \times 0.15\,\text{Pa} = 1.854 \times 10^4\,\text{Pa}$$

（2）双液体 U 形管压差计　又称为微压计，用于测量压差较小的场合。

如图 1-4 所示，在 U 形管上增设两个扩大室，内装密度接近但不互溶的两种指示液 A 和 C（$\rho_A > \rho_C$），扩大室内径与 U 形管内径之比应大于 10。这样扩大室的截面积比 U 形管截面积大得多，即可认为即使 U 形管内指示液 A 的液面差 R 较大，但两个扩大室内指示液 C 的液面变化微小，可近似认为维持在同一水平面。于是有

$$p_1 - p_2 = R g (\rho_A - \rho_C) \tag{1-10}$$

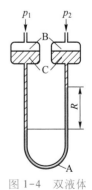

图 1-4　双液体 U 形管压差计

由式（1-10）可知，只要选择两种合适的指示液，使（$\rho_A - \rho_C$）较小，就可以保证较大的读数 R。

2. 液位测量

在化工生产中，经常要了解容器内液体的贮存量，或对设备内的液位进行控制，因此，常常需要测量液位。测量液位的装置较多，但大多数遵循流体静力学基本

原理。

最原始的液位计是在容器底部器壁及液面上方器壁处各开一小孔,两孔间用玻璃管相连,玻璃管内所示液面高度即为容器内的液面高度。此玻璃管液位计虽结构简单,但易破损,且不便于远程测量。

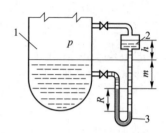

图 1-5 所示的是利用 U 形管压差计进行近距离液位测量的装置。在容器或设备 1 的外边设一平衡室 2,其中所装的液体与容器中相同,液面高度维持在容器中液面允许到达的最高位置。用一装有指示液的 U 形管压差计 3 把容器和平衡室连通起来,压差计读数 R 即可反映出容器内的液面高度。

1—容器;2—平衡室;3—U 形管压差计

图 1-5 压差法测量液位

16

根据 U 形管压差计的等压面,有

$$p+\rho gm+\rho_0 gR = p+\rho g(h+m+R)$$

即

$$h = \frac{\rho_0-\rho}{\rho}R \qquad (1-11)$$

由此可知,液面越高,h 越小,U 形管压差计读数 R 越小;而当液面达到最高时,h 为零,R 亦为零。

3. 液封高度的计算

在化工生产中,为了控制设备内气体压力不超过规定的数值,常常使用安全液封装置(或称安全水封装置,如图 1-6 所示)。其作用是当设备内压力超过规定值时,气体则从水封管排出,以确保设备操作的安全。

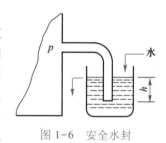

图 1-6 安全水封

液封高度可根据流体静力学基本方程计算。若要求设备内的压力不超过 p(表压),则水封管的插入深度 h 应为

$$h = \frac{p}{\rho g} \qquad (1-12)$$

式中: ρ——水的密度,kg/m³。

为安全起见,实际安装时管子插入水面下的深度应比计算值略小些。

第二节 流体动力学

化工生产中流体大多是在封闭的管道中流动,因此,必须研究流体在管内的流动规律。本节主要研究流体在流动过程中的质量守恒与机械能守恒,从而获得流体流动中的运动参数如流速、压力等的变化规律。

1-2-1 流体的流量与流速

一、流量

单位时间内流经管道任意截面的流体量,称为**流量**,通常有两种表示方法。

体积流量　单位时间内流经管道任意截面的流体体积,称为体积流量,以 q_V 表示,单位为 m^3/s 或 m^3/h。

质量流量　单位时间内流经管道任意截面的流体质量,称为质量流量,以 q_m 表示,单位为 kg/s 或 kg/h。

体积流量与质量流量的关系为

$$q_m = q_V \rho \tag{1-13}$$

文本:

本节学习纲要

二、流速

与流量相对应,流速也有两种表示方法。

平均流速　流速是指单位时间内流体质点在流动方向上所流经的距离。实验发现,流体质点在管道截面上各点的流速并不一致,而是形成某种分布(见 1-3-3)。在工程计算中,为简便起见,常常用平均流速表征流体在该截面的速度。定义平均流速为流体的体积流量与管道截面积之比,即

$$u = \frac{q_V}{A} \tag{1-14}$$

单位为 m/s。习惯上,平均流速简称为流速。

质量流速　单位时间内流经管道单位截面积的流体质量,称为质量流速,以 G 表示,单位为 $kg/(m^2 \cdot s)$。

质量流速与流速的关系为

$$G = \frac{q_m}{A} = \frac{q_V \rho}{A} = u\rho \tag{1-15}$$

流量与流速的关系为

$$q_m = q_V \rho = uA\rho = GA \tag{1-16}$$

三、管径的估算

一般化工管道为圆形,若以 d 表示管道的内径,则式(1-14)可写成

$$u = \frac{q_V}{\frac{\pi}{4}d^2}$$

则

$$d = \sqrt{\frac{4q_V}{\pi u}} \tag{1-17}$$

式中,流量一般由生产任务决定,因此,要确定管径,关键在于合理选择流速。若选较大流速,虽然管径减小,设备费用减少,但流体流过管道时的阻力增大,消耗的动力大,操作费用将随之增加;反之,若选较小流速,操作费用减小,但管径会增大,使设备费用增加。所以应权衡操作费用和设备费用,合理地选择流速,使总费用为最少,如图1-7所示。

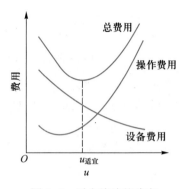

生产中,某些流体在管道中常用流速范围列于表1-1中。一般,密度大或黏度大的流体,流速取小一些;对于含有固体杂质的流体,流速宜取大一些,以避免固体杂质沉积在管道中。

应用式(1-17)估算出管径后,还需将管径圆整到标准规格(参见附录Ⅵ及有关手册)。

图1-7 适宜流速的确定

表1-1 某些流体在管道中常用流速范围

流体种类及状况	常用流速范围 $u/(\mathrm{m \cdot s^{-1}})$	流体种类及状况	常用流速范围 $u/(\mathrm{m \cdot s^{-1}})$
水及一般液体	1～3	饱和水蒸气:<800 kPa	40～60
黏度较大的液体	0.5～1	<300 kPa	20～40
低压气体	8～15	过热水蒸气	30～50
易燃、易爆的低压气体(如乙炔等)	<8	真空操作下气体	<10
压力较高的气体	15～25		

小贴士:

化工管路选取方法:首先选择适宜流速,根据流量计算所需的管径,再选标准规格的管子,最后核算实际流速是否在适宜范围内。

例1-5 某厂要求安装一根输水量为30 m³/h 的管道,试选择一合适的管子。

解:根据表1-1,取水在管内的流速为1.8 m/s,由式(1-17)得

$$d=\sqrt{\frac{4q_V}{\pi u}}=\sqrt{\frac{4\times30/3\,600}{3.14\times1.8}}\,\mathrm{m}=0.077\ \mathrm{m}=77\ \mathrm{mm}$$

查附录Ⅵ低压流体输送用焊接钢管规格,选用 ϕ88.9 mm×4 mm 的管子,该管外径为88.9 mm,壁厚为4 mm,则内径为

$$d=(88.9-2\times4)\ \mathrm{mm}=80.9\ \mathrm{mm}$$

水在管中的实际流速为

$$u=\frac{q_V}{\frac{\pi}{4}d^2}=\left(\frac{30/3\,600}{0.785\times0.080\,9^2}\right)\ \mathrm{m/s}=1.62\ \mathrm{m/s}$$

在适宜流速范围内,所以该管合适。

1-2-2 定态流动与非定态流动

流体流动系统中,若各截面上的温度、压力、流速等物理量仅随位置变化,而不随时间变化,这种流动称为**定态流动**;若流体在各截面上的有关物理量既随位置变化,也随时间变化,则称为非定态流动。

如图1-8所示,(a)装置液位恒定,因而流速不随时间变化,为定态流动;(b)装置流动过程中液位不断下降,流速随时间而递减,为非定态流动。

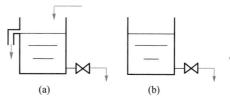

动画:

定态流动
与非定态
流动

图1-8　定态流动与非定态流动

在化工厂中,连续生产的开、停车阶段,属于非定态流动,而正常连续生产时,均属于定态流动。本章重点讨论定态流动问题。

1-2-3 定态流动系统的质量守恒——连续性方程

如图1-9所示的定态流动系统,流体连续地从1-1′截面进入,2-2′截面流出,且充满全部管道。以1-1′、2-2′截面及管内壁所围成的空间为衡算范围。对于定态流动系统,在管路中流体没有增加和漏失的情况下,根据物料衡算,单位时间进入1-1′截面的流体质量与单位时间流出2-2′截面的流体质量必然相等,即

$$q_{m1} = q_{m2} \qquad (1-18)$$

或

$$\rho_1 u_1 A_1 = \rho_2 u_2 A_2 \qquad (1-18a)$$

推广至任意截面:

$$q_m = \rho_1 u_1 A_1 = \rho_2 u_2 A_2 = \cdots = \rho u A = 常数 \qquad (1-18b)$$

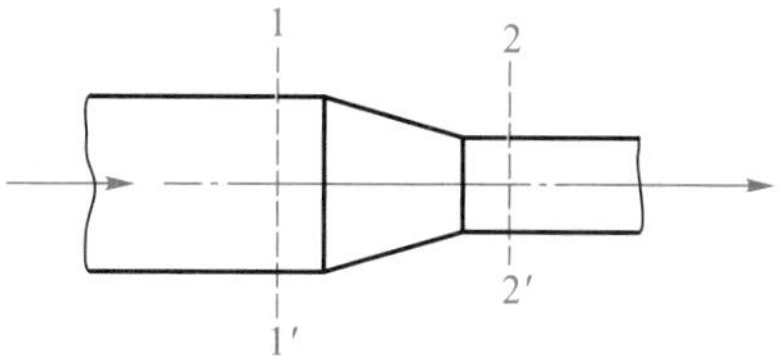

图1-9　连续性方程的推导

式(1-18)~式(1-18b)均称为**连续性方程**,表明在定态流动系统中,流体流经各截面时的质量流量恒定,而流速u随管截面积A和密度ρ的变化而变化,反映了管道截面上流速的变化规律。

对于不可压缩流体,ρ=常数,连续性方程可写为

$$q_V = u_1 A_1 = u_2 A_2 = \cdots = u A = 常数 \qquad (1-18c)$$

式(1-18c)表明不可压缩性流体流经各截面时的体积流量也不变,流速u与管截面积成反比,截面积越小,流速越大;反之,截面积越大,流速越小。

对于圆形管道,式(1-18c)可变形为

$$\frac{u_1}{u_2} = \frac{A_2}{A_1} = \left(\frac{d_2}{d_1}\right)^2 \qquad (1-18d)$$

即不可压缩流体在圆形管道中任意截面的流速与管内径的平方成反比。

19

例 1-6 如附图所示,管路由一段 ϕ 89 mm×4 mm 的管 1、一段 ϕ 108 mm×4 mm 的管 2 和两段 ϕ 57 mm×3.5 mm 的分支管 3a 及 3b 连接而成。若水以 9×10^{-3} m³/s 的体积流量流动,且在两段分支管内的流量相等,试求水在各段管内的流速。

解: 管 1 的内径为

$$d_1 = (89-2\times4)\ mm = 81\ mm$$

则水在管 1 中的流速为

$$u_1 = \frac{q_v}{\frac{\pi}{4}d_1^2} = \left(\frac{9\times10^{-3}}{0.785\times0.081^2}\right)\ m/s = 1.75\ m/s$$

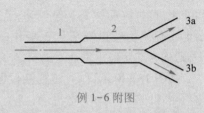

例 1-6 附图

管 2 的内径为

$$d_2 = (108-2\times4)\ mm = 100\ mm$$

由式(1-18d),则水在管 2 中的流速为

$$u_2 = u_1\left(\frac{d_1}{d_2}\right)^2 = 1.75\times\left(\frac{81}{100}\right)^2\ m/s = 1.15\ m/s$$

管 3a 及 3b 的内径为

$$d_3 = (57-2\times3.5)\ mm = 50\ mm$$

又水在分支管路 3a、3b 中的流量相等,则有

$$u_2 A_2 = 2u_3 A_3$$

即水在管 3a 和 3b 中的流速为

$$u_3 = \frac{u_2}{2}\left(\frac{d_2}{d_3}\right)^2 = \left[\frac{1.15}{2}\left(\frac{100}{50}\right)^2\right]\ m/s = 2.30\ m/s$$

1-2-4 定态流动系统的机械能守恒——伯努利方程

伯努利方程反映了流体在流动过程中,各种形式机械能的相互转换关系。伯努利方程的推导方法有多种,以下介绍较简便的机械能衡算法。

一、实际流体的机械能衡算

如图 1-10 所示的定态流动系统中,流体从 1-1′ 截面流入,2-2′ 截面流出。

衡算范围: 1-1′、2-2′ 截面及管内壁所围成的空间

衡算基准: 1 kg 流体

基准水平面: 0-0′ 水平面

流体的机械能有以下几种形式:

(1)位能 流体受重力作用在不同高度所具有的能量称为位能。位能是个相对值,随所选取的基准水平面的位置而定。在基准水平面以上,位能为正,以下为负。

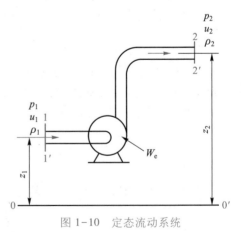

图 1-10 定态流动系统

将质量为 m 的流体自基准水平面 0-0′ 升举到 z 处所做的功,即为位能。

$$位能 = mgz$$

1 kg 的流体所具有的位能为 zg,其单位为 J/kg。

（2）动能　流体以一定速度流动,便具有**动能**。

$$动能 = \frac{1}{2}mu^2$$

1 kg 的流体所具有的动能为 $\frac{1}{2}u^2$,其单位为 J/kg。

（3）静压能　在静止流体内部,任一处都有静压力,同样,在流动着的流体内部,任一处也有静压力。如果在一内部有液体流动的管壁面上开一小孔,并在小孔处装一根垂直的细玻璃管,液体便会在玻璃管内上升,上升的液柱高度即是管内该截面处液体静压力的表现,如图 1-11 所示。对于图 1-10 的流动系统,由于在 1-1′ 截面处流体具有一定的静压力,流体要通过该截面进入系统,就需要对流体做一定的功,以克服这个静压力。换句话说,进入截面后的流体,也就具有与此功相当的能量,这种能量称为**静压能**。

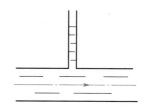

图 1-11　流动液体存在静压力的示意图

质量为 m、体积为 V_1 的流体,通过 1-1′ 截面所需的作用力 $F_1 = p_1 A_1$,流体推入管内所走的距离 V_1/A_1,故与此功相当的静压能为

$$静压能 = p_1 A_1 \frac{V_1}{A_1} = p_1 V_1$$

1 kg 的流体所具有的静压能为 $\dfrac{p_1 V_1}{m} = \dfrac{p_1}{\rho_1}$,其单位为 J/kg。

以上三种能量均为流体在截面处所具有的机械能,三者之和称为某截面上的**总机械能**。

此外,流体在流动过程中,还有通过其它外界条件与衡算系统交换的能量。

（4）外加功　在图 1-10 的流动系统中,还有流体输送机械(泵或风机)向流体做功,1 kg 流体从流体输送机械所获得的能量称为**外加功**或**有效功**,用 W_e 表示,其单位为 J/kg。

（5）能量损失　因实际流体具有黏性,在流动过程中必定消耗一定的能量。根据能量守恒原则,能量不可能消失,只能从一种形式转变为另一种形式,这些消耗的机械能转变成热能,从而使流体的温度略微升高。从流体输送角度来看,这些能量是“损失”掉了。将 1 kg 流体损失的能量用 $\sum W_f$ 表示,其单位为 J/kg。

根据能量守恒原则,对于划定的流动范围,其输入的总机械能必等于输出的总机械能。在图 1-10 中,在 1-1′ 截面与 2-2′ 截面之间的衡算范围内,有

$$z_1 g + \frac{1}{2}u_1^2 + \frac{p_1}{\rho_1} + W_e = z_2 g + \frac{1}{2}u_2^2 + \frac{p_2}{\rho_2} + \sum W_f \tag{1-19}$$

对于不可压缩流体，密度 ρ 为常数，式(1-19)可简化为

$$z_1 g + \frac{1}{2} u_1^2 + \frac{p_1}{\rho} + W_e = z_2 g + \frac{1}{2} u_2^2 + \frac{p_2}{\rho} + \sum W_f \qquad (1\text{-}20)$$

式(1-20)即为不可压缩流体的机械能衡算式。

式(1-20)是以单位质量的流体作为衡算基准，其中每项的单位均为 J/kg。若将式(1-20)各项同除 g，可获得以单位重量流体为基准的机械能衡算式。

$$z_1 + \frac{1}{2g} u_1^2 + \frac{p_1}{\rho g} + \frac{W_e}{g} = z_2 + \frac{1}{2g} u_2^2 + \frac{p_2}{\rho g} + \frac{\sum W_f}{g}$$

令

$$H_e = \frac{W_e}{g}, \qquad \sum H_f = \frac{\sum W_f}{g}$$

则

$$z_1 + \frac{1}{2g} u_1^2 + \frac{p_1}{\rho g} + H_e = z_2 + \frac{1}{2g} u_2^2 + \frac{p_2}{\rho g} + \sum H_f \qquad (1\text{-}20a)$$

式(1-20a)中各项的单位均为 $\dfrac{\text{J/kg}}{\text{N/kg}} = \text{J/N} = \text{m}$，表示单位重量(1 N)流体所具有的能量。虽然各项的单位为 m，与长度的单位相同，但在这里应理解为米液柱，其物理意义是单位重量的流体所具有的机械能。习惯上将 z、$\dfrac{u^2}{2g}$、$\dfrac{p}{\rho g}$ 分别称为**位压头**、**动压头**和**静压头**，三者之和称为**总压头**，$\sum H_f$ 称为**压头损失**，H_e 为单位重量的流体从流体输送机械所获得的能量，称为**外加压头**或**有效压头**。

二、理想流体的机械能衡算

理想流体是指没有黏性(即流动中没有摩擦阻力)的不可压缩流体。这种流体实际上并不存在，是一种假想的流体，但这种假想对解决工程实际问题具有重要意义。对于理想流体又无外功加入时，式(1-20)、式(1-20a)可分别简化为

$$z_1 g + \frac{1}{2} u_1^2 + \frac{p_1}{\rho} = z_2 g + \frac{1}{2} u_2^2 + \frac{p_2}{\rho} \qquad (1\text{-}21)$$

$$z_1 + \frac{1}{2g} u_1^2 + \frac{p_1}{\rho g} = z_2 + \frac{1}{2g} u_2^2 + \frac{p_2}{\rho g} \qquad (1\text{-}21a)$$

通常式(1-21)、式(1-21a)称为**伯努利方程**，式(1-20)、式(1-20a)是伯努利方程的引申，习惯上也称为伯努利方程。

三、关于伯努利方程的讨论

（1）如果系统中的流体处于静止状态，则 $u = 0$，没有流动，自然没有能量损失，$\sum W_f = 0$，当然也不需要外加功，$W_e = 0$，则伯努利方程变为

$$z_1 g + \frac{p_1}{\rho} = z_2 g + \frac{p_2}{\rho}$$

上式即为流体静力学基本方程。由此可见，伯努利方程除表示流体的运动规律外，还表

示流体静止时的规律,而流体的静止状态只不过是流体运动状态的一种特殊形式。

（2）伯努利方程式(1-21)、式(1-21a)表明理想流体在流动过程中任意截面上总机械能、总压头为常数,即

$$zg+\frac{1}{2}u^2+\frac{p}{\rho}=常数 \tag{1-21b}$$

$$z+\frac{1}{2g}u^2+\frac{p}{\rho g}=常数 \tag{1-21c}$$

但各截面上每种形式的能量并不一定相等,它们之间可以相互转换。图1-12清楚地表明了理想流体在流动过程中三种能量形式的转换关系。从1-1′截面到2-2′截面,由于管道截面积减小,根据连续性方程,速度增加,即动压头增大,同时位压头增加,但因总压头为常数,因此2-2′截面处静压头减小,也即1-1′截面的静压头转变为2-2′面的动压头和位压头。

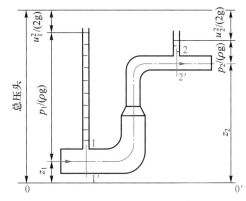

图1-12 伯努利方程的物理意义

（3）在伯努利方程式(1-20)中,zg、$\frac{1}{2}u^2$、$\frac{p}{\rho}$分别表示单位质量流体在某截面上所具有的位能、动能和静压能,也就是说,它们是状态参数;而W_e、$\sum W_f$是指单位质量流体在两截面间获得或损失的能量,可以理解为它们是过程函数。W_e是输送机械对1 kg流体所做的功,单位时间输送机械所做的有效功,称为有效功率。

$$P_e=q_m W_e \tag{1-22}$$

式中： P_e——有效功率,W;

q_m——流体的质量流量,kg/s。

实际上,输送机械本身也有能量转换效率,故流体输送机械实际消耗的功率应为

$$P=\frac{P_e}{\eta} \tag{1-23}$$

式中： P——流体输送机械的轴功率,W;

η——流体输送机械的效率。

（4）式(1-20)、式(1-20a)适用于不可压缩流体。对于可压缩流体,当所取系统中两截面间的绝对压力变化率小于20%,即$\frac{p_1-p_2}{p_1}<20\%$时,仍可用该方程计算,但式中的密度ρ应以两截面的平均密度ρ_m代替。

四、伯努利方程的应用

伯努利方程与连续性方程是解决流体流动问题的基础,应用伯努利方程,可以解决

流体输送与流量测量等实际问题。在用伯努利方程解题时,一般应先根据题意画出流动系统的示意图,标明流体的流动方向,定出上、下游截面,明确流动系统的衡算范围。解题时需注意以下几个问题:

(1) **截面的选取** 所选取的截面应与流体的流动方向相垂直,并且两截面间流体应是定态连续流动。截面宜选在已知量多、计算方便处。

截面上的物理量均取该截面上的平均值。如位能,对水平管,则取管中心处位能值;动能以截面的平均速度进行计算;静压能则用管中心处的压力值进行计算。

(2) **基准水平面的选取** 选取基准水平面的目的是为了确定流体位能的大小,实际上在伯努利方程中所反映的是两截面的位能差,即 $\Delta zg = (z_2 - z_1)g$,所以基准水平面可以任意选取,但必须与地面平行。为计算方便,宜于选取两截面中位置较低的截面为基准水平面。若截面不是水平面,而是垂直于地面,则基准面应选管中心线的水平面。

(3) **各物理量的单位保持一致** 计算中要注意各物理量的单位保持一致,尤其在计算截面上的静压能时,p_1、p_2 不仅单位要一致,同时表示方法也应一致,要么同时使用绝对压力,要么同时使用表压,二者不能混合使用。

以下举例说明伯努利方程的应用。

例 1-7 如附图所示,水从液位恒定的敞口高位槽中流出并排入大气。高位槽中水面距地面 8 m,出水管为 ϕ 89 mm×4 mm,管出口距地面 2 m。阀门全开时,管路的全部压头损失为 5.7 m(不包括出口压头损失)。

(1) 试求管路的输水量,m^3/h;

(2) 分析阀门从关闭到全开,管路中任意截面 $A-A'$ 处压力的变化。

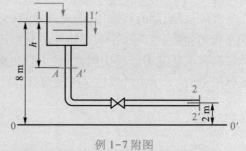

例 1-7 附图

解: (1) 取高位槽液面为 1-1' 截面,管出口内侧为 2-2' 截面,以地面 0-0' 为基准水平面。在 1-1' 和 2-2' 截面间列伯努利方程:

$$z_1 + \frac{1}{2g}u_1^2 + \frac{p_1}{\rho g} = z_2 + \frac{1}{2g}u_2^2 + \frac{p_2}{\rho g} + \sum H_f$$

其中 $z_1 = 8$ m;$u_1 \approx 0$;$p_1 = 0$(表压);$z_2 = 2$ m;$p_2 = 0$(表压);$\sum H_f = 5.7$ m。

将上式简化,并代入有关数据:

$$z_1 = z_2 + \frac{1}{2g}u_2^2 + \sum H_f$$

$$8 = 2 + \frac{1}{2 \times 9.81}u_2^2 + 5.7$$

解得

$$u_2 = 2.43 \text{ m/s}$$

输水量 $q_V = \frac{\pi}{4}d_2^2 u_2 = (0.785 \times 0.081^2 \times 2.43) \text{ m}^3/s = 0.012\,5 \text{ m}^3/s = 45.1 \text{ m}^3/h$

解本题时注意,因题中所给的压头损失不包括出口,因此 2-2' 截面应取管出口内侧。若选 2-2' 截面为管出口外侧,计算过程有所不同,在下节中将详细说明。

(2) 设 $A-A'$ 截面与高位槽液面间的距离为 h。

阀门关闭时,流体处于静止状态,则 $A-A'$ 截面的压力可由流体静力学基本方程计算:

$$p_{A1} = p_a + \rho g h$$

或
$$h = \frac{p_{A1}}{\rho g} \qquad (p_{A1} \text{以表压计})$$

即 1-1′截面的位能全部转化为 A-A′截面的静压能。

阀门全开时，在 1-1′与 A-A′截面间列伯努利方程，并简化：

$$h = \frac{1}{2g} u_A^2 + \frac{p_{A2}}{\rho g} + \sum H_{f,1-A} \qquad (p_{A2} \text{以表压计})$$

$$\frac{p_{A2}}{\rho g} = h - \frac{1}{2g} u_A^2 - \sum H_{f,1-A}$$

阀门全开后
$$\left(\frac{1}{2g} u_A^2 + \sum H_{f,1-A} \right) > 0$$

故
$$p_{A2} < p_{A1}$$

即此时 1-1′截面的位能必须克服管路的能量损失,再转化为 A-A′截面的动能和静压能。因此,阀门全开后,A-A′截面的压力会下降。

例 1-8 如附图所示,某厂利用喷射泵输送氨。管中稀氨水的质量流量为 1×10^4 kg/h,密度为 1 000 kg/m^3,入口处的表压为 147 kPa。管道的内径为 53 mm,喷嘴出口处内径为 13 mm,喷嘴能量损失可忽略不计,试求喷嘴出口处的压力。

解: 取稀氨水入口为 1-1′截面,喷嘴出口为 2-2′截面,管中心线为基准水平面。在 1-1′和 2-2′截面间列伯努利方程：

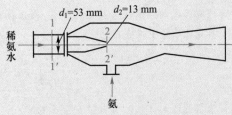

例 1-8 附图

$$z_1 g + \frac{1}{2} u_1^2 + \frac{p_1}{\rho} = z_2 g + \frac{1}{2} u_2^2 + \frac{p_2}{\rho} + \sum W_f$$

其中 $z_1 = 0$,$p_1 = 147$ kPa(表压);$z_2 = 0$;$\sum W_f = 0$。

$$u_1 = \frac{q_m}{\frac{\pi}{4} d_1^2 \rho} = \left(\frac{10\ 000/3\ 600}{0.785 \times 0.053^2 \times 1\ 000} \right) \text{m/s} = 1.26 \text{ m/s}$$

喷嘴出口速度 u_2 可直接计算或由连续性方程计算：

$$u_2 = u_1 \left(\frac{d_1}{d_2} \right)^2 = \left[1.26 \times \left(\frac{0.053}{0.013} \right)^2 \right] \text{m/s} = 20.94 \text{ m/s}$$

将以上各值代入所列伯努利方程：

$$\frac{1}{2} \times 1.26^2 + \frac{147 \times 10^3}{1\ 000} = \frac{1}{2} \times 20.94^2 + \frac{p_2}{1\ 000}$$

解得
$$p_2 = -71.45 \text{ kPa} \qquad (\text{表压})$$

即喷嘴出口处的真空度为 71.45 kPa。

喷射泵是利用流体流动时静压能与动能的转换原理进行吸、送流体的设备。当一种流体经过喷嘴时,由于喷嘴的截面积比管道的截面积小得多,流体流过喷嘴时速度迅速增大,使该处的静压力急速减小,造成真空,从而可将支管中的另一种流体吸入,二者混合后在扩大管中速度逐渐降低,压力随之升高,最后将混合流体送出(见 1-7-3,四)。

例 1-9 某化工厂用泵将敞口碱液池中的碱液(密度为 1 100 kg/m³)输送至吸收塔顶,经喷嘴喷出,如附图所示。泵的入口管为 φ108 mm×4 mm 的钢管,管中的流速为 1.2 m/s,出口管为 φ76 mm×3 mm 的钢管。贮液池中碱液的深度为 1.5 m,池底至塔顶喷嘴入口处的垂直距离为 20 m。碱液流经所有管路的能量损失为 30.8 J/kg(不包括喷嘴),在喷嘴入口处的压力为 29.4 kPa(表压)。设泵的效率为 60%,试求泵所需的轴功率。

解: 如附图所示,取碱液池中液面为 1-1′截面,塔顶喷嘴入口处为 2-2′截面,并且以 1-1′截面为基准水平面。

在 1-1′和 2-2′截面间列伯努利方程:

$$z_1 g + \frac{1}{2}u_1^2 + \frac{p_1}{\rho} + W_e = z_2 g + \frac{1}{2}u_2^2 + \frac{p_2}{\rho} + \sum W_f \qquad (a)$$

或

$$W_e = (z_2 - z_1)g + \frac{1}{2}(u_2^2 - u_1^2) + \frac{p_2 - p_1}{\rho} + \sum W_f \qquad (b)$$

其中 $z_1 = 0$;$p_1 = 0$(表压);$u_1 \approx 0$

$z_2 = (20 - 1.5)$ m $= 18.5$ m;$p_2 = 29.4×10^3$ Pa(表压)

$\rho = 1\,100$ kg/m³;$\sum W_f = 30.8$ J/kg

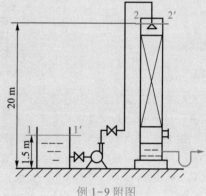

例 1-9 附图

已知泵入口管的尺寸及碱液流速,可根据连续性方程计算泵出口管中碱液的流速:

$$u_2 = u_\lambda \left(\frac{d_\lambda}{d_2}\right)^2 = 1.2×\left(\frac{100}{70}\right)^2 \text{ m/s} = 2.45 \text{ m/s}$$

将以上各值代入(b)式,可求得输送碱液所需的外加功:

$$W_e = \left(18.5×9.81 + \frac{1}{2}×2.45^2 + \frac{29.4×10^3}{1\,100} + 30.8\right) \text{ J/kg} = 242.0 \text{ J/kg}$$

碱液的质量流量

$$q_m = \frac{\pi}{4}d_2^2 u_2 \rho = (0.785×0.07^2×2.45×1\,100) \text{ kg/s} = 10.37 \text{ kg/s}$$

泵的有效功率

$$P_e = W_e q_m = 242 \text{ J/kg} × 10.37 \text{ kg/s} = 2\,510 \text{ W} = 2.51 \text{ kW}$$

泵的轴功率

$$P = \frac{P_e}{\eta} = \frac{2.51}{0.6} \text{ kW} = 4.18 \text{ kW}$$

第三节 管内流体流动现象

在应用伯努利方程时,必须知道流体在流动过程中的能量损失或流动阻力 $\sum W_f$ 的数值。本节将讨论流体流动阻力产生的原因及影响因素。

1-3-1 流体的黏度

一、牛顿黏性定律

流体的典型特征是具有流动性,不同的流体流动性能不同,这主要是因为流体内部质点间做相对运动时存在不同的内摩擦力。这种表明流体流动时产生内摩擦力的性质称为黏性。实际流体都是有黏性的,各种流体黏性大小相差很大。如常见的空气和水,黏性较小;而甘油的黏性则很大。黏性是流动性的反面,流体的黏性越大,其流动性越小。由于流体具有黏性,在流动时必须克服内摩擦力而做功,并将流体的一部分机械能转变为热能而损耗,这是流体产生流动阻力的根源。

如图 1-13 所示,设有上、下两块面积很大且相距很近的平行平板,板间充满某种静止液体。若将下板固定,而对上板施加一个恒定的外力,上板就以恒定速度 u 沿 x 方向运动。若 u 较小,则两板间的液体就会分成无数平行的薄层而运动,黏附在上板底面下的薄层流体以速度 u 随上板运动,其下各层液体的速度依次降低,紧贴在下板表面的一层液体,因黏附在静止的下板上,其速度为零,两平板间流速呈线性变化。对任意相邻两层流体来说,上层速度较大,下层速度较小,前者对后者起带动作用,而后者对前者起拖曳作用,流体层之间的这种相互作用,产生内摩擦力,而流体的黏性正是这种内摩擦力的表现。

平行平板间的流体,速度分布为直线,而流体在圆管内层流流动时,速度分布呈抛物线形,如图1-14所示。

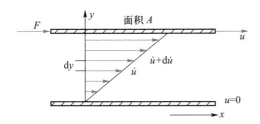

图 1-13　平板间液体速度变化

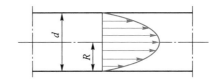

图 1-14　实际流体在管内的速度分布

实验证明,对于一定的流体,内摩擦力 F 与两流体层的速度差 $\mathrm{d}\dot{u}$ 成正比,与两层之间的垂直距离 $\mathrm{d}y$ 成反比,与两层间的接触面积 A 成正比,即

$$F = \mu A \frac{\mathrm{d}\dot{u}}{\mathrm{d}y} \qquad (1-24)$$

式中: F——内摩擦力,N;

$\dfrac{\mathrm{d}\dot{u}}{\mathrm{d}y}$——法向速度梯度,即在与流体流动方向相垂直的 y 方向上流体速度的变化

率,s^{-1};

μ——比例系数,称为流体的黏度或动力黏度,Pa·s。

一般,单位面积上的内摩擦力称为剪应力,以 τ 表示,单位为 Pa,则式(1-24)变为

$$\tau = \mu \frac{\mathrm{d}\dot{u}}{\mathrm{d}y} \qquad\qquad (1\text{-}24\mathrm{a})$$

式(1-24)、式(1-24a)称为**牛顿黏性定律**,表明流体层间的内摩擦力或剪应力与法向速度梯度成正比。

 小贴士:

牛顿黏性定律适用于流体分层流动的情形(称为层流,见1-3-2)。

剪应力与速度梯度的关系符合牛顿黏性定律的流体,称为**牛顿流体**,包括所有气体和大多数液体;不符合牛顿黏性定律的流体称为**非牛顿流体**,如高分子溶液、胶体溶液及悬浮液等。本章讨论的均为牛顿流体。

二、流体的黏度

黏度的物理意义　由牛顿黏性定律可知,当速度梯度$\frac{\mathrm{d}\dot{u}}{\mathrm{d}y}=1$时,流体层间的剪应力$\tau$在数值上等于流体的黏度$\mu$,因此,黏度的物理意义为流体流动时在与流动方向相垂直的方向上产生单位速度梯度所需的剪应力。显然,在同样流动情况下,流体的黏度越大,流体流动时产生的内摩擦力越大。由此可见,黏度是反映流体黏性大小的物理量。

黏度也是流体的物性之一,其值由实验测定。流体的黏度不仅与流体的种类有关,还与温度、压力有关。

液体的黏度,随温度的升高而降低,压力对其影响可忽略不计。

气体的黏度,随温度的升高而增大,一般情况下也可忽略压力的影响,但在极高或极低的压力条件下需考虑其影响。

一些纯流体的黏度可在附录Ⅷ或有关手册中查取。一般气体的黏度比液体的黏度要小得多,如20 ℃下空气的黏度为1.81×10^{-5} Pa·s,水的黏度为1.005×10^{-3} Pa·s,而甘油则为1.499 Pa·s。混合物的黏度可直接由实验测定,若缺乏实验数据,可参阅有关资料,选用适当的经验公式进行估算。

黏度的单位　在国际单位制下,其单位为

$$[\mu] = \frac{[\tau]}{[\mathrm{d}\dot{u}/\mathrm{d}y]} = \frac{\mathrm{Pa}}{\dfrac{\mathrm{m/s}}{\mathrm{m}}} = \mathrm{Pa\cdot s}$$

运动黏度　流体的黏性还可用黏度μ与密度ρ的比值表示,称为运动黏度,以符号ν表示,即

$$\nu = \frac{\mu}{\rho} \qquad\qquad (1\text{-}25)$$

其单位为$\mathrm{m^2/s}$。显然运动黏度也是流体的物理性质。

1-3-2 流体的流动型态

一、两种流型——层流和湍流

为了观察流体在管道中流动的状况及其影响因素,1883年英国力学家、物理学家雷诺(Reynolds)进行了实验,称之为雷诺实验。图1-15为雷诺实验装置示意图。水箱装有溢流装置,以维持水位恒定,箱中有一水平玻璃直管,其出口处有一阀门用以调节流量。水箱上方装有带颜色的小瓶,有色液体经细管注入玻璃直管内。

从实验中观察到,当水的流速从小到大时,有色液体变化如图1-16所示。

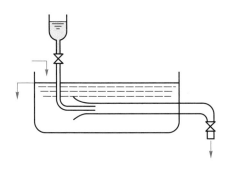

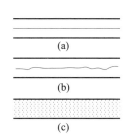

图1-15 雷诺实验装置   图1-16 流体流动型态示意图

视频:
雷诺实验

动画:
雷诺实验装置

流速较小时,有色液体在管内沿着轴线方向成一条轮廓清晰的细直线,平稳地流过整个玻璃直管,完全不和玻璃直管内低速度水相混合[图1-16(a)]。当流速增加到某一数值,管内呈直线流动的有色细流开始出现波动而呈波浪形,但仍轮廓清晰不与水混合[图1-16(b)]。当流速进一步增加时,有色细流波动加剧,甚至断裂而向四周散开,迅速与水混合,管内呈现均匀的颜色[图1-16(c)]。

以上实验表明,流体在管道中流动存在两种截然不同的流型:层流与湍流。

层流 如图1-16(a)所示,流体质点仅沿着与管轴平行的方向做直线运动,流体分为若干层平行向前流动,质点之间互不混合。

湍流 如图1-16(c)所示,流体质点除了沿管轴方向向前流动外,还有径向脉动,各质点的速度在大小和方向上都随时发生变化,质点互相碰撞和混合。

二、流型判据——雷诺数

采用不同管径和各种流体分别进行实验,结果表明,流体的流动型态,除了与流速 u 有关外,还与管径 d、流体的密度 ρ 和黏度 μ 有关。通过进一步的分析和研究,雷诺首先总结出由以上四个因素组成的数群 $\dfrac{d\rho u}{\mu}$ 作为判断流型的依据,将此数群称为**雷诺数**,以符号 Re 表示,即

$$Re = \frac{d\rho u}{\mu} \tag{1-26}$$

雷诺数是量纲为1的数群。

大量的实验结果表明,流体在直管内流动时,

（1）当 $Re \leq 2\,000$ 时,流动为层流,此区称为层流区;

（2）当 $Re \geq 4\,000$ 时,一般出现湍流,此区称为湍流区;

（3）当 $2\,000 < Re < 4\,000$ 时,流动可能是层流,也可能是湍流,与外界扰动有关,该区称为不稳定的过渡区。

 小贴士:

根据 Re 的大小将流动分为三个区域:层流区、过渡区、湍流区,但流动类型只有两种:层流与湍流,过渡区并不表示一种过渡的流型。

雷诺数有明确的物理意义,表示流体流动中惯性力与黏性力的对比关系,反映流体流动的湍动程度。其值越大,流体的湍动越剧烈,内摩擦力也越大。

30

例 1-10 20 ℃ 水以 15 m^3/h 的流量流过 ϕ 60 mm×3.5 mm 的钢管,试判断水的流动类型。

解: 从附录Ⅳ中查得 20 ℃ 水的密度为 998.2 kg/m^3,黏度为 1.005×10^{-3} Pa·s。

水流速
$$u = \frac{q_V}{\frac{\pi}{4}d^2} = \left(\frac{15/3\,600}{0.785 \times 0.053^2} \right) \text{ m/s} = 1.89 \text{ m/s}$$

雷诺数
$$Re = \frac{d\rho u}{\mu} = \frac{0.053 \times 998.2 \times 1.89}{1.005 \times 10^{-3}} = 9.95 \times 10^4 > 4\,000$$

所以水在管内流动为湍流。

1-3-3 流体在圆管内的速度分布

流体在圆管内的速度分布是指流体流动时管截面上质点的速度随半径的变化关系。无论是层流或是湍流,管壁处质点速度均为零,越靠近管中心流速越大,到管中心处速度为最大。但两种流型的速度分布规律却不相同。

一、层流时的速度分布

实验和理论分析都已证明,层流时的速度分布为抛物线形状,如图 1-17 所示。层流时流体服从牛顿黏性定律,由此可推导得到速度分布方程为

$$\dot{u} = u_{max} \left[1 - \left(\frac{r}{R} \right)^2 \right] \tag{1-27}$$

式中: $\dot{u}$ ——半径为 r 处的速度,m/s;

u_{max} ——管中心处的最大速度,m/s;

R ——管内半径,m。

推导可得管截面上的平均速度为

视频:

层流速度分布

第一章 流体流动与输送机械

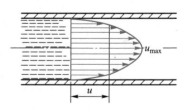

图 1-17　层流时的速度分布

$$u = \frac{1}{2}u_{\max} \qquad (1-28)$$

即流体在圆管内做层流流动时,平均速度为管中心最大速度的一半。

二、湍流时的速度分布

湍流时流体质点的运动状况很复杂,其速度分布通过实验测定,结果如图 1-18 所示。由图可以看到,此时速度分布曲线不再呈抛物线形状:靠近管壁处速度梯度较大,管中心附近速度分布均匀。这是因为在湍流主体中,流体质点强烈碰撞、混合和分离,因此速度变化较小。流体的 Re 越大,速度分布曲线顶部区域越平坦,相应靠近管壁处的速度梯度越大。

由图 1-18 可见,湍流时速度分布比层流均匀得多,也即湍流时的平均速度比层流时更接近于管中心的最大速度,一般流体的平均速度约为管中心最大速度的 0.8倍,即

$$u \approx 0.8\, u_{\max} \qquad (1-29)$$

当流体在管内处于湍流流动时,由于流体具有黏性和壁面的约束作用,紧靠壁面处仍有一薄层流体做层流流动,该薄层称为**层流内层**,如图 1-19 所示。在层流内层与湍流主体之间还存在一过渡层,也即当流体在圆管内做湍流流动时,从壁面到管中心分为层流内层、过渡层和湍流主体三个区域。

层流内层虽然很薄,但却对传热和传质过程都有重大影响,这方面的问题将在以后有关章节中讨论。

视频:

湍流流动型态

31

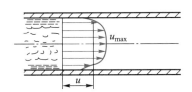

图 1-18　湍流时的速度分布

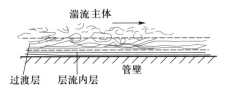

图 1-19　湍流流动

文本:

本节学习纲要

第四节　流体流动阻力

化工管路系统主要由两部分组成:一部分是直管,另一部分是管件(如弯头、三通)、阀门等。流体流经直管的能量损失称为**直管阻力**;流体流经管件、阀门等局部地方的能量损失称为**局部阻力**。

1-4-1　化工管路

一、管道

管子的种类很多,按材质可分为金属管与非金属管两种,其中金属管占绝大部分。

1. 金属管

(1)钢管　分为有缝钢管与无缝钢管两类。有缝钢管由低碳钢板卷焊制成,强度

低,通常用于输送水、煤气、压缩空气(<1 MPa)等无腐蚀性的低压流体;无缝钢管由普通碳钢、优质碳钢、不锈钢等棒料经穿孔热轧或冷拔制成,质地均匀,强度高,用于输送高温、高压、有毒、易燃易爆等流体,在化工生产中应用最广。

（2）有色金属管　常用的有铜管、铝或铝合金管、铅管,它们均为无缝管。

铜管:由紫铜或黄铜制成,导热性好,易于弯曲成型,低温下冲击韧性高,主要用于换热管及低温输送管,也用于输送有压力的液体(油压系统、润滑系统等)。

铝管:能耐酸腐蚀,但不耐碱和盐酸、盐水等含氯离子的化合物,常用于输送硝酸、脂肪酸等,也可作为换热管。

铅管:硬度小,密度大,铺设时宜装在木槽或钢槽内,能耐硫酸和10%以下的盐酸腐蚀,但不耐浓盐酸、硝酸和醋酸等,主要用于硫酸和稀盐酸的输送。

（3）铸铁管　管壁厚且较粗糙,强度差,一般作为埋于地下的污水管、低压给水管、煤气管等。

2. 非金属管

（1）塑料管　种类较多,且应用日益广泛,常用的有聚氯乙烯(PVC)管、聚乙烯(PE)管、聚丙烯(PP)管等,塑料管质量轻,抗腐蚀性好,但耐热耐寒性能差,强度低,一般用于常压、常温下酸、碱液的输送,以及各种水的输送。

（2）陶瓷管　耐腐蚀性好,但性脆,强度低,多用于腐蚀性污水的排放等。

二、管件

管件是管与管之间的连接部件,主要用于改变管道方向、连接支管、改变管径等。图1-20为管道中常用的几种管件。

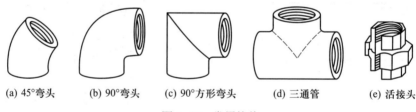

(a) 45°弯头　　(b) 90°弯头　　(c) 90°方形弯头　　(d) 三通管　　(e) 活接头

图1-20　常用管件

三、阀门

阀门安装在管道中,用于调节流量。常用的阀门有截止阀、闸阀和止逆阀等,见图1-21。

截止阀是通过阀盘的上升或下降,改变阀盘与底座的距离来实现流量调节,其结构较复杂,流动阻力大,但密闭性及调节性好,常用在蒸汽、压缩空气及液体输送管道中。闸阀是利用闸板的上升或下降,调节管路中流体的流量,其结构简单,流动阻力小,调节精度较差,常用于大直径管道。止逆阀又称单向阀,只允许流体单方向通过,用于流体需要单向开关的特殊场合。

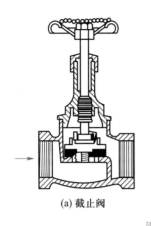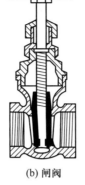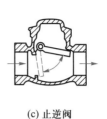

动画：
截止阀

动画：
闸阀

(a) 截止阀　　　　　　(b) 闸阀　　　　　　(c) 止逆阀

图 1-21　常用阀门

1-4-2　直管阻力

一、直管阻力的计算通式

如图 1-22 所示，流体在水平等径直管中做定态流动。

在 1-1'截面和 2-2'截面间列伯努利方程：

$$z_1 g + \frac{1}{2} u_1^2 + \frac{p_1}{\rho} = z_2 g + \frac{1}{2} u_2^2 + \frac{p_2}{\rho} + \sum W_f$$

因是直径相同的水平管，$u_1 = u_2$，$z_1 = z_2$，所以

$$W_f = \frac{p_1 - p_2}{\rho} \qquad (1-30)$$

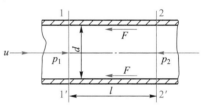

图 1-22　直管阻力

在图 1-22 中，对 1-1'截面和 2-2'截面间流体进行受力分析。

由于两截面压力差而产生的推力为

$$(p_1 - p_2) \frac{\pi d^2}{4}$$

其方向与流体流动方向相同。

流体在管壁处的摩擦力为

$$F = \tau A = \tau \pi d l$$

其方向与流体流动方向相反。

流体在管内做定态流动，根据牛顿第二定律，在流动方向上所受合外力必定为零。即有

$$(p_1 - p_2) \frac{\pi d^2}{4} = \tau \pi d l$$

整理得
$$p_1 - p_2 = \frac{4l}{d} \tau \qquad (1-31)$$

将式(1-31)代入式(1-30)中，得

$$W_f = \frac{4l}{d\rho}\tau \qquad (1-32)$$

实验证明,同种流体在管径和管长相同的情况下,流体流动的能量损失随流速的增大而增大,即流动阻力与流速有关。为此,将式(1-32)变形,把能量损失 W_f 表示为动能 $\frac{u^2}{2}$ 的某一倍数。

$$W_f = \frac{8\tau}{\rho u^2} \cdot \frac{l}{d} \cdot \frac{u^2}{2}$$

令

$$\lambda = \frac{8\tau}{\rho u^2}$$

则

$$W_f = \lambda \frac{l}{d} \cdot \frac{u^2}{2} \qquad (1-33)$$

式(1-33)为流体在直管内流动阻力的通式,称为范宁(Fanning)公式。式中 λ 为量纲为 1 的系数,称为**摩擦系数**,与流体流动的 *Re* 及管壁状况有关。

根据伯努利方程的其它形式,也可写出相应的范宁公式表示式。

压头损失

$$H_f = \frac{W_f}{g} = \lambda \frac{l}{d} \cdot \frac{u^2}{2g} \qquad (1-33a)$$

压力损失

$$\Delta p_f = \rho W_f = \lambda \frac{l}{d} \cdot \frac{\rho u^2}{2} \qquad (1-33b)$$

 小贴士:

压力损失 Δp_f 是流体流动能量损失的一种表示形式,与两截面间的压力差 $\Delta p = (p_1 - p_2)$ 意义不同,只有当管路为等径、水平时,二者才相等。

应当指出,范宁公式对层流与湍流均适用,只是两种情况下摩擦系数 λ 不同。下面对层流及湍流时摩擦系数 λ 分别讨论。

二、层流时的摩擦系数

流体在直管中做层流流动时,其速度分布方程如式(1-27)所示,其中管中心最大流速为

$$u_{max} = \frac{p_1 - p_2}{4\mu l}R^2 \qquad (1-34)$$

将平均速度 $u = \frac{1}{2}u_{max}$ 及 $R = \frac{d}{2}$ 代入式(1-34)中,可得

$$p_1 - p_2 = \frac{32\mu lu}{d^2}$$

以上推导是基于管路水平安装,因此 $\Delta p_f = p_1 - p_2$,即

$$\Delta p_{\mathrm{f}} = \frac{32\,\mu l u}{d^2} \qquad (1-35)$$

式(1-35)称为哈根-泊谡叶(Hagen-Poiseuille)方程,是流体在直管内做层流流动时压力损失的计算式。

结合式(1-30),流体在直管内做层流流动时能量损失或阻力的计算式为

$$W_{\mathrm{f}} = \frac{32\,\mu l u}{\rho d^2} \qquad (1-36)$$

该式表明,层流时阻力与速度的一次方成正比。

式(1-36)也可改写为

$$W_{\mathrm{f}} = \frac{32\mu l u}{\rho d^2} = \frac{64\mu}{d\rho u} \cdot \frac{l}{d} \cdot \frac{u^2}{2} = \frac{64}{Re} \cdot \frac{l}{d} \cdot \frac{u^2}{2} \qquad (1-36\mathrm{a})$$

将式(1-36a)与式(1-33)比较,可得层流时摩擦系数的计算式:

$$\lambda = \frac{64}{Re} \qquad (1-37)$$

即层流时摩擦系数 λ 仅是雷诺数 Re 的函数。

三、湍流时的摩擦系数

1. 量纲分析法

前已述及,层流时流体阻力的计算式可由理论推导得出。而湍流时,由于情况复杂得多,目前尚不能得到理论计算式,需通过实验研究来获得经验关系式。进行实验时,通常每次只改变一个变量而将其它变量固定。如果涉及的变量很多,实验工作量必然很大,而且将实验结果关联成便于应用的简单公式也很困难。因此,需要有一定的理论和方法来指导实验,以简化实验工作,并使结果便于推广应用。**量纲分析法**即是解决化工实际问题常采用的一种实验研究方法。

量纲分析法的基础是量纲一致性原则,即每一个物理方程式的两边不仅数值相等,而且每一项都应具有相同的量纲。基于这一原则,可将若干变量组合为量纲为1的数群,用数群代替个别的变量进行实验,可以大大减少实验的次数,数据关联有所简化,而且实验结果也具有推广性,这种实验研究方法在化工中得到广泛的应用。有关量纲分析法处理湍流流动阻力的详细过程从略,可参见有关书籍,这里仅给出结果。

根据对湍流流动阻力的分析和初步的实验研究,发现压力损失 Δp_{f} 与流体的密度 ρ、黏度 μ、流速 u、管径 d、管长 l 及管壁的粗糙度 ε 有关,即

$$\Delta p_{\mathrm{f}} = f(\rho, \mu, u, d, l, \varepsilon) \qquad (1-38)$$

经过量纲归一化处理得以下结果:

$$\frac{\Delta p_{\mathrm{f}}}{\rho u^2} = \phi\left(\frac{d\rho u}{\mu}, \frac{l}{d}, \frac{\varepsilon}{d}\right) \qquad (1-39)$$

式中，$\dfrac{d\rho u}{\mu}$ 即为雷诺数 Re，$\dfrac{\Delta p_{\mathrm{f}}}{\rho u^2}$ 也是量纲为 1 的数群，称为欧拉（Euler）数，以 Eu 表示；

$\dfrac{l}{d}$、$\dfrac{\varepsilon}{d}$ 均为简单的量纲为 1 的数，前者反映管子的几何尺寸对流动阻力的影响，后者称为相对粗糙度，反映管壁粗糙度对流动阻力的影响。

式（1-39）中的函数关系由实验确定。根据实验可知，流体流动阻力与管长 l 成正比，该式可改写为

$$\frac{\Delta p_{\mathrm{f}}}{\rho u^2} = \frac{l}{d}\psi\left(Re, \frac{\varepsilon}{d}\right) \tag{1-40}$$

或

$$W_{\mathrm{f}} = \frac{\Delta p_{\mathrm{f}}}{\rho} = \frac{l}{d}\psi\left(Re, \frac{\varepsilon}{d}\right)u^2 \tag{1-40a}$$

与范宁公式（1-33）相对照，可得

$$\lambda = \varphi\left(Re, \frac{\varepsilon}{d}\right) \tag{1-41}$$

即湍流时摩擦系数 λ 是 Re 和相对粗糙度 $\dfrac{\varepsilon}{d}$ 的函数，该函数关系由实验确定。图 1-23 在双对数坐标中，以 $\dfrac{\varepsilon}{d}$ 为参数，绘出了 λ 与 Re 的关系曲线，称为莫狄（Moody）摩擦系数图。

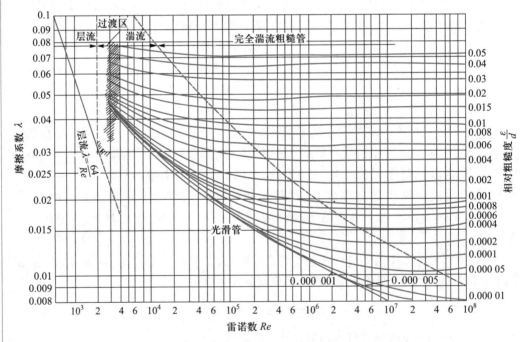

图 1-23　摩擦系数 λ 与雷诺数 Re 及相对粗糙度 ε/d 的关系

根据 Re 不同，图 1-23 可分为四个区域：

（1）**层流区**（$Re \leq 2\,000$）　在此区域 λ 与 ε/d 无关,与 Re 为直线关系,即 $\lambda = \dfrac{64}{Re}$,此时 $W_f \propto u$,即 W_f 与 u 的一次方成正比。

（2）**过渡区**（$2\,000 < Re < 4\,000$）　在此区域内层流或湍流的 $\lambda \sim Re$ 曲线均可应用,对于阻力计算,宜估计大一些,一般将湍流时的曲线延伸,以查取 λ 值。

（3）**湍流区**（$Re \geq 4\,000$ 及虚线以下的区域）　此区域 λ 与 Re、ε/d 都有关,当 ε/d 一定时,λ 随 Re 的增大而减小,Re 增大至某一数值后,λ 下降缓慢;当 Re 一定时,λ 随 ε/d 的增加而增大。

（4）**完全湍流区**（虚线以上的区域）　此区域内各曲线都趋近于水平线,即 λ 与 Re 无关,只与 ε/d 有关。对于特定管路 ε/d 一定,λ 为常数,根据直管阻力通式可知,$W_f \propto u^2$,所以此区域又称为阻力平方区。从图中也可以看出,相对粗糙度 ε/d 越大,达到阻力平方区的 Re 值越低。

对于湍流时的摩擦系数 λ,除了用莫狄摩擦系数图查取外,还可以利用一些经验公式计算。这里介绍适用于光滑管的柏拉修斯（Blasius）式：

$$\lambda = \frac{0.316\,4}{Re^{0.25}} \qquad (1\text{-}42)$$

其适用范围为 $Re = 5 \times 10^3 \sim 5 \times 10^5$。此时能量损失 W_f 约与速度 u 的 1.75 次方成正比。

2. 管壁粗糙度对摩擦系数的影响

化工生产中的管道,根据其材质和加工情况,大致可分为两类:光滑管和粗糙管。通常将玻璃管、铜管、铅管及塑料管等称为光滑管;将钢管、铸铁管等称为粗糙管。实际上,即使是同一材料制成的管道,由于腐蚀、结垢等原因,管壁的粗糙程度也会发生很大的变化。

管壁凸出部分的平均高度,称为**绝对粗糙度**,以 ε 表示。绝对粗糙度与管径的比值 ε/d,称为**相对粗糙度**。表 1-2 列出某些工业管壁的绝对粗糙度数值。

表 1-2　某些工业管壁的绝对粗糙度

	管道类别	绝对粗糙度 ε/mm		管道类别	绝对粗糙度 ε/mm
金属管	无缝黄铜管、铜管及铝管	0.01~0.05	非金属管	干净玻璃管	0.001 5~0.01
	新的无缝钢管或镀锌管	0.1~0.2		橡皮软管	0.01~0.03
	新的铸铁管	0.3		木管道	0.25~1.25
	具有轻度腐蚀的无缝钢管	0.2~0.3		陶土排水管	0.45~6.0
	具有显著腐蚀的无缝钢管	0.5 以上		很好整平的水泥管	0.33
	旧的铸铁管	0.85 以上		石棉水泥管	0.03~0.8

小贴士：

管壁粗糙度对流动阻力或摩擦系数的影响,主要是由于流体在管道中流动时,流体质点与管壁凸出部分相碰撞而增加了流体的能量损失,其影响程度与管径的大小有关,因此在摩擦系数图中用相对粗糙度 ε/d,而不是绝对粗糙度 ε。

流体做层流流动时,流体层平行于管轴流动,层流层掩盖了管壁的粗糙面,同时流体的流动速度也比较缓慢,因此流动阻力或摩擦系数与管壁粗糙度无关,只与 Re 有关。流体做湍流流动时,靠近壁面处总是存在着层流内层。如果层流内层的厚度 δ_L 大于管壁的绝对粗糙度 ε,即 $\delta_L > \varepsilon$ 时,如图 1-24(a)所示,管壁粗糙度几乎对流动阻力没有影响,与层流时相近。若 Re 增加,层流内层的厚度减薄,当 $\delta_L < \varepsilon$ 时,如图 1-24(b)所示,壁面凸出部分伸入湍流主体区,与流体质点发生碰撞,则会形成额外阻力。当 Re 大到一定程度时,层流内层可薄得足以使壁面凸出部分完全暴露于湍流主体中,与质点碰撞加剧,则流动进入了阻力平方区。

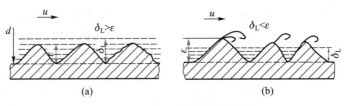

图 1-24　流体流过管壁面的情况

　　例 1-11　分别计算下列情况下,流体流过 $\phi76\ mm×3\ mm$、长 10 m 的水平钢管的能量损失、压头损失及压力损失。

（1）密度为 910 kg/m^3、黏度为 72 $mPa·s$ 的油品,流速为 1.1 m/s;

（2）20 ℃的水,流速为 2.2 m/s。

解:（1）油品:

$$Re = \frac{d\rho u}{\mu} = \frac{0.07×910×1.1}{72×10^{-3}} = 973 < 2\ 000$$

流动为层流。摩擦系数可从图 1-23 上查取,也可用式(1-37)计算:

$$\lambda = \frac{64}{Re} = \frac{64}{973} = 0.065\ 8$$

所以能量损失　　　$W_f = \lambda \frac{l}{d} \frac{u^2}{2} = \left(0.065\ 8×\frac{10}{0.07}×\frac{1.1^2}{2}\right)\ J/kg = 5.69\ J/kg$

压头损失　　　　　$H_f = \frac{W_f}{g} = \frac{5.69}{9.81}\ m = 0.58\ m$

压力损失　　　　　$\Delta p_f = \rho W_f = (910×5.69)\ Pa = 5\ 178\ Pa$

（2）20 ℃水的物性: $\rho = 998.2\ kg/m^3$, $\mu = 1.005×10^{-3}\ Pa·s$

$$Re = \frac{d\rho u}{\mu} = \frac{0.07×998.2×2.2}{1.005×10^{-3}} = 1.53×10^5$$

流动为湍流。求摩擦系数尚需知道相对粗糙度 ε/d,查表 1-2,取钢管的绝对粗糙度 ε 为 0.2 mm,则

$$\frac{\varepsilon}{d} = \frac{0.2}{70} = 0.002\ 86$$

根据 $Re = 1.53×10^5$ 及 $\varepsilon/d = 0.002\ 86$ 查图 1-23,得 $\lambda = 0.027$。

所以能量损失	$W_f = \lambda \dfrac{l}{d}\dfrac{u^2}{2} = \left(0.027 \times \dfrac{10}{0.07} \times \dfrac{2.2^2}{2}\right)$ J/kg $= 9.33$ J/kg
压头损失	$H_f = \dfrac{W_f}{g} = \left(\dfrac{9.33}{9.81}\right)$ m $= 0.95$ m
压力损失	$\Delta p_f = \rho W_f = (998.2 \times 9.33)$ Pa $= 9\,313$ Pa

四、非圆形管道内的流动阻力

前面讨论的是流体在圆形管内的流动阻力,而在化工生产中,还会遇到流体在一些非圆形管道如矩形、套管环隙内流动的情况。对于流体在非圆形管道内湍流流动时的阻力,仍可用圆形管道内流动阻力的计算式,但需用非圆形管道的当量直径代替圆形管道直径。当量直径定义为

$$d_e = 4 \times \frac{\text{流道截面积}}{\text{润湿周边长度}} = 4 \times \frac{A}{\Pi} \qquad (1\text{-}43)$$

对于套管环隙,当内管的外径为 d_1,外管的内径为 d_2 时,其当量直径为

$$d_e = 4 \times \frac{\dfrac{\pi}{4}(d_2^2 - d_1^2)}{\pi d_2 + \pi d_1} = d_2 - d_1$$

对于边长分别为 a、b 的矩形管,其当量直径为

$$d_e = 4 \times \frac{ab}{2(a+b)} = \frac{2ab}{a+b}$$

采用当量直径计算非圆形管道流动阻力时,若流动为湍流,阻力计算与圆形管道相同;若为层流,式(1-37)尚需修正,参见其它书箱。

 小贴士:

当量直径只用于非圆形管道流动阻力及 Re 的计算,而不能用于流道面积及流速的计算。

例 1-12 某套管换热器由 ϕ25 mm×2.5 mm 和 ϕ76 mm×3.5 mm 的钢管组成,长 6 m。现有温度为 50 ℃、流量为 8 000 kg/h 的水在套管环隙中流过,试计算流动阻力(设钢管的绝对粗糙度为 0.15 mm)。

解: 查 50 ℃ 水物性:$\rho = 988.1$ kg/m^2,$\mu = 0.549\,4 \times 10^{-3}$ Pa·s。

对于套管环隙:

内管外径	$d_1 = 25$ mm
外管内径	$d_2 = (76 - 2 \times 3.5)$ mm $= 69$ mm
则当量直径	$d_e = d_2 - d_1 = (69 - 25)$ mm $= 44$ mm

套管环隙的流道面积

$$A = \frac{\pi}{4}(d_2^2 - d_1^2) = 0.785 \times (69^2 - 25^2) \times 10^{-6} \text{ m}^2 = 3.247 \times 10^{-3} \text{ m}^2$$

则流速

$$u = \frac{q_V}{A} = \frac{q_m/\rho}{A} = \left(\frac{8\,000/988.1}{3.247 \times 10^{-3} \times 3\,600} \right) \text{ m/s} = 0.69 \text{ m/s}$$

$$Re = \frac{d_e \rho u}{\mu} = \frac{0.044 \times 988.1 \times 0.69}{0.549\,4 \times 10^{-3}} = 5.46 \times 10^4$$

$$\frac{\varepsilon}{d_e} = \frac{0.15}{44} = 0.003\,41$$

从图 1-23 中查得 $\lambda = 0.029$。

每千克流体的能量损失(阻力)为

$$W_f = \lambda \frac{l}{d_e} \frac{u^2}{2} = \left(0.029 \times \frac{6}{0.044} \times \frac{0.69^2}{2} \right) \text{ J/kg} = 0.94 \text{ J/kg}$$

1-4-3　局部阻力

在流体输送的管路上,除直管外,还有弯头、三通等管件及阀门。流体流经阀门、管件、管截面扩大或缩小等局部位置时,其流速大小和方向都发生了变化,并且流体受到干扰或阻碍,产生漩涡,使内摩擦力增大而消耗机械能,形成局部阻力。

局部阻力有两种计算方法:阻力系数法和当量长度法。

一、阻力系数法

克服局部阻力所消耗的机械能,可以表示为动能的某一倍数,即

$$W_f' = \zeta \frac{u^2}{2} \tag{1-44}$$

或

$$H_f' = \zeta \frac{u^2}{2g} \tag{1-44a}$$

式中 ζ 称为**局部阻力系数**,一般由实验测定。

常用管件及阀门的局部阻力系数见表 1-3。注意表中当管截面突然扩大和突然缩小时,式(1-44)及式(1-44a)中的速度 u 均以小管中的速度计。

表 1-3　管件及阀门的局部阻力系数 ζ 值

管件和阀件名称	ζ 值						
标准弯头	45°, $\zeta = 0.35$			90°, $\zeta = 0.75$			
90°方形弯头	1.3						
180°回弯头	1.5						
活接头	0.4						
弯管 	φ R/d	30°	45°	60°	75°	90°	105°	120°
	1.5	0.08	0.11	0.14	0.16	0.175	0.19	0.20
	2.0	0.07	0.10	0.12	0.14	0.15	0.16	0.17

第一章　流体流动与输送机械

管件和阀件名称	ζ 值										
突然扩大	$\zeta = (1 - A_1/A_2)^2$ $\qquad W_f = \zeta \cdot u_1^2/2$										
	A_1/A_2	0	0.1	0.2	0.3	0.4	0.5	0.6	0.7	0.8	0.9	1.0
	ζ	1	0.81	0.64	0.49	0.36	0.25	0.16	0.09	0.04	0.01	0
突然缩小	$\zeta = 0.5(1 - A_2/A_1)$ $\qquad W_f = \zeta \cdot u_2^2/2$										
	A_2/A_1	0	0.1	0.2	0.3	0.4	0.5	0.6	0.7	0.8	0.9	1.0
	ζ	0.5	0.45	0.40	0.35	0.30	0.25	0.20	0.15	0.10	0.05	0

突然扩大: $A_1 u_1 \rightarrow A_2 u_2$

突然缩小: $A_1 u_1 \rightarrow u_2 A_2$

流入大容器的出口	u $\qquad\qquad$ $\zeta = 1$(用管中流速)

入管口(容器→管)	$\zeta = 0.5$

水泵进口	没有底阀	2 ~ 3							
	有底阀	d/mm	40	50	75	100	150	200	250	300
		ζ	12	10	8.5	7.0	6.0	5.2	4.4	3.7

闸阀	全开	3/4 开	1/2 开	1/4 开
	0.17	0.9	4.5	24

标准截止阀(球心阀)	全开 $\zeta = 6.4$				1/2 开 $\zeta = 9.5$				
	α	5°	10°	20°	30°	40°	45°	50°	60°	70°
	ζ	0.24	0.52	1.54	3.91	10.8	18.7	30.6	118	751

旋塞	θ	5°	10°	20°	40°	60°
	ζ	0.05	0.29	1.56	17.3	206

角阀(90°)	5

单向阀	摇板式 $\zeta = 2$	球形单向阀 $\zeta = 70$

水表(盘形)	7

当流体自容器进入管内,$\zeta_{进口} = 0.5$,称为**进口阻力系数**;当流体自管子进入容器或从管子排放到管外空间,$\zeta_{出口} = 1$,称为**出口阻力系数**。

当流体从管子直接排放到管外空间时,管出口内侧截面上的压力可取为与管外空间相同,但出口截面上的动能及出口阻力应与截面选取相匹配。若截面取管出口内侧,则表示流体并未离开管路,此时截面上仍有动能,系统的总能量损失不包含出口阻力;若截面取管出口外侧,则表示流体已经离开管路,此时截面上动能为零,而系统的总能量损失中应包含出口阻力。由于出口阻力系数 $\zeta_{出口} = 1$,两种选取截面方法计算结果相同。

二、当量长度法

将流体流过管件或阀门的局部阻力,折合成直径相同、长度为 l_e 的直管所产生的阻力即

$$W'_f = \lambda \frac{l_e}{d} \cdot \frac{u^2}{2} \tag{1-45}$$

或

$$H'_f = \lambda \frac{l_e}{d} \cdot \frac{u^2}{2g} \tag{1-45a}$$

式中 l_e 称为管件或阀门的当量长度。

同样,管件与阀门的当量长度也由实验测定,有时也以管道直径的倍数 l_e/d 表示。表 1-4 列出了一些管件、阀门等的当量长度。

表 1-4 各种管件、阀门等的当量长度

名称	$\dfrac{l_e}{d}$	名称	$\dfrac{l_e}{d}$
45°标准弯头	15	截止阀(标准式)(全开)	300
90°标准弯头	30~40	角阀(标准式)(全开)	145
90°方形弯头	60	闸阀(全开)	7
180°弯头	50~75	闸阀(3/4 开)	40
三通管(标准)		闸阀(1/2 开)	200
		闸阀(1/4)开	800
		带有滤水器的底阀(全开)	420
流向	40	止回阀(旋启式)(全开)	135
	60	蝶阀(6″以上)(全开)	20
	90	盘式流量计(水表)	400
		文氏流量计	12
		转子流量计	200~300
		由容器入管口	20

1-4-4 流体在管路中的总阻力

前已说明,化工管路系统由直管和管件、阀门等构成,因此流体流经管路的总阻力应是直管阻力和所有局部阻力之和。计算局部阻力时,可用局部阻力系数法,亦可用当量长度法。对同一管件,可用任一种计算,但不能用两种方法重复计算。

当管路直径相同时,总阻力:

$$\sum W_f = W_f + W'_f = \left(\lambda \frac{l}{d} + \sum \zeta \right) \frac{u^2}{2} \tag{1-46}$$

或

$$\sum W_f = W_f + W'_f = \lambda \frac{l + \sum l_e}{d} \frac{u^2}{2} \tag{1-46a}$$

式中: $\sum \zeta$ ——管路中所有局部阻力系数之和;

$\sum l_e$ ——管路中所有当量长度之和。

若管路由若干直径不同的管段组成时,各段应分别计算,再加和。

例 1-13 如附图所示,料液由敞口高位槽流入精馏塔中。塔内进料处的压力为 30 kPa(表压),输送管路为 ϕ45 mm×2.5 mm 的无缝钢管,直管长为 10 m。管路中装有 180°回弯头一个,90°标准弯头一个,标准截止阀(全开)一个。若维持进料量为 5 m³/h,则高位槽中的液面至少高出进料口多少米?

操作条件下料液的物性:$\rho = 890 \text{ kg/m}^3$,$\mu = 1.3 \times 10^{-3} \text{ Pa·s}$。

解: 如附图取高位槽中液面为 1-1′ 截面,管出口内侧为 2-2′ 截面,且以过 2-2′ 截面中心线的水平面为基准面。在 1-1′ 与 2-2′ 截面间列伯努利方程:

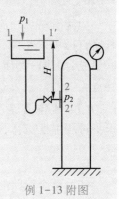

$$z_1 g + \frac{1}{2} u_1^2 + \frac{p_1}{\rho} = z_2 g + \frac{1}{2} u_2^2 + \frac{p_2}{\rho} + \sum W_f$$

其中 $z_1 = H$;$u_1 \approx 0$;$p_1 = 0$(表压);$z_2 = 0$;$p_2 = 30 \text{ kPa}$(表压)。

$$u_2 = \frac{q_V}{\frac{\pi}{4} d^2} = \left(\frac{5/3\,600}{0.785 \times 0.04^2} \right) \text{ m/s} = 1.11 \text{ m/s}$$

例 1-13 附图

管路总阻力

$$\sum W_f = W_f + W_f' = \left(\lambda \frac{l}{d} + \sum \zeta \right) \frac{u^2}{2}$$

$$Re = \frac{d\rho u}{\mu} = \frac{0.04 \times 890 \times 1.11}{1.3 \times 10^{-3}} = 3.04 \times 10^4$$

取管壁绝对粗糙度 $\varepsilon = 0.3$ mm,则 $\dfrac{\varepsilon}{d} = \dfrac{0.3}{40} = 0.007\,5$。

从图 1-23 中查得摩擦系数 $\lambda = 0.036$,由表 1-3 查得局部阻力系数如下:

进口突然缩小	$\zeta = 0.5$
180°回弯头	$\zeta = 1.5$
90°标准弯头	$\zeta = 0.75$
标准截止阀(全开)	$\zeta = 6.4$

所以

$$\sum \zeta = 0.5 + 1.5 + 0.75 + 6.4 = 9.15$$

$$\sum W_f = \left(\lambda \frac{l}{d} + \sum \zeta \right) \frac{u^2}{2} = \left[\left(0.036 \times \frac{10}{0.04} + 9.15 \right) \times \frac{1.11^2}{2} \right] \text{ J/kg} = 11.18 \text{ J/kg}$$

位差

$$H = \left(\frac{p_2}{\rho} + \frac{u_2^2}{2} + \sum W_f \right) / g = \left[\left(\frac{30 \times 10^3}{890} + \frac{1.11^2}{2} + 11.18 \right) / 9.81 \right] \text{ m} = 4.64 \text{ m}$$

本题也可将 2-2′ 截面取在管出口外侧,此时流体流入塔内,2-2′ 截面速度为零,无动能项,但应计入出口突然扩大阻力,由于 $\zeta_{出口} = 1$,所以两种方法的结果相同。

第五节　管路计算

化工生产中常用的管路,依据其连接和铺设情况,可分为简单管路和复杂管路两类。

1-5-1　简单管路

简单管路是指流体从入口到出口是在一条管路中流动,无分支或汇合的情形。整个管路直径可以相同,也可由内径不同的管子串联组成,如图1-25所示。在定态流动时,其基本特点为

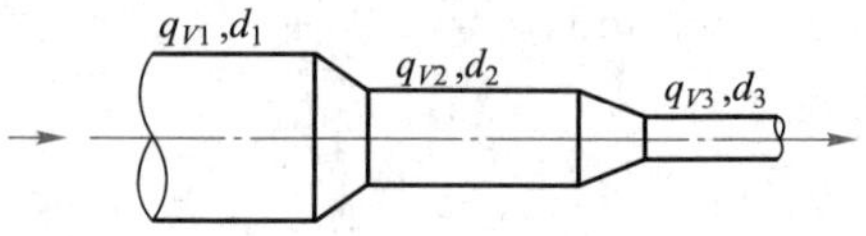

(1)流体通过各管段的质量流量不变,对于不可压缩性流体,则体积流量也不变,即

图 1-25　简单管路

$$q_{V1} = q_{V2} = q_{V3} \tag{1-47}$$

(2)整个管路的总能量损失等于各段能量损失之和,即

$$\sum W_f = W_{f1} + W_{f2} + W_{f3} \tag{1-48}$$

管路计算是连续性方程、伯努利方程及能量损失计算式在管路中的应用。根据计算目的,通常可分为设计型和操作型两类。设计型计算通常是指对于给定的流体输送任务,选用合理且经济的管路和输送设备;操作型计算是指管路系统已定,要求核算给定条件下的输送能力或某项技术指标。常见命题如下:

(1)已知流量(q_v)、管径(d)、管长(l)、管件和阀门($\sum \zeta$)及压力(p_1、p_2)等,确定设备间的相对位置 Δz,或完成输送任务所需的功率等。

(2)已知管径(d)、管长(l)、管件和阀门($\sum \zeta$)、相对位置(Δz)及压力(p_1、p_2)等,计算管道中流体的流速 u 及流量 q_v。

对于第(1)种命题,过程比较简单,一般先计算管路中的能量损失,再根据伯努利方程求解。而对于第(2)种命题求流速 u 时,会遇到这样的问题,即在阻力计算时,需知摩擦系数 λ,而 $\lambda = f(Re, \varepsilon/d)$,与 u 又是十分复杂的函数关系,因此无法直接求解,此时工程上常采用试差法求解。在进行试差计算时,由于 λ 值的变化范围小,通常以 λ 为试差变量,且将流动处于阻力平方区的 λ 值设为初值,具体过程见例1-14。

若已知流动处于阻力平方区或层流区,则无需试差,可直接由解析法求解。

　　例 1-14　如附图所示,用离心泵将密度为 1 100 kg/m³ 的某水溶液由密闭贮槽 A 送往敞口高位槽 B,贮槽 A 中气相真空度为 30 kPa,输送量为 20 m³/h。已知输送管路为 φ76 mm ×3 mm,长度为 60 m,管路中装有 90°标准弯头 3 个,闸阀(全开)1 个,截止阀(全开)2 个。设摩擦系数为 0.03,泵效率为 60%,试计算泵轴功率。

　　解:以贮槽 A 液面为 1-1′截面,高位槽 B 液面为 2-2′截面,且以 1-1′截面为基准面。在 1-1′截面与 2-2′截面间列伯努利方程:

$$z_1 g + \frac{1}{2} u_1^2 + \frac{p_1}{\rho} + W_e = z_2 g + \frac{1}{2} u_2^2 + \frac{p_2}{\rho} + \sum W_f$$

其中：$p_1 = -30 \times 10^3 \, Pa$（表压），$z_1 = 0$，$u_1 = u_2 \approx 0$，$p_2 = 0$（表压），$z_2 = 20 \, m$，方程可简化为

$$W_e = z_2 g - \frac{p_1}{\rho} + \sum W_f$$

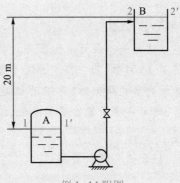

例 1-14 附图

管内流速 $\quad u = \dfrac{q_V}{\dfrac{\pi}{4} d^2} = \left(\dfrac{20/3\,600}{0.785 \times 0.07^2} \right) \, m/s = 1.44 \, m/s$

查得局部阻力系数：进口突然缩小 $\zeta = 0.5$；$90°$ 标准弯头 $\zeta = 0.75$；截止阀（全开）$\zeta = 6.4$；闸阀（全开）$\zeta = 0.17$；出口突然扩大 $\zeta = 1$，则

$$\sum W_f = \left(\lambda \frac{l}{d} + \sum \zeta \right) \frac{u^2}{2} = \left[\left(0.03 \times \frac{60}{0.07} + 0.5 + 0.75 \times 3 + 0.17 + 6.4 \times 2 + 1 \right) \times \frac{1.44^2}{2} \right] \, J/kg = 44.0 \, J/kg$$

所以

$$W_e = z_2 g - \frac{p_1}{\rho} + \sum W_f = \left(20 \times 9.81 + \frac{30 \times 10^3}{1\,100} + 44.0 \right) \, J/kg = 267.5 \, J/kg$$

泵轴功率

$$P = \frac{P_e}{\eta} = \frac{q_m W_e}{\eta} = \frac{q_V \rho W_e}{\eta} = \frac{(20/3\,600) \times 1\,100 \times 267.5}{0.6} \, kW = 2.72 \, kW$$

例 1-15 如附图所示的水塔供水系统，水塔及低位槽中水面维持恒定，且相距 12 m。管路为 $\phi 114 \, mm \times 4 \, mm$ 的无缝钢管，总长度为 600 m（包括所有局部阻力的当量长度），试求管路的输水量（m^3/h）。（设无缝钢管的绝对粗糙度为 0.2 mm。）

解： 取水塔水面为 1-1' 截面，低位槽水面为 2-2' 截面，并以 2-2' 截面为基准面。在两截面间列伯努利方程：

$$z_1 g + \frac{1}{2} u_1^2 + \frac{p_1}{\rho} = z_2 g + \frac{1}{2} u_2^2 + \frac{p_2}{\rho} + \sum W_f$$

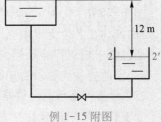

例 1-15 附图

其中：$z_1 - z_2 = 12 \, m$，$u_1 = u_2 \approx 0$，$p_1 = p_2 = 0$（表压），方程可简化为

$$(z_1 - z_2) g = \sum W_f$$

$$12 \, m \times 9.81 \, m/s^2 = \lambda \frac{l}{d} \frac{u^2}{2} = \lambda \frac{600}{0.106} \frac{u^2}{2}$$

整理得

$$\lambda u^2 = 0.041\,6 \, m^2/s^2 \qquad\qquad (1)$$

需采用试差法求解流速 u，上式即为试差方程。

设流动已进入阻力平方区，由 $\varepsilon/d = 0.2/106 = 0.001\,9$，查得 $\lambda = 0.023$，以此值为试差初值。

设 $\lambda = 0.023$，由（1）式得 $u = 1.34 \, m/s$。

取常温水的密度为 $1\,000 \, kg/m^3$，黏度为 $1 \, mPa \cdot s$，则

$$Re = \frac{d\rho u}{\mu} = \frac{0.106 \times 1\,000 \times 1.34}{1 \times 10^{-3}} = 1.42 \times 10^5$$

查得 $\lambda = 0.025$，大于假设值，需重新试算。

再设 $\lambda = 0.025$，由（1）式得 $u = 1.29 \, m/s$，$Re = \dfrac{d\rho u}{\mu} = \dfrac{0.106 \times 1\,000 \times 1.29}{1 \times 10^{-3}} = 1.37 \times 10^5$，查得 $\lambda = 0.025$，与假设值相同，故 $u = 1.29 \, m/s$。

输水量

$$q_V = \frac{\pi}{4} d^2 u = (0.785 \times 0.106^2 \times 1.29) \, m^3/s = 1.138 \times 10^{-2} \, m^3/s = 41.0 \, m^3/h$$

试差法不但可用于管路计算,而且在以后的一些单元操作计算中也常用到。由例 1-15 可知,当一些方程关系较复杂,或某些变量间关系不是以方程的形式而是以曲线的形式给出时,需借助试差法求解。但在试差之前,应对要解决的问题进行分析,确定一些变量的变化范围,以减少试差的次数。

1-5-2　复杂管路

通常是指并联管路、分支管路与汇合管路。

一、并联管路

如图 1-26 所示,在主管某处分成几支,然后又汇合到一根主管。其特点如下:

（1）主管中的流量为并联的各支管流量之和,对于不可压缩性流体,则有

$$q_V = q_{V1} + q_{V2} + q_{V3} \qquad (1-49)$$

（2）并联管路中各支管的能量损失均相等,即

$$\sum W_{f1} = \sum W_{f2} = \sum W_{f3} = \sum W_{f,A-B} \qquad (1-50)$$

图 1-26　并联管路

图 1-26 中,$A-A'$ 至 $B-B'$ 两截面之间的机械能差,是由流体在各个支管中克服阻力造成的,因此,对于并联管路而言,单位质量的流体无论通过哪一根支管能量损失都相等。所以,计算并联管路阻力时,可任选一根支管计算,而绝不能将各支管阻力加和在一起作为并联管路的阻力。

二、分支管路与汇合管路

分支管路是指流体由一根总管分流为几根支管的情况,如图 1-27 所示。其特点如下:

（1）总管流量等于各支管流量之和,对于不可压缩性流体,有

$$q_V = q_{V1} + q_{V2} \qquad (1-51)$$

（2）虽然各支管的流量不等,但在分支处 O 点的总机械能为一定值,表明流体在各支管流动终了时的总机械能与能量损失之和必相等。

$$\frac{p_A}{\rho} + z_A g + \frac{1}{2}u_A^2 + \sum W_{f,O-A} = \frac{p_B}{\rho} + z_B g + \frac{1}{2}u_B^2 + \sum W_{f,O-B} \qquad (1-52)$$

汇合管路是指几根支路汇总于一根总管的情况,如图 1-28 所示,其特点与分支管路类似。

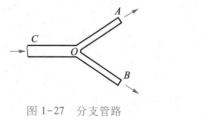

图 1-27　分支管路　　　　　　　　图 1-28　汇合管路

将复杂管路的特点与简单管路的计算方法相结合,即可对复杂管路进行计算。

第六节　流 量 测 量

文本:

本节学习
纲要

在化工生产中,常常需要测定流体的流量。测量流量的装置有多种,本节仅介绍根据流体在流动过程中机械能转换原理而设计的流量计。

1-6-1　孔板流量计

一、结构与测量原理

孔板流量计属差压式流量计,是利用流体流经节流元件产生的压力差来实现流量测量。孔板流量计的节流元件为孔板,即中央开有圆孔的金属板,将孔板垂直安装在管道中,以一定取压方式测取孔板前后两端的压差,并与压差计相连,即构成孔板流量计,如图 1-29 所示。

47

动画:

孔板流量计

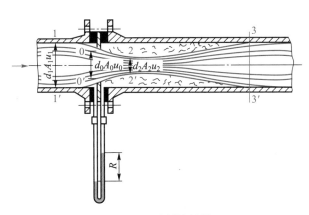

图 1-29　孔板流量计

图 1-29 中,流体在管道 1-1' 截面前,以一定的流速 u_1 流动,因后面有节流元件,当到达 1-1' 截面后流束开始收缩,流速即增加。由于惯性的作用,流束的最小截面并不在孔口处,而是经过孔板后仍继续收缩,直到 2-2' 截面为最小,流速 u_2 为最大。流束截面最小处称为缩脉。随后流束又逐渐扩大,直至 3-3' 截面处,又恢复到原有管截面,流速也降低到原来的数值。

在流速变化的同时,流体的压力也随之发生变化。在 1-1' 截面处流体的压力为 p_1,流束收缩后,流体的压力下降,到缩脉 2-2' 截面处降至最低 p_2,而后又随流束的恢复而恢复。但由于在孔板出口处,流通截面突然缩小与扩大而形成涡流,消耗一部分能量,所以流体在 3-3' 截面的压力 p_3 不能恢复到原来的压力 p_1,而使 $p_3 < p_1$。

流体在缩脉处,流速最高,即动能最大,而相应压力最低,因此当流体以一定流量流经小孔时,在孔板前后就产生一定的压差 $\Delta p = p_1 - p_2$。流量越大,Δp 也就越大,并存在对应关系,因此利用测量压差的方法就可以测量流量。

二、流量方程

孔板流量计的流量与压差的关系,可由连续性方程和伯努利方程推导。

如图 1-29 所示，在 1-1′ 截面和 2-2′ 截面间列伯努利方程，暂时不计能量损失，有

$$\frac{p_1}{\rho}+\frac{1}{2}u_1^2=\frac{p_2}{\rho}+\frac{1}{2}u_2^2$$

变形得

$$\frac{u_2^2-u_1^2}{2}=\frac{p_1-p_2}{\rho}$$

或

$$\sqrt{u_2^2-u_1^2}=\sqrt{\frac{2\Delta p}{\rho}}$$

由于上式未考虑能量损失，实际上流体流经孔板的能量损失不能忽略不计；另外，缩脉位置不定，A_2 未知，但孔口面积 A_0 已知，为便于使用，可用孔口流速 u_0 替代缩脉处流速 u_2；同时两测压孔的位置也不一定在 1-1′ 截面和 2-2′ 截面上，因此引入一校正系数 C 来校正上述各因素的影响，则上式变为

$$\sqrt{u_0^2-u_1^2}=C\sqrt{\frac{2\Delta p}{\rho}} \tag{1-53}$$

根据连续性方程，对于不可压缩流体得

$$u_1=u_0\frac{A_0}{A_1}$$

将上式代入式(1-53)，整理后得

$$u_0=\frac{C}{\sqrt{1-\left(\dfrac{A_0}{A_1}\right)^2}}\sqrt{\frac{2\Delta p}{\rho}} \tag{1-54}$$

令

$$C_0=\frac{C}{\sqrt{1-\left(\dfrac{A_0}{A_1}\right)^2}}$$

则

$$u_0=C_0\sqrt{\frac{2\Delta p}{\rho}} \tag{1-55}$$

根据 u_0 即可计算流体的体积流量：

$$q_V=u_0A_0=C_0A_0\sqrt{\frac{2\Delta p}{\rho}} \tag{1-56}$$

将 U 形管压差计公式$[p_1-p_2=(\rho_0-\rho)gR]$代入式(1-56)中，得

$$q_V=C_0A_0\sqrt{\frac{2Rg(\rho_0-\rho)}{\rho}} \tag{1-57}$$

式中 C_0 称为**流量系数**,其值由实验测定。C_0 主要取决于流体在管内流动的雷诺数 Re、孔面积与管截面积之比 A_0/A_1,同时孔板的取压方式、加工精度、管壁粗糙度等因素也对其有一定的影响。对于取压方式、结构尺寸、加工状况均已规定的标准孔板,流量系数 C_0 可以表示为

$$C_0 = f\left(Re, \frac{A_0}{A_1}\right) \qquad (1-58)$$

式中 Re 是以管道的内径 d_1 计算的雷诺数,即

$$Re = \frac{d_1 \rho u_1}{\mu}$$

对于用角接取压法安装在光滑管路中的标准孔板流量计,实验测得的 C_0 与 Re、A_0/A_1 的关系曲线如图 1-30 所示。从图中可以看出,对于 A_0/A_1 一定的标准孔板,C_0 只是 Re 的函数,并随 Re 的增大而减小。当增大到一定界限值之后,C_0 不再随 Re 变化,成为一个仅取决于 A_0/A_1 的常数。选用或设计孔板流量计时,应尽量使常用流量在此范围内。常用的 C_0 值为 $0.6 \sim 0.7$。

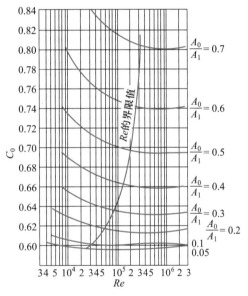

图 1-30　标准孔板的流量系数

用式(1-57)计算流体的流量时,必须先确定流量系数 C_0,但 C_0 与 Re 有关,而管道中的流体流速又是未知,故无法计算 Re 值,此时可采用试差法。即先假设 Re 超过 Re 界限值 Re_c,由 A_0/A_1 从图 1-30 中查得 C_0,然后根据式(1-57)计算流量,再计算管道中的流速及相应的 Re。若所得的 Re 值大于界限值 Re_c,则表明原来的假设正确,否则需重新假设 C_0,重复上述计算,直至计算值与假设值相符为止。

三、孔板流量计的安装与优缺点

孔板流量计安装时,上、下游需要有一段内径不变的直管作为稳定段,上游长度至少为管径的 10 倍,下游长度为管径的 5 倍。

孔板流量计结构简单,制造与安装都方便,其主要缺点是能量损失较大。这主要是由于流体流经孔板时,截面的突然缩小与扩大形成大量涡流所致。如前所述,虽然流体经孔口后某一位置(图 1-29 中的 3-3′截面)流速已恢复到流过孔板前的值,但静压力却不能恢复,产生了永久压力降,即 $\Delta p = p_1 - p_3$。设计孔板流量计时应选择适当的面积比 A_0/A_1,同时兼顾到 U 形管压差计适宜的读数和允许的压力降。

例 1-16 20 ℃苯在 φ133 mm×4 mm 的钢管中流过,为测量苯的流量,在管道中安装一孔径为 75 mm 的标准孔板流量计。当孔板前后 U 形管压差计的读数 R 为 80 mmHg 时,试求管中苯的流量(m³/h)。

解:查得 20 ℃苯的物性:$\rho = 880 \text{ kg/m}^3$,$\mu = 0.67 \times 10^{-3} \text{Pa·s}$。面积比为

$$\frac{A_0}{A_1} = \left(\frac{d_0}{d_1}\right)^2 = \left(\frac{75}{125}\right)^2 = 0.36$$

设 $Re > Re_C$,由图 1-30 查得:$C_0 = 0.648$,$Re_C = 1.5 \times 10^5$。由式(1-57),苯的体积流量:

$$q_V = C_0 A_0 \sqrt{\frac{2Rg(\rho_0 - \rho)}{\rho}}$$

$$= \left[0.648 \times 0.785 \times 0.075^2 \sqrt{\frac{2 \times 0.08 \times 9.81 \times (13\,600 - 880)}{880}} \right] \text{m}^3/\text{s} = 0.013\,6 \text{ m}^3/\text{s} = 48.96 \text{ m}^3/\text{h}$$

校核 Re:管内的流速 $u_1 = \dfrac{q_V}{\dfrac{\pi}{4} d_1^2} = \dfrac{0.013\,6}{0.785 \times 0.125^2}$ m/s $= 1.11$ m/s

管道的 Re $Re = \dfrac{d_1 \rho u_1}{\mu} = \dfrac{0.125 \times 880 \times 1.11}{0.67 \times 10^{-3}} = 1.82 \times 10^5 > Re_C$

故假设正确,以上计算有效。苯在管路中的流量为 48.96 m³/h。

1-6-2　文丘里流量计

孔板流量计的主要缺点是能量损失大,其原因在于孔板前后流束的突然缩小与突然扩大。为此,用一段渐缩、渐扩管代替孔板,所构成的流量计称为文丘里(Venturi)流量计,如图 1-31 所示。当流体经过文丘里管时,由于均匀收缩和逐渐扩大,流速变化平缓,涡流较少,故能量损失比孔板大大减少。

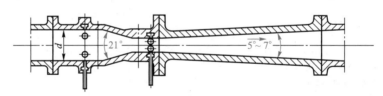

图 1-31　文丘里流量计

文丘里流量计的测量原理与孔板流量计相同,也属差压式流量计。其流量方程也与孔板流量计相似,即

$$q_V = C_V A_0 \sqrt{\frac{2\Delta p}{\rho}} = C_V A_0 \sqrt{\frac{2Rg(\rho_0 - \rho)}{\rho}} \tag{1-59}$$

式中:　C_V——文丘里流量计的流量系数(为 0.98～0.99);

　　　　A_0——喉管处截面积,m²。

由于文丘里流量计的能量损失较小,其流量系数较孔板流量计大,因此相同压差计读数 R 时流量比孔板流量计大。文丘里流量计的缺点是加工较难、精度要求高,因而造

价高,安装时需占去一定管长位置。

1-6-3　转子流量计

一、结构与测量原理

转子流量计的结构如图 1-32 所示,是由一段上粗下细的锥形玻璃管(锥角约在 4°)和管内一个密度大于被测流体的固体转子所构成。流体自玻璃管底部流入,经过转子和管壁之间的环隙,再从顶部流出。

管中无流体通过时,转子沉在管底部。当被测流体以一定的流量流经转子与管壁之间的环隙时,由于流道截面积减小,流速增大,压力随之降低,于是在转子上、下端面形成一个压差,将转子托起,使转子上浮。随转子的上浮,环隙面积逐渐增大,流速减小,转子两端的压差随之降低。当转子上浮至某一定高度时,转子两端面压差造成的升力恰好等于转子的净重力(转子自身重力与流体对其浮力之差)时,转子不再上升而悬浮在该高度。

当流量增加时,环隙流速增大,转子两端的压差也随之增大,而转子的净重力没有变化,则转子在原有位置的受力平衡被破坏,转子将上升,直至另一高度重新达到平衡。反之,若流量减小,转子将下降,在某一较低位置达到平衡。由此可见,转子的平衡位置(即悬浮高度)随流量而变化。转子流量计玻璃管外表面上刻有流量值,根据转子平衡时其上端平面所处的位置,即可读取相应的流量。

转子流量计的流量方程可根据转子受力平衡导出。设转子的体积、最大截面积和密度分别为 V_f、A_f、ρ_f,被测流体的密度为 ρ,转子上下游流体的压差为 (p_1-p_2),则转子平衡时,有

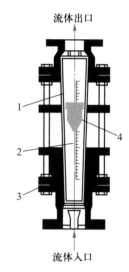

流体出口

流体入口

1—锥形硬玻璃管;2—刻度;
3—突缘填函盖板;4—转子

图 1-32　转子流量计

$$(p_1-p_2)A_f = (\rho_f-\rho)V_f g$$

或

$$p_1-p_2 = \frac{(\rho_f-\rho)V_f g}{A_f} \tag{1-60}$$

流体流经转子环隙时的流量与压差的关系可仿照流体通过孔板流量计的孔口时的情况来表示,即

$$q_V = C_r A_r \sqrt{\frac{2(p_1-p_2)}{\rho}} \tag{1-61}$$

式中:　q_V——流体的体积流量,m^3/s;

　　　　C_r——转子流量计的流量系数;

　　　　A_r——转子上端面处环隙面积,m^2。

将式(1-60)代入式(1-61)中,可得

动画:

转子流量计

$$q_V = C_r A_r \sqrt{\frac{2(\rho_f - \rho) V_t g}{\rho A_f}} \tag{1-62}$$

对于一定的转子和被测流体，V_t、A_f、ρ_f、ρ 为常数，当 Re 较大时，C_r 也为常数，由式(1-62)可知，流体的流量与环隙面积成正比。由于玻璃管为下小上大的锥体，当转子停留在不同高度时，环隙面积不同，因而流量不同。

当流量变化时，力平衡关系式(1-60)并未改变，也即转子上、下两端面的压差为常数，所以转子流量计的特点为恒压差而变流通面积，属截面式流量计。与之相反，孔板流量计则是恒流通面积，而压差随流量变化，为差压式流量计。

二、转子流量计的刻度换算

转子流量计上的刻度，是在出厂前用某种流体进行标定的。一般液体流量计用20 ℃的水（密度为 1 000 kg/m³）标定，而气体流量计则用 20 ℃、101.3 kPa 下的空气（密度为 1.2 kg/m³）标定。当被测流体与上述条件不符时，应进行刻度换算。

假定 C_r 相同，在同一刻度下，有

$$\frac{q_{V2}}{q_{V1}} = \sqrt{\frac{\rho_1(\rho_f - \rho_2)}{\rho_2(\rho_f - \rho_1)}} \tag{1-63}$$

式中下标 1 表示标定流体的参数，下标 2 表示实际被测流体的参数。

对于气体转子流量计，因转子材料的密度远大于气体密度，式(1-63)可简化为

$$\frac{q_{V2}}{q_{V1}} \approx \sqrt{\frac{\rho_1}{\rho_2}} \tag{1-64}$$

转子流量计必须垂直安装在管路上。其优点为读数方便，流动阻力较小，测量范围宽，对不同流体适用性广；缺点是玻璃管不能经受高温和高压，在安装使用过程中玻璃容易破碎。

例 1-17 某气体转子流量计的量程范围为 4~60 m³/h。现用来测量压力为 60 kPa（表压）、温度为 50 ℃的氨气，转子流量计的读数应如何校正？此时流量量程的范围又为多少？（设流量系数 C_r 为常数，当地大气压为 101.3 kPa。）

解： 操作条件下氨气的密度为

$$\rho_2 = \frac{pM}{RT} = \left[\frac{(101.3 + 60) \times 10^3 \times 0.017}{8.314 \times (273 + 50)}\right] \text{kg/m}^3 = 1.021 \text{ kg/m}^3$$

所以

$$\frac{q_{V2}}{q_{V1}} \approx \sqrt{\frac{\rho_1}{\rho_2}} = \sqrt{\frac{1.2}{1.021}} = 1.084$$

即同一刻度下，氨气的流量应是空气流量的 1.084 倍。

此时转子流量计的流量范围为 4×1.084~60×1.084 m³/h，即 4.34~65.0 m³/h。

第七节　流体输送机械

在化工生产中,常常需要将流体从一个地方输送至另一地方。当从低能位向高能位输送时,必须使用流体输送机械,为流体提供机械能,以克服流动过程中的阻力及补偿不足的能量。通常,用于输送液体的机械称为泵,用于输送气体的机械称为风机及压缩机。

流体输送机械依工作原理不同,又可分为离心式、容积式(正位移式)和流体作用式三种类型。离心式机械是利用高速旋转的叶轮将能量传给流体,以增加流体的机械能,如离心泵、离心式通风机等;容积式机械是靠活塞或转子直接作用于流体,利用泵内工作容积周期性变化,将流体吸入和压出,如往复泵、齿轮泵、罗茨鼓风机等;而流体作用式机械则是利用流体流动时机械能的转化以达到输送流体的目的,如喷射真空泵。本节重点讨论化工生产中应用最广泛的离心泵,同时简要介绍其它类型泵和气体输送机械。

1-7-1　离心泵

一、离心泵的工作原理与主要部件

1. 工作原理

离心泵装置如图 1-33 所示,叶轮 3 安装在泵壳 2 内,并紧固在泵轴 5 上,泵轴由电动机直接带动,泵壳中央的吸入口与吸入管路 4 相连,泵壳侧旁的排出口与排出管路 1 相连。

离心泵启动前,应先将泵壳和吸入管路充满被输送液体。启动后,泵轴带动叶轮高速旋转(1 000~3 000 r/min),叶片间的液体也随之做圆周运动。同时在离心力的作用下,液体又从叶轮中心向外缘做径向运动。液体在此运动过程中获得能量,使静压能和动能均有所提高。液体离开叶轮进入泵壳后,由于泵壳中流道逐渐加宽,液体流速逐渐降低,又将一部分动能转变为静压能,使泵出口处液体的静压能进一步提高,最后以高压沿切线方向排出。液体从叶轮中心流向外缘时,在叶轮中心形成低压,在贮槽液面和泵吸入口之间压差的作用下,将液体吸入叶轮。由此可见,只要叶轮不停地转动,液体便会连续不断地吸入和排出,达到输送的目的。

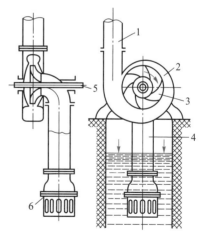

1—排出管路;2—泵壳;3—叶轮;
4—吸入管路;5—泵轴;6—底阀

图 1-33　离心泵装置简图

若启动前泵壳和吸入管路中没有充满液体,泵壳内存有空气,而空气的密度又远小于液体的密度,故产生的离心力很小,因而叶轮中心处所形成的低压不足以将贮槽内液体吸入泵内,此时虽启动离心泵,但也不能输送液体,此种现象称为**气缚**,表明离心泵无自吸能力。因此,离心泵在启动前必须灌泵。

若离心泵的吸入口位于贮槽液面的上方,在吸入管路的进口处应安装带滤网的底阀

（图1-33中的6），底阀为止逆阀（单向阀），防止吸入管路中的液体外流，滤网可以阻拦液体中的固体物质被吸入而堵塞管道或泵壳。若离心泵的吸入口位于贮槽液面的下方，液体靠位差自动流入泵内，无需人工灌泵。

2. 主要部件

离心泵的主要部件为叶轮、泵壳和轴封装置。

（1）叶轮　叶轮通过高速旋转将电动机的能量传给液体，以提高液体的静压能与动能（主要为静压能）。

叶轮上一般有4~12片后弯叶片（叶片弯曲方向与旋转方向相反，其目的是为了提高静压能）。按叶片两侧有无盖板，叶轮可分为敞式、半蔽式和蔽式三种，如图1-34所示。在三种叶轮中，蔽式叶轮效率较高，应用较广，但结构复杂，适用于输送清洁液体。敞式和半蔽式叶轮的效率较低，结构简单，一般用于输送浆液或含悬浮物的料液。

(a) 敞式　　　　　(b) 半蔽式　　　　　(c) 蔽式

图1-34　叶轮的类型

（2）泵壳　离心泵的外壳呈蜗壳形，故又称为蜗壳，壳内有一截面逐渐扩大的通道。当液体从叶轮外缘以高速被抛出后，沿泵壳的蜗壳形通道向排出口流动，流速逐渐降低，减少了能量损失，且使一部分动能有效地转变为静压能。显然，泵壳具有汇集液体和能量转化双重功能。

（3）轴封装置　轴封是指泵轴与泵壳之间的密封，其作用是防止泵壳内高压液体沿轴漏出或外界空气吸入泵的低压区。常用的轴封装置有填料密封和机械密封两种。

填料密封结构简单，加工方便，但功率消耗较大，且有一定的泄漏，需定期更换。

与填料密封相比，机械密封具有较好的密封性能，且结构紧凑，功率消耗少，使用寿命长，广泛用于输送高温、高压、有毒或腐蚀性液体的离心泵中。

二、离心泵的性能参数与特性曲线

1. 性能参数

表征离心泵性能的主要参数有流量、压头、效率和轴功率，这些性能参数是评价离心泵的性能和正确选用离心泵的主要依据。

（1）流量　离心泵的流量表示泵输送液体的能力，是指离心泵单位时间内输送到管路系统的液体体积，以 q_V 表示，单位为 m³/s 或 m³/h，其大小取决于泵的结构、尺寸（主要为叶轮直径和叶片宽度）、转速及所输送液体的黏度等。

（2）压头　又称为扬程，是指单位重量的液体经离心泵后所获得的有效能量，以 H 表示，单位为 J/N，或 m 液柱。其值主要取决于泵的结构（叶轮的直径、叶片弯曲程度等）、转速和流量，也与液体的黏度有关。

对于一定的离心泵,在一定转速下,压头与流量之间存在着明确的关系。但由于流体在泵内流动复杂,无法进行理论计算,因此,离心泵的压头与流量的关系一般由实验测定。

> **小贴士：**
>
> 离心泵的扬程与升扬高度是完全不同的概念,升扬高度是指离心泵将流体从低位送至高位时两液面间的高度差,即 Δz,而扬程表示的是能量概念。

（3）效率　由于泵内存在各种能量损失（容积损失、水力损失及机械损失）,泵轴从电动机获得的功率并没有全部传给液体,离心泵的效率用 η 表示。离心泵的效率与泵的类型、大小、制造精度及输送液体的性质有关。一般小型泵的效率为 50% ~ 70%,大型泵可达 90% 左右。

（4）轴功率　离心泵的轴功率是指由电动机输入离心泵泵轴的功率,以 P 表示,单位为 W 或 kW。离心泵的有效功率是指液体实际上从离心泵所获得的功率,以 P_e 表示。二者的关系为

$$\eta = \frac{P_e}{P} \times 100\% \qquad\qquad (1-65)$$

泵的有效功率可用下式计算：

$$P_e = q_V H \rho g \qquad\qquad (1-66)$$

式中：　P_e——泵的有效功率,W；

q_V——泵的流量,m^3/s；

H——泵的压头,m；

ρ——流体的密度,kg/m^3。

若功率的单位以 kW 表示,则式(1-66)变为

$$P_e = \frac{q_V H \rho \times 9.81}{1\,000} = \frac{q_V H \rho}{102} \qquad\qquad (1-66a)$$

泵的轴功率为

$$P = \frac{q_V H \rho g}{\eta} \qquad\qquad (1-67)$$

或

$$P = \frac{q_V H \rho}{102\eta} \qquad\qquad (1-67a)$$

2. 特性曲线

离心泵的流量 q_V、压头 H、轴功率 P 和效率 η 为离心泵的主要性能参数,它们之间的关系由实验测定,测得的关系曲线称为**离心泵的特性曲线**（见例 1-18）。离心泵在出厂前均由生产厂测定了该泵的特性曲线,附在泵的样本中。

图 1-35 所示的是某离心泵在转速为 2 900 r/min 时的特性曲线,由 $H-q_V$、$P-q_V$、$\eta-q_V$ 三条曲线组成。

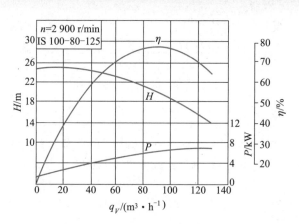

图 1-35 离心泵的特性曲线

（1）$H-q_V$ 曲线　离心泵的压头在较大流量范围内随流量的增大而减小。不同型号的离心泵，$H-q_V$ 曲线的形状有所不同。

（2）$P-q_V$ 曲线　离心泵的轴功率随流量的增大而增大，当流量 $q_V = 0$ 时，泵轴消耗的功率最小。因此离心泵启动时应关闭出口阀门，使启动功率最小，以保护电动机。

（3）$\eta-q_V$ 曲线　开始时泵的效率随流量的增大而增大，达到一最大值后，又随流量的增加而下降。这说明离心泵在一定转速下有一最高效率点，该点称为离心泵的设计点。显然，泵在该点所对应的流量和压头下工作最为经济。一般离心泵出厂时铭牌上标注的性能参数均为最高效率点时的值。实际操作时，离心泵不一定正好在设计点工况下运转，所以一般规定一个范围，通常为最高效率的92%以上的区域，称为**高效率区**。

需要指出，离心泵的特性曲线与转速有关，因此在特性曲线图上一定要标出泵的转速。

例 1-18　离心泵的特性曲线测定实验装置如附图所示，现用 20 ℃水在转速为 2 900 r/min 下进行实验。已知吸入管路内径为 80 mm，压出管路内径为 60 mm，两测压点的垂直距离为 0.12 m。实验中测得一组数据：流量为 24 m³/h，泵进口处真空表读数为 53 kPa，出口处压力表读数为 124 kPa，电动机输入功率为2.38 kW。电动机效率为 0.95，泵轴由电动机直接带动，其传动效率可视为 1。试计算在此流量下泵的性能参数。

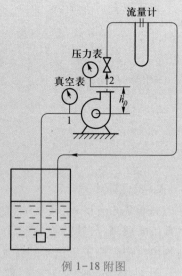

例 1-18 附图

解：（1）泵的压头

在截面 1 与截面 2 之间列伯努利方程，因两截面之间管路较短，忽略压头损失，则

$$H = z_2 - z_1 + \frac{p_2 - p_1}{\rho g} + \frac{u_2^2 - u_1^2}{2 g} \qquad (a)$$

其中：$z_2 - z_1 = 0.12$ m。

$$u_1 = \frac{q_V}{\frac{\pi}{4} d_1^2} = \left(\frac{24/3\,600}{0.785 \times 0.08^2} \right) \text{ m/s} = 1.33 \text{ m/s}$$

$$u_2 = u_1 \left(\frac{d_1}{d_2} \right)^2 = \left[1.33 \times \left(\frac{80}{60} \right)^2 \right] \text{ m/s} = 2.36 \text{ m/s}$$

将已知数据代入(a)式中,且取水的密度为 1 000 kg/m³,则泵的压头为

$$H = \left[0.12 + \frac{(124+53) \times 10^3}{1\,000 \times 9.81} + \frac{2.36^2 - 1.33^2}{2 \times 9.81} \right] \text{ m} = 18.36 \text{ m}$$

(2)泵的轴功率

由于泵由电动机直接带动,泵轴与电动机的传动效率为 1,所以电动机的输出功率即为泵的轴功率,即

$$P = 0.95 \times 2.38 \text{ kW} = 2.26 \text{ kW}$$

(3)泵的效率

由式(1-66),泵的有效功率为

$$P_e = q_V H \rho g = \left[(24/3\,600) \times 18.36 \times 1\,000 \times 9.81 \right] \text{ W} = 1.2 \text{ kW}$$

则泵的效率为

$$\eta = \frac{P_e}{P} \times 100\% = \frac{1.2}{2.26} \times 100\% = 53.1\%$$

由此获得一组离心泵的性能参数:流量 $q_V = 24$ m³/h,$H = 18.36$ m,轴功率 $P = 2.26$ kW,效率 $\eta = 53.1\%$。调节出口阀门改变流量,可获得若干组数据,即可标绘出该泵在转速 $n = 2\,900$ r/min 下的特性曲线。

3. 特性曲线的影响因素

泵生产厂所提供的离心泵的特性曲线,一般都是在一定转速和常压下,以 20 ℃水作为实验介质进行测定的。当实际生产中被输送液体的密度及黏度与水的相差较大时,离心泵的性能将有所变化;若改变泵的转速或叶轮的直径,泵的性能也会发生变化。因此,需考虑这些参数对离心泵的特性曲线的影响。

(1)密度 离心泵的流量与叶轮的几何尺寸及液体在叶轮周边处的径向速度有关,这些因素均不受液体密度的影响,因此,当输送液体密度变化时,离心泵的流量不变。

离心泵的压头也与液体的密度无关。这是因为液体在一定转速下所受离心力是与液体的质量即密度成正比,故在泵内由离心力作用所增加的压力($p_2 - p_1$)也与密度成正比,而由此升高的压头是以 $\frac{p_2 - p_1}{\rho g}$ 的形式表示的,因此密度对压头的影响便抵消了。由此可知,当被输送液体密度变化时,离心泵的 H-q_V 曲线不变。

离心泵的效率与液体的密度基本无关,所以 η-q_V 曲线保持不变。但离心泵的轴功率随液体的密度变化,由式(1-67)可知,轴功率与密度成正比,因此 P-q_V 曲线将上下平移。

(2)黏度 当被输送液体的黏度增大时,液体在泵内的能量损失随之增加,结果导致泵的流量、压头、效率均下降,而轴功率上升,从而使离心泵的特性曲线发生变化。

(3)离心泵转速 离心泵的特性曲线都是在一定转速下测定的,当泵的转速改变时,泵的流量、压头及轴功率也随之改变。当液体的黏度不大,且转速变化小于 20%时,

可认为泵的效率不变,此时泵的流量、压头、轴功率与转速的近似关系为

$$\frac{q_{V1}}{q_{V2}}=\frac{n_1}{n_2} \qquad \frac{H_1}{H_2}=\left(\frac{n_1}{n_2}\right)^2 \qquad \frac{P_1}{P_2}=\left(\frac{n_1}{n_2}\right)^3 \qquad (1-68)$$

式中: q_{V1}、H_1、P_1——转速为 n_1 时的性能参数;

q_{V2}、H_2、P_2——转速为 n_2 时的性能参数。

式(1-68)称为比例定律。根据此式可将某一转速下的特性曲线转换为另一转速下的特性曲线。

三、离心泵的工作点与流量调节

当把一台泵安装在特定的管路中时,实际的压头与流量不仅与离心泵本身的特性有关,还与管路的特性有关,即由泵的特性与管路的特性共同决定。因此,在讨论泵的工作情况之前,应先了解泵所在管路的状况。

1. 管路特性曲线

如图 1-36 所示管路输送系统,设贮槽与高位槽中液位恒定,二者间为定态流动系统。

在 1-1′截面与 2-2′截面间列伯努利方程,有

$$H_e = \Delta z + \frac{\Delta p}{\rho g} + \frac{\Delta u^2}{2g} + \sum H_f \qquad (1-69)$$

若贮槽与高位槽的截面较大,则 $\frac{\Delta u^2}{2g}\approx 0$。对于特定的管路

系统,Δz、Δp 为常数,令 $A = \Delta z + \frac{\Delta p}{\rho g}$,则式(1-69)简化为

$$H_e = A + \sum H_f \qquad (1-70)$$

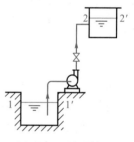

图 1-36 管路输送
系统简图

假定输送管路的直径不变,则管路系统的压头损失为

$$\sum H_f = \lambda \frac{l+\sum l_e}{d} \frac{u^2}{2g} = \lambda \frac{l+\sum l_e}{d} \frac{1}{2g}\left(\frac{q_v}{\frac{\pi}{4}d^2}\right)^2 = \lambda \frac{8}{\pi^2 g} \frac{l+\sum l_e}{d^5}q_v^2$$

对于特定的管路系统,$l+\sum l_e$,d 一定,且认为流体流动进入阻力平方区,λ 变化较小,可视为常数。令

$$B = \lambda \frac{8}{\pi^2 g} \frac{l+\sum l_e}{d^5}$$

则式(1-70)可写为

$$H_e = A + Bq_v^2 \qquad (1-71)$$

式(1-71)称为**管路特性方程**。若将此关系标绘在坐标图上,即可得图 1-37 所示的 H_e-q_v 曲线,称为**管路特性曲线**,表示在特定的管路系统中,输液量与所需压头的关系,反映了

被输送液体对输送机械的能量要求。

管路特性曲线仅与管路的布局及操作条件有关,而与泵的性能无关。曲线的截距 A 与两贮槽间液位差 Δz 及操作压差 Δp 有关,曲线的陡度 B 与管路的阻力状况有关。高阻力管路系统的特性曲线较陡峭,低阻力管路系统的特性曲线较平坦。

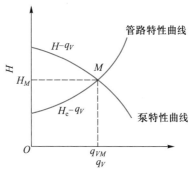

图 1-37　管路特性曲线与工作点

2. 工作点

输送液体是靠泵和管路系统相互配合完成的,所以当离心泵安装在一定管路中工作时,泵所提供的压头及流量必然与管路要求供给的压头及流量相一致。若将泵特性曲线 $H\text{-}q_V$ 与管路特性曲线 $H_e\text{-}q_V$ 绘制在同一坐标图上,如图 1-37 所示,则两条曲线有一个交点 M,称 M 点为离心泵的工作点。显然,工作点所对应的流量和压头既能满足输送管路的要求,又为泵所提供,即供需达到平衡。M 点反映了离心泵在特定管路中的真实工作状况,其流量为 q_{VM},压头为 H_M。若该点所对应的效率在离心泵的高效率区,则该工作点是适宜的。

工作点所对应的流量与压头,可利用上述图解法求取,也可由

$$
\begin{cases}
\text{管路特性方程} & H_e = f(q_V) & (1\text{-}72) \\
\text{泵特性方程} & H = \phi(q_V) & (1\text{-}73)
\end{cases}
$$

联立求解。

例 1-19　如附图所示,用离心泵将水由贮槽 A 送往高位槽 B,两槽均为敞口,且液位恒定。已知输送管路为 $\phi 45\ mm \times 2.5\ mm$,在泵出口阀门全开的情况下,整个输送系统的管路总长为 20 m(包括所有局部阻力的当量长度),摩擦系数可取为 0.02。查该离心泵的样本,在输送范围内其特性方程为 $H = 18\ m - (6 \times 10^5\ s^2/m^5)\ q_V^2$($q_V$ 的单位为 m^3/s,H 的单位为 m)。水的密度可取为 $1\ 000\ kg/m^3$,试求离心泵在管路中的工作点。

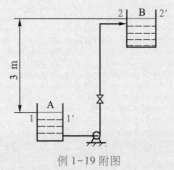

例 1-19 附图

解: 由式(1-72),管路特性方程为

$$H_e = A + B q_V^2$$

其中

$$A = \Delta z + \frac{\Delta p}{\rho g} = 3\ m$$

$$B = \lambda \frac{8}{\pi^2 g} \frac{l + \sum l_e}{d^5} = \left(0.02 \times \frac{8}{3.14^2 \times 9.81} \times \frac{20}{0.04^5} \right)\ s^2/m^5 = 3.23 \times 10^5\ s^2/m^5$$

故管路特性方程为 $\qquad H_e = 3 + 3.23 \times 10^5 q_V^2$

而离心泵特性方程为 $\qquad H = 18 - 6 \times 10^5 q_V^2$

两式联立求解,可得工作点下的流量与压头:

$$q_V = 4.03 \times 10^{-3}\ m^3/s\ ,\qquad H = 8.25\ m$$

59

3. 流量调节

如果工作点的流量大于或小于所需的输送量,应设法改变工作点的位置,即进行流量调节。既然工作点是由泵特性和管路特性共同决定,因此,改变泵特性曲线或改变管路特性曲线均可以实现流量调节。

(1) 改变管路特性曲线　最简单的调节方法是在离心泵排出管路上安装调节阀。改变阀门的开度,就是改变管路的阻力状况,从而使管路特性曲线发生变化。

在图 1-38 中,离心泵原工作点为 M 点,关小出口阀门,管路中局部阻力增大,即式(1-71)中 B 值增加,管路特性曲线变陡(图中曲线1),工作点由 M 点变为 M_1 点,流量由 q_{VM} 减小为 q_{VM1}。反之,开大出口阀门,管路特性曲线平坦(图中曲线2),流量由 q_{VM} 增大到 q_{VM2}。

这种改变出口阀门开度调节流量的方法,操作简便、灵活,流量可以连续变化,故应用较广,尤其适用于调节幅度不大,而经常需要改变流量的场合。但当阀门关小时,不仅增加了管路的阻力,使增大的压头用于消耗阀门的附加阻力上,而且使泵在低效率下工作,经济上不合理。

(2) 改变泵特性曲线　通常采用改变泵的转速使泵性能发生变化。

在图 1-39 中,泵原来的转速为 n,工作点为 M 点。现将泵的转速提高到 n_1,则泵的特性曲线上移,工作点由 M 点变为 M_1 点,流量由 q_{VM} 增大到 q_{VM1};若将转速降至 n_2,则泵的特性曲线下移,流量由 q_{VM} 减小为 q_{VM2}。

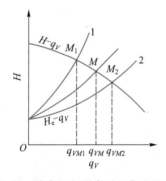

图 1-38　改变阀门开度时工作点的变化

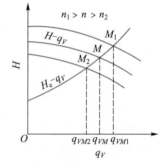

图 1-39　改变泵转速时工作点的变化

这种调节方法,不额外增加阻力,且在一定范围内可保持泵在高效率下工作,能量利用率高,但调节不方便,通常在调节幅度大、时间又长的季节性调节中才使用。近年来,随着电子和变频技术的发展与成熟,变频调速技术(通过改变电动机输入电源的频率实现电动机转速的变化)已广泛应用于空调变频控温调速、高层楼供水系统变频调速等场合,工业用泵的变频调速也将成为一种调节方便且节能的流量调节方式。

例 1-20　用离心泵向高位槽送水。在某一转速下,当离心泵流量为 6.3×10^{-3} m³/s 时,泵提供的压头为 19 m。管路中阀门全开时的特性方程为 $H_e = 6 + 2.6 \times 10^5 q_V^2$($q_V$ 的单位为 m³/s,H 的单位为 m)。为了适应泵的特性,将泵出口阀门关小以改变管路特性。试求:

(1) 多消耗在阀门上的功率(设泵的效率为62%);

第一章　流体流动与输送机械

（2）关小阀门后的管路特性方程。

解：（1）当流量 $q_V = 6.3 \times 10^{-3}$ m^3/s 时，泵提供的压头 $H = 19$ m。而管路所需的压头为

$$H_1 = 6 + 2.6 \times 10^5 q_V^2 = (6 + 2.6 \times 10^5 \times 0.006\ 3^2)\ \text{m} = 16.3\ \text{m}$$

即泵提供的压头大于管路所需的压头，所以需关小阀门调整工作点。阀门全开时的特性曲线如附图中曲线 1 所示，关小阀门后，由于阀门的局部阻力增加，管路特性曲线变陡如曲线 2 所示。显然，由于关小阀门而损失的压头为

$$\Delta H = H - H_1 = (19 - 16.3)\ \text{m} = 2.7\ \text{m}$$

则多消耗在阀门上的功率为

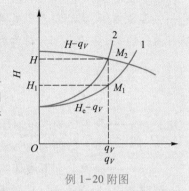

例 1-20 附图

$$\Delta P = \frac{q_V \Delta H \rho g}{\eta} = \left[\frac{0.006\ 3 \times 2.7 \times 1\ 000 \times 9.81}{0.62}\right]\ \text{W} = 269\ \text{W}$$

（2）设关小阀门后的管路特性方程为 $H_e = A' + B' q_V^2$。由于截面状况没有改变，故 A' 值不变，但 B' 值因关小阀门而增大。此时工作点 M_2 应满足泵的性能，即

$$19\ \text{m} = 6\ \text{m} + B' \times (0.006\ 3\ \text{m}^3/\text{s})^2$$

解得

$$B' = 3.27 \times 10^5\ \text{s}^2/\text{m}^5$$

因此关小阀门后的管路特性方程为

$$H_e = 6 + 3.27 \times 10^5 q_V^2$$

四、离心泵的汽蚀现象与安装高度

1. 汽蚀现象

在图 1-40 的 0-0′ 截面与 1-1′ 截面间无外加机械能，离心泵是靠贮液槽液面与泵入口处之间的压差（$p_0 - p_1$）吸入液体。当 p_0 一定时，泵安装位置离液面的高度（即安装高度 H_g）越高，p_1 越低。实际上，离心泵中压最低处常位于叶轮内缘叶片的背部（图中 K-K' 截面）。当安装高度达到一定值，使 p_K 等于或小于同温度下液体的饱和蒸气压时，液体在该处汽化并产生气泡。含气泡的液体进入叶轮的高压区后，气泡在高压作用下，迅速凝聚或破裂。气泡的消失将产生局部真空，这时周围液体以高速涌向气泡中心，产生压力极大、频率极高的冲击，致使叶轮表面损伤。运转一定时间后，叶轮表面出现斑痕及裂缝，甚至呈海绵状脱落，使叶轮损坏。这种现象称为离心泵的汽蚀。

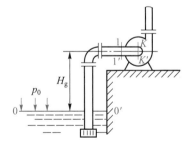

图 1-40　离心泵吸液示意图

离心泵一旦发生汽蚀，泵体就会强烈振动并发出噪声，液体流量、压头（出口压力）及效率明显下降，严重时甚至吸不上液体。为避免汽蚀现象，泵的安装位置不能过高，以保证泵内最低压力大于操作温度下液体的饱和蒸气压。

2. 汽蚀余量

由于实际操作中,不易测出最低压力的位置,通常以泵入口处 1-1' 截面考虑。为防止汽蚀现象发生,离心泵入口处液体的静压头与动压头之和必须大于操作温度下液体的饱和蒸气压头,其超出部分称为离心泵的**汽蚀余量**,以 NPSH 表示,即

$$NPSH = \frac{p_1}{\rho g} + \frac{u_1^2}{2g} - \frac{p_v}{\rho g} \qquad (1-74)$$

式中： p_1——泵入口处的绝对压力,Pa;

u_1——泵入口处的液体流速,m/s;

p_v——操作温度下液体的饱和蒸气压,Pa。

前已指出,为避免汽蚀现象发生,离心泵入口处压力不能过低,而应有一最低允许值 $p_{1允}$,此时所对应的汽蚀余量称为**必需汽蚀余量**,以 $(NPSH)_r$ 表示,即

$$(NPSH)_r = \frac{p_{1允}}{\rho g} + \frac{u_1^2}{2g} - \frac{p_v}{\rho g} \qquad (1-75)$$

$(NPSH)_r$ 一般由泵制造厂通过汽蚀实验测定,并作为离心泵的性能参数列于泵产品样本中。泵正常操作时,实际汽蚀余量 NPSH 必须大于必需汽蚀余量 $(NPSH)_r$,标准中规定应大于 0.5 m 以上。

3. 离心泵的允许安装高度

离心泵的允许安装高度是指贮槽液面与泵的吸入口之间所允许的最大垂直距离,以 $H_{g允}$ 表示。

在图 1-40 中,在 0-0' 截面与 1-1' 截面间列伯努利方程,可得允许安装高度：

$$H_{g允} = \frac{p_0 - p_{1允}}{\rho g} - \frac{u_1^2}{2g} - \sum H_{f,0-1} \qquad (1-76)$$

式中： p_0——贮槽液面上方的绝对压力,Pa;

$\sum H_{f,0-1}$——吸入管路的压头损失,m。

将式(1-75)代入式(1-76),并整理得

$$H_{g允} = \frac{p_0 - p_v}{\rho g} - (NPSH)_r - \sum H_{f,0-1} \qquad (1-77)$$

根据离心泵样本中提供的必需汽蚀余量 $(NPSH)_r$,即可确定离心泵的允许安装高度,实际安装时,为安全计,应再降低 0.5~1 m。也可以根据现场实际安装高度与允许安装高度比较,判断安装是否合适：若 $H_{g实}$ 低于 $H_{g允}$,则说明安装合适,不会发生汽蚀现象,否则,需调整安装高度。

由式(1-77)可见,欲提高泵的允许安装高度,必须设法减小吸入管路的阻力。泵在安装时,应选用较大的吸入管径,管路尽可能短,减少吸入管路的弯头、阀门等管件,并将调节阀安装在排出管线上。

例 1-21　用离心泵将密闭贮槽中 60 ℃热水送至高位槽中,贮槽中水面上方的真空度为 20 kPa。在操作条件下,吸入管路中的压头损失估计为 1.8 m,泵的必需汽蚀余量为 2.0 m。试确定泵的安装高度。

解:由附录Ⅳ查得,60 ℃水的饱和蒸气压为 1.992×10^4 Pa,密度为 983.1 kg/m³。

已知 $p_0 = (101.3 - 20)$ kPa $= 81.3$ kPa,$\sum H_{f,0-1} = 1.8$ m,$(NPSH)_r = 2$ m,代入式(1-77),可得泵的允许安装高度:

$$H_{g允} = \frac{p_0 - p_v}{\rho g} - (NPSH)_r - \sum H_{f,0-1} = \left(\frac{81.3 \times 10^3 - 1.992 \times 10^4}{983.1 \times 9.81} - 2 - 1.8 \right) \text{ m} = 2.56 \text{ m}$$

为安全计,再降低 0.5 m,故实际安装高度为 $(2.56 - 0.5)$ m $= 2.06$ m。

例 1-22　用离心油泵将密闭容器中 30 ℃的丁烷送出,要求输送量为 9 m³/h,容器液面上方的绝对压力为 340 kPa。液面降到最低时,在泵入口处中心线以下 2.5 m。已知 30 ℃丁烷的密度为 580 kg/m³,饱和蒸气压为 304 kPa。吸入管路为 ϕ50 mm×3 mm,估计吸入管路的总长为 15 m(包括所有局部阻力的当量长度),摩擦系数取为 0.03。所选油泵的必需汽蚀余量为 2.8 m,则此泵能否正常工作?

解:判断泵能否正常操作实际上是需要比较实际安装高度与允许安装高度的大小。

流速　　　$$u = \frac{q_v}{\frac{\pi}{4}d^2} = \left(\frac{9/3\,600}{0.785 \times 0.044^2} \right) \text{ m/s} = 1.64 \text{ m/s}$$

吸入管路阻力　$$\sum H_{f,0-1} = \lambda \frac{l + \sum l_e}{d} \frac{u^2}{2g} = \left(0.03 \times \frac{15}{0.044} \times \frac{1.64^2}{2 \times 9.81} \right) \text{ m} = 1.4 \text{ m}$$

则允许安装高度为

$$H_{g允} = \frac{p_0 - p_v}{\rho g} - (NPSH)_r - \sum H_{f,0-1} = \left[\frac{(340 - 304) \times 10^3}{580 \times 9.81} - 2.8 - 1.4 \right] \text{ m} = 2.13 \text{ m}$$

题中已知容器内的液面降到最低时,安装高度为 2.5 m,比允许安装高度大,说明实际安装位置太高,不能保证整个输送过程中不发生汽蚀现象。所以应将泵的位置至少下降 $(2.5 - 2.13)$ m $= 0.37$ m;也可以提升容器的位置;或提高容器内的压力。

五、离心泵的类型与选用

1. 离心泵的类型

离心泵的种类很多,按输送液体的性质及使用条件不同,可分为清水泵、耐腐蚀泵、油泵、液下泵、屏蔽泵、杂质泵等。以下介绍几种主要类型的离心泵。

(1) 清水泵(IS 型、D 型、Sh 型)　清水泵应用最广泛,适用于输送各种工业用水及物理、化学性质类似于水的其它液体。

最普通的清水泵是单级单吸式,系列代号为 IS,其结构如图 1-41 所示。全系列流量范围为 4.5~360 m³/h,扬程范围为 8~98 m。以 IS100—80—125 说明泵型号中各项意义:IS——国际标准单级单吸清水离心泵;100——吸入管内径,mm;80——排出管内径,mm;125——叶轮直径,mm。

若要求的压头较高时,可采用多级离心泵,系列代号为 D。叶轮的级数通常为 2~9 级,最多可达 12 级。全系列流量范围为 10.8~850 m³/h,扬程范围为 14~351 m。若要求

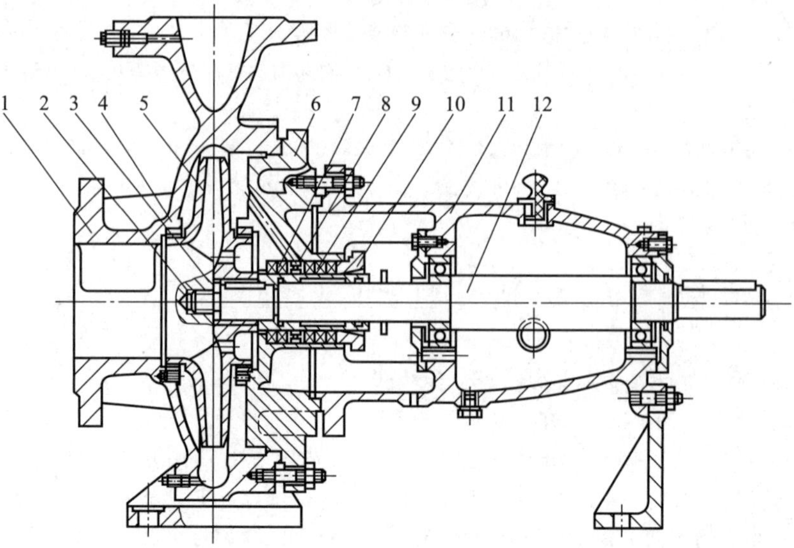

1—泵体；2—叶轮螺母；3—止动垫圈；4—密封环；5—叶轮；6—泵盖；7—轴盖；
8—填料环；9—填料；10—填料压盖；11—悬架轴承部件；12—泵轴

图 1-41　IS 型离心泵结构简图

的流量较大时，可采用双吸式泵，液体从叶轮双侧吸入，系列代号为 Sh。全系列流量范围为 $120 \sim 12\,500\ \mathrm{m^3/h}$，扬程范围为 $9 \sim 140\ \mathrm{m}$。

（2）耐腐蚀泵（F 型）　输送酸、碱、浓氨水等腐蚀性液体时，必须用耐腐蚀泵。泵中与腐蚀性液体接触的部件，都用各种耐腐蚀材料制造，如灰口铸铁、镍铬合金钢等，系列代号为 F。全系列流量范围为 $2 \sim 400\ \mathrm{m^3/h}$，扬程范围为 $15 \sim 105\ \mathrm{m}$。

（3）油泵（Y 型、YS 型）　输送石油产品的泵称为油泵。因为油品易燃易爆，因此要求油泵具有良好的密封性能。当输送 200 ℃以上的热油时，还需有冷却装置，一般在热油泵的轴封装置和轴承处均装有冷却水夹套，运转时通冷水冷却。

油泵分单吸和双吸两种，系列号分别为 Y、YS。全系列流量范围为 $6.25 \sim 500\ \mathrm{m^3/h}$，扬程范围为 $60 \sim 600\ \mathrm{m}$。

2. 离心泵的选用

离心泵的选用是以能满足液体输送的工艺要求为前提的，基本步骤如下：

（1）确定输送系统的流量和压头　一般液体的输送量由生产任务决定。如果流量在一定范围内变化，应根据最大流量选泵，并根据情况，计算最大流量下的管路所需的压头。

（2）选择离心泵的类型与型号　根据被输送液体的性质及操作条件，确定泵的类型，如清水泵、油泵等；再按已确定的流量和压头从泵样本中选出合适的型号。若没有完全合适的型号，则应选择压头和流量都稍大的型号；若同时有几个型号的泵均能满足要求，则应选择其中效率最高的泵。

（3）核算泵的轴功率　若输送液体的密度大于水的密度，则要核算泵的轴功率，以选择合适的电动机。

例 1-23 如附图所示,需用离心泵将水池中水送至密闭高位槽中,高位槽液面与水池液面高度差为 15 m,高位槽中的气相表压为 49.1 kPa。要求水的流量为 15～25 m^3/h,吸入管长 24 m,压出管长 60 m(均包括局部阻力的当量长度),管子均为 $\phi 68$ mm×4 mm,摩擦系数为 0.021。试选用一台离心泵,并确定安装高度(设水温为 20 ℃,密度以 1 000 kg/m^3 计,当地大气压为101.3 kPa)。

解: 以大流量 $q_V = 25$ m^3/h 计算。如附图所示,在 1—1′ 截面与 2—2′ 截面间列伯努利方程:

$$z_1+\frac{1}{2g}u_1^2+\frac{p_1}{\rho g}+H_e = z_2+\frac{1}{2g}u_2^2+\frac{p_2}{\rho g}+\sum H_f$$

其中:$z_1=0$,$u_1\approx 0$,$p_1=0$(表压);$z_2=15$ m,$p_2=49.1$ kPa(表压),$u_2\approx 0$。

管中流速

$$u=\frac{q_V}{\frac{\pi}{4}d^2}=\left(\frac{25/3\ 600}{0.785\times 0.06^2}\right)\ \text{m/s}=2.46\ \text{m/s}$$

总阻力

$$\sum H_f=\lambda\frac{l+\sum l_e}{d}\frac{u^2}{2g}=\left(0.021\times\frac{24+60}{0.06}\times\frac{2.46^2}{2\times 9.81}\right)\ \text{m}=9.07\ \text{m}$$

所以

$$H_e=z_2+\frac{p_2}{\rho g}+\sum H_f=\left(15+\frac{49.1\times 10^3}{1\ 000\times 9.81}+9.07\right)\ \text{m}=29.07\ \text{m}$$

根据流量 $q_V=25$ m^3/h 及扬程 $H_e=29.07$ m,查附录Ⅶ离心泵样本,选用型号 IS65—50—160 泵,其性能为:流量 q_V 为 25 m^3/h,压头 H 为 32 m,转速 n 为 2 900 r/min,必需汽蚀余量(NPSH)$_r$ 为 2.0 m,效率 η 为 65%,轴功率 P 为 3.35 kW。

20 ℃ 水的饱和蒸气压 $p_v=2.336$ kPa,吸入管路阻力为

$$\sum H_{f,0-1}=\lambda\frac{(l+\sum l_e)_{\text{吸入}}}{d}\frac{u^2}{2g}=\left(0.021\times\frac{24}{0.06}\times\frac{2.46^2}{2\times 9.81}\right)\ \text{m}=2.59\ \text{m}$$

则泵允许安装高度为

$$H_{g允}=\frac{p_0-p_v}{\rho g}-(\text{NPSH})_r-\sum H_{f,0-1}=\left[\frac{(101.3-2.335)\times 10^3}{1\ 000\times 9.81}-2.0-2.59\right]\ \text{m}=5.5\ \text{m}$$

泵的实际安装高度应低于 5.5 m,可取 4.5～5.0 m。

1-7-2 其它类型化工用泵

一、往复式泵

1. 往复泵

(1) 往复泵的构造及工作原理　图 1-42 所示的是往复泵装置简图,其主要部件为泵缸、活塞、活塞杆、吸入阀和排出阀。吸入阀和排出阀均为单向阀。

活塞由曲柄连杆机构带动做往复运动。当活塞自左向右移动时,泵缸内容积增大而形成低压,吸入阀受泵外液体压力作用而推开,将液体吸入泵缸,排出阀则受排出管

例 1-23 附图

内液体压力而关闭；当活塞自右向左移动时，因活塞的挤压使泵缸内的液体压力升高，吸入阀受压而关闭，排出阀受压而开启，从而将液体排出泵外。往复泵正是依靠活塞的往复运动，吸入并排出液体，以达到输送液体的目的。

活塞在泵缸内两端点移动的距离称为冲程。活塞往复一次只吸液一次和排液一次的泵称为单动泵。由于单动泵的吸入阀与排出阀装在泵缸的同一端，故吸液和排液不能同时进行；又由于活塞的往复运动是不等速的，其瞬时流量不均匀。为了改善单动泵流量的不均匀性，可采用双动泵或三联泵。

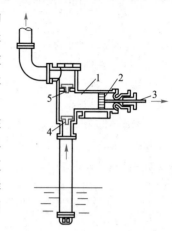

1—泵缸；2—活塞；3—活塞杆；
4—吸入阀；5—排出阀

图 1-42 往复泵装置简图

（2）往复泵的流量与压头

① 流量 往复泵的流量取决于活塞扫过的体积，单动泵的理论平均流量可按下式计算：

$$q_{VT} = ASn \tag{1-78}$$

式中： q_{VT}——往复泵的理论流量，m^3/min；

A——活塞截面积，m^2；

S——活塞冲程，m；

n——活塞的往复次数，min^{-1}。

由式（1-78）可知，当活塞直径、冲程及往复次数一定时，往复泵的理论流量为一定值。但实际上，由于活门启闭有滞后，活门、活塞、填料函等存在泄漏，实际流量比理论流量小，但也为常数，只有在压头较高的情况下才随压头的升高而略有下降，如图 1-43 所示。

② 压头 往复泵的压头与泵的几何尺寸无关，与流量也无关。只要泵的机械强度和原动机的功率允许，管路系统要求多高的压头，往复泵就能提供多大的压头。

③ 往复泵的特性曲线与工作点 往复泵的压头与流量无关，因此往复泵的特性曲线即为 q_V 等于常数的垂直线，其工作点也是泵特性曲线与管路特性曲线的交点，如图 1-43 所示。由此可见，往复泵的工作点随管路特性曲线的变化而变化。

往复泵的流量仅与泵特性有关，而提供的压头只取决于管路状况，这种特性称为**正位移特性**，具有这种特性的泵称为**正位移泵**或**容积式泵**。

（3）往复泵的流量调节 与离心泵不同，往复泵不能采用出口阀门调节流量。这是因为往复泵的流量与管路特性无关，一旦出口阀门完全关闭，就会造成泵缸内的压力急剧上升，导致泵缸损坏或电动机烧毁。

往复泵的流量调节可采用以下方法：

① 旁路调节 如图 1-44 所示，它是通过改变旁路阀的开度，即通过调节旁路的流量，达到调节主管路系统流量的目的。为保护泵和电动机，旁路上还设有安全阀，当泵出口处的压力超过规定值时，安全阀会被高压液体顶开，液体流回进口处，使泵出口处减压。旁路调节方法简单，但不经济，适用于流量变化幅度小且需经常调节的场合。

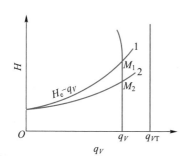

图 1-43　往复泵的特性曲线及工作点

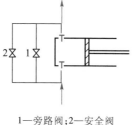

1—旁路阀；2—安全阀

图 1-44　往复泵的旁路调节

② 改变活塞冲程或往复次数　由式（1-78）可知，调节活塞的冲程 S 或往复次数 n，均可达到流量调节目的。

往复泵的效率一般在70%以上，适用于输送小流量、高压头、高黏度的液体，但不适于输送腐蚀性液体及有固体颗粒的悬浮液。

2. 隔膜泵

当输送腐蚀性液体或悬浮液时，可采用隔膜泵，如图1-45所示。隔膜泵系用一弹性薄膜将活柱与被输送的液体隔开，使泵缸、活柱等不受腐蚀。隔膜左侧为输送液体，与其接触部件均用耐腐蚀材料制成或涂有耐腐蚀物质。隔膜右侧则充满水或油。当活柱做往复运动时，迫使隔膜交替地向两边弯曲，使液体经球形活门吸入和排出。

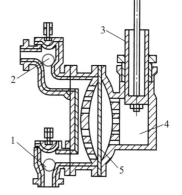

1—球形吸入活门；2—球形排出活门；
3—活柱；4—水（或油）缸；5—隔膜

图 1-45　隔膜泵

二、旋转式泵

旋转式泵也属于正位移泵，其工作原理是依靠泵内一个或多个转子的旋转来吸入液体和排出液体，所以又称转子泵。

1. 齿轮泵

齿轮泵的结构如图1-46所示，泵壳内有两个齿轮，一个是主动轮，由电动机带动旋转，另一个为从动轮，与主动轮相啮合向相反的方向旋转。吸入腔内两轮的齿互相拨开，于是形成低压而吸入液体。吸入的液体封闭于齿穴和壳体之间，随齿轮旋转而到达排出腔。排出腔内两轮的齿互相合拢，形成高压而排出液体。

齿轮泵的流量小但压头高，适于输送黏稠液体甚至膏状物料，但不宜输送含有固体颗粒的悬浮液。

2. 螺杆泵

螺杆泵由泵壳和一个或多个螺杆构成。图1-47（a）所示为单螺杆泵，其工作原理是靠螺杆在具有内螺旋的泵壳中偏心转动，将液体沿轴向推进，最后挤压到排出口而排出。图1-47（b）所示为双螺杆泵，其工作原理与齿轮泵相似，依靠两根互相啮合的螺杆排送液体。当所需的压头较高时，可采用较长的螺杆。

螺杆泵的压头高、效率高、无噪声、流量均匀，尤其适用于高黏度液体的输送。

旋转式泵与往复式泵一样，也具有正位移特性，因此也采用旁路调节或改变旋转泵的转速,以达调节流量的目的。

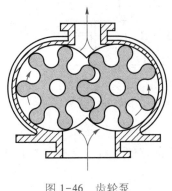

图 1-46　齿轮泵

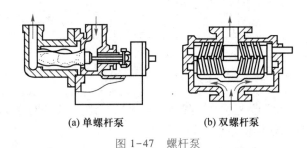

图 1-47　螺杆泵

1-7-3　气体输送机械

气体输送机械的结构和原理与液体输送机械大体相同,但是气体密度比液体密度小得多,同时气体又具有压缩性,当压力变化时,其体积和温度将随之变化,从而使得气体输送机械具有某些特点。气体输送机械与液体输送机械一样,可按结构和原理分为离心式、容积式、往复式等,也可根据其出口压力或压缩比(出口与进口的绝对压力之比)进行分类:

(1) 通风机:出口表压不大于 15 kPa,压缩比不大于 1.15;

(2) 鼓风机:出口表压为 15~300 kPa,压缩比为 1.15~4;

(3) 压缩机:出口表压大于 300 kPa,压缩比大于 4;

(4) 真空泵:在容器或设备内造成真空,出口压力为大气压或略高于大气压,其压缩比由真空度决定。

以下介绍几种最典型的气体输送机械。

一、离心式通风机

1. 工作原理与结构

离心式通风机的工作原理与离心泵完全相同,在蜗壳中有一高速旋转的叶轮,借叶轮旋转时所产生的离心力将气体压力提高而排出。根据所产生的风压不同,离心式通风机又可分为低压、中压和高压离心式通风机。

离心式通风机的结构和单级离心泵相似,机壳也是蜗壳形,但壳内逐渐扩大的气体通道及出口截面有方形(矩形)和圆形两种,一般低、中压通风机多是方形(见图 1-48),高压的为圆形。通风机叶轮直径较大,叶片数目多且长度短,其形状有前弯、径向及后弯三种。在不追求高效率,仅要求大风量时,常采用前弯叶片。若要求高效率和高风压,则采用后弯叶片。

2. 性能参数与特性曲线

(1) 性能参数

① 流量(风量)　是指单位时间内通风机输送的气体体积,以通风机进口处气体的状态计,以 q_V 表示,单位为 m^3/s 或 m^3/h。

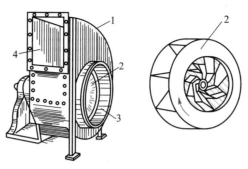

1—机壳；2—叶轮；3—吸入口；4—排出口

图 1-48　离心式通风机及叶轮

② 风压　是指单位体积的气体流经通风机后获得的能量，以 p_t 表示，单位为 J/m^3 或 Pa。

离心式通风机的风压通常由实验测定。

以单位质量的气体为基准，在风机进、出口 1-1′、2-2′ 截面间列伯努利方程，且气体密度取为平均值，可得

$$z_1 g + \frac{p_1}{\rho} + \frac{1}{2} u_1^2 + W_e = z_2 g + \frac{p_2}{\rho} + \frac{1}{2} u_2^2 + \sum W_f \qquad (1-79)$$

式中各项的单位为 J/kg。将上式各项同乘以 ρ，并整理可得

$$p_t = \rho W_e = (z_2 - z_1) \rho g + (p_2 - p_1) + \frac{\rho}{2} (u_2^2 - u_1^2) + \Delta p_f \qquad (1-80)$$

式中各项的单位为 $J/m^3 = N \cdot m/m^3 = N/m^2 = Pa$，各项意义为单位体积气体所具有的机械能。

一般，$(z_2 - z_1)$ 较小，气体的 ρ 也较小，故 $(z_2 - z_1) \rho g$ 项可忽略；又因进、出口管段很短，Δp_f 项亦可忽略；当空气直接由大气进入通风机时，u_1 亦可忽略，则式 (1-80) 可简化为

$$p_t = (p_2 - p_1) + \frac{\rho}{2} u_2^2 \qquad (1-81)$$

式 (1-81) 中 $(p_2 - p_1)$ 称为静风压，以 p_s 表示；$\frac{\rho}{2} u_2^2$ 称为动风压，以 p_k 表示。因通风机出口处气体的流速很大，动风压不能忽略。离心式通风机的风压 p_t 为静风压 p_s 与动风压 p_k 之和，又称全风压，即

$$p_t = p_s + p_k \qquad (1-82)$$

③ 轴功率与效率　离心式通风机的轴功率为

$$P = \frac{p_t q_V}{1\,000\,\eta} \qquad (1-83)$$

式中：　P——轴功率，kW；

$\quad\quad\ q_V$——风量，m^3/s；

$\quad\quad\ p_t$——风压，Pa；

$\quad\quad\ \eta$——效率。

（2）特性曲线　与离心泵一样，一定型号的离心式通风机在出厂前，也必须通过实验测定其特性曲线（见图1-49），通常是在 20 ℃、101.3 kPa 下，以空气作为工作介质进行测定。离心式通风机的特性曲线包括风压与流量 p_t-q_V、静风压与流量 p_s-q_V、轴功率与流量 P-q_V 和效率与流量 η-q_V 四条线。由图 1-49 可见，动风压在全风压中占有相当大的比例。

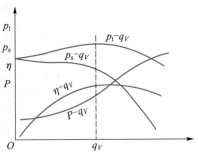

图 1-49　离心式通风机特性曲线

3. 离心式通风机的选用

离心式通风机的选用与离心泵相仿，即根据输送气体的风量与风压，从通风机的产品样本中选择合适的型号。但应注意，通风机的风压与密度成正比，当使用条件与通风机标定条件（20 ℃、101.3 kPa，空气的密度 $\rho_0 = 1.2$ kg/m³）不符时，需将使用条件下的风压换算为标定条件下的风压，才能选择风机。换算关系为

$$p_{t0} = p_t \frac{\rho_0}{\rho} = p_t \frac{1.2}{\rho} \tag{1-84}$$

式中：　p_t——使用条件下的风压，Pa；

p_{t0}——标定条件下的风压，Pa；

ρ——使用条件下空气的密度，kg/m³。

在选用通风机时，应首先根据所输送气体的性质与风压范围，确定风机类型；再根据输送系统的风量和换算为标定条件下的风压，从产品样本中选择合适的型号。

例 1-24　欲用一台离心式通风机向流化床反应器输送 30 ℃的空气，要求输送量为 20 000 m³/h。已知风机出口至反应器入口的压力损失为 0.38 kPa，流化床反应器的操作压力为 0.65 kPa（表压），大气压力为 101.3 kPa。试选择一台合适的通风机。

解：在风机进口与反应器入口之间列伯努利方程，即

$$p_t = (z_2 - z_1)\rho g + (p_2 - p_1) + \frac{\rho}{2}(u_2^2 - u_1^2) + \rho \sum W_f$$

其中：$(z_2 - z_1)\rho g \approx 0, u_1 = u_2 \approx 0$，则

$$p_t = p_2 - p_1 + \rho \sum W_f = (0.65 \times 10^3 + 0.38 \times 10^3) \ \text{Pa} = 1.03 \times 10^3 \ \text{Pa}$$

操作条件下空气的密度：

$$\rho = \frac{pM}{RT} = \left[\frac{101.3 \times 10^3 \times 0.029}{8.314 \times (273 + 30)} \right] \ \text{kg/m}^3 = 1.166 \ \text{kg/m}^3$$

将使用条件下的风压换算为标定条件下的风压：

$$p_{t0} = p_t \frac{1.2}{\rho} = \left(1.03 \times 10^3 \times \frac{1.2}{1.166} \right) \ \text{Pa} = 1 \ 060 \ \text{Pa}$$

根据风量 $q_V = 20 \ 000$ m³/h，风压 $p_{t0} = 1 \ 060$ Pa，查离心式通风机的样本，选型号4-72-11 NO8C。

二、旋转式鼓风机

旋转式鼓风机型式较多,最常用的是罗茨鼓风机,其工作原理与齿轮泵相似,如图1-50所示。机壳内有两个特殊形状的转子,常为腰形或三星形,两转子之间、转子与机壳之间的缝隙很小,使转子能自由转动而无过多泄漏。两转子的旋转方向相反,使气体从机壳一侧吸入,另一侧排出。如改变转子的旋转方向,可使吸入口与排出口互换。

罗茨鼓风机为容积式鼓风机,属于正位移式,其风量与转速成正比,而与出口压力无关。罗茨鼓风机的出口应安装气体稳压罐和安全阀,流量采用旁路调节,出口阀不能完全关闭。操作温度不能超过 85 ℃,以免转子受热膨胀而卡住。

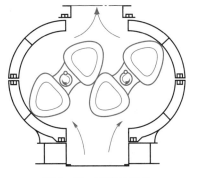

图 1-50 罗茨鼓风机

三、往复式压缩机

往复式压缩机的构造、工作原理与往复泵相似,也是依靠活塞的往复作用将气体吸入与压出。但由于气体的密度小、可压缩,因此往复式压缩机的吸入阀和排出阀应更加轻巧灵活;为移出气体压缩放出的热量,必须附设冷却装置。

图 1-51 所示为单动往复压缩机的工作过程。当活塞处于最左端时[如图1-51(a)所示],活塞与气缸盖之间留有很小的空隙,称为余隙,当活塞向右运动时,余隙高压气体膨胀,气缸内压力降低,此为膨胀阶段。当压力略低于吸入活门压力时[如图1-51(b)所示],吸入活门开启,气体被吸入缸内,直至活塞移至最右端[如图1-51(c)所示],此为吸气阶段。此后,活塞改为向左运动,缸内气体被压缩而升压,此为压缩阶段。当气缸内压力略高于排出活门压力时[如图1-51(d)所示],排出活门开启,气体从气缸中排出,直至活塞回到最左端图1-51(a)中的位置,此为排气阶段。由此可见,压缩机的一个工作过程是由膨胀、吸气、压缩和排气四个阶段组成。由于余隙的存在,使实际吸入气体的体积低于活塞在气缸内扫过的体积,减少了气体的吸入量,使气缸的利用率降低。

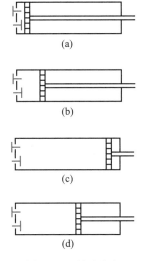

图 1-51 单动往复
压缩机的工作过程

为提高气缸容积利用率,及避免高压缩比时因排气温度过高而导致润滑油变质,使机件磨损,一般压缩比大于 8 时,宜采用多级压缩,详见相关参考书。

四、真空泵

从设备内或系统中抽出气体,使其处于低于大气压下的状态,所用的设备称为真空泵。真空泵的结构型式较多,现介绍常见的几种。

1. 水环真空泵

如图 1-52 所示,水环真空泵的外壳呈圆形,其内有一偏心安装的叶轮,上有辐射状叶片。泵壳内注入一定量的水,当叶轮旋转时,在离心力的作用下,将水甩至壳壁形成水

动画:
罗茨鼓风机

动画:
往复式压缩机

71

动画:

水环真空泵

第七节 流体输送机械

环。水环具有密封作用,使叶片间的空隙形成许多大小不同的密封室。随叶轮的旋转,在右半部,密封室体积由小变大形成真空,将气体从吸入口吸入;旋转到左半部,密封室体积由大变小,将气体从排出口压出。

水环真空泵的结构简单、紧凑,制造容易,维修方便,但效率低,一般为 30%~50%,适用于抽吸有腐蚀性、易爆炸的气体。

2. 喷射泵

喷射泵属于流体作用式输送设备,是利用流体流动过程中动能与静压能的相互转换来吸送流体。它既可用于吸送液体,也可用于吸送气体。在化工生产中,喷射泵用于抽真空时,称为喷射式真空泵。

喷射泵的工作流体可以是蒸汽,也可以是水,前者称为蒸汽喷射泵,后者称为水喷射泵。图1-53所示为单级蒸汽喷射泵,当工作蒸汽在高压下以高速从喷嘴喷出时,在喷嘴口外形成低压而将气体由气体吸入口5吸入。吸入的气体与工作蒸汽混合后进入扩散管,速度逐渐降低,压力随之升高,最后从压出口排出。

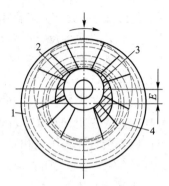

1—水环;2—排出口;
3—吸入口;4—叶轮
图 1-52　水环真空泵

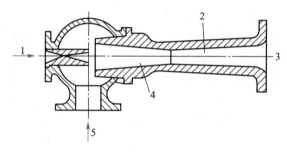

1—工作蒸汽入口;2—扩散管;3—压出口;4—混合室;5—气体吸入口
图 1-53　单级蒸汽喷射泵

单级蒸汽喷射泵仅能达到90%的真空,为了达到更高的真空度,需采用多级蒸汽喷射泵。

喷射泵的优点是结构简单,制造方便,无运动部件,抽吸量大。缺点为效率低,一般只有 10%~25%,且工作流体消耗量大。

思　考　题

1. 说明下列名词的意义:

定态流动、理想流体、不可压缩流体、速度分布、体积流量、质量流量、位能、动能、静压能、雷诺数、当量直径、离心泵的压头、离心通风机的风压、汽蚀余量、正位移特性。

2. 比较下列各组概念,指出它们之间的异同点。

$$\begin{cases}等压面\\位能基准面\\流动截面\end{cases} \quad \begin{cases}绝对压力\\表压\\真空度\end{cases} \quad \begin{cases}压力损失\\压力差\end{cases} \quad \begin{cases}能量损失\\压头损失\\压力损失\end{cases} \quad \begin{cases}层流\\湍流\end{cases} \quad \begin{cases}点速度\\平均速度\\质量流速\end{cases}$$

$$\begin{cases}扬程\\升扬高度\end{cases} \quad \begin{cases}汽蚀现象\\气缚现象\end{cases} \quad \begin{cases}泵设计点\\泵工作点\end{cases} \quad \begin{cases}泵特性曲线\\管路特性曲线\end{cases} \quad \begin{cases}全风压\\静风压\\动风压\end{cases}$$

3. 采用 U 形管压差计测量流体的压差,其读数与测压管的粗细及长短、压差计安放位置有关吗?

4. 液体及气体的黏度是如何随温度变化的?

5. 流体流动有几种类型? 判断依据是什么?

6. 圆形直管内流体层流及湍流流动时,其速度分布曲线呈何形状? 平均速度与最大速度之间的关系如何?

7. $\lambda - Re$ 曲线可分为几个区域? 在每个区域中 λ 大小与哪些因素有关? 在各区域中,能量损失与流速 u 的关系如何?

8. 如附图所示,试判断阀门开启后 p_1 与 p_2 的大小关系;若阀门开度增大,p_1 及 p_2 将如何变化?

9. 转子流量计可以水平安装吗? 当用气体转子流量计测量常压、30 ℃氮气流量时,实际流量比读数大还是小?

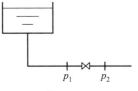

思考题 8 附图

10. 在设计管路时可采取哪些措施避免离心泵发生汽蚀现象? 操作中的离心泵,如何判断是否发生汽蚀现象?

11. 可以在离心泵的吸入管路安装阀门吗? 能用该阀门调节流量吗?

12. 离心泵启动前应做好哪些准备工作? 为什么?

习 题

1. 燃烧重油所得的燃烧气,经分析知其含 CO_2 8.5%,O_2 7.5%,N_2 76%,H_2O 8%(体积分数),试求此混合气体在温度 500 ℃、压力 101.3 kPa 时的密度。　　　　　　　　　(0.455 kg/m³)

2. 在大气压力为 101.3 kPa 的地区,某真空蒸馏塔塔顶的真空表读数为 85 kPa。若大气压力为 90 kPa 的地区,仍使该塔塔顶在相同的绝对压力下操作,则此时真空表的读数应为多少? 　(73.7 kPa)

3. 如附图所示,密闭容器中存有密度为 900 kg/m³ 的液体。容器上方的压力表读数为42 kPa,又在液面下装一压力表,表中心线在测压口以上 0.55 m,其读数为 58 kPa。试计算液面到下方测压口的距离。　　　　　　　　　　　　　　　　　　　　　　　　　(2.36 m)

4. 如附图所示,敞口容器内盛有不互溶的油和水,油层和水层的厚度分别为 700 mm 和 600 mm。在容器底部开孔与玻璃管相连。已知油与水的密度分别为 800 kg/m³ 和 1 000 kg/m³。

(1) 计算玻璃管内水柱的高度;

(2) 判断 A 与 B、C 与 D 点的压力是否相等。　　　　　　　　　　　　　　(1.16 m)

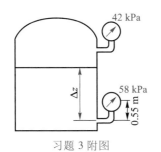

习题 3 附图

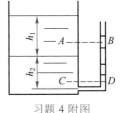

习题 4 附图

文本

习题参考答案

5. 水平管道中两点间连接一 U 形管压差计，指示液为汞。已知压差计的读数为 30 mm，试分别计算管内流体为(1) 水，(2) 压力为 101.3 kPa，温度为 20 ℃空气时的压差。　　(3.71 kPa，4.00 kPa)

6. 绝对压力为 540 kPa、温度为 30 ℃的空气，在 $\phi108$ mm×4 mm 的钢管内流动，流量为 1 500 m³/h (标准状况)。试求空气在管内的流速、质量流量和质量流速。　[11 m/s，1 935 kg/h，68.47 kg/(m²·s)]

7. 用压缩空气将密闭容器(酸蛋)中的硫酸压送至敞口高位槽，如附图所示。输送量为 0.1 m³/min，输送管路为 $\phi38$ mm×3 mm 的无缝钢管。酸蛋中的液面离压出管口的位差为 10 m，且在压送过程中不变。设管路的总压头损失为 3.5 m(不包括出口)，硫酸的密度为 1 830 kg/m³，则酸蛋中应保持多大的压力？
　　(246.3 kPa)

8. 如附图所示，某鼓风机吸入管内径为 200 mm，在喇叭形进口处测得 U 形管压差计读数 R = 15 mm(指示液为水)，空气的密度为 1.2 kg/m³，忽略能量损失。试求管道内空气的流量。
　　(0.492 m³/s)

9. 甲烷在附图所示的管路中流动。管子的规格分别为 $\phi219$ mm×6 mm 和 $\phi159$ mm×4.5 mm，在操作条件下甲烷的平均密度为 1.43 kg/m³，流量为 1 700 m³/h。在 1—1′截面和 2—2′截面之间连接一 U 形管压差计，指示液为水，若忽略两截面间的能量损失，则 U 形管压差计的读数 R 为多少？　　(38 mm)

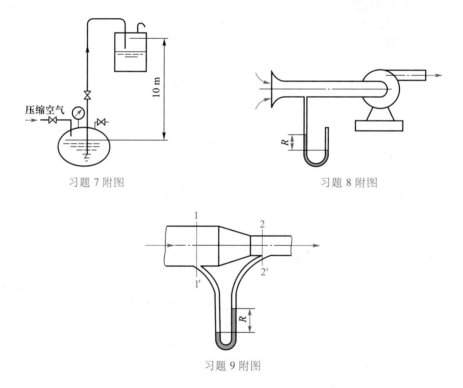

习题 7 附图　　　　　　　　　　　　习题 8 附图

习题 9 附图

10. 如附图所示，用泵将 20 ℃水从水池送至高位槽，槽内水面高出池内液面 30 m。输送量为 30 m³/h，此时管路的全部能量损失为 40 J/kg。设泵的效率为 70%，试求泵所需的轴功率。　(3.98 kW)

11. 附图所示的是丙烯精馏塔的回流系统，丙烯由贮槽回流至塔顶。丙烯贮槽液面恒定，其液面上方的压力为 2.0 MPa(表压)，精馏塔内操作压力为 1.3 MPa(表压)。塔内丙烯管出口处高出贮槽内液面 30 m，管内径为 140 mm，丙烯密度为 600 kg/m³。现要求输送量为 40×10³ kg/h，管路的全部能量损失为 150 J/kg(不包括出口)，试核算该过程是否需要泵。　　(不需要)

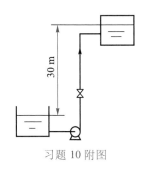

习题 10 附图

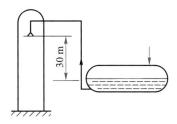

习题 11 附图

12. 某一高位槽供水系统如附图所示,管子规格为 $\phi45$ mm×2.5 mm。当阀门全关时,压力表的读数为78 kPa。当阀门全开时,压力表的读数为75 kPa,且此时水槽液面至压力表处的能量损失可以表示为 $\sum W_f = u^2(\mathrm{J/kg})$($u$ 为水在管内的流速)。试求:

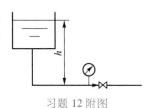

习题 12 附图

（1）高位槽的液面高度;

（2）阀门全开时水在管内的流量(m^3/h)。   (7.95 m,6.39 m^3/h)

13. 25 ℃水在 $\phi60$ mm×3 mm 的管道中流动,流量为 20 m^3/h,试判断流型。   (湍流)

14. 计算 10 ℃水以 2.7×10^{-3} m^3/s 的流量流过 $\phi57$ mm×3.5 mm、长 20 m 水平钢管的能量损失、压头损失及压力损失(设管壁的粗糙度为 0.5 mm)。   (15.53 J/kg,1.583 m,15.5 kPa)

15. 如附图所示,用泵将贮槽中的某油品以 40 m^3/h 的流量输送至高位槽。两槽的液位恒定,且相差20 m,输送管内径为 100 mm,管子总长为 45 m(包括所有局部阻力的当量长度)。已知油品的密度为890 $\mathrm{kg/m}^3$,黏度为 0.487 Pa·s,试计算泵所需的有效功率。   (3.04 kW)

16. 求常压下 35 ℃的空气以 12 m/s 的速度流经 120 m 长的水平通风管的能量损失和压力损失。管道截面为长方形,长为 300 mm,宽为 200 mm(设 $\varepsilon/d=0.000\ 5$)。   (684 J/kg,784 Pa)

17. 如附图所示,密度为 800 $\mathrm{kg/m}^3$、黏度为 1.5 mPa·s 的液体,由敞口高位槽经 $\phi114$ mm×4 mm 的钢管流入一密闭容器中,其压力为 0.16 MPa(表压),两槽的液位恒定。液体在管内的流速为 1.5 m/s,管路中闸阀为半开,管壁的相对粗糙度 $\varepsilon/d=0.002$,试计算两槽液面的垂直距离 Δz。   (26.6 m)

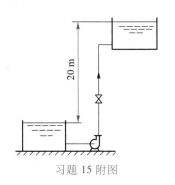

习题 15 附图

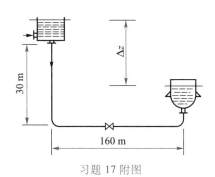

习题 17 附图

18. 如附图所示,水从高位槽流向低位贮槽,管路系统中有两个弯头及一个闸阀,管内径为 100 mm,管长为 20 m。设摩擦系数 $\lambda=0.03$,试求:

（1）闸阀全开时水的流量;

（2）将阀门关小至半开,水流量减少的百分数。

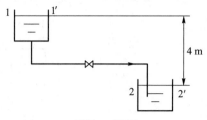

习题 18 附图

19. 在内径为 80 mm 的管道上安装一标准孔板流量计,孔径为 40 mm,U 形管压差计的读数为 350 mmHg。管内液体的密度为 1 050 kg/m³,黏度为 0.5 mPa·s,试计算液体的体积流量。

$$(7.11 \times 10^{-3} \ \mathrm{m^3/s})$$

20. 用离心泵将 20 ℃ 水从水池送至敞口高位槽中,流程如附图所示,两槽液面差为 12 m。输送管为 $\phi 57$ mm×3.5 mm 的钢管,总长为 220 m(包括所有局部阻力的当量长度)。用孔板流量计测量水流量,孔径为 20 mm,流量系数为 0.61,U 形管压差计的读数为 400 mmHg。摩擦系数可取为 0.02。试求:

(1) 水流量(m³/h);

(2) 每千克水经过泵所获得的机械能。

$$(6.88 \ \mathrm{m^3/h}; 159.4 \ \mathrm{J/kg})$$

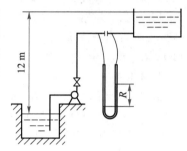

习题 20 附图

21. 以水标定的转子流量计用来测量酒精的流量。已知转子的密度为 7 700 kg/m³,酒精的密度为 790 kg/m³,当转子的刻度相同时,酒精的流量比水的流量大还是小?试计算刻度校正系数。

$$(1.143)$$

22. 在一定转速下测定某离心泵的性能,吸入管与压出管的内径分别为 70 mm 和 50 mm。当流量为 30 m³/h 时,泵入口处真空表与出口处压力表的读数分别为 40 kPa 和 215 kPa,两测压口间的垂直距离为 0.4 m,轴功率为 3.45 kW。试计算泵的压头与效率。

$$(27.1 \ \mathrm{m}, 64.1\%)$$

23. 在一化工生产车间,要求用离心泵将冷却水从贮水池经换热器送到一敞口高位槽中。已知高位槽中液面比贮水池中液面高出 10 m,管路总长为 400 m(包括所有局部阻力的当量长度)。管内径为 75 mm,换热器的压头损失为 $32 \dfrac{u^2}{2g}$,摩擦系数可取为 0.03。此离心泵在转速为 2 900 r/min 时的性能如下表所示:

$q_V/(\mathrm{m^3 \cdot s^{-1}})$	0	0.001	0.002	0.003	0.004	0.005	0.006	0.007	0.008
H/m	26	25.5	24.5	23	21	18.5	15.5	12	8.5

试求:

(1) 管路特性方程;

(2) 泵工作点的流量与压头。 $(H_e = 10 + 5.02 \times 10^5 q_V^2, 0.004\ 5 \ \mathrm{m^3/s}, 20.17 \ \mathrm{m})$

24. 用型号为 IS65—50—125 的离心泵将敞口贮槽中 80 ℃ 的水送出,吸入管路的压头损失为 4 m,当地大气压为 98 kPa。试确定此泵的安装高度。 $(-1.2 \ \mathrm{m})$

25. 用油泵从贮槽向反应器输送 44 ℃ 的异丁烷,贮槽中异丁烷液面恒定,其上方绝对压力为 652 kPa。泵位于贮槽液面下 1.5 m 处,吸入管路全部压头损失为 1.6 m。44 ℃ 时异丁烷的密度为 530 kg/m³,饱和蒸气压为 638 kPa。所选用泵的必需汽蚀余量为 3.5 m,问此泵能否正常操作? (不能)

26. 用内径为 100 mm 的钢管将河水送至一蓄水池中,要求输送量为 70 m³/h。水由池底部进入,池中水面高出河面 26 m。管路的总长度为 60 m,其中吸入管路为 24 m(均包括所有局部阻力的当量长度),设摩擦系数 λ 为 0.028。今库房有以下三台离心泵,性能如下表,试从中选用一台合适的泵,并计算安装高度。设水温为20 ℃,大气压力为 101.3 kPa。　　　　　　　　(IS100—80—160,3.5 m)

序号	型号	$q_V/(\text{m}^3\cdot\text{h}^{-1})$	H/m	$n/(\text{r}\cdot\text{min}^{-1})$	$\eta/\%$	$(\text{NPSH})_r/\text{m}$
1	IS100—80—125	60	24	2 900	67	4.0
		100	20		78	4.5
2	IS100—80—160	60	36	2 900	70	3.5
		100	32		78	4.0
3	IS100—80—200	60	54	2 900	65	3.0
		100	50		76	3.6

27. 现从一气柜向某设备输送密度为 1.36 kg/m³ 的气体,气柜内的压力为 650 Pa(表压),设备内的压力为 102.1 kPa(绝对压力)。通风机输出管路的流速为 12.5 m/s,管中的压力损失为 500 Pa。试计算管路中所需的全风压(设大气压力为 101.3 kPa)。　　　　　　　　(756 Pa)

本章符号说明

拉丁文:

A——面积,m^2;

C_0、C_V、C_r——流量系数;

D——叶轮直径,m;

d——管径,m;

d_0——孔径,m;

F——力,N;

G——质量流速,$\text{kg}/(\text{m}^2\cdot\text{s})$;

g——重力加速度,m/s^2;

H、H_e——压头,m;

H_g——泵安装高度,m;

H_f——压头损失,m;

l——长度,m;

l_e——当量长度,m;

M——摩尔质量,kg/mol;

m——质量,kg;

NPSH——汽蚀余量,m;

n——转速或活塞往复次数,r/min(1/s);

P——轴功率,W;

P_e——有效功率,W;

p——压力,Pa;

p_a——大气压,Pa;

Δp_f——压力损失,Pa;

p_t——全风压,Pa;

p_s——静风压,Pa;

p_k——动风压,Pa;

p_v——饱和蒸气压,Pa;

q_m——质量流量,kg/s;

q_V——体积流量,m^3/s;

R——压差计读数,m[或摩尔气体常数,$\text{J}/(\text{mol}\cdot\text{K})$];

Re——雷诺数;

r——半径,m;

S——活塞的冲程,m;

T——热力学温度,K;

t——温度,℃;

u——平均速度,m/s;

u_{max}——最大速度,m/s;

$\dot{u}$——点速度,m/s;

V——体积,m^3;

W_e——外加功(有效功),J/kg;

W_f——能量损失,J/kg;

w——质量分数;

y——摩尔分数;

z——高度,m。

希文：

δ——厚度，m；

ε——绝对粗糙度，m；

ζ——局部阻力系数；

η——效率；

λ——摩擦系数；

μ——黏度，Pa·s；

ν——运动黏度，m^2/s；

ρ——密度，kg/m^3；

τ——剪应力，Pa。

参 考 文 献

[1] 陈敏恒,丛德滋,方图南,等.化工原理:上册.4 版.北京:化学工业出版社,2015.

[2] 杨祖荣.化工原理.3 版.北京:化学工业出版社,2014.

[3] 陆美娟,张浩勤.化工原理:上册.3 版.北京:化学工业出版社,2012.

[4] 李云倩.化工原理:上册.北京:中央广播电视大学出版社,1991.

[5] 柴诚敬.化工流体力学与传热.北京:化学工业出版社,2000.

[6] 王志魁.化工原理.5 版.北京:化学工业出版社,2018.

[7] 余国琮.化工机械工程手册:上卷.北京:化学工业出版社,2003.

[8] 米镇涛.化学工艺学.2 版.北京:化学工业出版社,2006.

第二章 非均相物系分离

 本章学习要求

1. 掌握的内容

非均相混合物的重力沉降与离心沉降基本计算;过滤的基本原理和方法。

2. 熟悉的内容

沉降区域的划分;降尘室生产能力的计算;过滤设备的构造及原理。

3. 了解的内容

降尘室、沉降槽、离心沉降等设备的构造、原理及选择;非均相混合物分离过程的强化。

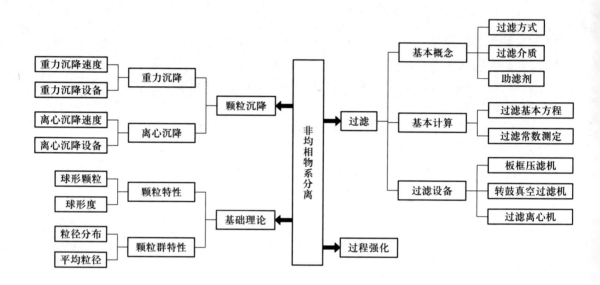

生产案例

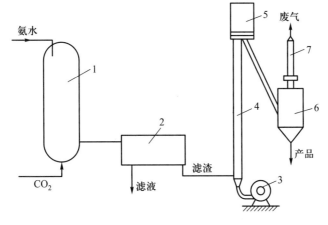

1—碳化塔;2—离心机;3—风机;4—气流干燥器;5—缓冲器;6—旋风分离器;7—袋滤器
图 2-0　碳酸氢铵生产流程示意图

图 2-0 所示为碳酸氢铵生产流程示意图。氨水和 CO_2 在碳化塔中进行反应,生成含有碳酸氢铵的悬浮液,通过离心机和过滤机将液体和固体分离开,再通过气流干燥器将水分进一步除去,干燥后的气固混合物由旋风分离器和袋滤器进行分离,得到最终产品。

该案例表明,解决化工生产中非均相物系分离问题,必须了解非均相物系的特点及分离设备的类型、结构,掌握非均相物系分离的基本原理和方法。

文本:

本节学习纲要

第一节　概　　述

自然界的大多数物质是混合物,所有的混合物可以分为两类,即**均相混合物**和**非均相混合物**,前者在物系内部不存在相界面,如混合气体、溶液等;后者则在物系内部存在两种以上的的相态,如悬浮液、乳浊液、含尘气体等。在非均相物系内,处于分散状态的物质称为**分散相**或**分散物质**,如悬浮液和含尘气体中的固体颗粒;处于连续状态的物质称为**连续相**或**分散介质**,如悬浮液中的液体和含尘气体中的气体。

本章将重点介绍非均相物系分离,即用机械分离方法将分散相和连续相分离开。按两相运动方式的不同,分为下列两种操作方式:

（1）**沉降分离**　颗粒相对于流体(静止或运动)运动的过程称沉降分离。在重力场中进行沉降分离称重力沉降;在离心力场中进行的沉降分离称离心沉降。

（2）**过滤**　流体相对于固体颗粒床层运动而实现固液分离的过程称过滤。过滤可以在重力场、离心力场或压强差作用下进行,因此又可以分为重力过滤、离心过滤、加压过滤和真空过滤。

非均相物系分离在工业上主要应用于以下方面:

一、回收分散相

例如,从催化反应器出来的气体,常夹带着有价值的催化剂颗粒,必须将这些颗粒加以回收并循环利用;从干燥器出来的热气体夹带有被干燥的物料,还有从结晶器出来的晶浆中带有的一些晶粒,也必须作为产品回收。

二、净化连续相

例如,反应气体在进入反应器之前必须除去气体中固态或液态的有害杂质,以保证反应正常进行。

三、环境保护和安全生产

例如,对排放的工业废气、废液中有毒物质或固体颗粒加以处理,以满足排放要求;有些含碳物质及金属细粉与空气易形成爆炸物,必须除去这些物质,消除爆炸隐患。

第二节 颗 粒 沉 降

前已述及,在某种力场作用下,颗粒相对于流体运动而实现分离的过程称为**颗粒沉降**或**沉降分离**。

颗粒沉降分为两种,即重力沉降和离心沉降。

2-2-1 重力沉降及设备

分散相颗粒在重力作用下,与周围连续相流体发生相对运动而实现分离的过程称为**重力沉降**。其实质是借分散相与连续相较大的密度差异而进行分离。

一、重力沉降速度

重力沉降速度是指颗粒相对于周围流体的沉降运动速度。其影响因素很多,如颗粒的形状、大小、密度,以及流体的密度和黏度等。

为了便于讨论,先以形状、大小不随流动情况而变的球形颗粒进行研究。

1. 球形颗粒的自由沉降速度计算

颗粒在重力沉降过程中不受周围颗粒和器壁的影响,称为**自由沉降**。一般来说,当颗粒含量较少,设备尺寸又足够大时可认为是自由沉降。而颗粒浓度大,颗粒间距小,在沉降过程中,因颗粒之间的相互影响而使颗粒不能正常沉降的过程称为**干扰沉降**。

如图 2-1 所示,球形颗粒置于静止的流体中,在颗粒密度大于流体密度时,颗粒将在流体中沉降,此时,颗粒受到三个力的作用,即重力、浮力和阻力。

$$重力 \quad F_g = mg = \frac{\pi}{6}d^3\rho_s g$$

$$浮力 \quad F_b = V\rho g = \frac{\pi}{6}d^3\rho g$$

$$阻力 \quad F_d = \zeta A \frac{\rho u^2}{2}$$

式中: m——颗粒质量,kg;

V——颗粒体积,m^3;

ρ_s——颗粒的密度,kg/m^3;

ζ——阻力系数;

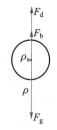

图 2-1 静止流体中颗粒受力示意图

A——颗粒在相对运动方向上的投影面积(对球形颗粒 $A = \pi d^2/4$),m^2;

u——颗粒运动速度,m/s。

根据牛顿第二运动定律,上面三个力的合力等于颗粒的质量与其加速度 a 的乘积,即

$$F_g - F_d - F_b = ma \tag{2-1}$$

颗粒开始沉降的瞬间,速度 $u = 0$,因此,阻力 F_d 也为零,这时加速度具有最大值。颗粒开始沉降后,阻力随着颗粒运动速度 u 的增加而增加,直至加速度为零,u 等于某一数值后达到匀速运动,这时颗粒所受的诸力之和为零,即

$$F_g - F_d - F_b = 0 \tag{2-1a}$$

显而易见,静止流体中颗粒的沉降过程可分为两个阶段,即加速段和等速段。

由于工业中处理的非均相混合物中,颗粒大多数很小,因此,经历加速段的时间很短,在整个沉降过程中往往可忽略不计。

等速段中颗粒相对于流体的运动速度 u 称为**沉降速度**,用 u_t 表示。又因为该速度是加速段终了时的速度,故又称为"**终端速度**"。由式(2-1a)可知,等速段的合力关系为

$$F_g = F_d + F_b$$

或

$$\frac{\pi}{6} d^3 \rho_s g = \frac{\pi}{6} d^3 \rho g + \zeta \frac{\pi}{4} d^2 \frac{\rho u_t^2}{2}$$

整理后可得到沉降速度 u_t 的关系式:

$$u_t = \sqrt{\frac{4gd(\rho_s - \rho)}{3\zeta\rho}} \tag{2-2}$$

利用式(2-2)计算沉降速度时,首先需要确定阻力系数 ζ。通过量纲分析可知,ζ 是颗粒对流体做相对运动时的雷诺数 Re_t 的函数,即

$$\zeta = f(Re_t) = f\left(\frac{du_t\rho}{\mu}\right)$$

式中: μ——流体的黏度,Pa·s。

ζ 与 Re_t 的关系通常由实验测定,如图 2-2 所示。为了便于计算 ζ,可将球形颗粒($\phi_s = 1$)的曲线分为三个区域,即

(1)层流区 ($10^{-4} < Re_t \leqslant 2$) $\zeta = \dfrac{24}{Re_t}$ \hfill (2-3)

(2)过渡区 ($2 < Re_t < 10^3$) $\zeta = \dfrac{18.5}{Re_t^{0.6}}$ \hfill (2-4)

(3)湍流区 ($10^3 \leqslant Re_t < 2 \times 10^5$) $\zeta = 0.44$ \hfill (2-5)

由上可见,在层流区内,流体黏性引起的摩擦阻力占主要地位,而随着 Re_t 的增加,流体经过颗粒的绕流问题则逐渐突出,因此在过渡区,由黏性引起的摩擦阻力和绕流引起

的形体阻力二者都不可忽略,而在湍流区,流体黏度对沉降速度已无影响,形体阻力占主要地位。

将式(2-3)、式(2-4)和式(2-5)分别代入式(2-2),可得到球形颗粒在各区中沉降速度的计算式,即

（1）层流区
$$u_t = \frac{d^2(\rho_s - \rho)g}{18\mu}$$
(2-6)

（2）过渡区
$$u_t = 0.27\sqrt{\frac{d(\rho_s - \rho)g}{\rho}Re_t^{0.6}}$$
(2-7)

（3）湍流区
$$u_t = 1.74\sqrt{\frac{d(\rho_s - \rho)g}{\rho}}$$
(2-8)

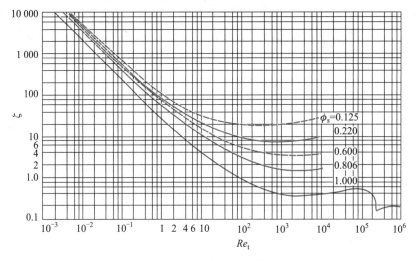

图 2-2　ζ-Re_t 的关系

式(2-6)、式(2-7)和式(2-8)分别称为**斯托克斯公式、艾伦公式和牛顿公式**。

在计算沉降速度 u_t 时,可使用试差法,即先假设颗粒沉降所属那个区域,选择相对应的计算公式进行计算,然后再将计算结果进行 Re_t 校核。若与原假设区域一致,则计算的 u_t 有效,否则,应按计算出的 Re_t 值另选区域,直至校核与假设相符为止。

例 2-1　试计算直径为 50 μm、密度为 2 650 kg/m³ 的球形石英颗粒在 20 ℃水中和 20 ℃常压空气中的自由沉降速度。

解:（1）20 ℃水中沉降:查得 20 ℃水 $\mu = 100.50 \times 10^{-5}$ Pa·s,$\rho = 998.2$ kg/m³。

假设沉降属于层流区,由式(2-6):

$$u_t = \left[\frac{(50 \times 10^{-6})^2 \times (2\,650 - 998.2) \times 9.81}{18 \times 100.50 \times 10^{-5}}\right] \text{m/s} = 2.24 \times 10^{-3} \text{ m/s}$$

校核流型:

$$Re_t = \frac{du_t\rho}{\mu} = \frac{50\times10^{-6}\times2.24\times10^{-3}\times998.2}{100.50\times10^{-5}} = 0.111 < 2$$

假设层流区正确,计算 $u_t = 2.24\times10^{-3}$ m/s 有效。

（2）20 ℃常压空气中沉降:查 20 ℃空气 $\mu = 1.81\times10^{-5}$ Pa·s, $\rho = 1.205$ kg/m³。

假设沉降属于层流区,则

$$u_t = \left[\frac{(50\times10^{-6})^2\times(2\,650-1.205)\times9.81}{18\times1.81\times10^{-5}}\right] \text{m/s} = 0.199 \text{ m/s}$$

校核流型:

$$Re_t = \frac{50\times10^{-6}\times0.199\times1.205}{1.81\times10^{-5}} = 0.662 < 2$$

假设正确, $u_t = 0.199$ m/s 有效。

从以上计算看出,同一颗粒在不同介质中沉降时,具有不同的沉降速度。

2. 影响重力沉降速度的因素

（1）**颗粒形状**　同一性质的固体颗粒,非球形颗粒的沉降阻力比球形颗粒的大得多,因此其沉降速度较球形颗粒的要小一些。

（2）**干扰沉降**　当颗粒的浓度（体积分数）>0.2%时,颗粒间相互作用明显,则干扰沉降不容忽视。

由于颗粒下沉时,被置换的流体做反向运动,使作用于颗粒上的曳力增加,所以干扰沉降的沉降速度较自由沉降时的小。这种情况可先按自由沉降计算,然后按颗粒浓度予以修正,其修正方法参见有关手册。

（3）**器壁效应**　当容器较小时,容器的壁面和底面均能增加颗粒沉降时的曳力,使颗粒的实际沉降速度较自由沉降速度低。当容器尺寸远远大于颗粒尺寸时（如 100 倍以上）,器壁效应可以忽略,否则需加以考虑。

二、重力沉降设备

1. 降尘室

借重力沉降从气流中除去尘粒的设备称为降尘室。如图 2-3(a)所示。

含尘气体进入降尘室后,流通截面扩大,流速减小,颗粒在重力作用下沉降。只要气体有足够的停留时间 θ,使颗粒在气体离开降尘室之前沉到室底部,即可将其与气体分离开来。颗粒在降尘室内的运动情况如图 2-3(b)所示。

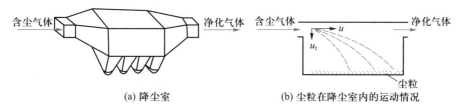

(a) 降尘室　　　　(b) 尘粒在降尘室内的运动情况

图 2-3　降尘室示意图

为便于计算,将降尘室简化为高 h、长 l、宽 b(单位为 m)的长方体。则气体的停留时间为

$$\theta = \frac{l}{u} \tag{2-9}$$

式中: u——气体在降尘室的水平通过速度,m/s。

位于降尘室最高点的颗粒沉降至室底所需沉降时间 θ_t 为

$$\theta_t = \frac{h}{u_t} \tag{2-10}$$

沉降分离满足的基本条件为

$$\theta \geqslant \theta_t \quad \text{或} \quad \frac{l}{u} \geqslant \frac{h}{u_t} \tag{2-11}$$

气体水平通过降尘室的速度为

$$u = \frac{q_V}{hb} \tag{2-12}$$

式中: q_V——降尘室的生产能力(含尘气体通过降尘室的体积流量),m^3/s。

将式(2-12)代入式(2-11)并整理得

$$q_V \leqslant blu_t \tag{2-13}$$

该式表明,理论上降尘室的生产能力只与其沉降面积及颗粒沉降速度有关,而与降尘室高度 h 无关。故降尘室设计成扁平形,或在降尘室内设置多层水平隔板,构成多层降尘室。如图 2-4 所示。隔板间距一般为 25～100 mm,若有 n 层隔板,则其生产能力为

$$q_V \leqslant (n+1)blu_t \tag{2-13a}$$

降尘室结构简单,阻力小,但体积庞大,分离效率低,适于分离 75 μm 以上的粗颗粒,一般用于含尘气体的预分离。多层降尘室虽能分离较细的颗粒而且节省地面,但清灰麻烦。降尘室中气速不应过大,保证气体在层流区流动,以防止气流湍动将已沉降的尘粒重新卷起。一般气速应控制在 1.5～3 m/s。

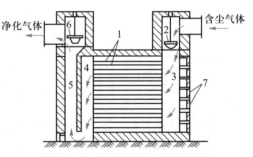

1—隔板;2、6—调节闸阀;3—气体分配道;
4—气体集聚道;5—气道;7—清灰口

图 2-4 多层降尘室

例 2-2 底面积 10 m^2,宽和高均为 2 m 的降尘室与锅炉烟气排出口相接。操作条件下,气体的密度为 0.75 kg/m^3,黏度为 2.6×10^{-5} Pa·s;尘粒的密度为 3 000 kg/m^3;降尘室的生产能力为 3 m^3/s,试求:(1)理论上能完全捕集下来的最小颗粒直径;(2)粒径为 40 μm 的颗粒的回收率。

解:（1）理论上能完全捕集下来的最小颗粒直径

根据式（2-13）
$$u_t = \frac{q_v}{bl} = \frac{3}{10} \text{ m/s} = 0.3 \text{ m/s}$$

设沉降在层流区，根据式（2-6）

$$d_{min} = \sqrt{\frac{18\mu u_t}{(\rho_s - \rho)g}} = \sqrt{\frac{18 \times 2.6 \times 10^{-5} \times 0.3}{3\,000 \times 9.81}} \text{ m} = 6.91 \times 10^{-5} \text{ m}$$

校核流型

$$Re_t = \frac{d_{min} u_t \rho}{\mu} = \frac{6.91 \times 10^{-5} \times 0.3 \times 0.75}{2.6 \times 10^{-5}} = 0.598 < 2$$

故 $d_{min} = 6.91 \times 10^{-5}$ m 为所求。

（2）40 μm 颗粒的回收率

设颗粒在炉气中分布均匀，则在气体停留时间内，颗粒的沉降高度与降尘室高度之比，即为 40 μm 颗粒被分离下来的分数。

由于各种尺寸的颗粒在降尘室内停留时间相同，故

$$回收率 = u_t'/u_t = (d'/d_{min})^2 = (40/69.1)^2 = 0.335$$

2. 沉降槽

借重力沉降从悬浮液中分离出固体颗粒的设备称为**沉降槽**。如用于低浓度悬浮液分离时亦称为**澄清器**；用于中等浓度悬浮液的浓缩时，常称为**浓缩器**或增稠器。沉降槽可间歇操作或连续操作。

图 2-5 所示为一连续沉降槽。料浆经中央进料管送到液面以下 0.3～1.0 m 处，以尽可能减小已沉降颗粒的扰动和返混。清液向上流动并经槽的四周溢流而出，称为**溢流**；固体颗粒下沉至底部，由缓慢旋转的转耙聚拢到锥底，由底部中央的排渣口连续排出。排出的稠浆称为**底流**。

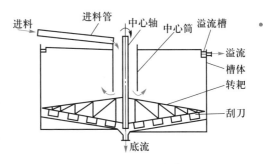

图 2-5　连续沉降槽

连续沉降槽适用于处理量大而浓度不高且颗粒不太细的悬浮液，常见的污水处理器就是一例。经该设备处理后的底流泥浆中还含有 50% 左右的液体。

对于颗粒细小的悬浮液，常加入混凝剂或絮凝剂，使小颗粒相互结合为大颗粒，提高沉降速度。

为了获得澄清液体，沉降槽必须有足够大的横截面积，以保证任何瞬间液体向上的速度小于颗粒的沉降速度。为了把沉渣增浓到指定稠度，要求颗粒在槽中有足够的停留时间。因此，沉降槽加料口以下必须有足够的高度，以保证压紧沉渣所需要的时间。

2-2-2 离心沉降及设备

当分散相与连续相密度差较小或颗粒细小时,在重力作用下沉降速度很低。利用离心力的作用,使固体颗粒沉降速度加快以达到分离的目的,这样的操作称为离心沉降。

因此,离心沉降不仅大大提高了沉降速度,设备尺寸也可缩小很多。

一、离心沉降速度

当流体围绕某一中心轴做圆周运动时,便形成了惯性离心力场。在与中心轴距离为 R,切向速度为 u_T 的位置上,离心加速度为 u_T^2/R。离心加速度不是常数,随位置及切向速度而变,其方向沿旋转半径从中心指向外周,当流体带着颗粒旋转时,由于颗粒密度大于流体密度,则惯性离心力将会使颗粒在径向上与流体发生相对运动而飞离中心达到分离的目的。

与颗粒在重力场中相似,颗粒在离心力场中也受到三个力的作用,即惯性离心力、向心力(与重力场中的浮力相当,其方向为沿半径指向旋转中心)和阻力(与颗粒径向运动方向相反,沿半径指向中心)。若为球形颗粒,其直径为 d,则上述三个力分别为

离心力
$$F_c = \frac{\pi}{6} d^3 \rho_s \frac{u_T^2}{R}$$

向心力
$$F_b = \frac{\pi}{6} d^3 \rho \frac{u_T^2}{R}$$

阻力
$$F_d = \zeta \frac{\pi}{4} d^2 \frac{\rho u_r^2}{2}$$

式中: u_r——颗粒与流体在径向上的相对速度,m/s。

当合力为零时
$$F_c = F_b + F_d$$

或
$$\frac{\pi}{6} d^3 \rho_s \frac{u_T^2}{R} = \frac{\pi}{6} d^3 \rho \frac{u_T^2}{R} + \zeta \frac{\pi}{4} d^2 \frac{\rho u_r^2}{2}$$

颗粒在径向上相对于流体的运动速度 u_r 就是颗粒在此位置上的离心沉降速度,因此

$$u_r = \sqrt{\frac{4d(\rho_s - \rho) u_T^2}{3\zeta \rho R}} \tag{2-14}$$

将式(2-14)和式(2-2)比较后可以看出,颗粒的离心沉降速度与重力沉降速度的计算通式相似。因此,计算重力沉降速度的式(2-6)、式(2-7)和式(2-8)及所对应的流动区域仍可用于离心沉降,仅需将重力加速度 g 改为离心加速度 u_T^2/R 即可。

进一步的比较可发现,对于相同流体中的颗粒,在滞流区,其离心沉降速度与重力沉降速度之比取决于离心加速度与重力加速度之比,即

$$\frac{u_r}{u_t} = \frac{u_T^2}{Rg} = K_c \tag{2-15}$$

比值 K_c 称为离心分离因数,它是离心分离设备的重要性能指标。K_c 值越高,离心沉降效

果越好,如高速管式离心机,K_c 可达数十万。

二、离心沉降设备

1. 旋风分离器

旋风分离器是利用惯性离心力分离气-固混合物的常用设备,其主体的上部为圆柱形筒体,下部为圆锥形,图 2-6(a)所示为标准旋风分离器,各部件的尺寸比例均标注于图中。含尘气体由上方进气管切线方向进入,受器壁的约束,形成一个绕筒体中心向下做螺旋运动的外旋流,颗粒在惯性离心力作用下,被抛向器壁而与气流分离,并与器壁撞击后失去能量,沿壁落入锥底。净化后的气体绕筒体中心由下而上形成内旋流,最后从顶部排气管排出,如图 2-6(b)所示。

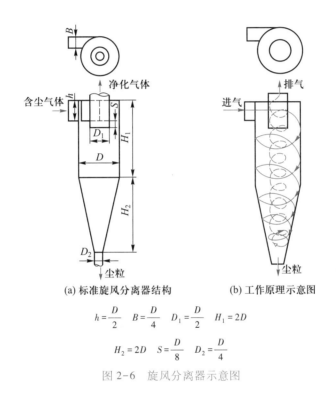

(a) 标准旋风分离器结构　　(b) 工作原理示意图

$$h = \frac{D}{2} \quad B = \frac{D}{4} \quad D_1 = \frac{D}{2} \quad H_1 = 2D$$

$$H_2 = 2D \quad S = \frac{D}{8} \quad D_2 = \frac{D}{4}$$

图 2-6　旋风分离器示意图

旋风分离器内静压强在器壁处最高,仅稍低于气体进口,筒体中心处压强最低,而且这种低压内旋流由排气管入口一直延伸到锥底。因此,如果出灰口或集尘室密封不严,就很容易漏入气体,将已收集在锥底的粉尘重新卷起,严重降低分离效果。

评价旋风分离器性能的主要指标有以下三个:

(1) **临界粒径 d_c**　旋风分离器能够分离出的最小颗粒直径称为临界粒径。临界粒径的大小是判断旋风分离器分离效率高低的重要依据。

(2) **分离效率 η**　旋风分离器的分离效率通常有两种表示方法,即总效率和粒级效率。

总效率是工程计算中常用的,也是最容易测定的分离效率,但是它却不能准确代表该分离器的分离性能。因为含尘气体中颗粒粒径通常是大小不均的,不同粒径的颗粒通过旋风分离器分离的百分数是不同的,因此,只有对相同粒径范围的颗粒分离效果进行比较,才能得知该分离器分离性能的好坏。特别是对细小颗粒的分离,这时用粒级效率则更有优势。

（3）压降　旋风分离器的压降是评价其性能的重要指标。压降产生的主要原因,是由于气体经过器内时的膨胀、压缩、旋转、转向及对器壁的摩擦而消耗大量的能量,因此气体通过旋风分离器的压降应尽可能小。

分离设备压降的大小是决定分离过程能耗和合理选择风机的依据。

旋风分离器可分离 5 ~ 75 μm 的非纤维、非黏性的干燥粉尘,其结构简单,无活动部件,操作、维修简便,性能稳定,价格低廉,但对 5 μm 以下的细微颗粒分离效率不高。

2. 旋液分离器

旋液分离器又称水力旋流器,是利用离心沉降原理分离液-固混合物的设备,其结构和操作原理与旋风分离器类似。设备主体也是由圆筒体和圆锥体两部分组成,如图 2-7 所示。

悬浮液由入口管切向进入,并向下做螺旋运动,固体颗粒在惯性离心力作用下,被甩向器壁后随旋流降至锥底。由底部排出的稠浆称为底流;清液和含有微细颗粒的液体则形成内旋流螺旋上升,从顶部中心管排出,称为溢流。内旋流中心为处于负压的气柱,这些气体可能是由料浆中释放出来,或由于溢流管口暴露于大气时将空气吸入器内的,但气柱有利于提高分离效果。

旋液分离器的结构特点是直径小而圆锥部分长,其进料速度为 2 ~ 10 m/s,可分离的粒径为 5 ~ 200 μm。

若料浆中含有不同密度或不同粒度的颗粒,可令大直径或大密度的颗粒从底流送出,通过调节底流量与溢流量比例,控制两流股中颗粒大小的差别,这种操作称为分级。用于分级的旋液分离器称为水力分粒器。

旋液分离器还可用于不互溶液体的分离、气液分离,以及传热、传质和雾化等操作中,因而广泛应用于多种工业领域。与旋风分离器相比,其压降较大,且随着悬浮液平均密度的增大而增大。在使用中设备磨损较严重,应考虑采用耐磨材料作内衬。

3. 沉降离心机

沉降离心机的主体为一无孔的转鼓,悬浮液自转鼓中心进入后,被转鼓带动做高速运转,在离心力场中,固体颗粒沉至转鼓内壁,清液自转鼓端部溢出,固体定期清除以达到固液的分离。

（1）管式离心机　如图 2-8 所示,悬浮液由空心轴下端进入,在转鼓带动下,密度小的液体最终由顶端溢流而出,固体颗粒则被甩向器壁实现分离。管式离心机有实验室型和工业型两种。实验室型的转速大,处理能力小;而工业型的转速较小,但处理能力大,是工业上分离效率最高的沉降离心机。

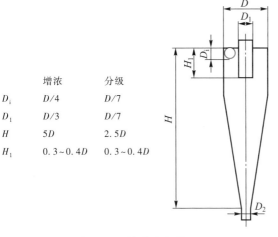

	增浓	分级
D_i	$D/4$	$D/7$
D_1	$D/3$	$D/7$
H	$5D$	$2.5D$
H_1	$0.3\sim0.4D$	$0.3\sim0.4D$

图 2-7 旋液分离器　　　　　　　　　图 2-8 管式离心机(澄清式)

管式离心机的结构简单,长度和直径比大(一般为 4~8),转速高,通常用来处理固体浓度低于 1% 的悬浮液,可以避免过于频繁的除渣和清洗。高速管式离心机还可以用来分离乳浊液,但分离机顶端应分别有轻液和重液溢出口,可以进行连续操作。

(2) 无孔转鼓沉降离心机　这种离心机的外形与管式离心机很相像,但长度和直径比较小。因为转鼓澄清区长度比进料区短,因此分离效率较管式离心机低。转鼓离心机按设备主轴的方位分为立式和卧式,图 2-9 所示为一立式无孔转鼓离心机。这种离心机的转速在 450~3 500 r/min,处理能力大于管式离心机,适于处理固体含量在 3% ~ 5% 的悬浮液,主要用于泥浆脱水及从废液中回收固体,常用于间歇操作。

(3) 螺旋形沉降离心机　这种离心机的特点是可连续操作。如图 2-10 所示,转鼓可分为柱锥形或圆锥形,长度与直径比 1.5~3.5。悬浮液由轴心进料管连续进入,鼓中螺旋卸料器的转动方向与转鼓相同,但转速相差 5~100 r/min。当固体颗粒在离心机作用下甩向转鼓内壁并沉积下来后,被螺旋卸料器推至锥端排渣口排出。

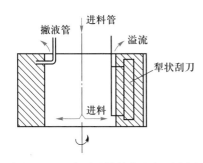

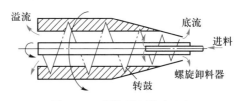

图 2-9 立式无孔转鼓离心机示意图　　　图 2-10 螺旋形沉降离心机

螺旋形沉降离心机转速可达 1 600~6 000 r/min,可从固体浓度2%~50%的悬浮液中分离中等和较粗颗粒,对粒径小于 2 μm 的颗粒分离效果不佳。它广泛用于工业上回收晶体和聚合物、城市污泥及工业污泥脱水等方面。

第三节 过 滤

过滤是分离悬浮液最常用和最有效的单元操作之一。它是利用重力、离心力或人为造成的压差使悬浮液通过多孔性过滤介质，其中固体颗粒被截留，滤液穿过介质流出以达到固-液混合物的分离。与沉降分离相比，过滤操作可使悬浮液分离得更迅速、更彻底。

2-3-1 概述

一、过滤方式

过滤方式有两类，即滤饼过滤和深层过滤。

滤饼过滤如图2-11(a)所示，悬浮液置于过滤介质的一侧，固体物质沉积于介质表面形成滤饼层。过滤介质的微细孔道的直径未必一定小于被截留的颗粒直径，在过滤操作开始阶段，会有一些细小颗粒穿过介质而使滤液混浊，但是会有部分颗粒进入过滤介质孔道中发生"架桥"现象，如图2-11(b)所示。随着颗粒的逐步堆积，形成了滤饼。穿过滤饼的液体则变为清净的滤液。通常操作初期得到的混浊滤液，在滤饼形成之后应返回重滤。可见滤饼是真正有效的过滤介质。

深层过滤时，固体颗粒不形成滤饼而是被截留在较厚的过滤介质的孔隙内，如图2-12所示。由于颗粒尺寸小于介质孔隙，当进入长而曲折的通道后，在静电与表面力的作用下附着在过滤介质中。这种过滤常用于处理量大而悬浮液中颗粒小、固体含量低（体积分数小于0.1%）的情况。如自来水厂的饮水净化、合成纤维纺丝液中除去固体物质等。

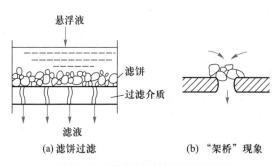

图2-11 滤饼过滤及"架桥"现象

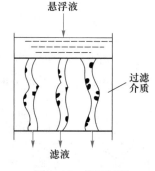

图2-12 深层过滤

工业生产中悬浮液固体含量较高（体积分数大于1%），因此本节重点讨论滤饼过滤。

二、过滤介质

工业中常用的过滤介质有织物介质（由天然纤维或合成纤维、金属丝等编织而成的筛网、滤布）、多孔性固体介质（素瓷、金属或玻璃的烧结物、塑料细粉黏结而成的多孔性塑料管等）；适于深层过滤的过滤介质则是由各种固体颗粒（砂石、木炭、石棉）或非编织纤维（玻璃棉等）堆积而成。

良好的过滤介质除能达到所需分离要求外,还应具有足够的机械强度,尽可能小的流过阻力,较高的耐腐蚀性和一定的耐热性。最好表面光滑,滤饼剥离容易。

三、滤饼与助滤剂

前已述及,滤饼是真正有效的过滤介质。随着过滤操作的进行,饼层厚度和流动阻力都逐渐增加。不同的颗粒特性,流动阻力也不同。若悬浮液中的颗粒具有一定的刚性,当滤饼两侧压差增大时,所形成的滤饼空隙率不会发生明显改变,这种滤饼称为**不可压缩滤饼**。若悬浮液中颗粒是非刚性的或其粒径较细,则形成的滤饼在操作压差作用下会发生不同程度的变形,其空隙率明显下降,流动阻力急剧增加,这种滤饼称为**可压缩滤饼**。

为了减少可压缩滤饼的阻力,可使用助滤剂改变滤饼结构,增加滤饼的刚性,提高过滤速率。

作为助滤剂的基本条件是:能形成多孔饼层的刚性颗粒,具有良好的物理、化学性质(不与悬浮液发生化学反应、不溶于液相、不带入色素等),价廉易得。常用的助滤剂有硅藻土、珍珠岩、炭粉、纤维素等。

助滤剂的用法有预涂法和掺滤法两种。预涂是将含助滤剂的悬浮液先行过滤,均匀地预涂在过滤介质表面,然后过滤料浆;掺滤则是将助滤剂混入料浆中一起过滤,其加入量为料浆的 0.1% ~ 0.5%(质量分数)。

2-3-2 过滤基本方程

一、过滤基本方程的表述

液体通过饼层(包括滤饼和过滤介质)空隙的流动与普通管内流动相仿。由于过滤操作所涉及的颗粒尺寸一般很小,形成的通道呈不规则网状结构。由于孔道很细小,流动类型可认为在层流范围。

仿照圆管中层流流动时计算压降的哈根-泊谡叶公式:

$$\Delta p_f = \frac{32\mu l u}{d^2}$$

在过滤操作中,Δp_f 就是液体通过饼层克服流动阻力的压差 Δp。由于过滤通道曲折多变,可将滤液通过饼层的流动,看作液体以速度 u 通过许多平均直径为 d_0、长度等于饼层厚度 $L+L_e$ 的小管内的流动(L 为滤饼厚度,L_e 为过滤介质的当量滤饼厚度)。

将滤饼体积 AL 与滤液体积 V 的比值用 v 表示,意义为每获得 1 m³ 滤液所形成滤饼的体积,即

$$v = AL/V \tag{2-16}$$

同理,过滤介质体积 AL_e 与过滤介质的当量滤液体积 V_e 的比值也为 v。由此得到过滤基本方程:

$$\frac{dV}{dt} = \frac{A^2 \Delta p}{r\mu v(V+V_e)} \tag{2-17}$$

式中: A——过滤面积,m²;

r——滤饼比阻,反映滤饼结构特征的参数,m^{-2};

μ——滤液黏度,$Pa \cdot s$。

该式表示过滤过程中任一瞬间的过滤速率与有关因素间的关系,是过滤计算及强化过滤操作的基本依据。该式适用于不可压缩滤饼,对于大多数可压缩滤饼则需要加以修正。

过滤操作有两种典型方式,即恒压过滤、恒速过滤。恒压过滤时维持操作压差不变,但过滤速率将逐渐下降;恒速过滤则保持过滤速率不变,逐渐加大压差,但对于可压缩滤饼,随着过滤时间的延长,压差会增加许多,因此,恒速过滤无法进行到底。有时,为了避免过滤初期压差过高而引起滤液混浊,可采用先恒速后恒压的操作方式,即开始时以较低的恒定速率操作,当表压升至给定值后,转入恒压操作。也有既非恒速又非恒压的过滤操作,如用离心泵向过滤机输送料浆的情况,在此不予讨论。工业中大多数过滤属恒压过滤。以下讨论恒压过滤的基本计算。

二、恒压过滤基本方程

在恒压过滤中,压差 Δp 为定值。对于一定的悬浮液和过滤介质,r、μ、v、V_e 也可视为定值,所以对式(2-17)进行积分:

$$\int_0^V (V + V_e)\, dV = \frac{A^2 \Delta p}{r\mu v}\int_0^t dt$$

$$V^2 + 2V_e V = \frac{2A^2 \Delta p}{r\mu v}t$$

令 $K = \dfrac{2\Delta p}{r\mu v}$,则

$$V^2 + 2V_e V = KA^2 t \qquad\qquad (2-18)$$

令 $q = V/A$,$q_e = V_e/A$,则式(2-18)变为

$$q^2 + 2q_e q = Kt \qquad\qquad (2-18a)$$

式(2-18)及式(2-18a)均为恒压过滤基本方程,表示过滤时间 t 与获得滤液体积 V 或单位过滤面积上获得的滤液体积 q 的关系。式中 K、q_e 均为一定过滤条件下的过滤常数。K 与物料特性及压差有关,单位为 m^2/s;q_e 与过滤介质阻力大小有关,单位为 m^3/m^2,两者均可由实验测定。

当滤饼阻力远大于过滤介质阻力时,过滤介质阻力可忽略,于是式(2-18)、式(2-18a)可简化为

$$V^2 = KA^2 t \quad , \quad q^2 = Kt \qquad\qquad (2-19)$$

三、过滤常数 K、q_e 测定

根据式(2-18),在恒压条件下,测得时间 t_1、t_2 下获得的滤液总体积 V_1、V_2,则可联立方程:

$$\begin{cases} V_1^2 + 2V_e V_1 = KA^2 t_1 \\ V_2^2 + 2V_e V_2 = KA^2 t_2 \end{cases}$$

估算出 K、V_e 及 q_e 值。在实验测定过滤常数时,通常要求测得多组 t-V 数据,并由 $q = V/A$ 计算得到一系列 t-q 数据。将式(2-18a)整理为以下形式:

$$\frac{t}{q} = \frac{1}{K}q + \frac{2q_e}{K} \qquad (2\text{-}18b)$$

在直角坐标系中以 t/q 为纵轴,q 为横轴,可得到一条以 $1/K$ 为斜率,以 $2q_e/K$ 为截距的直线,并由此求出 K 和 q_e 值。

为了使实验测得的数据能用于工业过滤装置,实验中应尽可能采用与实际情况相同的悬浮液和操作温度及压强。

例 2-3 采用过滤面积为 0.2 m² 的过滤机,对某悬浮液进行过滤常数的测定。操作压差为 0.15 MPa,温度为 20 ℃,过滤进行到 5 min 时,共得滤液 0.034 m³;进行到 10 min 时,共得滤液 0.050 m³。试估算(1) 过滤常数 K 和 q_e;(2) 按这种操作条件,过滤进行到 1 h 时的滤液总量。

解: (1) 过滤时间 $t_1 = 300$ s 时

$$q_1 = \frac{V_1}{A} = \left(\frac{0.034}{0.2}\right) \text{ m}^3/\text{m}^2 = 0.17 \text{ m}^3/\text{m}^2$$

$t_2 = 600$ s 时

$$q_2 = \frac{V_2}{A} = \left(\frac{0.050}{0.2}\right) \text{ m}^3/\text{m}^2 = 0.25 \text{ m}^3/\text{m}^2$$

根据式(2-18a)

$$0.17^2 + 2 \times 0.17q_e = 300K$$

$$0.25^2 + 2 \times 0.25q_e = 600K$$

联立解之,得

$$K = 1.26 \times 10^{-4} \text{ m}^2/\text{s}$$

$$q_e = 2.61 \times 10^{-2} \text{ m}^3/\text{m}^2$$

(2) $V_e = Aq_e = (0.2 \times 2.61 \times 10^{-2}) \text{ m}^3 = 5.22 \times 10^{-3} \text{ m}^3$

由式(2-18)

$$V^2 + 2 \times 5.22 \times 10^{-3} V = 1.26 \times 10^{-4} \times 0.2^2 \times 3\,600$$

解得

$$V = 0.130 \text{ m}^3$$

2-3-3　过滤设备

各种生产工艺形成的悬浮液性质差别很大,过滤的目的及料浆的处理量也相差很大。长期以来,为适应各种不同要求而发展了多种型式的过滤机。按照操作方式可分为间歇式和连续式;按照产生的压差可分为压滤式、吸滤式、离心式。以下介绍工业上常用的几种过滤设备。

一、板框压滤机

板框压滤机是一种历史较久、但仍沿用不衰的间歇式压滤机。它由多块带凹凸纹路的滤板和滤框交替排列组装于机架而构成,如图 2-13 所示。滤板和滤框的个数在机座长度范围内可自行调节,一般为 10~60 块不等,过滤面积为 2~80 m²。

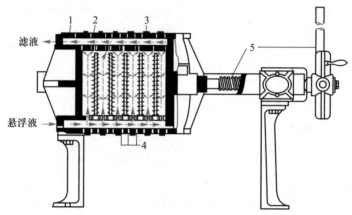

1—固定头;2—滤板;3—滤框;4—滤布;5—压紧装置

图 2-13 板框压滤机

滤板和滤框构造如图 2-14 所示。板和框的四角开有圆孔,组装后构成供料浆、滤液、洗涤液进出的通道,如图 2-15 所示。为了便于对板、框的区别,常在板、框的外侧铸有小钮或其它标志,如 1 钮为非洗涤板、2 钮为框、3 钮为洗涤板,组装时按照非洗涤板—框—洗涤板—框—非洗涤板—框—…顺序排列。

操作开始前,先将四角开孔的滤布覆盖于板和框之间,借手动、电动或液压传动使螺旋杆转动压紧板和框。过滤时悬浮液从通道 1[图 2-14(b)]进入滤框,滤液穿过框两边滤布,由每块滤板的下角进入滤液通道 3 排出机外[图 2-14(a)]。待框内充满滤饼,即停止过滤。

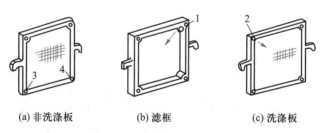

(a) 非洗涤板   (b) 滤框   (c) 洗涤板

1—悬浮液通道;2—洗涤液入口通道;3—滤液通道;4—洗涤液出口通道

图 2-14 滤板和滤框

若滤饼需要洗涤,则安装时按上述顺序加入洗涤板。洗涤液由洗涤液入口通道 2[图 2-14(c)]进入洗涤板两侧,穿过整块框内滤饼,在过滤板下角小孔洗涤液出口通道 4 排出。因此,洗涤经过的滤饼厚度是过滤时的两倍(图 2-15),流通面积却是过滤面积的 1/2,若洗液性质与滤液性质相近,则在同样压差下:

$$\left(\frac{\mathrm{d}V}{\mathrm{d}t}\right)_{\mathrm{W}} = \frac{1}{4}\left(\frac{\mathrm{d}V}{\mathrm{d}t}\right)_{\mathrm{E}} \tag{2-20}$$

式中： $\left(\dfrac{\mathrm{d}V}{\mathrm{d}t}\right)_{\mathrm{W}}$ ——洗涤速率，$\mathrm{m^3/s}$；

$\left(\dfrac{\mathrm{d}V}{\mathrm{d}t}\right)_{\mathrm{E}}$ ——过滤终了时速率，$\mathrm{m^3/s}$。

动画：
板框压滤机的过滤和洗涤

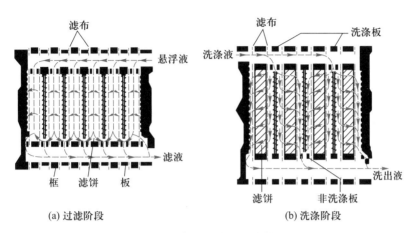

图 2-15　板框压滤机操作简图

　　由于洗涤过程中，滤饼厚度不再增加，所以洗涤速率 $\left(\dfrac{\mathrm{d}V}{\mathrm{d}t}\right)_{\mathrm{W}}$ 基本为一常数。即

$$\left(\frac{\mathrm{d}V}{\mathrm{d}t}\right)_{\mathrm{W}}=\frac{V_{\mathrm{W}}}{t_{\mathrm{W}}}$$

经过公式推导，洗涤时间为

$$t_{\mathrm{W}}=\frac{8V_{\mathrm{W}}(V+V_e)}{KA^2} \tag{2-21}$$

式中：　V_{W}——洗涤水量，$\mathrm{m^3}$。

　　洗涤完毕即停车，松开压紧装置，卸除滤饼，清洗滤布，重新装合，进入下一个循环操作。

　　板框压滤机生产能力为

$$Q=\frac{3\,600V}{T} \tag{2-22}$$

式中：　Q——板框压滤机的生产能力，$\mathrm{m^3}$ 滤液/h；

　　　　V——操作周期获得的滤液总量，$\mathrm{m^3}$；

　　　　T——操作周期的时间总和（包括过滤时间、洗涤时间及板框拆除、滤饼清除、装合等辅助操作时间），s。

　　板框压滤机的优点是结构简单、制造方便、过滤面积大、承受压差较高，因此可用于过滤细小颗粒及黏度较高的料浆。缺点是间歇操作，生产效率低，劳动强度大。但随着各种自动操作的板框压滤机出现，这一缺点会得到一定程度的改进。

例 2-4 生产中要求在过滤时间 20 min 内处理完 4 m³ 例 2-3 中料浆,操作条件同例 2-3,已知 1 m³ 滤液可形成 0.034 2 m³ 滤饼。现使用的一台板框压滤机,滤框尺寸为 450 mm×450 mm×25 mm,滤布同例 2-3,试求:(1) 完成操作所需滤框数;(2) 若洗涤时压差与过滤时相同,洗液性质与水相近,洗涤水量为滤液体积的 1/6 时的洗涤时间(s);(3) 若每次辅助时间为 15 min,该压滤机的生产能力(m³ 滤液/h)。

解:(1) 已知悬浮液的处理量 $V_s = 4$ m³,滤饼与滤液体积比 $v = 0.034\ 2$,因此一次操作获得的总滤液量为

$$V = \frac{V_s}{1+v} = \frac{4}{1+0.034\ 2}\ \text{m}^3 = 3.87\ \text{m}^3$$

由例 2-3 知 $K = 1.26×10^{-4}$ m²/s,$q_e = 2.61×10^{-2}$ m³/m²,由式(2-18):

$$3.87^2 + 2×0.026\ 1(A/\text{m}^2)×3.87 = 1.26×10^{-4}(A/\text{m}^2)^2×20×60$$

解得
$$A = 10.6\ \text{m}^2$$

每框两侧均有滤布,故每框过滤面积为

$$(0.45×0.45×2)\ \text{m}^2 = 0.405\ \text{m}^2$$

所需框数为
$$10.6÷0.405 = 26.2$$

取 27 个滤框,则滤框总容积量为

$$(0.45×0.45×0.025×27)\ \text{m}^3 = 0.137\ \text{m}^3$$

滤饼总体积

$$vV = (0.034\ 2×3.87)\ \text{m}^3 = 0.132\ \text{m}^3 < 0.137\ \text{m}^3$$

因此,27 个滤框可满足要求。实际过滤面积为(27×0.405) m² = 10.9 m²。

(2) 因为 $V_e = q_e A = (2.61×10^{-2}×10.9)$ m³ $= 0.284$ m³,每次洗涤水用量 $V_w = (1/6)V = (3.87/6)$ m³ $= 0.645$ m³,所以由式(2-21)洗涤时间为

$$t_w = \frac{8V_w(V+V_e)}{KA^2} = \left[\frac{8×0.645×(3.87+0.284)}{1.26×10^{-4}×10.9^2}\right]\ \text{s} = 1\ 432\ \text{s}$$

(3) 由式(2-22),该压滤机的生产能力为

$$Q = \left(\frac{3.87×3\ 600}{20×60+1\ 432+15×60}\right)\ \text{m}^3/\text{h} = 3.94\ \text{m}^3/\text{h}$$

二、转鼓真空过滤机

转鼓真空过滤机是应用较广的连续式吸滤机。它的主体是一个能转动的水平中空圆筒,筒表面覆盖以滤布,筒的下部浸入料浆中,如图 2-16 所示。转筒的过滤面积一般为 5~40 m²,浸没部分占总面积的 30%~40%,转速为 0.1~3 r/min。转鼓内沿径向分隔成若干独立的扇形格,每格都有单独的孔道通至分配头上。转鼓转动时,借分配头的作用使这些孔道依次与真空管及压缩空气管相通,因而,转鼓每旋转一周,每个扇形格可依次完成过滤、洗涤、吸干、吹松、卸饼等操作。

分配头由紧密贴合的转动盘和固定盘构成，转动盘装配在转鼓上一起旋转，固定盘内侧开有若干长度不等的凹槽与各种不同作用的管道相通。操作时转动盘与固定盘相对滑动旋转，由固定盘上相连的不同作用的管道实现滤液吸出、洗涤水吸出及空气压入的操作。即当转鼓上某些扇形格浸入料浆中时，恰与滤液吸出系统相通，进行真空吸滤，该部分扇形格离开液面时，继续吸滤，吸走滤饼中残余液体；当转到洗涤水喷淋处，恰与洗涤水吸出系统相通，在洗涤过程中将洗涤水吸走并脱水；在转到与空气压入系统连接处时，滤饼被压入

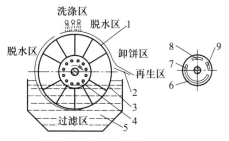

动画

转鼓真空过滤机

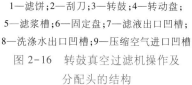

1—滤饼；2—刮刀；3—转鼓；4—转动盘；
5—滤浆槽；6—固定盘；7—滤液出口凹槽；
8—洗涤水出口凹槽；9—压缩空气进口凹槽

图 2-16　转鼓真空过滤机操作及
分配头的结构

的空气吹松并由刮刀刮下。在再生区空气将残余滤渣从过滤介质上吹除。转鼓旋转一周，完成一个操作周期，连续旋转便构成连续的过滤操作。

转鼓表面浸入料浆的分数称为**浸没度**，用 Ψ 表示，即

$$\Psi = \frac{浸没角度}{360°} \qquad (2-23)$$

若转鼓每分钟转数为 n，则每旋转一周，转鼓上任一单位过滤面积经过的过滤时间为

$$t = \frac{60\Psi}{n} \qquad (2-24)$$

每旋转一周，获得滤液体积为 $V(\text{m}^3)$，所需时间为 $60/n(\text{s})$，相当于间歇式过滤机操作的一个周期，因此，其生产能力

$$Q = 60nV \qquad (\text{m}^3\ 滤液/\text{h})$$

将式(2-18)及式(2-24)代入，得

$$Q = 60n\sqrt{\frac{60\Psi KA^2}{n} + V_e^2} - V_e \qquad (2-25)$$

若过滤介质阻力可忽略，则

$$Q = 60A\sqrt{60\Psi Kn} \qquad (2-25a)$$

转鼓真空过滤机的优点是连续操作，生产能力大，适于处理量大而容易过滤的料浆，对于难过滤的细、黏物料，采用助滤剂预涂的方式也比较方便，此时可将卸料刮刀稍微离开转鼓表面一定距离，可使助滤剂涂层不被刮下，而在较长时间内发挥助滤作用。它的缺点是附属设备较多，投资费用高，滤饼含液量高（常达 30%）。由于是真空操作，料浆温度不能过高。

三、过滤离心机

过滤离心机与转鼓沉降离心机非常相似，所不同的是，过滤离心机转鼓上开有许多小孔，内壁附以过滤介质，在离心力作用下进行过滤。

过滤离心机有间歇操作的三足式离心机(图2-17)。它的转鼓直径较大,转速不高(<2 000 r/min),与其它型式离心机相比,具有构造简单、可灵活掌握运转周期等优点。缺点是卸料时需人工操作,转动部件位于机座下部,检修不方便。

此外,还有连续操作的刮刀卸料式离心机和活塞往复卸料式离心机,前者利用刮刀连续卸料,后者利用冲程约为转鼓全长1/10的活塞卸料,生产能力较大,劳动条件好。缺点是对细、黏的物料往往需要较长的过滤时间,而且使用刮刀卸料时,对晶体物料的晶形有一定程度的破坏。

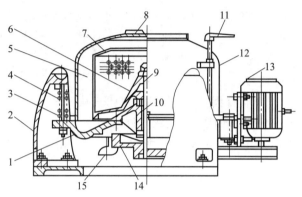

1—底盘;2—支柱;3—缓冲弹簧;4—摆杆;5—鼓壁;6—转鼓底;
7—拦液板;8—机盖;9—主轴;10—轴承座;11—制动器手柄;
12—外壳;13—电动机;14—制动轮;15—滤液出口
图2-17 三足式离心机示意图

第四节 过程的强化与展望

非均相物系分离是生产中不可缺少的一项单元操作,对该分离过程的研究,主要着眼于其分离方法强化及优化设备结构。特别是过滤过程的研究,无论从过滤介质、设备材质还是设备结构都有很大的发展空间。

2-4-1 沉降过程的强化

在颗粒沉降中,选择合适的分离设备是达到较高分离效率的关键。对气-固混合物系来说,由于颗粒直径分布不均匀,因此应根据颗粒的粒径分布选择合适的分离设备。如 $d>50\ \mu m$,可用重力沉降设备;$d>5\ \mu m$ 可用离心沉降设备;$d<5\ \mu m$ 可用电除尘、袋滤器或湿式除尘器。

对液-固混合物系,不仅要考虑颗粒粒径分布,还要考虑其含固量大小,以便选用合适的设备进行分离。如含固量<1%,可采用沉降槽、旋液分离器、沉降离心机;颗粒粒径 $d>50\ \mu m$ 的采用过滤离心机;$d<50\ \mu m$ 的采用压差过滤设备;含固量 1% ~ 10%,可采用板框压滤机;含固量>50%的可采用真空过滤机;10%以上的可采用过滤离心机等。

沉降过程中,若颗粒粒径很小,则需加入混凝剂或絮凝剂,使分散的细小颗粒或胶体

文本：

本节学习纲要

粒子聚集成较大颗粒,从而易于沉降。混凝剂通常是一些低分子电解质,如硫酸亚铁、硫酸铝、氯化铁、氯化铝等;絮凝剂则是指一些高分子聚合物,如明胶、聚丙烯酰胺、聚合硫酸铁等。加入这些化学药剂后的沉降机理可分为压缩双电层、吸附电中和、吸附架桥、沉淀物网捕四种。

但是,混凝剂或絮凝剂的加入量并非越多越好。投加量过多,效果反而下降,因此,对不同料浆的絮凝处理,应通过实验确定投入量。

2-4-2　过滤过程的强化

强化过滤过程途径,除前已述的利用助滤剂改变滤饼结构,以及利用混凝剂、絮凝剂改变悬浮液中颗粒聚集状态、提高过滤速率之外,在过滤技术上,采用动态过滤也是强化过滤的一个方面。

动态过滤克服了传统过滤装置中,滤饼不被搅动而不断增厚,使过滤阻力不断增加的缺点,使料浆在外力作用下,与过滤面成平行或旋转的剪切运动,在运动中进行过滤。因此,在过滤介质上不积存或积存少量的滤饼,有效地降低了过滤阻力,如图2-18所示。

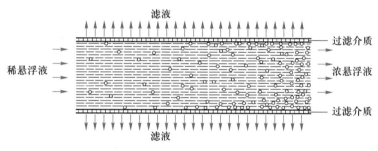

图2-18　动态过滤示意图

动态过滤的典型设备为旋叶压滤机,它是由一组旋转叶轮及相邻的固定滤面组成,每个叶轮都占据一个滤室。叶轮串在一起,由电动机通过主轴带动旋转。当料浆加压后,由进料口逐级进入各滤室,在滤室内外压差的推动下,液体穿过薄层滤饼和过滤介质,从滤液出口排出。在叶轮的离心力和级间压差的推动下,料浆逐级增浓,最后浓浆在流动状态下排出机外。

排出的浓浆含液量比传统过滤方式的滤饼含液量更低,这是由于固体颗粒在处于流动的悬浮液中,可以比静态悬浮液中排列得更紧密。而且,在最初的几个滤室中并不形成滤饼,仅是增稠操作。

2-4-3　过滤技术展望

过滤技术通常是在原有的技术上进行改进,如对分离的悬浮液预处理技术,除加入适量的混凝剂或絮凝剂之外,还着重于混(絮)凝剂性能的改进,使其更具有适应性和针对性。还可以改变悬浮液中液体的性质,如利用加热、稀释的方法降低悬浮液液体黏度等。国外对液体混合物还采用整体冷冻和解冻、超声波等处理的方法来提高分离效率。

近年来,发展最快的过滤与分离技术就是膜分离技术(见第九章)。膜分离技术对含固量低、微细粒子的悬浮液分离特别有效,在医药、食品工业上已获得了广泛使用,如制药及饮料的无菌过滤,糖化酶、淀粉酶、蛋白酶等的酶分离,以及纯水的制备、水果和蔬菜的浓缩等。

随着生物工程技术的发展,膜分离在该领域的应用将进一步增长。在生物制品的生产中,经常需要从液体中分离悬浮物,传统的过滤方法已达不到产品的质量要求,因此,使用膜分离技术中微滤的方法,既可防止杂菌污染和热敏性物质失活,又达到了杂质的有效分离和提高产量的目的。

将动态过滤技术应用于膜分离,能更好地解决传统膜滤速率不高的问题,使膜滤装置的应用更加广泛,过滤效果更好,如造纸工业用超滤膜从废水中回收纤维等。

此外,复合过滤技术也被认为是提高过滤速率的简单有效的方法。它是采用两种或更多种的过滤机逐步降低固体含量或液体黏度来达到提高过滤速率的目的。这些过滤机可以是相同种类,但过滤介质及过滤常数等不同;也可以是不同种类的过滤机组合在一起。

在过滤设备上,为了适应大规模生产的需要,发展了一些大型过滤机,如转鼓过滤机的直径达到近 4 m、长约 6 m,使处理量大大增加。压滤机在增大过滤面积的同时,在滤板中带有弹性压榨隔膜,使滤饼含湿量进一步降低,达到了 6%,并且缩短过滤周期。

过滤设备的自动化程度和控制手段进一步提高,特别是间歇操作的板框压滤机采用了厢式压滤,已能达到较高的自动化程度,使劳动环境、劳动强度有了很大改善。

在过滤设备的制造选材中,大量选用非金属材料(聚合物材料居多)制造过滤元件,使设备成本降低,设备质量减轻。

思 考 题

1. 流体通过非球形颗粒床层时,阻力比球形颗粒床层大还是小? 为什么?

2. 沉降分离所必须满足的基本条件是什么? 对于一定的处理能力,影响分离效率的物性因素有哪些? 温度变化对颗粒在气体中的沉降和在液体中的沉降各有什么影响? 若提高处理量,对分离效率又会有什么影响?

3. 如何提高离心设备的分离能力?

4. 过滤速率与哪些因素有关?

5. 强化过滤速率的措施有哪些?

6. 若分别采用下列各项措施,试分析转筒过滤机的生产能力将如何变化。已知滤布阻力可以忽略,滤饼不可压缩。

(1) 转筒尺寸按比例增大;

(2) 转筒浸没度增大;

(3) 操作真空度增大;

(4) 转速增大;

(5) 滤浆中固相颗粒增加;

(6) 升温,使滤液黏度减小。

再分析上述各措施的可行性。

习 题

1. 试计算直径为 30 μm 的球形石英颗粒(其密度为 2 650 kg/m³),在 20 ℃水中和 20 ℃常压空气中的自由沉降速度。 （水中 $u_t = 8.02 \times 10^{-4}$ m/s；空气中 $u_t = 7.18 \times 10^{-2}$ m/s）

文本:

思考题参考答案

2. 密度为 2 150 kg/m³ 的烟灰球形颗粒在 20 ℃ 空气中在层流沉降的最大颗粒直径是多少？

$(d = 77.3\ \mu\text{m})$

3. 直径为 10 μm 的石英颗粒随 20 ℃ 的水做旋转运动，在旋转半径 $R = 0.05$ m 处的切向速度为 12 m/s，求该处的离心沉降速度和离心分离因数。

$(u_t = 2.62\ \text{cm/s}; K_c = 294)$

4. 某工厂用一降尘室处理含尘气体，假设尘粒做层流沉降。下列情况下，降尘室的最大生产能力如何变化？

（1）要完全分离的最小粒径由 60 μm 降至 30 μm；

（2）空气温度由 10 ℃ 升至 200 ℃；

（3）增加水平隔板数目，使沉降面积由 10 m² 增至 30 m²。

（为原生产能力的 25%；为原生产能力的 67.7%；增加 2 倍）

5. 有一过滤面积为 0.093 m² 的小型板框压滤机，恒压过滤含有碳酸钙颗粒的水悬浮液。过滤时间为 50 s 时，共得到 2.27×10^{-3} m³ 的滤液；过滤时间为 100 s 时，共得到 3.35×10^{-3} m³ 的滤液。试求当过滤时间为 200 s 时，可得到多少滤液。

$(4.88\times10^{-3}\ \text{m}^3)$

6. BMS50/810-25 型板框压滤机，滤框尺寸为 810 mm×810 mm×25 mm，共 36 个框，现用来恒压过滤某悬浮液。操作条件下的过滤常数为 $K = 2.72\times10^{-5}$ m²/s；$q_e = 3.45\times10^{-3}$ m³/m²。每滤出 1 m³ 滤液的同时，生成 0.148 m³ 的滤渣。求滤框充满滤渣所需时间。若洗涤时间为过滤时间的 2 倍，辅助时间 15 min，其生产能力为多少？

$(283\ \text{s}; 8.22\ \text{m}^3\ \text{滤液/h})$

本章符号说明

拉丁文：

a——颗粒的比表面积，m²/m³；

a——加速度，m/s²；

A——面积，m²；

b——降尘室宽度，m；

B——旋风分离器进口宽度，m；

c——气体含尘浓度，g/m³；

d——颗粒直径，m；

d_a——颗粒平均比表面积直径，m；

D——设备直径，m；

F——作用力，N；

g——重力加速度，m/s²；

h——降尘室高度，m；

h'——降尘室隔板间距，m；

K——过滤常数，m²/s；

l——降尘室长度，m；

L——滤饼厚度，m；

q——单位过滤面积获得的滤液体积，m³/m²；

Q——过滤机的生产能力，m³/h；

r——滤饼比阻，1/m²；

r'——单位压差下的滤饼比阻，1/m²；

Re——雷诺数；

s——滤饼的压缩性指数；

S——表面积，m²；

t——过滤时间，s；

T——操作周期或回转周期，s；

u——流速或过滤速度，m/s；

v——滤饼体积与滤液体积之比；

V——滤液体积或每个操作周期所得的滤液体积，m³；

V——颗粒体积，m³；

q_V——体积流量，m³/s；

n——转速，r/min；

Δp——压强降或过滤推动力，Pa。

希文：

ε——床层空隙率；

ζ——阻力系数；

η——分离效率；

θ——降尘室内气体停留时间，s；

θ_t——沉降时间，s；

μ——流体黏度或滤液黏度，Pa·s；

ρ——密度,kg/m³;

ϕ_s——颗粒球形度;

Ψ——转筒过滤机的浸没度。

下标:

b——浮力的;

c——离心的;

d——阻力的;

e——当量的,有效的;

E——过滤的;

g——重力的;

$i(i)$——进口的(第 i 分段的);

min——最小的;

r——径向的;

s——固相的;

t——终端的;

T——切向的;

W——洗涤的。

参 考 文 献

[1] 姚玉英.化工原理:上册.天津:天津大学出版社,2000.

[2] 陆美娟.化工原理:上册.北京:化学工业出版社,2001.

[3] 陈敏恒,丛德滋,方图南,等.化工原理:上册.北京:化学工业出版社,2000.

[4] 大连理工大学化工原理教研室.化工原理:上册.大连:大连理工大学出版社,1993.

[5] 蒋维钧,戴猷元,顾惠君.化工原理:上册.3 版.北京:清华大学出版社,2009.

[6] 陈树章.非均相物系分离.北京:化学工业出版社,1997.

[7] 柴诚敬,张国亮.化工流体流动与传热.北京:化学工业出版社,2000.

[8] 刘茉娥.膜分离技术应用手册.北京:化学工业出版社,2001.

[9] 大矢晴彦.分离的科学与技术.张瑾,译.北京:中国轻工业出版社,1999.

[10] 姚公弼.液固分离技术进展.化工进展,1997(1):16-19.

[11] 时钧,汪家鼎,余国琮,等.化学工程手册:上卷.2 版.北京:化学工业出版社,1996.

[12] 蒋丽芬.化工原理.2 版.北京:高等教育出版社,2014.

第三章　传热

 本章学习要求

1. 掌握的内容

傅里叶定律,平壁及圆筒壁一维定态热传导计算及分析;对流传热基本原理,牛顿冷却定律,影响对流传热的主要因素;无相变强制对流传热系数关联式及其应用,Nu、Re、Pr、Gr 等准数的物理意义及计算,正确选用对流传热系数计算式,注意其用法、使用条件;传热计算:热量平衡方程,传热速率方程,总传热系数的计算及分析,污垢热阻、平均温度差的计算,传热的设计型与操作型计算;强化传热的途径。

2. 熟悉的内容

建立对流传热系数关联式的一般方法;蒸汽冷凝、液体沸腾对流传热系数的计算;壁温的计算;热辐射基本概念及两灰体间辐射传热的计算;列管式换热器的结构特点及选型计算。

3. 了解的内容

加热剂、冷却剂的种类及选用;其它各种常用换热器的结构特点及应用。

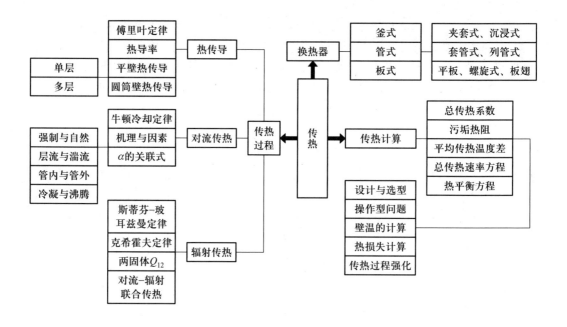

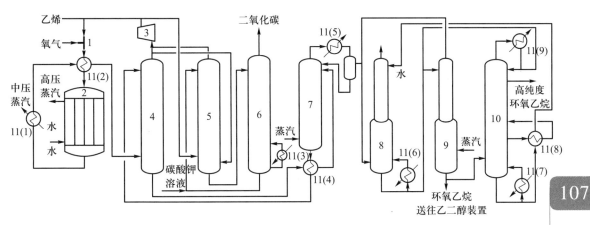

1—原料混合器；2—固定床催化反应器；3—循环压缩机；4—环氧乙烷吸收塔；5—二氧化碳吸收塔；6—碳酸钾再生塔；
7—环氧乙烷解吸塔；8—环氧乙烷再吸收塔；9—乙二醇原料解吸塔；10—环氧乙烷精制塔；11(1~9)—换热器

图 3-0　乙烯直接氧化法生产环氧乙烷工艺流程图

　　图 3-0 为乙烯直接氧化法生产环氧乙烷的工艺流程。乙烯和氧气的混合气在固定床催化反应器 2 中反应，利用床层外水的汽化移出反应热，产生高压蒸汽。反应产物气体中，除环氧乙烷外还含有未反应的乙烯及二氧化碳等副产物。产物气体先与水换热产生中压蒸汽，再与原料气换热使之升温。然后，产物气体依次通过环氧乙烷吸收塔 4（以水为吸收剂）、环氧乙烷解吸塔 7、环氧乙烷再吸收塔 8、乙二醇原料解吸塔 9 和环氧乙烷精制塔 10，相继脱除乙烯、二氧化碳、水、甲醛、乙醛等，最后分别获得用于制备乙二醇的环氧乙烷和纯度更高的环氧乙烷产品。二氧化碳吸收塔 5（以碳酸钾溶液为吸收剂）和碳酸钾再生塔 6 用于脱除系统中的二氧化碳。脱除了环氧乙烷和二氧化碳的乙烯经循环压缩机 3 升压后继续作为原料使用。

　　在这段工艺流程中，存在多个传热过程，其中有用水蒸气在 7 和 9 两个解吸塔中直接加热工艺物料的传热过程；也有利用在固定床外的水汽化移走反应热的传热过程；更多的是利用间壁式换热器 11(1)～11(9) 完成传热任务，而这些传热任务也不尽相同：换热器 11(1) 利用高温的反应产物气体的热能副产水蒸气；换热器 11(2) 使反应原料达到必要的温度；同时换热器 11(1) 和 11(2) 使产物气体温度降至满足环氧乙烷吸收塔 4 的要求；之后的几台换热器都是为完成吸收、解吸、精馏等传质分离操作而配置的必要附属设备。

　　在这段不长的流程中，换热器多达 9 台，这充分体现了传热这种单元操作在工业生产中的普遍性、重要性和任务的多样性。此外，各项换热任务中物料的性质和热负荷也有很大的差异，这决定了换热器的种类和型号的多样性，使换热器的设计和选型成为一项颇有挑战性的工作。这些特点使传热成为最受关注的化工单元操作之一。

第一节 概　述

传热是指由于温度差引起的热能转移。由热力学第二定律可知,只要有温度差存在,热能就必然通过热传导、对流传热和热辐射三种方式中的一种或多种从高温处向低温处传递。因此,传热是自然界和工程技术领域中普遍存在的一种传递现象,无论在能源、化工、动力、冶金、机械等工业过程中,还是在建筑、农业、环境保护等其它领域,都涉及传热过程,相关问题的解决都需要传热学的基本知识。本章介绍传热学中的一些基本原理和基本方程,并讨论如何解决工业生产中的一些传热问题。

3-1-1　传热在化工生产中的应用

在其众多应用领域中,传热与化工生产过程的关系尤为密切。作为最普遍存在的单元操作之一,传热在化工生产中的应用可概括为以下三方面:

（1）加热或冷却,使物料达到指定的温度;

（2）（两种不同温度物流之间的）换热,以回收热能;

（3）保温或隔热,以减小设备的热能损失。

不同的场合对传热过程的要求是不同的,在第（1）和第（2）种情形下,希望过程以尽可能高的速率来进行,即需要强化传热过程;而在第（3）种情形下则需要削弱传热过程。

3-1-2　工业生产中的加热剂和冷却剂

加热剂和冷却剂是指工业生产中用于加热或冷却别的物料的介质和手段。如果生产过程中有高温物料需要冷却或低温物料需要加热,则应首先考虑把它们作为加热剂或冷却剂。这样,可以充分利用生产过程中的热能,降低能耗。当生产中缺乏现成的、合适的加热剂或冷却剂,就要考虑使用工业上常用的加热剂或冷却剂了。表3-1给出了这些加热剂和冷却剂的名称、使用温度范围及相关说明。

表 3-1　工业上常用的加热剂和冷却剂

载热体		使用温度范围	说明
加热剂	热水	40~100 ℃	利用水蒸气冷凝水或废热水的余热
	饱和水蒸气	100~180 ℃	温度易调节,冷凝相变焓大,传热系数高
	矿物油	180~250 ℃	价廉易得,但因黏度大而对流传热系数小,高于250 ℃易分解
	联苯混合物	255~380 ℃	使用温度范围宽,黏度比矿物油小
	熔盐	142~530 ℃	温度高,加热均匀,比热容小
	烟道气	500~1 000 ℃	温度高,比热容小,对流传热系数小
冷却剂	冷水(河水、井水、水厂给水、循环水)	15~20 ℃ 15~35 ℃	来源广,价格便宜,冷却效果好,但水温受季节和气候影响大
	空气	<35 ℃	缺水地区宜用,但对流传热系数小,温度受季节和气候影响大
	冷冻盐水	-15~0 ℃	用于低温冷却,成本高
	液氨	约-33 ℃	利用液态氨的挥发制冷
	液态烃(乙烯、乙烷)	约-103 ℃	利用液态烃的挥发制冷

3-1-3 传热设备中冷、热流体的接触方式

工业生产中,两种流体之间的传热过程是在一定的设备中完成的,此类设备称为热交换器或换热器。换热器中两流体接触方式有以下三种。

直接接触式换热 有些传热过程允许冷、热流体直接接触,如热气体的直接水冷却及热水的直接空气冷却等。使两种流体在换热器中直接接触,采用这种方式不仅设备结构简单,而且单位体积设备提供的传热面积也很大。

蓄热式换热 首先使热流体流过蓄热器,将其中的固体填充物加热,然后停供热流体,改为通入冷流体,用固体填充物所积蓄的热量加热冷流体。如此交替进行,实现两流体之间的传热。

间壁式换热 这是工业生产中普遍采用的一种传热方式,因为在大多数情况下参与传热的两种流体是不允许混合的。在换热器内,两种流体用固体壁隔开,流过壁面时各自有自己的行程,通过固体壁面完成热交换过程。间壁式换热器种类很多,套管式换热器是其中较简单的一种,其结构和工作原理如图 3-1 所示。它由两根不同直径的同心套管组成,一种流体在内管内流动,而另一种流体在内管和外管之间的环隙中流动,热量通过内管的管壁由热流体向冷流体传递。若忽略热辐射,则该热量传递过程由三个步骤组成(如图 3-2 所示):

(1) 热流体以对流传热的方式把热量传递给间壁的一侧;

(2) 热量从间壁的一侧以热传导方式传递至另一侧;

(3) 壁面以对流传热方式将热量传递给冷流体。

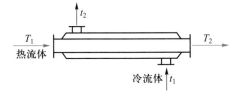

图 3-1 套管式换热器

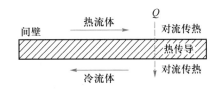

图 3-2 间壁传热过程示意

在此,对流传热是指流动着的流体与固体壁面之间的传热,后面将详细讨论此过程。两种流体在套管式换热器内经过上述传热过程,热流体的温度从 T_1 降至 T_2,而冷流体的温度从 t_1 上升至 t_2。

3-1-4 传热学中一些基本概念

温度场、等温面和温度梯度　温度场是指物体或系统内各点温度分布的总和。也就是说,温度场中任意点的温度是其空间位置和时间的函数。若某温度场中任一点的温度不随时间而改变,则称之为**定态温度场**;相反,各点温度随时间而变的温度场称为**非定态温度场**。

在温度场中,同一时刻所有温度相同的点组成的面称为**等温面**。由于空间任一点不可能同时有两个不同的温度,所以温度不同的等温面彼此不相交。

两等温面的温度差 Δt 与其间的法向距离 Δn 之比,在 Δn 趋于零时的极限称为**温度梯度**,即

$$\lim_{\Delta n \to 0} \frac{\Delta t}{\Delta n} = \frac{\partial t}{\partial n} \tag{3-1}$$

可见,温度梯度是指温度场内某一点在等温面法线方向上的温度变化率,是与等温面垂直的向量,其正方向规定为温度升高的方向。

定态传热与非定态传热　若所研究的传热过程是在定态温度场中进行的,则称为**定态传热**;反之,若所研究的传热过程是在非定态温度场中进行的,则称为**非定态传热**。本章仅讨论定态传热问题。

传热速率与热通量　传热过程的核心问题是确定传热速率,寻求传热速率的描述方法及其影响因素构成了本章的基本内容之一。**传热速率 Q** 是指在传热设备中单位时间内通过传热面传递的热量,而**热通量 q** 是指单位时间内通过单位传热面积传递的热量。两者之间的关系为

$$q = \frac{\mathrm{d}Q}{\mathrm{d}A} \tag{3-2}$$

第二节　热　传　导

3-2-1 热传导机理简介

热传导是起因于物体内部分子、原子和电子的微观运动的一种传热方式。温度不同时,这些微观粒子的热运动激烈程度不同。因此,在不同物体之间或同一物体内部存在温度差时,就会通过这些微观粒子的振动、位移和相互碰撞而发生能量的传递,称之为**热传导**,又称导热。不同相态的物质内部导热的机理不尽相同,气体内部的导热主要是其分子做不规则热运动时相互碰撞的结果;非导电固体中的导热则主要是通过分子在其晶格结构的平衡位置附近振动而实现的;而金属固体的导热是凭借自由电子在晶格结构之间的运动完成的;关于液体的导热机理,一种观点认为它类似于气体,更多的研究者认为它更近于非导电固体的导热机理。总的来说,关于导热过程的微观机理,目前人们的认识还不完全清楚。本章只讨论导热过程的宏观规律。

3-2-2 热传导速率的表达——傅里叶定律

傅里叶定律 物体内部存在温度差时,在导热机理的作用下发生导热过程。针对某一微元传热面,傅里叶定律给出了导热速率的表达式:

$$dQ = -\lambda \, dA \, \frac{\partial t}{\partial n} \tag{3-3}$$

式中: Q——导热速率,W;

A——导热面积,m^2;

λ——热导率,$W/(m \cdot K)$。

式(3-3)表明,导热速率与微元所在处的温度梯度成正比,其中负号的含义是传热方向与温度梯度的方向相反。傅里叶定律的表达式还可以写成导热热通量的形式:

$$q = -\lambda \, \frac{\partial t}{\partial n} \tag{3-4}$$

热导率 由式(3-4)可见,热导率是单位温度梯度下的导热热通量,因而代表了物质的导热能力。作为物质的基本物理性质之一,热导率的数值与物质的结构、组成、温度、压强等许多因素有关,可用实验的方法测得。一般说来,金属的热导率最大,固体非金属次之,液体较小,气体最小。

附录Ⅴ中给出了常见固体的热导率。可以看出,各类固体材料热导率的数量级范围为

金属	$10 \sim 10^2$ $W/(m \cdot K)$
建筑材料	$10^{-1} \sim 10$ $W/(m \cdot K)$
绝热材料	$10^{-2} \sim 10^{-1}$ $W/(m \cdot K)$

对绝大多数的均质固体而言,热导率与温度近似呈线性关系,可用下式表示:

$$\lambda = \lambda_0 (1 + at) \tag{3-5}$$

式中: λ——固体在温度 t (℃)时的热导率,$W/(m \cdot K)$;

λ_0——固体在 0 ℃时的热导率,$W/(m \cdot K)$;

a——温度系数,对大多数金属材料为负值,而对大多数非金属材料则为正值,1/℃。

附录Ⅴ中给出了一些液体的热导率。可以看出,液体的热导率较小,但比固体绝热材料大。在非金属液体中,水的热导率最大。除水和甘油外,绝大多数液体的热导率随温度升高而略有减小。一般说来,纯液体的热导率比其溶液的热导率大。

从附录Ⅷ中气体热导率共线图可查一些气体的热导率。气体的热导率随温度升高而加大。在相当大的压力变化范围内,气体的热导率和压力的关系不是很大,只有在压力大于 2×10^8 Pa 或很低时,如压力小于 2.6×10^4 Pa,热导率才随压力的增加而加大。气体的热导率很小,对导热不利,但却对保温有利。如软木、玻璃棉等材料就是由于其内部空隙中存在气体,所以其平均热导率较小。

3-2-3　单层平壁的定态热传导

考虑如图 3-3 所示平壁，假设其高度、宽度与厚度 b 相比都很大，则壁边缘处的散热可以忽略，壁内温度只沿垂直于壁面的 x 方向而变化，即所有等温面是垂直于 x 轴的平面。平壁两侧表面温度保持均匀，分别为 t_1 和 t_2，且 $t_1 > t_2$。若 t_1 和 t_2 不随时间而变，则壁内传热系一维定态热传导，平壁内任意一个与 x 方向垂直的平面均为等温面。在该平壁内位置为 x 处取一厚度为 $\mathrm{d}x$ 的薄层，傅里叶定律可以写为

$$Q = -\lambda A \frac{\mathrm{d}t}{\mathrm{d}x} \tag{3-6}$$

式(3-6)中 A 为垂直于 x 轴的平壁面积，Q 为与之对应的导热速率。若材料的热导率不随温度而变化（或取平均热导率），积分该式

$$\int_{t_1}^{t_2} \mathrm{d}t = -\frac{Q}{A\lambda} \int_0^b \mathrm{d}x$$

即

$$Q = \lambda A \frac{t_1 - t_2}{b} \tag{3-7}$$

式(3-7)又可以写成如下形式：

$$Q = \frac{\Delta t}{\dfrac{b}{\lambda A}} = \frac{\Delta t}{R} = \frac{推动力}{热阻} \tag{3-8}$$

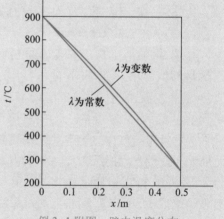

图 3-3　平壁热传导

式中：　$\Delta t = t_1 - t_2$——导热推动力；

　　　　$R = b/\lambda A$——导热热阻。

式(3-8)表明，导热速率正比于推动力，反比于热阻，这一规律与电学中的欧姆定律极为相似。另外，导热层厚度越大、导热面积和热导率越小，则导热热阻越大。

例 3-1　如附图所示，厚度为 500 mm 的平壁，其左侧表面温度 $t_1 = 900$ ℃，右侧表面温度 $t_2 = 250$ ℃。平壁材料的热导率与温度的关系为：$\lambda = 1.0 \times (1 + 0.001\,t)\ \mathrm{W/(m \cdot ℃)}$，试求平壁内的温度分布。

解：将平壁热导率按壁内平均温度取为常数

平壁内的平均温度：$\qquad t_\mathrm{m} = \dfrac{900 + 250}{2}\ ℃ = 575\ ℃$

按此平均温度求热导率的平均值：

$\lambda_\mathrm{m} = [\,1.0 \times (1 + 0.001 \times 575)\,]\ \mathrm{W/(m \cdot ℃)} = 1.575\ \mathrm{W/(m \cdot ℃)}$

热通量　$q = \dfrac{Q}{A} = \dfrac{\lambda_\mathrm{m}(t_1 - t_2)}{b}$

$\qquad = \left[\dfrac{1.575 \times (900 - 250)}{0.5}\right]\ \mathrm{W/m^2}$

$\qquad = 2\,047.5\ \mathrm{W/m^2}$

例 3-1 附图　壁内温度分布

定态热传导中,通过平壁内各等温面的热通量为一常数。因此,对平面内任意位置 x 处的等温面(温度为 t),如下方程成立:

$$q = \frac{Q}{A} = \frac{\lambda_m(t_1 - t_2)}{b} = \frac{\lambda_m(t_1 - t)}{x}$$

由此可得平壁内温度分布规律:

$$t = 900 - \frac{2\,047.5x}{1.575} = 900 - 1\,300x$$

可见,平壁定态热传导中,若材料热导率按常数处理,则平壁内温度按线性规律分布。当需要考虑热导率随温度的变化时,可将此关系式代入傅里叶定律的表达式并积分,得到此时的壁内温度分布规律,如附图所示。读者可自行证明,这时壁内温度不再按线性规律分布。

3-2-4 单层圆筒壁的定态热传导

在生产装置中,绝大多数的容器、管道及其它设备都是圆筒壁的。因此,研究通过圆筒壁的热传导问题在工程上更具普遍意义。

考虑图 3-4 所示的单层圆筒壁,若材料热导率为常数 λ,长度为 l,内半径为 r_1,外半径为 r_2,内、外表面的温度为 t_1 和 t_2,并且 $t_1 > t_2$。假定壁内温度只沿圆筒壁半径方向变化,且不随时间而变,则壁内传热系一维定态热传导,壁内任意一个圆筒面均为等温面。在该壁内取一半径为 r、厚度为 dr 的薄层,傅里叶定律可以写成

$$Q = -\lambda A \frac{dt}{dr} = -\lambda 2\pi rl \frac{dt}{dr}$$

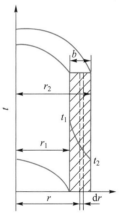

图 3-4 通过圆筒壁的
热传导

对该式积分,可得 $\displaystyle\int_{r_1}^{r_2} Q\,dr = -\int_{t_1}^{t_2} \lambda 2\pi rl\,dt$

即

$$Q = \frac{2\pi l\lambda(t_1 - t_2)}{\ln\dfrac{r_2}{r_1}} = \frac{2\pi l(t_1 - t_2)}{\dfrac{1}{\lambda}\ln\dfrac{r_2}{r_1}} \tag{3-9}$$

式(3-9)可用于计算单层圆筒壁定态热传导速率。该式可进一步写为推动力和热阻之比的形式:

$$Q = \frac{2\pi l\lambda(t_1 - t_2)(r_2 - r_1)}{(r_2 - r_1)\ln\dfrac{2\pi lr_2}{2\pi lr_1}} = \frac{\lambda(t_1 - t_2)(A_2 - A_1)}{b\ln\dfrac{A_2}{A_1}} = \frac{t_1 - t_2}{\dfrac{b}{\lambda A_m}} = \frac{\Delta t}{R} = \frac{推动力}{热阻} \tag{3-10}$$

其中 b 为圆筒壁的壁厚；A_1、A_2 分别为圆筒壁的内、外表面积；A_m 为 A_1、A_2 的对数平均值，称为圆筒壁的对数平均面积。

$$A_m = \frac{A_2 - A_1}{\ln(A_2/A_1)} \qquad (3-11)$$

A_m 也可以用 $A_m = 2\pi r_m l$ 计算，其中：

$$r_m = \frac{r_2 - r_1}{\ln(r_2/r_1)} \qquad (3-12)$$

称为圆筒壁的对数平均半径。当 $r_2/r_1 < 2$ 时，通常也采用 r_2 和 r_1 的算数平均值表示 r_m。

若对前面的微分方程进行不定积分，则可得圆筒壁内温度分布如下：

$$t = -\frac{Q}{2\pi l \lambda}\ln r + C \qquad (3-13)$$

可见，壁内各等温面温度沿半径方向按对数规律变化。

小贴士：

在平壁的一维定态热传导中，通过各等温面的导热速率 Q 和导热热通量 q 是保持不变的；对圆筒壁的一维定态热传导，通过各等温面的导热速率相等，但导热热通量随等温面半径的增大而减小。

3-2-5 通过多层壁的定态热传导

多层平壁 以图 3-5 所示的三层平壁为例，各层的壁厚分别为 b_1，b_2 和 b_3，热导率分别为 λ_1，λ_2 和 λ_3。假设层与层之间接触良好，即相接触的两表面温度相同。各表面温度分别为 t_1，t_2，t_3 和 t_4，且 $t_1 > t_2 > t_3 > t_4$。在定态热传导中，通过各层平壁的导热速率必相等，即

$$Q_1 = Q_2 = Q_3 = Q$$

由式(3-7)可得

$$Q = \frac{t_1 - t_2}{\dfrac{b_1}{\lambda_1 A}} = \frac{t_2 - t_3}{\dfrac{b_2}{\lambda_2 A}} = \frac{t_3 - t_4}{\dfrac{b_3}{\lambda_3 A}} \qquad (3-14)$$

以上连等分式中，各分式的分子相加作为分子，各分式分母相加作为分母，所得新分式值与原各分式相等：

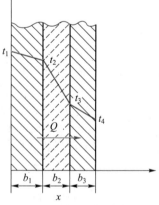

图 3-5　多层平壁热传导

$$Q = \frac{\sum \Delta t_i}{\sum\limits_{i=1}^{3} \dfrac{b_i}{\lambda_i A}} = \frac{t_1 - t_4}{\sum\limits_{i=1}^{3} \dfrac{b_i}{\lambda_i A}} = \frac{t_1 - t_4}{\sum\limits_{i=1}^{3} R_i} = \frac{总推动力}{总热阻} \qquad (3-15)$$

式(3-15)可用于计算三层平壁定态热传导速率。该式还可以推广至 n 层平壁：

$$Q = \frac{t_1 - t_{n+1}}{\sum\limits_{i=1}^{n} \dfrac{b_i}{\lambda_i A}} = \frac{t_1 - t_{n+1}}{\sum\limits_{i=1}^{n} R_i} = \frac{总推动力}{总热阻} \qquad (3-16)$$

多层圆筒壁 对图 3-6 所示的三层圆筒壁,由式(3-7)出发,按照类似于导出式(3-15)的方法可得

$$Q = \frac{2\pi l(t_1 - t_4)}{\dfrac{1}{\lambda_1}\ln\dfrac{r_2}{r_1} + \dfrac{1}{\lambda_2}\ln\dfrac{r_3}{r_2} + \dfrac{1}{\lambda_3}\ln\dfrac{r_4}{r_3}} \qquad (3-17)$$

同样地,用于计算三层圆筒壁导热速率的式(3-17)也可以推广至 n 层圆筒壁：

$$Q = \frac{t_1 - t_{n+1}}{\sum\limits_{i=1}^{n} \dfrac{b_i}{\lambda_i A_{mi}}} = \frac{\sum\limits_{i=1}^{n} \Delta t}{\sum\limits_{i=1}^{n} R_i} = \frac{2\pi l(t_1 - t_{n+1})}{\sum\limits_{i=1}^{n} \dfrac{1}{\lambda_i}\ln\dfrac{r_{i+1}}{r_i}} \qquad (3-18)$$

图 3-6 通过多层圆筒壁的热传导

从以上的推导过程可以看出,在多层壁的定态热传导过程中,每层壁都有自己的推动力和热阻。通过各层的导热速率相等,它既等于某层的推动力与其热阻之比,也等于各层推动力之和与各层热阻之和的比值。另外,也正是因为各层的导热速率相等,各层中哪层的温度差(推动力)越大,哪层的热阻也越大。

例 3-2 如附图所示,一台锅炉的炉墙由三种砖围成,最内层为耐火砖,中间为保温砖,最外层为建筑砖。三种砖的厚度及热导率如下：

耐火砖　　$b_1 = 115 \text{ mm}$　　$\lambda_1 = 1.16 \text{ W/(m·K)}$

保温砖　　$b_2 = 125 \text{ mm}$　　$\lambda_2 = 0.116 \text{ W/(m·K)}$

建筑砖　　$b_3 = 70 \text{ mm}$　　$\lambda_3 = 0.350 \text{ W/(m·K)}$

现测得炉内壁和外壁表面温度分别为 495 ℃ 和 60 ℃。试计算：

(1) 通过炉墙单位面积的热损失;

(2) 耐火砖和保温砖之间界面的温度;

(3) 保温砖与建筑砖之间界面的温度。

解：(1) 由式(3-15)计算单位面积的热损失 q

$$q = \frac{Q}{A} = \frac{t_1 - t_4}{\dfrac{b_1}{\lambda_1} + \dfrac{b_2}{\lambda_2} + \dfrac{b_3}{\lambda_3}} = \frac{495 - 60}{\dfrac{0.115}{1.16} + \dfrac{0.125}{0.116} + \dfrac{0.07}{0.350}} \text{ W/m}^2 = 316 \text{ W/m}^2$$

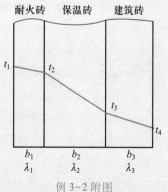

例 3-2 附图

（2）对于平壁定态热传导,通过各等温面的热通量是相等的。利用（1）的计算结果,按单层平壁考虑,可计算两层砖界面之间的温度。

由式（3-7）得

$$\Delta t_1 = q \frac{b_1}{\lambda_1} = \left(\frac{0.115}{1.16} \times 316 \right) \text{℃} = 31.3 \text{℃}$$

所以耐火砖与保温砖之间界面的温度 t_2 为

$$t_2 = t_1 - \Delta t_1 = (495 - 31.3) \text{℃} = 463.7 \text{℃}$$

（3）同理

$$\Delta t_2 = q \frac{b_2}{\lambda_2} = \left(\frac{0.125}{0.116} \times 316 \right) \text{℃} = 340.5 \text{℃}$$

所以保温砖与建筑砖之间界面温度 t_3 为

$$t_3 = t_2 - \Delta t_2 = (463.7 - 340.5) \text{℃} = 123.2 \text{℃}$$

例 3-3 如附图所示,$\phi 50 \text{ mm} \times 5 \text{ mm}$ 的不锈钢管,热导率 $\lambda_1 = 16 \text{ W/(m·K)}$,外面包裹厚度为 30 mm、导热系数 $\lambda_2 = 0.2 \text{ W/(m·K)}$ 的石棉保温层。若钢管的内表面温度为 623 K,保温层外表面温度为 373 K,试求每米长管道的热损失及钢管外表面温度。

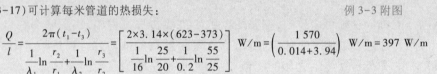

解：已知钢管的内半径 $r_1 = \left(\frac{50 - 2 \times 5}{2} \right) \text{ mm} = 20 \text{ mm}$

钢管的外半径 $r_2 = \frac{50}{2} \text{ mm} = 25 \text{ mm}$

保温层的外半径 $r_3 = (25 + 30) \text{ mm} = 55 \text{ mm}$

例 3-3 附图

由式（3-17）可计算每米管道的热损失：

$$\frac{Q}{l} = \frac{2\pi(t_1 - t_3)}{\frac{1}{\lambda_1} \ln \frac{r_2}{r_1} + \frac{1}{\lambda_2} \ln \frac{r_3}{r_2}} = \left[\frac{2 \times 3.14 \times (623 - 373)}{\frac{1}{16} \ln \frac{25}{20} + \frac{1}{0.2} \ln \frac{55}{25}} \right] \text{ W/m} = \left(\frac{1\,570}{0.014 + 3.94} \right) \text{ W/m} = 397 \text{ W/m}$$

虽然涉及的是两层圆筒壁的热传导问题,但导热过程定态,因此通过各等温面的导热速率 Q 相等。可利用上面的计算结果,考虑通过管壁的单层导热,利用式（3-9）求出钢管外表面温度：

$$t_2 = t_1 - \frac{Q}{2\pi l} \cdot \frac{1}{\lambda_1} \ln \frac{r_2}{r_1} = \left(623 - \frac{397}{2 \times 3.14 \times 1} \times \frac{1}{16} \ln \frac{25}{20} \right) \text{ K} = 622 \text{ K}$$

由计算结果可见,钢管外表面温度只比内表面低 1 K,而保温层外表面比钢管外表面低了 249 K,即钢管的热阻远小于石棉保温层的热阻,这是两种材料在热导率和厚度两方面的差异所造成的。此结果说明了工程计算中往往忽略管壁热阻这一处理方法的合理性。

第三节 对 流 传 热

工业生产中普遍涉及流体流过固体壁面时与其发生的传热过程,称为**对流传热**。对流传热不同于一般意义上的对流,而是特指流动着的流体与固体壁面之间的热量传递过程。工业生产中的对流传热可分为如下四种类型：

流体无相变化——包括强制**对**流传热和自然**对**流传热。

发生相变化——包括**蒸汽冷凝对流传热**和**液体沸腾对流传热**。

其中,强制对流传热又可根据流动情况分为层流和湍流。本节首先以无相变强制湍流为例分析对流传热过程,在此基础上讨论对流传热速率和对流传热系数的计算方法。

3-3-1　对流传热过程分析

流体平行于壁面流过时,就对流传热而言,人们关心的是在垂直于固体表面方向的热量传递。层流时,该方向上没有质点的运动,因此热量传递是通过该方向上的热传导来完成的(自然对流也会起一定的作用,高温时热辐射亦有一定的贡献)。一般来说,流体的热导率较小,因此层流情况下的对流传热速率一般不会很高。湍流时,从壁面至流体主体可按流体质点行为的不同划分为层流内层、过渡区和湍流主体三个区域。在湍流主体,流体质点剧烈运动和混合,传热基本上是通过对流完成的,动量与热量传递比较充分,因而该区域内流体温度趋于均匀一致。在紧邻固体壁面的层流内层,流体质点只沿流动方向运动,在垂直于固体壁面的方向(对流传热方向)上没有脉动,故热能只能以热传导的方式通过该区域。尽管层流内层很薄,但由于是借分子热运动的导热且热导率不大,所以该区域热阻很大,温度梯度很大。介于层流内层和湍流主体之间的过渡区域,其质点行为特征也介于这两个区域之间,对流和导热对该区域的传热贡献大体相当。不难想象,过渡区内的热阻和温度梯度大小也是介于层流内层和湍流主体之间的。

图 3-7 给出了冷、热流体流过固体壁面的两侧时流体内部的温度分布示意。其中 T 和 t 分指热、冷流体各自在 M-N 截面处的平均温度;T_W 和 t_w 分别指该处壁面两侧温度。

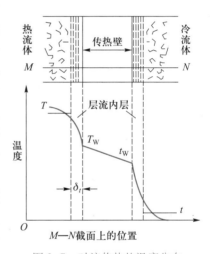

图 3-7　对流传热的温度分布

3-3-2　对流传热速率——牛顿冷却定律

在经典的传热学中,一般是按照如下方法建立传热速率或热通量的方程:由基本的传递方程出发,推导出壁面处的温度分布,然后按照傅里叶定律表述传热速率或热通量。然而,目前只有极少数的情况才能严格按此方法获得计算 Q 或 q 的解析式。例如,流体以层流流过等温壁面时。湍流情况下对流的存在使问题变得非常复杂。工程上,一般采用下式计算对流传热过程的传热速率:

流体被加热时 $\qquad\qquad Q = \alpha A(t_w - t)$ $\qquad\qquad$ (3-19)

流体被冷却时 $\qquad\qquad Q = \alpha A(T - T_W)$ $\qquad\qquad$ (3-20)

式中:　　α——对流传热系数,W/(m²·K);

　T_W 和 t_w——某截面处固体壁面温度,如图 3-7 所示;

　　T 和 t——某截面处流体的平均温度,如图 3-7 所示,后面称之为主体温度。

以上两式给出了计算对流传热速率的方法,称为**牛顿冷却定律**,它们也可以写成推动力和热阻之比的形式,如流体被加热时

$$Q = \frac{t_w - t}{\dfrac{1}{\alpha A}} \tag{3-21}$$

需要说明的是,牛顿冷却定律并非理论推导的结果,它只是一种推论,认为传热速率与流体和壁面之间的温度差成正比。另外,牛顿冷却定律虽然看起来形式简单,但它并未使复杂的对流传热问题简单化,众多影响过程的因素被包含在对流传热系数之中。在绝大多数情况下,对流传热系数只能通过实验的方法获取。

3-3-3 对流传热系数的实验研究方法

以下考虑固体壁面与不发生相变化的流体间的对流传热过程。

影响对流传热系数的主要因素　影响对流传热系数的因素包括:引起流动的原因、流体本身的性质、传热面的情况和流体流动状况等方面。

(1)引起流动的原因　可以有强制对流和自然对流两种。前者是指流体在诸如泵、风机等设备或其它外界因素的作用下产生的宏观流动;后者是指在传热过程中因流体冷热部分密度不同而造成的流体内部环流。一般来说,强制对流所造成的流体湍动程度和壁面附近的温度梯度远大于自然对流,因而其对流传热系数远高于自然对流传热系数。

(2)流体流动状况　首先要考虑的是流动型态,流动型态不同,对流传热的机理是不同的。一般来说,湍流时对流传热系数大大高于层流时的情况。同样是在湍流的情况下,流体湍动程度的大小可以有所不同,导致层流内层厚度不同。湍动程度越大,则层流内层越薄,对流传热系数越高。这是流体流动状况影响的另一种体现。

(3)流体的性质　流体的性质对层流内层中的热传导和自然对流中的环流速度有影响,因而对对流传热过程有重要影响。流体的黏度越小则层流底层越薄,热导率越大,导热性能越好;比热容越大,则相同流体温变时吸收或放出的热量越多;流体的密度越大则惯性力越大,层流内层越薄。流体的物理性质对对流传热过程的影响具体体现在不同性质的流体在对流传热系数上的差别。气体的热导率远小于液体,因而前者对流传热系数远小于后者。

(4)传热面的情况　包括传热面表面形状、流道尺寸、传热面摆放方式等因素。传热面表面形状直接影响着流体的湍动程度。波纹状、翅片状或其它异形表面能够使流体在很小的雷诺数时即达到湍流,或使流体获得比换热面为平滑面时更大的湍动程度。流量一定时,流道截面越大,则流体的湍动程度越低;考虑自然对流传热时,传热面的垂直与水平、摆放位置的上与下等方面的不同都会影响环流的速度,从而影响自然对流传热效果。

变量的量纲为一化　根据以上分析,可将对流传热系数按如下函数形式表述:

$$\alpha = f(u, \rho, l, \mu, \beta g \Delta t, \lambda, c_p) \tag{3-22}$$

式中： ρ、μ、c_p、λ——分别为流体的密度、黏度、比定压热容、热导率；

l——传热面的特征尺寸；

u——强制对流流速；

$\beta g \Delta t$——单位质量流体的浮力，其中 β 为流体的体积膨胀系数，$1/{}^{\circ}\!C$。

采用第一章所述的量纲为一化方法可将式（3-22）转化成量纲为一的形式：

$$\frac{\alpha l}{\lambda} = f\left(\frac{lu\rho}{\mu}, \frac{c_p\mu}{\lambda}, \frac{\beta g \Delta t l^3 \rho^2}{\mu^2}\right) \tag{3-23}$$

即

$$Nu = f(Re, Pr, Gr) \tag{3-24}$$

式中： $\dfrac{\alpha l}{\lambda} = Nu$——努塞尔数，待定准数；

$\dfrac{lu\rho}{\mu} = Re$——雷诺数，代表流体的流动型态与湍动程度的影响；

$\dfrac{c_p\mu}{\lambda} = Pr$——普朗特数，代表流体物理性质的影响；

$\dfrac{\beta g \Delta t l^3 \rho^2}{\mu^2} = Gr$——格拉晓夫数，代表自然对流的影响。

式（3-24）所表述的准数间函数关系常用幂函数的形式逼近：

$$Nu = CRe^a Pr^k Gr^g \tag{3-25}$$

按式（3-25）组织实验、处理数据，可得准数关联式中的常数 C 和 a 等。

实验安排与数据处理　以流体不发生相变时的强制湍流为例说明实验安排与结果整理的要点。此时，自然对流对对流传热的影响可以忽略，式（3-25）可简化为

$$Nu = CRe^a Pr^k \tag{3-26}$$

该式两边取对数：

$$\lg Nu = k\lg Pr + \lg CRe^a \tag{3-27}$$

用不同的流体在同一 Re 下进行实验，测取多组（Pr, Nu）数据，在双对数坐标系中作图，可得一条直线，由式（3-27）可知该直线的斜率即为 k 值。

类似地，由式（3-26）可得

$$\lg\left(\frac{Nu}{Pr^k}\right) = a\lg Re + \lg C \tag{3-28}$$

用同一种流体，在不同的 Re 下进行实验，测取多组（Re, Nu/Pr^k）数据，在双对数坐标系中作图，可得一条直线，由该直线的斜率和截距可确定 a 和 C 值。

特征物理量的选取　在用上述方法处理实验数据时，需要选定如下特征物理量。

（1）定性温度　流体在换热器中的代表性温度，用以确定流体的基本物理性质。常被采用的定性温度有两种：

① 流体在换热器进口温度（t_1）和出口温度（t_2）的平均值，即 $\dfrac{t_1+t_2}{2}$；

② 膜温——流体平均温度和平均壁温的平均值。

（2）**特征尺寸**　代表换热面几何特征,通常选用对流动与换热有主要影响的某一尺寸。例如,对流体在管内流动时的对流传热,采用管子的内径作为特征尺寸。

（3）**特征流速**　用于计算雷诺数的流体流速。

需要说明的是,特征物理量的取法不同,处理实验数据所得的 C,a,k 也不同。这意味着在使用关联式时一定要按照相关规定选取特征物理量。

针对工业生产中常见情况,下面介绍一些比较成熟的对流传热系数关联式。

3-3-4　流体无相变时的对流传热系数经验关联式

流体在圆形管内做强制湍流　对于强制湍流,自然对流的影响可不予考虑,式(3-26)可用以关联对流传热系数。许多研究者用不同的流体在光滑圆管内进行了大量的实验,发现当

（1）$Re>10\ 000$,即流动是充分湍流的;

（2）$0.7<Pr<160$（除金属液体外的一般流体均可满足）;

（3）管长和管径之比 $l/d>50$,即进口段只占换热管总长很小的一部分,管内流动是充分发展的;

（4）流体是低黏度的(不大于水的黏度的 2 倍),式(3-26)中系数 C 为 0.023,指数 a 为 0.8,当流体被加热时 $k=0.4$,流体被冷却时 $k=0.3$,即

$$Nu=0.023Re^{0.8}Pr^{k} \tag{3-29}$$

或

$$\alpha=0.023\frac{\lambda}{d}\left(\frac{du\rho}{\mu}\right)^{0.8}\left(\frac{c_{p}\mu}{\lambda}\right)^{k} \tag{3-30}$$

式(3-30)中,特征尺寸为管子的内径 d,定性温度取流体在换热管进、出口温度的算术平均值。

上述关联式中的 k 在流体被加热和被冷却时取了不同的值,这是考虑到层流内层中温度对流体黏度的影响。对主体温度相同的同一种流体,加热时层流内层的温度必然高于冷却时层流内层的温度。由于液体和气体的黏度随温度变化的规律不同,因此分别加以讨论:在一般情况下,液体黏度均随温度升高而减小,因此,当液体被加热时,由于层流内层中的温度较高,黏度较小,从而层流内层厚度较薄,对流传热系数较大,而液体被冷却时则相反。大多数液体的 Pr 大于 1,加热时采用 Pr 的 0.4 次方,得到的 α 较大,冷却时采用 Pr 的 0.3 次方,得到的 α 较小。但气体的黏度通常是随温度升高而加大的,当气体被加热时,层流内层中的温度高、黏度大,故层流内层厚度大,对流传热系数小,气体被冷却时则相反。但由于大多数气体的 Pr 数小于 1,所以加热时仍采用 Pr 的 0.4 次方,而冷却时为 0.3 次方。

在使用式(3-30)时,如以上四个条件之一不能满足,则需要对计算结果进行修正。

（1）$l/d<50$　因短管内流动未充分发展,层流内层较薄,热阻小,按式(3-30)计算的结果会偏低。通常的处理方法是将其计算结果乘以一个大于 1.0 的系数 ε,该系数的取法如表 3-2 所示。

表 3-2　系数 ε 的数值

l/d	40	30	20	15	10
ε	1. 02	1. 05	1. 13	1. 18	1. 28

（2）$Re = 2\,300 \sim 10\,000$　因湍动程度不高,层流内层较厚,热阻大,因而 α 较小。此时,按式（3-30）计算的结果需要乘以小于 1.0 的系数 f 加以修正:

$$f = 1 - \frac{6 \times 10^5}{Re^{1.8}} \qquad (3-31)$$

（3）流体在弯曲的管道内的流动　由于离心力的作用,流体湍动程度加剧,对流传热系数高于相同条件下的直管。实验结果表明,弯管内的对流传热系数 α' 可由式（3-30）的计算结果 α 按如下方法修正而得:

$$\alpha' = \alpha \left(1 + 1.\,77\,\frac{d}{R} \right) \qquad (3-32)$$

式中:R——弯管的曲率半径。

（4）黏度很大的液体　因为靠近管壁的液体黏度和管中心的液体黏度相差很大,加热和冷却时的情况又不同,故计算对流传热系数时应考虑壁温对黏度的影响,加一校正项,并按下式关联,才和实验结果相符:

$$Nu = 0.\,027 Re^{0.\,8} Pr^{0.\,33} \left(\frac{\mu}{\mu_{\mathrm{w}}} \right)^{0.\,14} \qquad (3-33)$$

式中除 μ_{w} 取壁温下的液体黏度外,其它物理性质均按流体进、出口温度下的算术平均值取值。在此,μ_{w} 的引入造成使用式（3-33）时需知道壁温,使计算过程复杂化。但对于工程问题,做如下简化处理也能满足计算精度要求:

液体被加热时　　　　　$\left(\dfrac{\mu}{\mu_{\mathrm{w}}} \right)^{0.\,14} = 1.\,05$

液体被冷却时　　　　　$\left(\dfrac{\mu}{\mu_{\mathrm{w}}} \right)^{0.\,14} = 0.\,95$

（5）流体在非圆形管内的流动　对此有两种处理方法,一种是仍使用圆形管的计算式,只是将特征尺寸换为非圆形管的当量直径。这种处理方法比较简便,但准确性较差。如计算准确性要求较高,最好采用专用的公式。例如,对套管式换热器的环隙,有人用空气和水做实验,获得了计算其对流传热系数的经验式:

$$\alpha = 0.\,02\,\frac{\lambda}{d_e} Re^{0.\,8} Pr^{0.\,33} \left(\frac{D}{d} \right)^{0.\,53} \qquad (3-34)$$

式中:　　d_e——套管环隙的当量直径,mm;

　　　　　D——外管内径,mm;

　　　　　d——内管外径,mm。

例 3-4 常压下,空气在内径为 25.4 mm、长为 3 m 的换热管中流动,温度由 180 ℃升高到 220 ℃。若空气流速为 15 m/s,(1) 试求空气与管内壁之间的对流传热系数。(2) 若空气流量提高一倍,则对流传热系数变为多少?(3) 若空气流量不变而管径变为原来的 1/2,对流传热系数变为多少?(忽略温度变化对物性的影响。)

解:(1) 定性温度:$\dfrac{180+220}{2}$℃=200 ℃下,空气的物性为

$$c_p = 1.026 \text{ kJ/(kg·K)}, \lambda = 0.039\ 28 \text{ W/(m·K)}, \mu = 2.6\times10^{-5} \text{ Pa·s}, \rho = 0.746 \text{ kg/m}^3$$

普朗特数

$$Pr = \frac{c_p\mu}{\lambda} = \frac{1.026\times10^3\times2.6\times10^{-5}}{0.039\ 28} = 0.679$$

雷诺数

$$Re = \frac{du\rho}{\mu} = \frac{0.025\ 4\times15\times0.746}{2.6\times10^{-5}} = 10\ 932$$

Re>10 000,流动为高度湍流,且长径比显然大于 50,可用式(3-29)计算对流传热系数:

$$Nu = 0.023Re^{0.8}Pr^{0.4} = 0.023(10\ 932)^{0.8}(0.679)^{0.4} = 0.023\times1\ 702\times0.857 = 33.5$$

对流传热系数 $\alpha = \dfrac{\lambda}{d}Nu = \left(\dfrac{0.039\ 28}{0.025\ 4}\times33.5\right) \text{ W/(m}^2\text{·K)} = 51.8 \text{ W/(m}^2\text{·K)}$

(2) 由式(3-30)可知,当物性一定时,对流传热系数与流速(或流量)的 0.8 次方成正比:

$$\frac{\alpha'}{\alpha} = \left(\frac{u'}{u}\right)^{0.8} = \left(\frac{q_m'}{q_m}\right)^{0.8} = 2^{0.8} = 1.74$$

$$\alpha' = 1.74\alpha = (1.74\times51.8) \text{ W/(m}^2\text{·K)} = 90.1 \text{ W/(m}^2\text{·K)}$$

(3) 流量一定时,$\dfrac{u'}{u} = \left(\dfrac{d}{d'}\right)^2$。由式(3-30)可得

$$\frac{\alpha'}{\alpha} = \frac{d}{d'}\frac{Nu'}{Nu} = \frac{d}{d'}\left(\frac{d'u'}{du}\right)^{0.8} = \left(\frac{d}{d'}\right)^{0.2}\left[\left(\frac{d}{d'}\right)^2\right]^{0.8} = \left(\frac{d}{d'}\right)^{1.8} = 2^{1.8} = 3.48$$

$$\alpha' = 3.48\alpha = (3.48\times51.8) \text{ W/(m}^2\text{·K)} = 180.3 \text{ W/(m}^2\text{·K)}$$

可见,管径一定时提高流量和流量一定时减小管径都是提高对流传热系数的有效方法。

流体在圆形管内做强制层流 工业换热器中如果被处理的物料流量很小或黏度很大,则换热管内的流动有可能为层流型态。虽然在传热学上能够从基本方程出发导出充分发展的管内层流传热系数的理论计算式,但该计算式不能直接用在工程传热计算中,需要依据实验结果进行修正。常用的计算式为

$$Nu = 1.86\left(Re\ Pr\ \frac{d}{l}\right)^{1/3}\left(\frac{\mu}{\mu_W}\right)^{0.14} \tag{3-35}$$

该式的适用范围为:$Re<2\ 300, \left(Re\ Pr\ \dfrac{d}{l}\right)>10, l/d>60, 0.6<Pr<6\ 700$。定性温度和特征尺寸的取法与强制湍流时相同。

可以看出,式(3-35)中没有考虑自然对流的贡献。一般认为,当 $Gr>2.5\times10^4$ 时,忽略自然对流的影响,会造成很大的误差,应将式(3-35)的计算结果乘以系数 f 来加以修正。

$$f = 0.8(1+0.015Gr^{1/3})$$

例 3-5 原油在长度为 6 m、管径为 $\phi89$ mm×6 mm 的管内以 0.5 m/s 的流速流过时被加热。已知管内壁温度为 150 ℃，原油的平均温度为 40 ℃，在此温度下油的物性数据如下：

比热容 $c_p = 2.0$ kJ/(kg·K)，热导率 $\lambda = 0.13$ W/(m·K)，黏度 $\mu = 2.6×10^{-2}$ Pa·s，密度 $\rho = 850$ kg/m³，体积膨胀系数 $\beta = 0.001$ 1/℃

又知原油在 150 ℃下的黏度为 $3×10^{-3}$ Pa·s。求原油在管内的对流传热系数。

解： 普朗特数
$$Pr = \frac{c_p\mu}{\lambda} = \frac{2.0×10^3×2.6×10^{-2}}{0.13} = 400$$

雷诺数
$$Re = \frac{du\rho}{\mu} = \frac{0.077×0.5×850}{2.6×10^{-2}} = 1\ 259$$

故流动处在层流区，且 $l/d>60$，$Re\ Pr\dfrac{d}{l} = 1\ 259×400×\dfrac{0.077}{6} = 6\ 463 > 10$

努塞尔数 $Nu = 1.86\left(Re\ Pr\dfrac{d}{l}\right)^{1/3}\left(\dfrac{\mu}{\mu_w}\right)^{0.14} = 1.86×6\ 463^{1/3}×\left(\dfrac{26}{3}\right)^{0.14} = 46.88$

格拉晓夫数 $Gr = \dfrac{\beta g\Delta td^3\rho^2}{\mu^2} = \dfrac{0.001\ 1×9.81×(150-40)×0.077^3×850^2}{(2.6×10^{-2})^2} = 5.792×10^5 > 2.5×10^4$

需要考虑自然对流的影响。

校正系数 $f = 0.8(1+0.015Gr^{1/3}) = 0.8×[1+0.015×(5.792×10^5)^{1/3}] = 1.80$

对流传热系数 $\alpha = fNu\dfrac{\lambda}{d} = \left(1.80×46.88×\dfrac{0.13}{0.077}\right)$ W/(m²·K) = 142.5 W/(m²·K)

流体在管外做强制对流 流体在管外垂直流过单根圆管的流动情况如图 3-8(a) 所示。在管子的前半部，自驻点开始，管外边界层逐渐变厚，对流传热系数也逐渐减小，至 φ 为 100°左右对流传热系数达到最低值，如图 3-8(b) 所示。在管子后半部，流体因边界层分离而形成漩涡，使 α 又逐渐增大。由于沿管子圆周各点的流动情况不同，各点的局部对流传热系数也不同，但一般传热计算中，需要的只是圆管的平均对流传热系数，故在下面讨论的都是平均对流传热系数的计算。

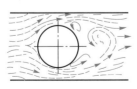

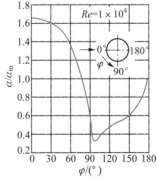

(a) 流动情况　　　　　　　(b) 对流传热系数变化情况

图 3-8　流体垂直流过单根圆管的流动情况

（图中 α 表示局部对流传热系数，α_m 表示平均对流传热系数）

与流体垂直流过单根换热管相比,更有工程意义的是流体垂直流过管束的情形。管束中管子的排列情况可以有直列和错列两种,如图3-9所示。当流体流过第一列管束时,无论是直列还是错列,其流动与换热情况和单管时相仿,差别出现在后面各排管子上。对错列来说,各列管子受到流体冲击的情况相差不大;但直列时,后列管子的前半部处于前一列管子的漩涡之中,因此在 Re 不大时其管子前半部的传热强度比错列差;又由于错列时流体受扰动更大,因而在同样的 Re 下,错列的平均对流传热系数要比直列时大。随着 Re 的增加,流体本身的扰动逐渐加强,而流体通过管束的扰动已逐渐退居次要地位,错列和直列时的传热系数差别减小。

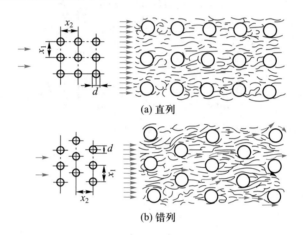

(a) 直列

(b) 错列

图 3-9　管束中管子的排列

流体在管外垂直流过管束时的对流传热系数常用下列经验公式计算:

$$Nu = C\varepsilon\ Re^n\ Pr^{0.4} \tag{3-36}$$

式中 C, ε, n 取决于管子排列方式、管列数及行距,一般由实验测定,具体数值如表 3-3 所示。由该表看出,对于直列的前两列和错列的前三列而言,各列的 ε、n 不同,因此 α 也不同。排列方式不同(直列和错列)时,对于相同的列,ε, n 不同,α 也不同。

表 3-3　流体垂直于管束时的 C, ε 和 n 值

列数	直列		错列		C
	n	ε	n	ε	
1	0.6	0.171	0.6	0.171	$\dfrac{x_1}{d} = 1.2 \sim 3$ 时,$C = 1 + 0.1\dfrac{x_1}{d}$
2	0.65	0.157	0.6	0.228	
3	0.65	0.157	0.6	0.290	$\dfrac{x_1}{d} > 3$ 时,$C = 1.3$
4 以上	0.65	0.157	0.6	0.290	

式(3-36)的适用范围为:$5\,000 < Re < 70\,000$,$x_1/d = 1.2 \sim 5$,$x_2/d = 1.2 \sim 5$。使用该式的其它注意事项如下:

(1)特征尺寸取管外径 d_o,定性温度取流体进、出口温度的平均值。

(2)流速 u 取每列管子中最窄流道处的流速,即最大流速。

（3）由于各列的 α 不同，应按下式计算整个管束对流传热系数的平均值：

$$\alpha_{\mathrm{m}} = \frac{\alpha_1 A_1 + \alpha_2 A_2 + \alpha_3 A_3 + \cdots}{A_1 + A_2 + A_3 + \cdots} = \frac{\sum \alpha_i A_i}{\sum A_i} \tag{3-37}$$

式中：　α_i——按式（3-36）计算的各列对流传热系数；

　　　　A_i——各列传热管的外表面积。

流体在列管式换热器壳程的流动　列管式换热器主要由壳体和置于壳体内的管束构成，流体在壳体内、管外的行程称为壳程。一般都在壳程加折流挡板（如图 3-10 所示）以使流体流动方向不断改变，这样在较小的雷诺数下（ $Re = 100$ ）即可达到湍流。折流挡板主要有圆盘形和圆缺形两种，其中以圆缺形（又称弓形）挡板最为常用。

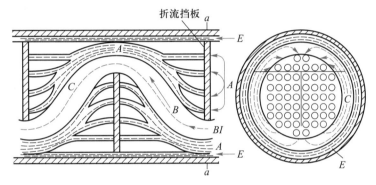

图 3-10　换热器壳程的流动情况

列管式换热器壳程内装有圆缺形折流挡板，且弓形高度为 25% 的壳内径时，壳程对流传热系数也可用下式计算：

$$Nu = 0.36 Re^{0.55} Pr^{1/3} \left(\frac{\mu}{\mu_{\mathrm{W}}} \right)^{0.14} \tag{3-38}$$

该式的适用范围为： $Re = 2 \times 10^3 \sim 1 \times 10^6$ 。定性温度取进、出口温度平均值，特征尺寸取壳程当量直径 d_e ，其值依据管子的排列方式而定，具体计算方法如下：

管子按正方形排列时［如图 3-11（a）所示］

$$d_e = \frac{4\left(t^2 - \frac{\pi}{4} d_\mathrm{o}^2 \right)}{\pi d_\mathrm{o}} \tag{3-39}$$

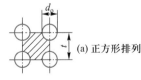

(a) 正方形排列

管子按正三角形排列时［如图 3-11（b）所示］

$$d_e = \frac{4\left(\frac{\sqrt{3}}{2} t^2 - \frac{\pi}{4} d_\mathrm{o}^2 \right)}{\pi d_\mathrm{o}} \tag{3-40}$$

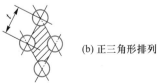

(b) 正三角形排列

式中：　t——相邻两管的中心距，m；

　　　　d_o——换热管外径，m。

图 3-11　列管式换热器换热管的排列方式

另外，式(3-38)中雷诺数 Re 里的流速 u 应根据流体流过的最大截面积 S_{max} 计算：

$$S_{max} = hD\left(1 - \frac{d_o}{t}\right) \tag{3-41}$$

式中：　h——相邻折流挡板间的距离，m；

　　　　D——壳体的内径，m。

若换热器的管间无折流挡板，壳程流体基本上沿管束平行流动，这种情况一般按管内强制对流传热处理，但特征尺寸要采用壳程的当量直径。

大容积自然对流　大容积自然对流传热是指固体壁面位于大空间内，而壁面四周没有其它阻碍自然对流运动的物体存在。浸于贮槽内的盘管，其外表面与贮槽内流体之间的传热便属此类。

自然对流时的对流传热系数仅与反映流体自然对流状况的 Gr 及 Pr 有关，其准数关系式为

$$Nu = C(Gr \cdot Pr)^n \tag{3-42}$$

或

$$\alpha = C\frac{\lambda}{l}\left(\frac{\beta g \Delta t \rho^2 l^3}{\mu^2}\frac{c_p \mu}{\lambda}\right)^n \tag{3-43}$$

有研究者针对各种形状的固体壁，用空气、水、油类等多种介质进行大容积自然对流传热实验，将实验结果按式(3-42)进行整理，得到了如图3-12所示的曲线。此曲线可以近似划分为三段直线，各段的 C 和 n 值列于表3-4中。图3-12中线段的范围，实际上是逐渐过渡的，因此不同研究者所得的数据稍有出入。

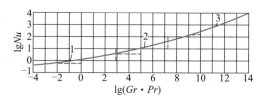

图 3-12　自然对流的传热系数

表 3-4　自然对流时 α 计算公式中的 C 和 n 值

段	$Gr \cdot Pr$	C	n
1	$1 \times 10^{-3} \sim 5 \times 10^2$	1.18	1/8
2	$5 \times 10^2 \sim 2 \times 10^7$	0.54	1/4
3	$2 \times 10^7 \sim 1 \times 10^{13}$	0.135	1/3

使用式(3-42)或式(3-43)时，定性温度取膜温。特征尺寸 l 对水平管取管外径，对垂直管或垂直板取管长或板高。

例 3-6　外径为 0.25 m 的圆管水平放置于室内，管外表面温度为220℃，室内空气温度为20℃，试求管外壁与空气的自然对流传热系数。

解： 管外壁与空气的传热属大容积自然对流传热。

定性温度取膜温：　$\bar{t} = \dfrac{t_W + t}{2} = \dfrac{220 + 20}{2}℃ = 120℃$

查得 120 ℃时空气的物性参数：

$$c_p = 1.009 \text{ kJ/(kg·K)}, \lambda = 0.033 \text{ W/(m·K)}, \mu = 2.29 \times 10^{-5} \text{ Pa·s}, \rho = 0.898 \text{ kg/m}^3$$

体积膨胀系数

$$\beta = \frac{1}{T} = \frac{1}{(120+273.15)} \text{ K}^{-1} = 2.54 \times 10^{-3} \text{ K}^{-1}$$

格拉晓夫数

$$Gr = \frac{\beta g \Delta t l^3 \rho^2}{\mu^2} = \frac{2.54 \times 10^{-3} \times 9.81 \times (220-20) \times 0.25^3 \times 0.898^2}{(2.29 \times 10^{-5})^2} = 1.20 \times 10^8$$

普朗特数

$$Pr = \frac{c_p \mu}{\lambda} = \frac{1.009 \times 10^3 \times 2.29 \times 10^{-5}}{0.033} = 0.700$$

则

$$Gr \cdot Pr = 1.20 \times 10^8 \times 0.700 = 0.84 \times 10^8$$

查表 3-4 得 $C = 0.135, n = 1/3$，于是

努塞尔数

$$Nu = 0.135 \times (Gr \cdot Pr)^{1/3} = 0.135 \times (0.84 \times 10^8)^{1/3} = 59.12$$

对流传热系数

$$\alpha = Nu \cdot \frac{\lambda}{d_o} = \left(59.12 \times \frac{0.033}{0.25}\right) \text{ W/(m}^2 \cdot \text{K)} = 7.80 \text{ W/(m}^2 \cdot \text{K)}$$

3-3-5　蒸气冷凝传热

蒸气冷凝现象　蒸气冷凝作为一种加热方法在工业生产中被广泛采用。作为加热介质的饱和蒸气与低于其温度的壁面接触时，被冷凝为液体，在此过程中释放出相变焓。按照形成的冷凝液能否润湿壁面，可将蒸气冷凝分为膜状冷凝和滴状冷凝两种类型。

若壁面能被冷凝液润湿，在壁面上形成一层完整的液膜，则称之为**膜状冷凝**。随冷凝过程的进行，壁面上的液膜不断加厚，在重力作用下向下流动，最终在壁面上形成一层上薄下厚的液膜，如图 3-13(a)、(b)所示。

若冷凝液不能润湿壁面，而是形成液滴，并沿壁面落下，这种冷凝称为**滴状冷凝**，如图 3-13(c)所示。由于液滴下落时可使壁面暴露于蒸气中，蒸气可直接将热量传递给壁面，因而滴状冷凝的传热系数比膜状冷凝时大很多。尽管从本质上讲出现何种冷凝方式取决于冷凝液及固体壁面的性质，但在工业却难以实现持久的滴状冷凝，起始阶段是滴状冷凝过一段时间一般都会发展成为膜状冷凝。所以工业冷凝器的设计皆按膜状冷凝来处理。

膜状冷凝时，后续的蒸气只能冷凝在已经覆盖固体壁面的液膜上，释放出的相变焓必须穿过液膜方能到达壁面，因此蒸气冷凝传热过程的热阻几乎全部集中于冷凝液膜内。

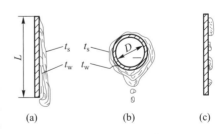

图 3-13　蒸气冷凝方式

下面介绍纯饱和蒸气膜状冷凝时对流传热系数的计算。

水平管外蒸气冷凝传热系数　蒸气在水平管(包括水平放置的单管和管束两种情况)外冷凝时的对流传热系数按下式计算：

$$\alpha = 0.725\left(\frac{r\rho^2 g\lambda^3}{n^{2/3}\mu d_o \Delta t}\right)^{1/4} \tag{3-44}$$

式中：n——水平管束在垂直列上的管子数，若为单根管，则 $n=1$；

ρ——冷凝液的密度，kg/m^3；

λ——冷凝液的热导率，$W/(m^2 \cdot K)$；

μ——冷凝液的黏度，$Pa \cdot s$；

r——蒸气冷凝相变焓，kJ/kg；

$\Delta t = t_s - t_w$——饱和蒸气的温度与壁面温度之差。

特征尺寸取管外径 d_o；定性温度取膜温，即 $t = \dfrac{t_s + t_w}{2}$。冷凝的物性按膜温查取。相变焓 r 按饱和温度 t_s 查取。

在竖直板或竖直管外的蒸气冷凝传热系数　当蒸气在垂直管或板上冷凝时，最初冷凝液沿壁面以层流形式向下流动，新的冷凝液不断加入，液膜由上到下逐渐增厚，因而局部对流传热系数越来越小；但当板或管足够高时，液膜下部可能发展为湍流流动，局部的对流传热系数又会有所增加，如图 3-14 所示。此时仍采用雷诺数来判断层流与湍流，当 $Re < 1\ 800$ 时，膜内流体为层流；当 $Re > 1\ 800$ 时，膜内流体为湍流。在此，雷诺数定义为

$$Re = \frac{\rho u d_e}{\mu} = \frac{\left(\dfrac{4S}{b} \times \dfrac{q_m}{S}\right)}{\mu} = \frac{4M}{\mu} \tag{3-45}$$

式中：d_e——当量直径，$d_e = \dfrac{4S}{b}$，m；

S——冷凝液流通截面积，m^2；

b——壁面被润湿周边的长度，m；

q_m——冷凝液的质量流量，kg/s；

M——冷凝负荷，指单位长度润湿周边上冷凝液的质量流量，即 $M = q_m/b$，$kg/(s \cdot m)$。

注意：此处的雷诺数 Re 是指板或管最低处的值（此时 Re 为最大）。

当液膜为层流时，平均对流传热系数的计算式为

$$\alpha = 1.13\left(\frac{r\rho^2 g\lambda^3}{\mu l \Delta t}\right)^{1/4} \tag{3-46}$$

当液膜为湍流时，平均对流传热系数的计算式为

$$\alpha = 0.007\ 7\left(\frac{\rho^2 g\lambda^3}{\mu^2}\right)^{1/3} Re^{0.4} \tag{3-47}$$

使用式(3-46)和式(3-47)时，定性温度及物性的取法与使用式(3-45)时相同，特征尺寸 l 为管长或板高。

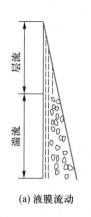

(a) 液膜流动

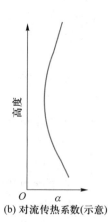

(b) 对流传热系数(示意)

图 3-14　蒸气在垂直壁上的冷凝

由于 α 未知时无法求冷凝负荷,故无法计算雷诺数以判断流动型态,因而在计算垂直管、板上冷凝传热系数时应先假设液膜的流型,选择计算公式求出 α 值后,需再计算雷诺数,以判断流型假定是否成立。详见例 3-7。

例 3-7 120 ℃ 的饱和水蒸气在一根 $\phi25$ mm×2.5 mm、长 1 m 的管外冷凝,已知管外壁温度为 80 ℃。分别求该管垂直和水平放置时的蒸气冷凝传热系数。

解:(1)当管垂直放置时,冷凝传热系数的计算方法取决于冷凝液在管外沿壁面向下流动时的流动型态。但现其流动型态未知,故需采取试差的方法。假定冷凝液为层流流动,则

$$\alpha_{垂直} = 1.13\left(\frac{r\rho^2 g\lambda^3}{\mu l \Delta t}\right)^{1/4}$$

膜温为 $[(80+120)/2]$ ℃ = 100 ℃,此温度下水的物性为:$\rho = 958.4$ kg/m³;$\mu = 0.283$ mPa·s;$\lambda = 0.683$ W/(m·K)。

冷凝温度为 120 ℃,此温度下水的相变焓为:$r = 2\,205.2$ kJ/kg。将这些数据代入上式:

$$\alpha_{垂直} = 1.13\left[\frac{2\,205.2×10^3×958.4^2×9.81×0.683^3}{0.283×10^{-3}×1×(120-80)}\right]^{1/4} \text{W/(m}^2\text{·K)} = 5\,495.2 \text{ W/(m}^2\text{·K)}$$

应根据此计算结果校核冷凝液膜的流动是否为层流。冷凝液膜流动雷诺数计算如下:

$$Re = \frac{d_e u\rho}{\mu} = \frac{d_e G}{\mu} = \frac{(4S/\pi d_o)(q_m/S)}{\mu} = \frac{4Q/r\pi d_o}{\mu} = \frac{4\alpha_{垂直}\pi d_o l\Delta t/r\pi d_o}{\mu} = \frac{4\alpha_{垂直}l\Delta t}{r\mu}$$

将相关数据代入上式可得

$$Re = \frac{4×5\,495.2×1×(120-80)}{2\,205.2×10^3×0.283×10^{-3}} = 1\,409 < 1\,800$$

层流假定成立,以上计算有效。

(2)当管水平放置时,直接用如下公式计算蒸气冷凝传热系数:

$$\alpha_{水平} = 0.725\left(\frac{r\rho^2 g\lambda^3}{\mu d_o \Delta t}\right)^{1/4}$$

将已知数据代入上式可求得

$$\alpha_{水平} = 0.725\left(\frac{2\,205.2×10^3×958.4^2×9.81×0.683^3}{0.283×10^{-3}×0.025×(120-80)}\right)^{1/4} \text{W/(m}^2\text{·K)} = 8\,866.7 \text{ W/(m}^2\text{·K)}$$

蒸气冷凝传热的影响因素和强化措施

(1)不凝性气体的影响 如果蒸气中含有微量的不凝性气体,如空气等,则它会在液膜表面聚集形成气膜。这相当于额外附加了一层热阻,而且由于气体的热导率 λ 很小,该热阻值往往很大,致使蒸气冷凝的对流传热系数大大下降。实验证明:当蒸气中不凝性气体含量达到 1% 时,α 会下降 60% 左右。因此,在冷凝器的设计中,应在蒸气冷凝侧的高处安装气体排放口,操作中定期排放加热蒸气混有的不凝性气体。

(2)冷凝液膜两侧温度差的影响 冷凝液膜两侧的温度差 Δt 是指饱和蒸气与固体壁面之间的温度差,即 $\Delta t = t_s - t_W$。液膜层流情况下,若 Δt 增大,则蒸气冷凝速率加大,液膜厚度增厚,平均冷凝传热系数降低。

(3)流体物性的影响 蒸气冷凝传热系数的大小与冷凝液的物性密切相关,由式

（3-44）、式（3-46）和式（3-47）可以看出，所形成的冷凝液密度越大、黏度越小、热导率越大（前两个因素使液膜厚度减小），因而冷凝传热系数越大。同时，相变焓较大的饱和蒸气在同样的冷凝负荷下冷凝液量小，故液膜厚度较小，因而冷凝传热系数大。在常见物质中，水蒸气的冷凝传热系数最大，一般可达 10^4 W/($m^2 \cdot K$) 左右，而某些有机物蒸气的冷凝传热系数可低至 10^3 W/($m^2 \cdot K$) 以下。

（4）蒸气流速与流向的影响　当蒸气流速较高时，蒸气与液膜之间的摩擦作用力会对传热系数产生不容忽视的影响。蒸气与液膜流向相同时，会加速液膜流动，使液膜变薄，传热系数增大；蒸气与液膜流向相反时，会阻碍液膜流动，使液膜变厚，传热系数减小；但当流速达到一定程度而使上述摩擦超过液膜重力时，液膜会被蒸气吹散，使传热系数急剧增大。一般在设计冷凝器时，蒸气入口在其上部，此时蒸气与液膜流向相同，有利于传热系数的提高。

蒸气冷凝过程的强化　前已述及，蒸气冷凝过程的主要热阻集中于冷凝液膜，故设法减薄冷凝液膜的厚度是强化该过程的正确思路。减薄液膜厚度应从冷凝壁面的形状和布置方式入手。例如，在垂直壁面上开纵向沟槽，以减薄壁面上的液膜厚度。还可在壁面上安装金属丝或翅片，使冷凝液在表面张力的作用下，流向金属丝或向翅片附近集中，从而使壁面上的液膜减薄，使冷凝传热系数得到提高。对于水平布置的管束，冷凝液从上部各排管子流向下部各排管子，使下部各排管子的液膜变厚，传热系数减小。因此，沿垂直方向上管排数目越多，这种负面影响越大。为此应减少垂直方向上管排数目，或将管束由直列改为错列，或采取安装能去除冷凝液的挡板等方式，来提高对流传热系数。

3-3-6　液体沸腾传热

液体被加热时，其内部伴有的由液相变为气相产生气泡的过程称为沸腾。液体沸腾有两种情况，一种是流体在管内流动过程中受热沸腾，称为管内沸腾，另一种是将加热面浸入液体中，液体被壁面加热而引起的无强制对流的沸腾现象，称为**大容积沸腾**。管内沸腾的传热机理比大容积沸腾更为复杂。本小节仅讨论大容积沸腾传热过程。

大容积沸腾现象　液体沸腾的主要特征，是在浸入液体内部的加热壁面上不断有气泡生成、长大、脱离并上升到液体表面。理论上液体沸腾时气液两相处于平衡状态，即液体的沸腾温度等于该液体所处压力下相对应的饱和温度 t_s。但实验测定表明，液体必须处于过热状态，即液体的主体温度 t_1 必须高于液体的饱和温度 t_s，才会使气泡不断地生成、长大。温度差 t_1-t_s 称为过热度，用 Δt 表示。在液相中紧贴加热面的液体温度等于加热面的温度 t_w，此处的过热度最大，$\Delta t = t_w - t_s$。液体的过热是小气泡生成的必要条件。

实验观察表明，气泡只能在加热表面的若干粗糙不平的点上产生，称为汽化核心。在沸腾过程中，小气泡首先在汽化核心处生成并长大，在浮力作用下脱离壁面。随着气泡不断地形成并上升，气泡让出的空间被周围的液体所取代，如此冲刷壁面，引起贴壁液体层的剧烈扰动，从而使液体沸腾时的对流传热系数比无相变时大得多。

沸腾曲线　大容积内的沸腾过程随着温度差 Δt 的不同，会出现不同类型的沸腾状态。以常压水在大容器内沸腾为例，利用图 3-15，讨论温度差 Δt 对对流传热系数 α 的影响。

（1）*AB* 段，$\Delta t < 5$ ℃时，汽化仅发生在液体表面，严格地说还不是沸腾，而是表面汽

化。此时,加热面与液体之间的热量传递以自然对流为主,通常将此区称为**自然对流区**。在此区,对流传热系数较小,且随 Δt 升高而缓慢增加。

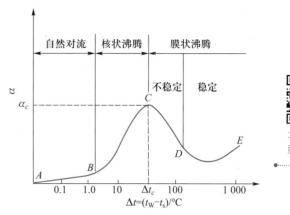

动画:

大容积沸腾曲线

(2)BC 段,5 ℃ <Δt<25 ℃ 时,加热面上有气泡产生,传热系数随着 Δt 的增加急剧上升。这是由于气泡数目越来越多,长大速度越来越快,故气泡脱离壁面时对液体扰动增强。此区称为**核状沸腾区**。

(3)CD 段,Δt>25 ℃ 时,随着 Δt 不断增大,加热面上的汽化核心大大增加,以至于气泡产生的速度大于其脱离壁面的

图 3-15　沸腾时 α 和温度差 Δt 的对应关系

速度,气泡因此在加热面附近相连形成气膜,将加热面与液体隔开,由于气体的导热系数 λ 较小,使传热系数急剧下降,此阶段称为**不稳定膜状沸腾**。

(4)DE 段,Δt>250 ℃ 时,气膜稳定。由于加热面 t_{w} 足够高,热辐射的影响开始表现,对流传热系数又随 Δt 的增大而增长,此时为**稳定膜状沸腾**。

工业上的沸腾装置,一般应维持在核状沸腾区工作,此阶段沸腾传热系数较大且 t_{w} 不高。

第四节　传 热 计 算

前面主要讨论了导热和对流传热的原理及速率方程。事实上,工业上普遍存在的间壁式换热正是由壁内热传导及流体与壁面之间的对流传热构成的一个综合过程,本节主要讨论与此过程有关的计算。

3-4-1　换热器的热量平衡方程

考虑冷、热两种流体以一定的流量流过间壁式换热器,进行通过壁面的热交换过程。设热、冷流体的进、出口温度分别为 T_1、T_2、t_1、t_2;热、冷流体的质量流量分别为 q_{m1}、q_{m2};热、冷流体的平均比热容分别为 c_{p1}、c_{p2}。若换热器绝热良好,热损失可以忽略,则在换热器中单位时间内热流体放出的热量等于冷流体吸收的热量。按照此原则可针对如下三种情况建立**热量平衡方程**。

(1)若换热器中冷、热流体均无相变化,则

$$Q=q_{m1}c_{p1}(T_1-T_2)=q_{m2}c_{p2}(t_2-t_1) \tag{3-48}$$

(2)若换热器中进行的是饱和蒸气冷凝,将冷流体加热,且蒸气冷凝为同温度下的饱和液体后排出,则

$$Q=q_{m1}r=q_{m2}c_{p2}(t_2-t_1) \tag{3-49}$$

式中：　r——蒸气冷凝相变焓,kJ/kg。

(3)若在第(2)种过程中蒸气冷凝液继续被冷却,以过冷液体的状态排出,则

文本:

本节学习纲要

$$Q = q_{m1}[r + c_{p1}(T_s - T_2)] = q_{m2}c_{p2}(t_2 - t_1) \tag{3-50}$$

式中： T_s——饱和液体或饱和蒸气的温度。

小贴士：

　　热量平衡方程反映了传热过程的基本规律,但方程中往往至少有冷、热流体的两个出口温度是未知的,故该方程单独无法解决传热过程的基本问题,还要利用总传热系数和总传热速率方程。

3-4-2　总传热系数

　　总传热系数的定义　考虑图 3-16(a)所示的套管式换热,两流体在其中逆流流动。取换热管中的一段微元,如图 3-16(b)所示,两种流体流过该微元表面时发生热交换,这一过程是由如下三个传热过程串联构成的:

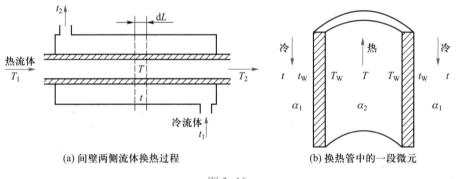

(a) 间壁两侧流体换热过程　　　　(b) 换热管中的一段微元

图 3-16

　　(1) 管内热流体与管内壁的对流传热,其传热速率为: $dQ_2 = \alpha_2 dA_2(T - T_w)$;

　　(2) 通过管壁的单层圆筒壁导热,导热速率为: $dQ_w = \dfrac{\lambda}{b}dA_m(T_w - t_w)$;

　　(3) 管外冷流体与管外壁的对流传热,其传热速率为: $dQ_1 = \alpha_1 dA_1(t_w - t)$。

　　其中 α_2、α_1 分别是管内、外流体的对流传热系数;dA_2、dA_m、dA_1 分别是微元管段的内表面积、内外表面的对数平均面积和外表面积。当两种流体的换热过程达到定态时,$dQ_2 = dQ_w = dQ_1 = dQ$。于是

$$dQ = \alpha_2 dA_2(T - T_w) = \frac{\lambda}{b}dA_m(T_w - t_w) = \alpha_1 dA_1(t_w - t) \tag{3-51}$$

写成推动力和热阻之比的形式,并利用等比定理,可得

$$dQ = \frac{T - T_w}{\dfrac{1}{\alpha_2 dA_2}} = \frac{T_w - t_w}{\dfrac{b}{\lambda dA_m}} = \frac{t_w - t}{\dfrac{1}{\alpha_1 dA_1}} = \frac{T - t}{\dfrac{1}{\alpha_2 dA_2} + \dfrac{b}{\lambda dA_m} + \dfrac{1}{\alpha_1 dA_1}} \tag{3-52}$$

定义

$$\frac{1}{K\mathrm{d}A} = \frac{1}{\alpha_2 \mathrm{d}A_2} + \frac{b}{\lambda \mathrm{d}A_\mathrm{m}} + \frac{1}{\alpha_1 \mathrm{d}A_1} \tag{3-53}$$

则式(3-52)变为

$$\mathrm{d}Q = K\mathrm{d}A(T-t) \tag{3-54}$$

式中： K——**总传热系数**，$\mathrm{W}/(\mathrm{m}^2 \cdot \mathrm{K})$。该式表达了两流体流经该微元的热交换速率。

对于换热管为圆管的情形，取式(3-54)中的微元换热面积 $\mathrm{d}A$ 等于微元的外表面积，即 $\mathrm{d}A = \mathrm{d}A_1$，则式(3-53)变为

$$\frac{1}{K} = \frac{1}{\alpha_1} + \frac{b}{\lambda} \frac{\mathrm{d}A_1}{\mathrm{d}A_\mathrm{m}} + \frac{1}{\alpha_2} \frac{\mathrm{d}A_1}{\mathrm{d}A_2} \tag{3-55}$$

$$\frac{1}{K} = \frac{1}{\alpha_1} + \frac{b}{\lambda} \frac{d_1}{d_\mathrm{m}} + \frac{1}{\alpha_2} \frac{d_1}{d_2} \tag{3-56}$$

以上两式中的 K 称为以换热管的外表面为基准的总传热系数。式(3-56)中的 d_2 和 d_1 分别为换热管的内、外径，d_m 为它们的对数平均值，称为**对数平均直径**。

$$d_\mathrm{m} = (d_1 - d_2)/\ln\frac{d_1}{d_2} \tag{3-57}$$

同理，令 $\mathrm{d}A = \mathrm{d}A_2$ 可以得到以换热管的内表面为基准的总传热系数表达式；如果换热面为平面，则 $\mathrm{d}A_1 = \mathrm{d}A_2 = \mathrm{d}A_\mathrm{m}$，于是

$$\frac{1}{K} = \frac{1}{\alpha_1} + \frac{b}{\lambda} + \frac{1}{\alpha_2} \tag{3-58}$$

可以看出，对同一个(管式)换热器，如所选用的基本传热面不同，总传热系数 K 具有不同的数值。在传热计算中习惯上以换热管的外表面为基准，本章中如不做特别说明，所用的 K 值均是以换热管的外表面为基准的。

式(3-54)也可以写成推动力与热阻之比的形式：

$$\mathrm{d}Q = K\mathrm{d}A(T-t) = \frac{T-t}{1/(K\mathrm{d}A)} \tag{3-59}$$

由该式及式(3-58)可以看出总传热系数的物理意义：其倒数代表了两流体换热过程的总热阻，该总热阻由三项热阻串联组成，分别是管内对流传热热阻、管壁导热热阻和管外对流传热热阻。

前已述及，对流传热系数 α 与物性有关，而物性又取决于温度。在换热器的轴向上不同位置，流体具有不同的温度，因此前式中计算 K 值时的 α_1 和 α_2 具有局部性，因而 K 也就具有局部性。但是，如果计算 α_1 和 α_2 时采用相应流体在换热器内的平均温度，则可以认为所求的 α_1 和 α_2 是整个换热器的平均值，用它们求得的 K 可认为是整个换热器的平均值。另外，也是由于冷、热流体温度沿换热器轴向的变化，使得作为推动力的 $T-t$ 也具有局部性，其平均值的计算在后面详述。

总传热系数的大致范围 总传热系数 K 值主要取决于流体的特性、传热过程的操作

条件及换热器的类型,因而变化范围很大。进行换热器的选型和设计时,需要先估计一个总传热系数,才能进行后续的计算。为此,就需要了解工业上常见流体之间换热时总传热系数的大致范围,表3-5列出了工业中最常用的列管式换热器的总传热系数经验值。有关手册中也列有不同情况下经验值,可供设计计算时参考。

表3-5 列管式换热器中总传热系数 K 的经验值

冷流体	热流体	总传热系数 $K/(\text{W} \cdot \text{m}^{-2} \cdot \text{K}^{-1})$
水	水	850~1 700
水	气体	17~280
水	有机溶剂	280~850
水	轻油	340~910
水	重油	60~280
有机溶剂	有机溶剂	115~340
水	水蒸气冷凝	1 420~4 250
气体	水蒸气冷凝	30~300
水	低沸点烃类冷凝	455~1 140
水沸腾	水蒸气冷凝	2 000~4 250
轻油沸腾	水蒸气冷凝	455~1 020

污垢热阻 前面给出的 K 的计算式严格来讲仅适用于新投用的换热器。换热器在使用一段时间以后,传热速率往往会呈现一定程度的下降。这是因为工作流体中的一些难溶物沉积于换热面,或有生物物质生长于换热面上,分别形成一层污垢层。污垢层虽然很薄,但由于其热导率往往很小,因而对传热过程的影响不容忽视。污垢的存在相当于在壁面两侧各增加了一层热阻,因而总传热系数表达式变为(以换热管外表面为基准)

$$\frac{1}{K} = \frac{1}{\alpha_1} + R_{s1} + \frac{b}{\lambda} \frac{d_1}{d_m} + R_{s2} \frac{d_1}{d_2} + \frac{1}{\alpha_2} \frac{d_1}{d_2} \qquad (3-60)$$

式中:R_{s1} 和 R_{s2}——分别为换热管外表面和内表面的污垢热阻值,$\text{m}^2 \cdot \text{K}/\text{W}$。

表3-6列出了工业上常用流体形成的污垢热阻的经验值。

表3-6 污垢热阻的大致数值范围

流体	污垢热阻/($\text{m}^2 \cdot \text{K} \cdot \text{kW}^{-1}$)	流体		污垢热阻/($\text{m}^2 \cdot \text{K} \cdot \text{kW}^{-1}$)
水($u < 1\text{ m/s}, t < 47\text{ ℃}$)			劣质-不含油	0.09
蒸馏水	0.09		往复机排出	0.176
海 水	0.09	液体		
清净的河水	0.21		处理过的盐水	0.264
未处理的凉水塔用水	0.58		有机物	0.176
已处理的凉水塔用水	0.26		燃料油	1.056
已处理的锅炉用水	0.26		焦 油	1.76
硬水、井水	0.58	气体		
水蒸气			空 气	0.26~0.53
优质-不含油	0.052		溶剂蒸气	0.14

例 3-8 某套管式换热器内管为 $\phi 25$ mm×2.5 mm 的钢管。热空气在管内流动,冷却水在环隙流动。已知管内空气的对流传热系数为 45 W/($m^2 \cdot$K),环隙中水的对流传热系数为 1 200 W/($m^2 \cdot$K),内管材料的热导率为 45 W/(m·K)。试求:(1)基于换热管外表面积的总传热系数 K。(2)若其它条件都不变,空气的对流传热系数增加 1 倍,总传热系数变为多少?(3)若其它条件不变,冷却水的对流传热系数增加 1 倍,总传热系数变为多少?

解:(1)取水侧污垢热阻 $R_{s1} = 2.5 \times 10^{-4}$ $m^2 \cdot$K/W,空气侧污垢热阻 $R_{s2} = 4.5 \times 10^{-4}$ $m^2 \cdot$K/W。

由式(3-60): $\dfrac{1}{K_1} = \dfrac{1}{\alpha_1} + R_{s1} + \dfrac{bd_1}{\lambda d_m} + R_{s2}\dfrac{d_1}{d_2} + \dfrac{d_1}{\alpha_2 d_2}$

$$= \left(\frac{1}{1\,200} + 2.5 \times 10^{-4} + \frac{0.002\,5 \times 0.025}{45 \times 0.022\,5} + 4.5 \times 10^{-4} \times \frac{0.025}{0.02} + \frac{0.025}{45 \times 0.02} \right) \, m^2 \cdot K/W$$

$$= 0.029\,4 \, m^2 \cdot K/W$$

总传热系数 $\qquad\qquad\qquad K_1 = 34.01$ W/($m^2 \cdot$K)

(2)空气对流传热系数增加 1 倍,变为 90 W/($m^2 \cdot$K),则

$$\frac{1}{K'} = \left(\frac{1}{1\,200} + 2.5 \times 10^{-4} + \frac{0.002\,5 \times 0.025}{45 \times 0.022\,5} + 4.5 \times 10^{-4} \times \frac{0.025}{0.02} + \frac{0.025}{90 \times 0.02} \right) \, m^2 \cdot K/W = 0.015\,6 \, m^2 \cdot K/W$$

总传热系数 $\qquad\qquad\qquad K' = 64.10$ W/($m^2 \cdot$K)

(3)冷却水对流传热系数增加 1 倍,变为 2 400W/($m^2 \cdot$K),则

$$\frac{1}{K''} = \left(\frac{1}{2\,400} + 2.5 \times 10^{-4} + \frac{0.002\,5 \times 0.025}{45 \times 0.022\,5} + 4.5 \times 10^{-4} \times \frac{0.025}{0.02} + \frac{0.025}{45 \times 0.02} \right) \, m^2 \cdot K/W = 0.029\,1 \, m^2 \cdot K/W$$

总传热系数 $\qquad\qquad\qquad K'' = 34.4$ W/($m^2 \cdot$K)

本题计算结果表明:总传热系数小于两侧流体的对流传热系数,且总是接近于较小的对流传热系数。因此,若两侧对流传热系数相差较大,提高小的对流传热系数才能有效提高总传热系数。

由式(3-60)可以看出,实际上两流体通过换热管的换热过程总热阻是五种基本热阻的加和,即管外流体的对流传热热阻、管外表面的污垢热阻、管壁热阻、管内表面污垢热阻、管内流体的对流传热热阻。在这些热阻项中,如果某项的值远大于其它项,则总热阻值就近似等于该项热阻值,总传热系数也接近于与该热阻对应的传热系数,称该项热阻为控制热阻。

3-4-3 总传热速率方程

前面导出的式(3-54)只是微元传热速率的表达式,不能用于实际计算。工程计算中关心的是整个换热器的传热速率,为此需要对该式进行积分。前面已经明确了如何求 K 在整个换热器上的平均值,积分时采用这个平均值,就可以将其提到积分号外。

仍考察图 3-16(b)所示的一段换热管微元,单位时间内热流体流经这段微元之后放出的热量等于冷、热流体间传热的速率,于是

$$q_{m1} c_{p1} \mathrm{d}T = K \mathrm{d}A (T - t) \qquad\qquad (3-61)$$

同理,单位时间内冷流体流经该微元之后吸收的热量也等于冷、热流体之间传热的速率,于是有

$$q_{m2}c_{p2}dt = KdA(T-t) \tag{3-62}$$

分别积分以上两式,并将平均总传热系数 K 提到积分号外,可得

$$A = \int_0^A dA = \frac{q_{m1}c_{p1}}{K} \int_{T_2}^{T_1} \frac{dT}{T-t} \tag{3-63}$$

$$A = \int_0^A dA = \frac{q_{m2}c_{p2}}{K} \int_{t_1}^{t_2} \frac{dt}{T-t} \tag{3-64}$$

可以看出,需要找出 $(T-t)-T$、$(T-t)-t$ 关系,才能完成式(3-63)和式(3-64)的积分。为此,不失一般性地考虑图 3-17 所示的套管式换热器,冷、热两流体逆流流动,图中同时示意了两流体在换热器内的温度分布情况。从换热器中间的某一个截面到某一端(图中为热流体出口端)划定图中虚线框所示的衡算范围,进行热量衡算,可得

$$T = \frac{q_{m2}c_{p2}}{q_{m1}c_{p1}}t + \left(T_2 - \frac{q_{m2}c_{p2}}{q_{m1}c_{p1}}t_1 \right) \tag{3-65}$$

该式说明,换热器内任意截面上冷、热流体温度为线性关系。据此不难证明,热、冷流体的温度差 $(T-t)$ 与热流体的温度 T 或冷流体的温度 t 之间也服从线性关系,直线的斜率可以用换热器两端流体的温度表示:

$$\frac{d(T-t)}{dT} = \frac{(T_1-t_2)-(T_2-t_1)}{T_1-T_2} \tag{3-66}$$

$$\frac{d(T-t)}{dt} = \frac{(T_1-t_2)-(T_2-t_1)}{t_2-t_1} \tag{3-67}$$

将式(3-66)和式(3-67)分别代入式(3-63)和式(3-64),可得

$$A = \frac{q_{m1}c_{p1}}{K} \frac{T_1-T_2}{(T_1-t_2)-(T_2-t_1)} \int_{(T_2-t_1)}^{(T_1-t_2)} \frac{d(T-t)}{T-t} \tag{3-68}$$

$$A = \frac{q_{m2}c_{p2}}{K} \frac{t_2-t_1}{(T_1-t_2)-(T_2-t_1)} \int_{(T_2-t_1)}^{(T_1-t_2)} \frac{d(T-t)}{T-t} \tag{3-69}$$

考虑热量平衡方程 $Q = q_{m1}c_{p1}(T_1-T_2) = q_{m2}c_{p2}(t_2-t_1)$,积分以上两式,均可得如下方程:

$$A = \frac{Q}{K} \frac{\ln \dfrac{T_1-t_2}{T_2-t_1}}{(T_1-t_2)-(T_2-t_1)}$$

令

$$\Delta t_m = \frac{(T_1-t_2)-(T_2-t_1)}{\ln \dfrac{T_1-t_2}{T_2-t_1}} \tag{3-70}$$

可得

$$Q = KA\Delta t_m \tag{3-71}$$

式(3-71)称为换热器的**总传热速率方程**,用以计算

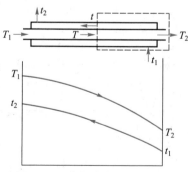

图 3-17　套管式换热器及流体温度分布示意

整个换热器在单位时间内的传热量。A 为换热器的**总传热面积**,它的取值与 K 所取的基准传热面对应,即如果 K 是以换热管的外表面为基准的,则 A 就应采用换热管的外表面积;Δt_m 称为**对数平均温度差**或换热器的对数平均传热推动力,实际上它是热、冷流体在换热器两端温度差的对数平均值。

以上以流体逆流流动的套管式换热器为例导出了总传热速率方程,即式(3-71)。事实上,对于其它流动方式或其它类型的间壁式换热器,总传热速率方程具有与式(3-71)完全相同的形式,只是其中 Δt_m 的计算方法有所不同,相关的内容在后面介绍。

另外,与前面介绍的导热速率方程和对流传热速率方程相同,作为总传热速率表达式的式(3-71)也可以写成推动力与热阻之比的形式。

3-4-4 总传热速率方程与热量平衡方程的联用

在间壁式换热器中,单位时间热流体放出的热量或冷流体吸收的热量等于单位时间内通过间壁传递的热量。由热量平衡方程和传热速率方程可得

$$Q = q_{m1}c_{p1}(T_1 - T_2) = q_{m2}c_{p2}(t_2 - t_1) = KA\Delta t_m \tag{3-72}$$

$$Q = q_{m1}r = q_{m2}c_{p2}(t_2 - t_1) = KA\Delta t_m \tag{3-73}$$

$$Q = q_{m1}\left[r + c_{p1}(T_s - T_2)\right] = q_{m2}c_{p2}(t_2 - t_1) = KA\Delta t_m \tag{3-74}$$

这两类方程的联立求解是处理间壁式换热过程计算问题的核心和出发点,对设计型和操作型问题都能很好地解决。

3-4-5 平均传热温度差 Δt_m 的计算

在间壁式换热器中,参与换热的两种流体可以有多种流动型式,流动型式的不同直接影响到换热过程的平均温度差 Δt_m。以下介绍各种流型的特点及 Δt_m 的计算方法。

逆流 两种流体分别在间壁两侧平行而反向地流动。如果两流体在换热器内均无相变,则它们沿换热面流过时温度将连续地发生变化。图3-18(a)以套管式换热器为例示意了逆流及其中流体温度变化。前面已经推导了逆流时平均温度差 Δt_m 的计算方法,即 Δt_m 等于换热器两端流体温度差的对数平均值,记 $\Delta t_1 = T_1 - t_2$;$\Delta t_2 = T_2 - t_1$,则由式(3-70)可得

$$\Delta t_m = \frac{\Delta t_1 - \Delta t_2}{\ln \dfrac{\Delta t_1}{\Delta t_2}} \tag{3-75}$$

并流 两种流体分别在壁面两侧平行而同向地流动。如果并流两流体在换热器内均无相变,则它们沿换热面流过时温度将连续地发生变化。图3-18(b)以套管式换热器为例示意了并流及其流体温度变化。针对并流换热器,按类似于导出式(3-70)的方法可导出并流时 Δt_m 的计算式:

$$\Delta t_m = \frac{(T_1 - t_1) - (T_2 - t_2)}{\ln \dfrac{T_1 - t_1}{T_2 - t_2}} \tag{3-76}$$

记 $\Delta t_1 = T_1 - t_1$，$\Delta t_2 = T_2 - t_2$，则并流时 Δt_m 的表达式也具有与式（3-75）完全相同的形式。

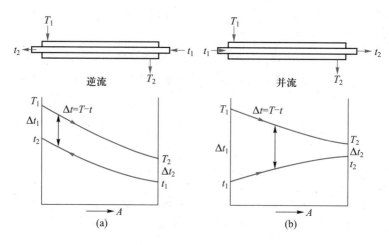

图 3-18　套管式换热器中两流体的逆流与并流及温度变化

无论哪种流型，习惯上将两端温度差中较大者记为 Δt_1，较小者记为 Δt_2。

关于逆、并流时 Δt_m 的计算，还有以下两种特殊情况需要说明：

（1）当 $\Delta t_1 / \Delta t_2 < 2$ 时，可用算术平均值 $\Delta t_m = （\Delta t_1 + \Delta t_2）/2$ 代替对数平均值，其误差小于 4%；

（2）当 $\Delta t_1 = \Delta t_2$，即当换热器两端两流体的温度差相等时，$\Delta t_m = \Delta t_1 = \Delta t_2$。

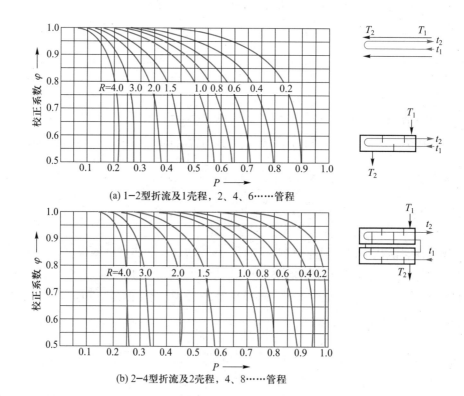

动画：
逆流传热的温度变化曲线

动画：
并流传热的温度变化曲线

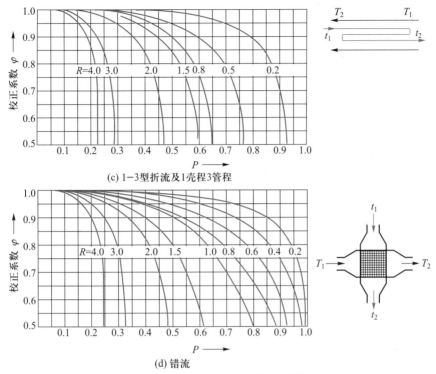

(c) 1-3型折流及1壳程3管程

(d) 错流

图 3-19　对数平均温度差校正系数 φ

折流　折流是指至少有一种流体在换热器中做来回折流,图 3-19(a)、(b)、(c)分别给出了1-2型、2-4 型和 1-3 型三种类型折流的示意。有折流时的流型既不属并流,也不是逆流,其平均温度差的计算方法也与逆、并流时完全不同。虽然理论上能够导出计算公式,但由于其形式复杂而不便使用。一般的处理方法是:先按逆流计算对数平均温度差 $\Delta t_{m逆}$,然后再乘以**温度差校正系数 φ**:

$$\Delta t_{m} = \varphi \Delta t_{m逆} \tag{3-77}$$

各种情况下的温度差校正系数均可从图 3-19 中读取,图中横坐标 P 及参变数 R 的计算方法如下:

$$P = \frac{t_2 - t_1}{T_1 - t_1} \tag{3-78}$$

$$R = \frac{T_1 - T_2}{t_2 - t_1} \tag{3-79}$$

错流　错流是指换热面两侧的流体以相互垂直的流向流过换热器。例如,当某流体在管外垂直流过管束且管内有流体流过时,则流型为错流。图 3-19(d)示意了错流流型,其温度差校正系数也可按类似于折流的方法从该图中读出。

一侧流体恒温　若换热器中进行的是用饱和蒸气冷凝加热冷流体,且蒸气冷凝为同温度下饱和液体后排出,则此时蒸气侧温度是恒定的,如图 3-20 所示。此时,式(3-70)和式(3-76)中 $T_1 = T_2 = T$,两式都可变为

$$\Delta t_{\mathrm{m}} = \frac{t_2 - t_1}{\ln\dfrac{T - t_1}{T - t_2}} \qquad\qquad (3-80)$$

事实上,只要热流体在壁面一侧保持恒温,冷流体在换热面壁面一侧无论以什么型式流过,Δt_{m} 的计算都可以采用式(3-80)。

两侧流体恒温 这是指换热面两侧流体沿传热面均维持恒温。例如,换热面的一侧为液体沸腾,沸腾温度恒定为 t;而换热面的另一侧为饱和蒸气冷凝,冷凝温度恒定为 T,如图 3-21 所示,传热面两侧的温度差保持均一不变,故称为恒温差传热。此时 Δt_{m} 可按下式计算:

$$\Delta t_{\mathrm{m}} = T - t \qquad\qquad (3-81)$$

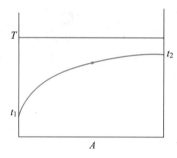
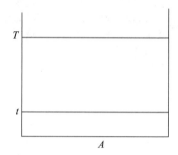

图 3-20 一侧流体恒温时的温度分布示意   图 3-21 两侧流体恒温时的温度分布示意

例 3-9 在列管式换热器中用 20 ℃ 的冷却水将有机溶液由 120 ℃ 冷却至 75 ℃,冷却水出口温度指定为 35 ℃。试求以下三种情况的平均传热温度差:(1) 两流体在换热器中逆流流动;(2) 两流体在换热器中并流流动;(3) 在 1-2 型换热器中,冷却水在管程流动做折流。

解: 两种流体的进、出口温度分别为:$T_1 = 120\ ℃$,$T_2 = 75\ ℃$,$t_1 = 20\ ℃$,$t_2 = 35\ ℃$。

(1) 逆流时,$\Delta t_1 = T_1 - t_2 = (120 - 35)\ ℃ = 85\ ℃$,$\Delta t_2 = T_2 - t_1 = (75 - 20)\ ℃ = 55\ ℃$

$$\Delta t_{\mathrm{m}} = \frac{\Delta t_1 - \Delta t_2}{\ln\dfrac{\Delta t_1}{\Delta t_2}} = \left(\frac{85 - 55}{\ln\dfrac{85}{55}}\right)\ ℃ = 68.92\ ℃$$

(2) 并流时,$\Delta t_1 = T_1 - t_1 = (120 - 20)\ ℃ = 100\ ℃$,$\Delta t_2 = T_2 - t_2 = (75 - 35)\ ℃ = 40\ ℃$

$$\Delta t_{\mathrm{m}} = \frac{\Delta t_1 - \Delta t_2}{\ln\dfrac{\Delta t_1}{\Delta t_2}} = \left(\frac{100 - 40}{\ln\dfrac{100}{40}}\right)\ ℃ = 65.48\ ℃$$

(3) 由式(3-78)和式(3-79)

$$P = \frac{t_2 - t_1}{T_1 - t_1} = \frac{35 - 20}{120 - 20} = 0.15 \quad,\quad R = \frac{T_1 - T_2}{t_2 - t_1} = \frac{120 - 75}{35 - 20} = 3.0$$

查图得 $\varphi = 0.98$,则

$$\Delta t_{\mathrm{m}} = \varphi \Delta t_{\mathrm{m逆}} = 0.98 \times 68.92\ ℃ = 67.54\ ℃$$

由计算结果可知,在流体进、出口温度一定的情况下,逆流的平均温度差最大,并流的平均温度差最小,其它流型(错流和各种折流)的平均温度差介于两者之间。

3-4-6 传热过程的设计型计算

传热过程设计型计算的基本要求是确定完成换热任务所需要的传热面积。现以流量为 q_{m1} 的热流体自给定温度 T_1 冷却至指定温度 T_2 为例,将主要计算步骤介绍如下:

(1)首先由传热任务计算换热器的热负荷:$Q = q_{m1}c_{p1}(T_1 - T_2)$;

(2)作出适当的选择并计算传热平均温度差 Δt_m;

(3)计算冷、热流体对管壁的对流传热系数及总传热系数 K;

(4)由传热速率方程 $Q = KA\Delta t_m$ 计算传热面积。

第(2)步中所说的"选择"是指设计人员选择冷却剂(或加热剂)的出口温度及两流体的流动型式(逆流、并流、折流等)。

事实上,实际的换热器设计工作除了确定传热面积外,还要在此基础上选择换热器的型号(即选型工作)或判断某台换热器是否合用。

例 3-10 一列管式冷凝器,换热管规格为 $\phi 25$ mm×2.5 mm,其有效长度为 3.0 m。冷却剂以 0.7 m/s 的流速在管内流过,其温度由 20 ℃ 升至 50 ℃。流量为 5 000 kg/h、温度为 75 ℃ 的饱和有机蒸气在壳程冷凝为同温度的液体后排出,冷凝相变焓为 310 kJ/kg。已知蒸气冷凝传热系数为 800 W/(m²·℃),冷却剂的对流传热系数为 2 500 W/(m²·℃)。冷却剂侧的污垢热阻为 0.000 55 m²·K/W,蒸气侧污垢热阻和管壁热阻忽略不计。试计算该换热器的传热面积,并确定该换热器中换热管的总根数及管程数。(已知冷却剂的比热容为 2.5 kJ/(kg·K),密度为 860 kg/m³。)

解: 有机蒸气冷凝放热量为
$$Q = q_{m1}r = \frac{5\,000}{3\,600} \times 310 \times 10^3 \text{ W} = 4.31 \times 10^5 \text{ W}$$

传热平均温度差:
$$\Delta t_m = \frac{50-20}{\ln\frac{75-20}{75-50}} \text{ ℃} = 38 \text{ ℃}$$

$$\frac{1}{K} = \frac{1}{\alpha_1} + \frac{1}{\alpha_2}\frac{d_1}{d_2} + R_{s2}\frac{d_1}{d_2} = \left(\frac{1}{800} + \frac{1}{2\,500} \times \frac{25}{20} + 0.000\,55 \times \frac{25}{20}\right) \text{ m}^2\cdot\text{K/W} = 2.44 \times 10^{-3} \text{ m}^2\cdot\text{K/W}$$

总传热系数:
$$K = 410 \text{ W/(m}^2\cdot\text{K)}$$

所需传热面积:
$$A = \frac{Q}{K\Delta t_m} = \frac{4.31 \times 10^5}{410 \times 38} \text{ m}^2 = 27.7 \text{ m}^2$$

在设计型计算中,设计人员可根据管程流量和指定的管程流速确定换热管总根数和管程数,为此需要先求出冷却剂的用量:

$$q_{m2} = \frac{Q}{c_{p2}(t_2 - t_1)} = \frac{4.31 \times 10^5}{2.5 \times 10^3 \times (50-20)} \text{ kg/s} = 5.75 \text{ kg/s}$$

每程中换热管的根数由冷却剂总流量和每根管中冷却剂的流速求出:

$$n_i = \frac{q_{m2}}{\frac{\pi}{4}d^2 u \rho_2} = \frac{5.75}{0.785 \times 0.02^2 \times 0.7 \times 860} = 30$$

每管程的传热面积 $\qquad A_i = n_i \pi d_o l = 30 \times 3.14 \times 0.025 \times 3.0 \ \text{m}^2 = 7.06 \ \text{m}^2$

管程数 $\qquad\qquad\qquad N = \dfrac{A}{A_i} = \dfrac{27.7}{7.06} = 3.92 \qquad$ 取管程数 $N=4$

换热管总根数 $\qquad\qquad\qquad n = N n_i = 120$

3-4-7 传热过程的操作型计算

操作型计算的内容主要是在换热设备已经存在(设备参数已知)的情况下预测换热设备的操作结果,如计算两流体的出口温度等。解决此类问题的正确方法是联立求解热量平衡方程和总传热速率方程,如式(3-72)、式(3-73)和式(3-74)所示。其中最为常用的式(3-72)和式(3-73)还可以写为更简明和便于使用的形式。

(1) 两流体在换热器中逆流流动且都不发生相变时,由式(3-72)可得

$$\ln \frac{T_1 - t_2}{T_2 - t_1} = \frac{KA}{q_{m1} c_{p1}} \left(1 - \frac{q_{m1} c_{p1}}{q_{m2} c_{p2}} \right) \qquad (3-82)$$

该式中虽然含有对数项,但实际上它是一个关于 T_2 和 t_2 的线性方程,可以方便地与热平衡方程联立求解得到 T_2 和 t_2。

(2) 当两流体在换热器中并流流动且都不发生相变时,可以类似地导出:

$$\ln \frac{T_1 - t_1}{T_2 - t_2} = \frac{KA}{q_{m1} c_{p1}} \left(1 + \frac{q_{m1} c_{p1}}{q_{m2} c_{p2}} \right) \qquad (3-83)$$

该式也可方便地与热平衡方程联立求解从而得到 T_2 和 t_2。

(3) 若换热器中进行的是用饱和蒸气冷凝加热冷流体,且蒸气冷凝为同温度下饱和液体后排出,则 $T_1 = T_2 = T$,由式(3-73)可得

$$\ln \frac{T - t_1}{T - t_2} = \frac{KA}{q_{m2} c_{p2}} \qquad (3-84)$$

在已知冷流体流量和总传热系数的情况下,由式(3-84)可直接求出加热蒸气温度 T 或冷流体的出口温度 t_2。

例3-11 在传热面积为 $4.2 \ \text{m}^2$ 的换热器中用冷却水冷却某有机溶液。冷却水流量为 $5\,200 \ \text{kg/h}$,入口温度为 $25 \ ℃$,比热容为 $4.17 \ \text{kJ/(kg·K)}$;有机溶液的流量为 $3\,800 \ \text{kg/h}$,入口温度为 $82 \ ℃$,比热容为 $2.45 \ \text{kJ/(kg·K)}$。已知有机溶液与冷却水逆流接触,冷却水和有机溶液的对流传热系数分别为 $2\,000 \ \text{W/(m}^2\text{·K)}$ 和 $1\,800 \ \text{W/(m}^2\text{·K)}$,忽略管壁热阻和污垢热阻。试求两流体的出口温度。

解: 已知传热面积、传热系数和换热流体的入口温度,求流体的出口温度,这是典型的操作型计算问题,可用本小节介绍的方法解决。

依据题意,总传热系数近似用下式计算:

$$K = 1 \Big/ \left(\frac{1}{\alpha_1} + \frac{1}{\alpha_2} \right) = \left[1 \Big/ \left(\frac{1}{2\,000} + \frac{1}{1\,800} \right) \right] \ \text{W/(m}^2\text{·K)} = 947.4 \ \text{W/(m}^2\text{·K)}$$

由式（3-82）可得

$$\ln\frac{T_1-t_2}{T_2-t_1}=\ln\frac{82-t_2}{T_2-25}=\frac{KA}{q_{m1}c_{p1}}\left(1-\frac{q_{m1}c_{p1}}{q_{m2}c_{p2}}\right)=\frac{947.4\times4.2}{3\,800\times2\,450/3\,600}\left(1-\frac{3\,800\times2\,450}{5\,200\times4\,170}\right)=0.878 \quad\text{(a)}$$

热量平衡方程可写为

$$\frac{q_{m1}c_{p1}}{q_{m2}c_{p2}}=\frac{3\,800\times2\,450}{5\,200\times4\,170}=0.429=\frac{t_2-t_1}{T_1-T_2}=\frac{t_2-25}{82-T_2} \quad\text{(b)}$$

联立求解（a）和（b）可得 $\qquad T_2=41.46\,℃\quad;\quad t_2=42.39\,℃$

例 3-12 一换热管规格为 $\phi25\ \text{mm}\times2.5\ \text{mm}$、传热面积为 $18\ \text{m}^2$ 的列管式换热器,在其壳程用 $112\,℃$ 的饱和水蒸气将在管程中流动的某溶液由 $20\,℃$ 加热至 $80\,℃$。溶液的处理量为 $2.5\times10^4\ \text{kg/h}$,比热容为 $4.0\ \text{kJ/(kg·K)}$。蒸气侧污垢热阻忽略不计。

（1）若该换热器使用一年后,由于溶液侧污垢热阻的增加,溶液的出口温度只能达到 $73\,℃$,试求污垢热阻值。

（2）若要使出口温度仍维持在 $80\,℃$,拟采用提高加热蒸气温度的方法,问加热蒸气温度应升高至多少?

解: 原工作状态条件下的对数平均温度差为

$$\Delta t_m=\frac{t_2-t_1}{\ln\dfrac{T-t_1}{T-t_2}}=\left(\frac{80-20}{\ln\dfrac{112-20}{112-80}}\right)℃=56.8\,℃$$

此时的总传热系数可用总传热速率方程求出:

$$K=\frac{Q}{A\Delta t_m}=\frac{q_{m2}c_{p2}(t_2-t_1)}{A\Delta t_m}=\left[\frac{25\,000\times4\,000\times(80-20)/3\,600}{18\times56.8}\right]\text{W/(m}^2\cdot\text{K)}=1\,630.2\ \text{W/(m}^2\cdot\text{K)}$$

（1）使用一年后,溶液出口温度下降至 $73\,℃$,此时的对数平均温度差为

$$\Delta t'_m=\frac{t_2-t_1}{\ln\dfrac{T-t_1}{T-t_2}}=\left(\frac{73-20}{\ln\dfrac{112-20}{112-73}}\right)℃=61.8\,℃$$

总传热系数

$$K'=\frac{Q'}{A\Delta t'_m}=\frac{q_{m2}c_{p2}(t'_2-t_1)}{A\Delta t'_m}=\left[\frac{25\,000\times4\,000\times(73-20)/3\,600}{18\times61.8}\right]\text{W/(m}^2\cdot\text{K)}=1\,323.5\ \text{W/(m}^2\cdot\text{K)}$$

总传热系数的下降是污垢存在于换热表面所致。由于传热过程的总热阻为总传热系数的倒数,因此两个不同时期总传热系数倒数之差即为换热表面当前污垢热阻值。同时,考虑到本题中污垢存在于换热管内表面,其值可计算如下:

$$R_s=\left(\frac{1}{K'}-\frac{1}{K}\right)\frac{d_2}{d_1}=\left[\left(\frac{1}{1\,323.5}-\frac{1}{1\,630.2}\right)\times\frac{20}{25}\right]\text{m}^2\cdot\text{K/W}=1.42\times10^{-4}\ \text{m}^2\cdot\text{K/W}$$

（2）在现条件下仍要使溶液出口温度为 $80\,℃$,由式（3-84）可得

$$\ln\frac{T''-20\,℃}{T''-80\,℃}=\frac{18\times1\,323.5}{25\,000\times4\,000/3\,600}$$

由此解得 $\qquad T''=124.2\,℃$

3-4-8 设备壁温的计算

在热损失和某些对流传热系数(如自然对流、强制层流、蒸气冷凝、液体沸腾等)的计算中都需要知道设备壁温。此外,选择换热器类型和管材时,也需要知道壁温。对于定态传热,单位时间内两流体交换的热量(总传热速率)等于单位时间内流体与固体壁面之间传热速率(对流传热速率),或通过管壁的导热速率,于是

$$Q = KA\Delta t_m = \alpha_1 A_1 (t_w - t) = \lambda A_m \frac{T_w - t_w}{b} = \alpha_2 A_2 (T - T_w) \tag{3-85}$$

由该式可解出壁温的表达式:

$$T_w = T - \frac{Q}{\alpha_2 A_2} \tag{3-86}$$

$$t_w = T_w - \frac{bQ}{\lambda A_m} \tag{3-87}$$

$$t_w = t + \frac{Q}{\alpha_1 A_1} \tag{3-88}$$

如果设备壁面不是很厚,且热导率很大,则在计算壁温时常采用简化处理,认为壁面两侧的温度基本相等,于是

$$\frac{T - T_w}{T_w - t} = \frac{\alpha_1 A_1}{\alpha_2 A_2} \tag{3-89}$$

式(3-89)说明,传热面两侧流体温度降之比等于两侧热阻之比,即哪侧热阻大,哪侧温度降也大。如果 $\alpha_2 \gg \alpha_1$,则 $T \approx T_w$,即壁温总是接近于对流传热系数较大或者热阻较小一侧流体的温度。

例 3-13 生产中用一换热管规格为 $\phi 25$ mm×2.5 mm(钢管)的列管式换热器回收裂解气的余热。用于回收余热的介质水在管外达到沸腾,其传热系数为 10 000 W/($m^2 \cdot$ K)。该侧压力为 2 500 kPa(表压)。管内走裂解气,其温度由 580 ℃ 下降至 472 ℃,该侧的对流传热系数为 230 W/($m^2 \cdot$ K)。若忽略污垢热阻,试求换热管内、外表面的温度。

解: 由式(3-86)和式(3-88)可知,为求壁温,需要计算换热器的传热速率 Q,为此需要求总传热系数和平均温度差。以外表面为基准的总传热系数计算如下:

$$\frac{1}{K} = \frac{1}{\alpha_1} + \frac{b}{\lambda}\frac{d_1}{d_m} + \frac{1}{\alpha_2}\frac{d_1}{d_2} = \left(\frac{1}{10\,000} + \frac{0.002\,5}{45} \times \frac{25}{22.5} + \frac{1}{230} \times \frac{25}{20}\right) m^2 \cdot K/W = 5.6 \times 10^{-3}\ m^2 \cdot K/W$$

求得
$$K = 178.6\ W/(m^2 \cdot K)$$

换热器水侧温度为 2 500 kPa(表压)下饱和水蒸气的温度,查饱和水蒸气表可得该温度为 $t = 226$ ℃。则平均温度差为

$$\Delta t_m = \frac{(T_1 - t) - (T_2 - t)}{\ln \frac{T_1 - t}{T_2 - t}} = \left[\frac{(580 - 226) - (472 - 226)}{\ln \frac{580 - 226}{472 - 226}}\right] ℃ = 297\ ℃$$

该换热器的传热速率为 $\qquad Q = KA_1\Delta t_m = 178.6\times297A_1 = 53\ 044A_1$

裂解气在换热器内平均温度为 $\qquad T = \dfrac{T_1+T_2}{2} = \left(\dfrac{580+472}{2}\right)\ ℃ = 526\ ℃$

代入 T_W 表达式可得

$$T_W = T - \frac{53\ 044A_1}{230A_2} = \left(526 - \frac{53\ 044}{230}\times\frac{25}{20}\right)\ ℃ = 237.7\ ℃$$

$$t_W = t + \frac{53\ 044A_1}{10\ 000A_1} = \left(226 + \frac{53\ 044}{10\ 000}\right)\ ℃ = 231.3\ ℃$$

本题中,换热管两侧的对流传热系数相差很大[分别为 10 000W/($m^2\cdot K$)、230 W/($m^2\cdot K$)],换热器的总传热系数[178.6 W/($m^2\cdot K$)]接近于较小的对流传热系数。另外,计算结果表明,换热管内、外表面温度很接近,这是由于管壁材料热导率很大;另外,管壁温度接近于沸腾水(对流传热系数很高)的温度。

第五节 辐射传热

3-5-1 有关热辐射基本概念

热辐射 任何物体,只要其热力学温度不是零,都会不停地以电磁波的形式向周围空间辐射能量,这些能量在空间以电磁波的形式传播,遇到别的物体后被部分吸收,转变为热能;同时,该物体自身也不断吸收来自周围其它物体的辐射能。当某物体向外界辐射的能量与其从外界吸收的辐射能不相等时,该物体就与外界产生热量传递,这种传热方式称为热辐射。电磁波的波长范围很广,但能被物体吸收且转变为热能的只是可见光和红外线两部分,统称为热辐射线。

物体对热辐射线的作用 物体对热辐射线具有反射、折射和吸收的特性。设投射在某一物体表面上的总辐射能为 Q,其中会有一部分能量 Q_A 被吸收;一部分能量 Q_R 被反射;还有一部分能量 Q_D 透过物体,如图 3-22 所示。根据能量守恒定律:

$$Q_A+Q_R+Q_D = Q$$

$$\frac{Q_A}{Q}+\frac{Q_R}{Q}+\frac{Q_D}{Q} = 1 \qquad (3-90)$$

或 $\qquad\qquad A+R+D = 1 \qquad (3-91)$

式中: $A = \dfrac{Q_A}{Q}$——吸收率;

$R = \dfrac{Q_R}{Q}$——反射率;

$D = \dfrac{Q_D}{Q}$——透过率。

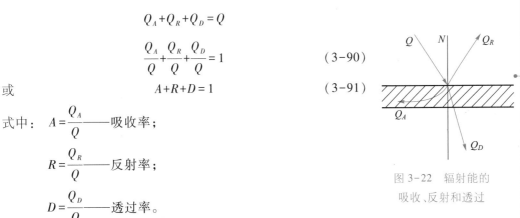

图 3-22 辐射能的吸收、反射和透过

吸收率、反射率和透过率的大小取决于物体的性质、温度、表面状况和辐射线的波长等因素。通常热辐射不能透过固体和液体,而气体对热辐射几乎无反射能力,即 $R = 0$。

物体的吸收率 A 代表物体吸收辐射能的能力,当 $A = 1$,即 $D = R = 0$ 时,这种物体称为**绝对黑体**或**黑体**。黑体是能将到达其表面的辐射能全部吸收的物体。实际上,黑体只是一种理想化的物体,实际物体只能以一定程度接近黑体。例如,没有光泽的黑漆表面,其吸收率可达 $0.96 \sim 0.98$。引入黑体的概念是理论研究的需要。

物体的反射率 R 代表物体反射辐射能的能力,当 $R = 1$,即 $A = D = 0$ 时,这种物体称为**绝对白体**或**镜体**。绝对白体是能将达到其表面的辐射能全部反射的物体。实际上绝对白体也是不存在的,实际物体也只能一定程度接近绝对白体,如表面磨光的铜,其反射率为 0.97。

物体的透过率 D 代表物体透过辐射能的能力,当 $D = 1$,即 $A = R = 0$ 时,这种物体称为**透热体**。透热体是能透过全部辐射能的物体。一般来说,单原子和由对称双原子构成的气体,如 He、O_2、N_2 和 H_2 等,可视为透热体。而多原子气体和不对称的双原子气体则能有选择地吸收和发射某些波段范围的辐射能。

3-5-2 物体的辐射能力

辐射能力 物体的辐射能力是指物体在一定温度下、单位时间内、单位表面积上所发射的全部波长范围的辐射能,以 E 表示,单位为 W/m^2。

黑体的辐射能力——斯蒂芬-玻耳兹曼(Stefan-Boltzmann)定律 理论上已证明,黑体的辐射能力服从斯蒂芬-玻耳兹曼定律,即其值与物体表面热力学温度的四次方成正比:

$$E_0 = \sigma_0 T^4 \tag{3-92}$$

式中: E_0——黑体的辐射能力,W/m^2;

σ_0——黑体的辐射常数,$\sigma_0 = 5.669 \times 10^{-8} \ W/(m^2 \cdot K^4)$;

T——黑体表面的热力学温度,K。

为了使用方便,可将式(3-92)改写为

$$E_0 = C_0 \left(\frac{T}{100} \right)^4 \tag{3-93}$$

式中: C_0——黑体的辐射系数,$C_0 = 5.669 \ W/(m^2 \cdot K^4)$。

斯蒂芬-玻耳兹曼定律表明,黑体的辐射能力遵循四次方规律,这是与热传导和对流完全不同的规律。该定律也说明辐射传热速率对温度非常敏感:低温时热辐射往往可以忽略,而高温时则往往成为主要的传热方式,例 3-14 也具体地说明了这一规律。

例 3-14 试计算黑体表面温度分别为 $25 \ ℃$ 及 $500 \ ℃$ 时的辐射能力。

解:(1) 黑体在 $25 \ ℃$ 时的辐射能力

$$E_{25} = C_0 \left(\frac{T}{100} \right)^4 = 5.669 \times \left(\frac{273.15 + 25}{100} \right)^4 \ W/m^2 = 448 \ W/m^2$$

（2）黑体在 500 ℃时的辐射能力

$$E_{500} = C_0 \left(\frac{T}{100} \right)^4 = 5.669 \times \left(\frac{273.15 + 500}{100} \right)^4 \ \text{W/m}^2 = 20\ 256 \ \text{W/m}^2$$

$$\frac{E_{500}}{E_{25}} = \frac{20\ 256}{448} = 45.2$$

即黑体在 500 ℃时的辐射能力是 25 ℃时辐射能力的 45.2 倍。

实际物体的辐射能力　黑体是一种理想化的物体,相同温度下实际物体的辐射能力 E 恒小于黑体的辐射能力 E_0。不同物体的辐射能力也有较大的差别,为便于比较,通常用黑体的辐射能力 E_0 作为基准,引入物体的**黑度** ε 这一概念,即

$$\varepsilon = \frac{E}{E_0} \tag{3-94}$$

即实际物体的辐射能力与黑体的辐射能力之比称为物体的黑度。黑度表示实际物体接近黑体的程度,其值恒小于 1。由式(3-93)和式(3-94)可将实际物体的辐射能力表示为

$$E = \varepsilon E_0 = \varepsilon C_0 \left(\frac{T}{100} \right)^4 \tag{3-95}$$

黑度是物体的一种性质,主要与下列因素有关:物体的种类、表面温度、表面状况(如粗糙度、表面氧化程度等)等,具体数值可用实验测定。表 3-7 中列出某些常用工业材料的黑度值。可见,不同材料的黑度值差异较大。表面氧化材料的黑度值比表面磨光材料的大。

表 3-7　常用工业材料的黑度值

材料	温度/℃	黑度 ε
红砖	20	0.93
耐火砖	—	0.8 ~ 0.9
钢板(氧化的)	200 ~ 600	0.8
钢板(磨光的)	940 ~ 1 100	0.55 ~ 0.61
铸铁(氧化的)	200 ~ 600	0.64 ~ 0.78
铜(氧化的)	200 ~ 600	0.57 ~ 0.87
铜(磨光的)	—	0.03
铝(氧化的)	200 ~ 600	0.11 ~ 0.19
铝(磨光的)	225 ~ 575	0.039 ~ 0.057

灰体的辐射能力和吸收能力——克希霍夫定律　黑体是对任何波长的辐射能吸收率均为 1 的理想化物体,实际物体并不具备这一性质。但实验表明,对于工业生产中常见的波长为0.76 ~ 20 μm范围内的辐射能,大多数材料的吸收率虽不为 1,但随波长变化不大。据此,为避免实际物体吸收率难以确定的困难,把实际物体当成是对各种波长的辐射能具有相同吸收率的理想物体,称之为**灰体**。

克希霍夫从理论上证明,灰体在一定温度下的辐射能力与吸收率的比值,恒等于同温度下黑体的辐射能力:

$$E_0 = \frac{E}{A} \tag{3-96}$$

此式称为**克希霍夫定律**。

与实际物体一样,灰体的辐射能力也用黑度表征,而吸收能力用吸收率来表征。将式(3-96)代入式(3-94)可得

$$\varepsilon = A \tag{3-97}$$

式(3-97)是克希霍夫定律的另一表达形式,即同一灰体的吸收率与其黑度在数值上相等。可见,物体的辐射能力越大,则其吸收能力也越大。

3-5-3　两固体间的辐射传热

工业上常见的两固体间的相互辐射传热,皆可视为灰体之间的热辐射。两固体间由于热辐射而进行热交换时,从一个物体发射出来的辐射能只有一部分到达另一物体,而到达的这一部分由于反射而不能全部被吸收;同理,从另一物体发射和反射出来的辐射能,亦只有一部分回到原物体,而这一部分辐射能又部分地被反射和吸收。这种过程反复进行,总的结果是能量从高温物体传向低温物体。考虑温度较高的物体 1 与温度较低的物体 2 之间的辐射传热过程,其传热速率一般用下式计算:

$$Q_{1-2} = C_{1-2} \varphi A \left[\left(\frac{T_1}{100} \right)^4 - \left(\frac{T_2}{100} \right)^4 \right] \tag{3-98}$$

式中:　C_{1-2}——总辐射系数,$W/(m^2 \cdot K^4)$;

φ——角系数,代表了两辐射表面的方位和距离对辐射传热的影响;

A——辐射面积,m^2;

T_1、T_2——高、低温物体的热力学温度,K。

其中总辐射系数 C_{1-2} 和角系数 φ 的数值与物体黑度、形状、大小、距离及相对位置有关。表 3-8 列出了工业上常见的 5 种固体间辐射传热及相应的辐射面积 A 及总辐射系数 C_{1-2}、角系数 φ 的确定方法,其中两平行平面的角系数具体数值可查图 3-23 确定。

表 3-8　角系数与总辐射系数的确定

序号	辐射情况	面积 A	角系数 φ	总辐射系数 C_{1-2}
1	极大的两平行面	A_1 或 A_2	1	$\dfrac{C_0}{1/\varepsilon_1 + 1/\varepsilon_2 - 1}$
2	面积有限的两相等平行面	A_1	<1[*]	$\dfrac{C_0}{1/\varepsilon_1 + 1/\varepsilon_2 - 1}$
3	很大的物体 2 包住物体 1	A_1	1	$\varepsilon_1 C_0$
4	物体 2 恰好包住物体 1 $A_2 \approx A_1$	A_1	1	$\dfrac{C_0}{1/\varepsilon_1 + 1/\varepsilon_2 - 1}$
5	在 3、4 两种情况之间	A_1	1	$\dfrac{C_0}{1/\varepsilon_1 + (1/\varepsilon_2 - 1) A_1/A_2}$

＊此时 φ 值由图 3-23 查得。

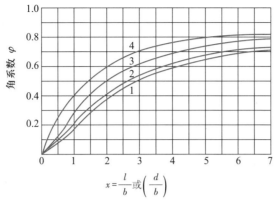

$$x = \frac{l}{b} \text{ 或} \left(\frac{d}{b}\right)$$

$$\frac{l}{b} \text{ 或} \frac{d}{b} = \frac{\text{边长(长方形用短边)或直径}}{\text{辐射面间的距离}}$$

1—圆盘形;2—正方形;3—长方形(边长之比为2:1);4—长方形(狭长)

图 3-23 平行面间辐射传热的角系数 φ 值

例 3-15 两无限大平行平面进行辐射传热,已知两平面材料的黑度分别为 0.32 和 0.78。若在这两个平面间放置一个黑度为 0.04 的无限大抛光铝板以减少辐射传热量,试求在原两平面温度不变的情况下由于插入铝板而使辐射传热量减少的百分数。

解:两无限大平面间的辐射传热,角系数为 1。设 T_1、T_2、T_3 分别代表板 1、板 2 和铝板的热力学温度。没有插入铝板 3 时,辐射传热通量为 $q_{1-2} = C_{1-2}(X_1 - X_2)$

其中
$$X_1 = \left(\frac{T_1}{100}\right)^4, X_2 = \left(\frac{T_2}{100}\right)^4, X_3 = \left(\frac{T_3}{100}\right)^4$$

插入 3 后:
$$q_{1-3} = C_{1-3}(X_1 - X_3) = C_{3-2}(X_3 - X_2) = q_{3-2}$$

由此解得
$$X_3 = \frac{C_{1-3}X_1 + C_{3-2}X_2}{C_{1-3} + C_{3-2}}$$

将该式代入 q_{1-3} 可得
$$q_{1-3} = C_{1-3}\left(X_1 - \frac{C_{1-3}X_1 + C_{3-2}X_2}{C_{1-3} + C_{3-2}}\right) = \frac{C_{1-3}C_{3-2}}{C_{1-3} + C_{3-2}}(X_1 - X_2)$$

所以
$$\frac{q_{1-3}}{q_{1-2}} = \frac{C_{1-3}C_{3-2}}{(C_{1-3} + C_{3-2})C_{1-2}}$$

$$C_{1-2} = C_0/(1/\varepsilon_1 + 1/\varepsilon_2 - 1) = 0.294C_0 \quad ; \quad C_{1-3} = C_0/(1/\varepsilon_1 + 1/\varepsilon_3 - 1) = 0.036\,9C_0$$

$$C_{3-2} = C_0/(1/\varepsilon_3 + 1/\varepsilon_2 - 1) = 0.039\,6C_0 \quad ; \quad \frac{q_{1-3}}{q_{1-2}} = \frac{0.036\,9 \times 0.039\,6}{(0.036\,9 + 0.039\,6) \times 0.294} = 0.065$$

即辐射热损失减小了 93.5%。

高温时热辐射往往对传热过程有重要的贡献,工业生产中由此而引起的热损失不容忽视。在散热物体周围设置隔热板,使散热物体向周围"大环境"的辐射传热转变为向很近的物体辐射。这种转变不仅使辐射传热的总辐射系数减小,而且隔热板的温度也高于周围的"大环境",因而能减小辐射热损失。

3-5-4 对流-辐射联合传热

化工生产设备的外壁温度常高于周围环境温度,因此热量将由壁面以对流和辐射两种形式散失。类似的情况也存在于工业炉内,炉管外壁与周围烟气之间的传热也包括同时进行的对流与辐射。因此,应分别考虑对流传热与辐射传热的速率,由二者之和求总的传热速率。

对流传热速率为

$$Q_C = \alpha_C A_W (t_W - t) \tag{3-99}$$

热辐射传热速率为(角系数为 1)

$$Q_R = C_{1-2} A_W \left[\left(\frac{T_W}{100} \right)^4 - \left(\frac{T}{100} \right)^4 \right] \tag{3-100}$$

150

上式可以变形为

$$Q_R = C_{1-2} A_W \left[\left(\frac{T_W}{100} \right)^4 - \left(\frac{T}{100} \right)^4 \right] \frac{t_W - t}{t_W - t} = \alpha_R A_W (t_W - t) \tag{3-101}$$

其中

$$\alpha_R = \frac{C_{1-2} \left[\left(\frac{T_W}{100} \right)^4 - \left(\frac{T}{100} \right)^4 \right]}{t_W - t} \tag{3-102}$$

式中: A_W ——设备或管道外表面积,m^2;

α_C ——气体与设备或管道外壁的对流传热系数,$W/(m^2 \cdot K)$;

α_R ——辐射传热系数,$W/(m^2 \cdot K)$;

$T_W \, t_W$ ——设备外壁的热力学温度和摄氏温度;

$T \, t$ ——设备周围环境的热力学温度和摄氏温度。

总的传热速率为

$$Q = Q_C + Q_R = (\alpha_C + \alpha_R) A_W (t_W - t) \tag{3-103}$$

或写为

$$Q = \alpha_T A_W (t_W - t) \tag{3-104}$$

$\alpha_T = (\alpha_C + \alpha_R)$,称为对流-辐射联合传热系数。

对于有保温层的设备、管道等,外壁对周围环境散热的对流-辐射联合传热系数 α_T,可用下列经验公式估算:

平壁保温层外: $\alpha_T = 9.8 + 0.07(t_W - t)$

在管道或圆筒壁保温层外: $\alpha_T = 9.4 + 0.052(t_W - t)$

以上两式适用于 $t_W < 150 \, ℃$ 的情况。

第六节　换　热　器

换热器是化工、炼油等许多工业部门的通用设备。由于生产中物料的性质、传热的要求等各不相同,换热器的种类很多,设计和使用时应根据生产工艺的特点进行选择。

前已述及,工业传热过程中冷、热物流的接触方式有直接接触式、间壁式和蓄热式三种,本节介绍工业生产中常用的几种间壁式换热器。

3-6-1　间壁式换热器

夹套式换热器　如图 3-24 所示,夹套安装在容器外部,通常用钢或铸铁制成,可以焊在器壁上或者用螺钉固定在容器的法兰盘或者器盖上。在用蒸汽进行加热时,蒸汽由上部连接管进入夹套,冷凝水由下部连接管流出。在进行冷却时,则冷却水由下部进入,而由上部流出。

该类换热器的传热面积仅为容器的外表面积,受此限制,及时移走大量热量的要求往往难以满足。为此,往往在容器内增设盘管、搅拌或在夹套中加设挡板以增大传热面积或者传热系数,从而提高传热速率。

沉浸式蛇管换热器　将金属管子绕成各种与容器相适应的形状(如图 3-25 所示),沉浸在容器中的流体内,冷、热流体通过管壁进行换热。这类换热器的优点是结构简单,制造方便,管外便于清洗,管内能承受高压且容易实现防腐;缺点是传热面积不大,管外壁与容器中流体对流传热系数小。这种换热方式适合盛放于容器内的物料的加热或冷却。为了强化传热,容器内可增设搅拌装置。

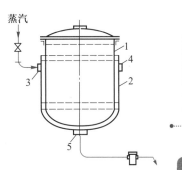

1—容器;2—夹套;3、4—蒸汽或冷却水接管;5—冷凝水或冷却水接管

图 3-24　夹套式换热器

动画:
夹套式
换热器

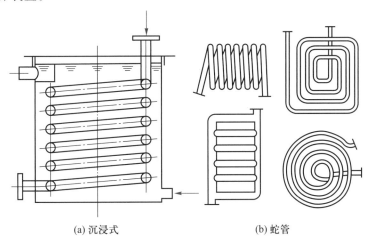

(a) 沉浸式　　　　　　(b) 蛇管

图 3-25　蛇管的形状

动画:
蛇管
换热器

套管式换热器　套管式换热器的主要结构是由两种大小不同的标准管组成的同轴套管。可将几段套管连接起来组成换热器,每段套管称为一程,每程的内管依次与下一程的内管用 U 形肘管连接,而外管之间也由管子连接,如图 3-26 所示。程数可以根据所需传热面积大小而随意增减。进行热交换时,冷、热两种流体一般呈逆流流动,一种流体在内管,另一种流体则在两管之间的环隙中。只要适当选择两种管的直径,内管中和环隙间的流体都能达到湍流状态,因此套管式换热器一般具有较高的总传热系数。除此之外,它还有耐高压、制造方便、传热面积易于调整等优点,其缺点是单位传热面积的金属

消耗量很大,不够紧凑。

动画:
套管式
换热器

动画:
列管式
换热器

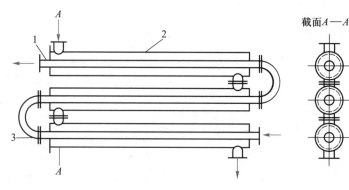

1—内管;2—外管;3—U 形肘管

图 3-26 套管式换热器

列管式换热器　列管式换热器主要由壳体、管束、管板、折流挡板和封头等组成,如图 3-27 所示。管束(即换热管的集合)装于壳体内,且其两端固定在管板上;管板外是封头,供管程流体的进入和流出,保证流体流入管内时均匀分配。一种流体在管内流动,其行程称为**管程**,另一种流体在管外流动,其行程称为**壳程**。

管程流体每通过管束一次称为一个管程。当换热器管子数目较多时,为提高管程的流体流速,需要采用多管程,为此在两端封头内安装隔板,使管子分成若干组,流体依次通过每组管子,往返多次。管程数增多有利于提高对流传热系数,但流体的机械能损失增大,而且传热温度差也减小,故程数不宜过多,以 2、4、6 程较为常见。流体每通过壳体一次称为一个壳程。图 3-28 为单壳程、双管程(1-2 型)列管式换热器。多壳程结构可以通过在壳程加隔板实现,见图 3-31 和图 3-32。

通常在壳程内安装一定数目的与管束相互垂直的折流挡板。折流挡板迫使流体在换热管外按规定路径多次错流通过管束,湍动程度大为增加,从而大大提高对流传热系数。常用的折流挡板有圆缺形和圆盘形两种,如图 3-29 所示。

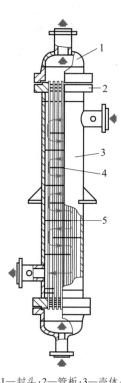

1—封头;2—管板;3—壳体;
4—折流挡板;5—管束

图 3-27 列管式换热器

动画:

单管程换热
器管壳程流
体流动

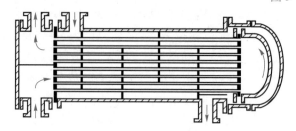

图 3-28 单壳程、双管程的列管式换热器

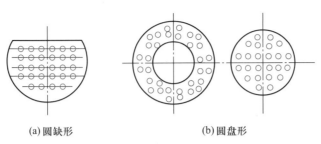

(a) 圆缺形   (b) 圆盘形

图 3-29　折流挡板的形式

动画:

双管程换热器流体流动

换热器因管内外冷热流体温度不同,壳体和管束受热程度不同,故它们的膨胀程度也就不同,这种差异会在换热器内部造成热应力。当两流体温度差较大(50 ℃以上)时,所产生的热应力会使管子扭弯,或从管板上脱落,甚至毁坏换热器。因此,必须在换热器结构设计上采取消除或减少热应力的措施,称之为热补偿。根据所采取热补偿措施的不同,列管式换热器可分为以下几种型式。

153

（1）带补偿圈的列管式换热器　图 3-30 给出了一个单壳程、四管程（1-4 型）带补偿圈的列管式换热器,其中 2 为补偿圈,也称膨胀节。该换热器管板与壳体固定连接,依靠补偿圈的弹性变形来消除部分热应力,结构简单,成本低,但壳程检修和清洗困难。

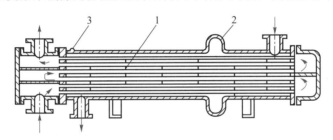

1—折流挡板；2—补偿圈；3—放气阀

图 3-30　具有补偿圈的列管式换热器

（2）浮头式换热器　这种换热器中有一端的管板不与壳体相连,可沿管长方向自由伸缩,即具有浮头结构。图 3-31 为一双壳程、四管程（2-4 型）的浮头式换热器。当壳体与管束的热膨胀不一致时,管束连同浮头可在壳体内轴向自由伸缩。这种结构不但彻底消除了热应力,而且整个管束可以从壳体中抽出、清洗和检修十分方便。因此,尽管结构复杂、造价较高,浮头式换热器的应用仍十分广泛。

动画:

浮头式换热器

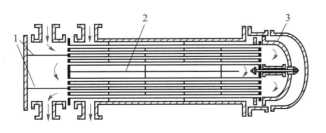

1—管程隔板；2—壳程隔板；3—浮头

图 3-31　浮头式换热器

第六节　换热器

（3）U形管式换热器　图3-32为双壳程、双管程的U形管式换热器。每根换热管子都弯成U形,两端固定在同一管板上,每根管子可自由伸缩,从而解决了热补偿问题。这种结构较简单,但管程不易清洗。

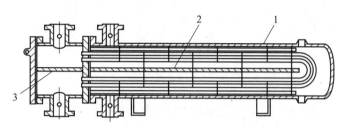

1—U形管束;2—壳程隔板;3—管程隔板

图3-32　U形管式换热器

　　总的来说,列管式换热器结构较为紧凑,传热系数较高,操作弹性较大,可用多种材料制造,适用性较强,在工业换热器中居于主导地位。

　　板式换热器　将一组长方形的薄金属板平行排列,并用夹紧装置组装在支架上,就构成了板式换热器的基本结构,如图3-33所示。两相邻板的边缘用垫片(橡胶或压缩石棉等)密封,板片四角有圆孔,在板片叠合后这些圆孔形成流体的四条通道,流体从这些通道流入、流出板片。冷、热流体在板片的两侧流过时,通过板片换热。板片可被压制成多种形状的波纹,如此既提高流体的湍动程度及增加传热面积,又有利于流体的均匀分布。

动画:

U形管式
换热器

视频:

板式换热
器结构

动画:

板式换热器
工作原理

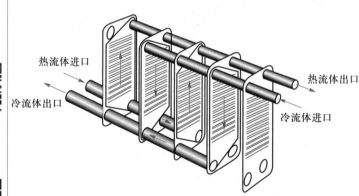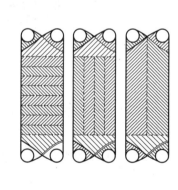

热流体进口　　　　　　　　　　　热流体出口

冷流体出口　　　　　　　　　　　冷流体进口

图3-33　板式换热器

　　板式换热器的主要优点是:总传热系数大、结构紧凑(单位体积提供的传热面积约为列管式换热器的6倍);操作灵活,可根据需要调节板片数以增减传热面积;安装、检修及清洗方便。其主要缺点是允许的操作压力较低,操作温度不能太高,处理量不是很大。

　　螺旋板式换热器　如图3-34所示,螺旋板式换热器由两张平行的薄钢板卷制而成,在其内部形成两个同心的螺旋形通道,中央的隔板将两通道隔开,两板之间焊有定距柱以维持流道间距。在螺旋板两端焊有盖板。冷、热流体的进、出口分别位于两端盖板上及螺旋外壁上。冷、热流体分别在各自的螺旋形流道内流动,通过螺旋板进行换热。

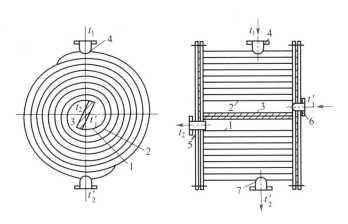

1、2—金属板；3—隔板；4、5—冷流体连接管；6、7—热流体连接管

图 3-34　螺旋板式换热器

155

　　螺旋板式换热器的优点是结构紧凑(单位体积的传热面积约为列管式换热器的 3 倍)，总传热系数大，因冷、热流体间为纯逆流流动而传热平均温度差大，且使用中不易流道堵塞，制作成本也较低。主要缺点是流体流动阻力较大，操作压力、操作温度也不能太高，且不易维修。

　　板翅式换热器　板翅式换热器的型式很多，但其基本结构相同，都是由平隔板和各种型式的翅片构成板束组装而成的。如图 3-35 所示，在两块平行薄金属板(平隔板)间，夹入波纹状或其它形状的翅片，两边以侧条密封，即组成为一个单元体。各个单元体又以不同的方式组合，成为常用的逆流或错流板翅式换热器组装件，称为板束，见图 3-36。再将带有集流进、出口的集流箱焊接到板束上，就成为板翅式换热器。

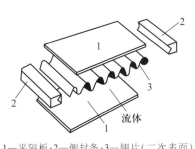

1—平隔板；2—侧封条；3—翅片(二次表面)

图 3-35　单元体分解图

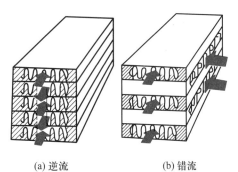

(a) 逆流　　　　(b) 错流

图 3-36　板翅式换热器的板束

　　板翅式换热器是结构更为紧凑的换热器，由于采用铝合金制作而质量很轻(在同样传热面积情况下，其质量仅为列管式换热器的十分之一左右)，传热系数也很高。其主要缺点是制造工艺复杂，内漏后难修复，流动阻力较大；流道很小，易堵塞，检修清洗困难，故要求换热介质清洁。

　　翅片管式换热器　翅片管式换热器的主要结构是在管子表面上有径向或轴向翅片。常见翅片如图 3-37 所示。当两种流体的对流传热系数相差较大时，如用水蒸气加热空气，传热过程的热阻主要在空气一侧。若气体在管外流动，则在管外安装翅片，这样既可扩大传热面积,又可增加空气的湍动,从而提高换热器的传热效果。一般来说,当两种流体的对流传热系数之比为3∶1或更大时,宜采用翅片管式换热管。

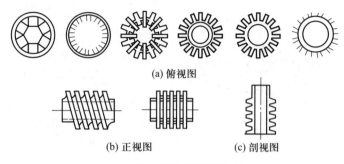

(a) 俯视图

(b) 正视图　　　(c) 剖视图

图 3-37　常见的翅片型式

3-6-2　列管式换热器的设计与选型中相关条件的选择

列管式换热器在工业生产中占有极重要的地位,其设计和选用时涉及的问题较多,本小节就主要方面进行介绍。

流动空间的选择　安排哪一种流体流经换热器的管程,哪一种流体流经壳程,选用列管式换热器是需要指定的,以下各项需要在安排流动空间时加以考虑。

（1）不洁净和易结垢的流体宜走管程,因为管内清洗比较方便。

（2）腐蚀性的流体宜走管程,以免壳体和管子同时受腐蚀。

（3）压强高的流体宜走管程,以免壳体受压,可节省壳程金属消耗量。

（4）饱和蒸气宜走壳程,以便于及时排出冷凝液,且蒸气较洁净,它对清洗无要求。

（5）有毒流体宜走管程,使泄漏机会较少。

（6）被冷却的流体宜走壳程,这便于外壳向周围的散热,增强冷却效果。

（7）黏度大的液体或流量较小的流体宜走壳程,使其在低 Re 下达到湍流,以提高对流传热系数。

（8）两流体温度差较大时,对于固定管板式换热器,应使对流传热系数大的流体走壳程,这样可使管壁与壳体的温度接近,减小热应力。

实际工作中,以上各项往往难以兼顾,需要根据情况满足最重要的几个方面。

流体流速的选择　提高流体在换热器中的流速,可增大对流传热系数,并减轻污垢在管子表面上沉积,使总传热系数增大,流动阻力也会增大。因此,流速的选择是一个经济上优化的问题,设计人员应根据实际情况选择合理的流速。表 3-9 列出了列管式换热器中常用的流速范围。

表 3-9　列管式换热器中常用的流速范围

流体的种类		一般液体	易结垢液体	气体
流速/($m \cdot s^{-1}$)	管程	0.5~3	>1	5~30
	壳程	0.2~1.5	>0.5	3~15

流体出口温度的确定　若换热器中的冷、热流体的进、出口温度都由工艺条件所规

定,就不存在此问题。若其中一种流体仅已知进口温度,则出口温度应由设计者来确定。例如,用水冷却某热流体,冷却水的进口温度可以根据当地的气温条件作出估计,而冷却水的出口温度便需要根据经济衡算来决定。为了节省水量,冷却水的出口温度可选得高些,但由此带来的平均传热温度差的减小需要以增加传热面积来补偿;反之,为了减小传热面积,冷却水的出口温度可选得低些,但这是以增加用水量为代价的。这一矛盾只有通过选择合理的出口温度来调和。一般来说,设计时冷却水在换热器两端的温度差可取为 5~10 ℃。缺水地区可选用较大的温度差,水源丰富地区应选用较小的温度差。

换热管规格和排列方式的选择 我国目前使用的列管式换热器系列标准中主要有 $\phi25$ mm×2 mm、$\phi25$ mm×2.5 mm 及 $\phi19$ mm×2 mm 三种规格的换热管。采用较细换热管的设备结构更紧凑一些,且传热系数较高,流体流动阻力较大。管长的选择是以清洗方便及合理使用管材为原则。长管不便于清洗,且易弯曲。一般出厂的标准管长为 6 m、9 m,合理的换热器管长应为 1.5 m、2.0 m、3.0 m 和 6.0 m,其中又以 3.0 m 和 6.0 m 的换热管长最为普遍。

如前所述,管子在管板上的排列方式有正三角形排列、正方形直列和正方形错列三种,如图 3-38 所示。正三角形排列较紧凑,对相同壳体直径的换热器排列的管子较多,换热效果也较好,但管外清洗困难;正方形直列时管外清洗方便,适用于壳程流体易结垢的情况,但其对流传热系数小于正三角形排列。若将正方形直列的管束旋转 45° 安装,即为正方形错列,它可适当增强传热效果。

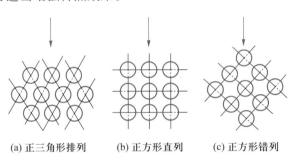

(a) 正三角形排列 (b) 正方形直列 (c) 正方形错列

图 3-38 管子在管板上的排列

管心距(指管板上相邻两根管子的中心距)应随管子与管板的连接方法不同而异。通常胀管法取 $t = (1.3 \sim 1.5)d$,且相邻两管外壁间距不应小于 6mm,即 $t \geq (d+6)$。焊接法取 $t = 1.25d$。

折流挡板 换热器壳程中安装折流挡板的目的是为了提高壳程对流传热系数。为了取得良好的效果,折流挡板的形状和间距必须适当。常用的圆缺形挡板,弓形缺口的大小对壳程流体的流动情况影响很大。弓形缺口太大或太小都会产生"死区",既不利于传热,又增加流动阻力。一般切口高度与直径之比为 0.15~0.45,常见的是 0.20 和 0.25 两种。

挡板的间距对壳程的流动亦有重要的影响。若间距太大,则不能保证流体垂直流过管束,使管外侧传热系数下降;若间距太小,则难以制造和检修,流动阻力亦大。一般取挡板间距为壳体内径的 0.2~1.0 倍。通常的挡板间距为 50 mm 的倍数,但不小于 100 mm。

3-6-3 列管式换热器的选型计算

列管式换热器的设计与选型工作涉及面广,计算工作量大,以下仅给出选型的主要步骤:

（1）试算并初选设备型号

① 选定流体在换热器两端的温度(如果可选),计算定性温度,并确定在定性温度下的流体物性,计算逆流时的平均传热温度差 $\Delta t_{m逆}$。

② 根据传热任务计算热负荷 Q。

③ 确定两种流体的流动空间(哪种在管程流动,哪种在壳程流动)。

④ 初选列管式换热器的型式(如单壳程、双管程)。

⑤ 确定温度差校正系数 φ,并计算平均温度差 $\Delta t_m = \varphi \Delta t_{m逆}$。注意,$\varphi$ 值不能小于 0.8,否则需要改变换热器的型式(如采用双壳程)。

⑥ 根据总传热系数的经验值范围,或按生产实际情况,初估总传热系数 $K_{估}$值。

⑦ 选择适当的流速,并根据已知的管程流量确定换热管根数 n。

⑧ 由总传热速率方程 $Q = KA\Delta t_m$,计算出所需要传热面积初值 A_0。

⑨ 由 A_0 及 n 计算换热管长度 l 及管程数 N_p。

⑩ 根据 A_0、l、N_p 在换热器系列标准中初步选定换热器的具体型号,其传热面积为 A。

（2）计算管程、壳程压强降　根据初选定的设备规格,计算管程、壳程流体的流速和压强降,检查计算结果是否合理或满足工艺要求。若压强降不符合要求,要调整流速,再确定管程数或折流板间距,或选择另一型号的换热器,重新计算压强降,直至满足要求为止。计算压强降的经验公式可参阅有关资料。

（3）计算总传热系数,校核传热面积

① 由选定换热器的结构信息,分别计算管程和壳程的对流传热系数。

② 选定污垢热阻值,求出总传热系数 $K_{计}$。

③ 由总传热速率方程 $Q = K_{计} A_{计} \Delta t_m$ 计算需要的传热面积 $A_{计}$。

若初选换热器的传热面积 $A > A_{计}$,则原则上说该换热器可以完成换热任务,但考虑到所用计算公式准确度及其它不可知因素的影响,为保险计,一般要求所选换热器的传热面积有 15%～25% 的裕量,即应使 $A/A_{计} = 1.15～1.25$。否则,应重估一个 $K_{估}$,重新试算、选择。

从上述换热器选型计算步骤来看,该过程实际上是一个试差的过程。在试差过程中,应根据实际情况改变选用条件,反复试算,使最后确定的方案技术上可行、经济上合理。

第七节　传热过程的强化

在工程上,换热器传热过程的强化就是要有效地提高总传热速率。由总传热速率方程可知,强化传热可从提高总传热系数、提高传热面积、提高平均传热温度差三方面入手。但是在不同的工作场合,强化措施的着眼点并不完全相同。

在换热器的研究工作中,研究人员主要考虑采用什么样的传热面形状来提高单位体积的传热面积和流体的湍动程度。近年来,为提高工程实践中传热效果的新型传热面不断被开发出来,如各种翅片管、波纹管、波纹板、板翅、静态混合器等,以及其它各种异形表面等。采用这些新型传热面往往能收到一举两得的效果,即既增加了单位体积的传热面积,又可在操作过程中使流体的湍动程度大大增加。

在工艺设计工作中,设计人员主要考虑如何根据选定的传热温度差和热负荷来确定换热器的传热面积。此时,完成更大热负荷(传热速率)就意味着必须采用大尺寸的换热器了。另外,在大型工业装置中,有时需要多台换热器来共同负担某项热负荷,这时还需要设计人员给出合理的换热面积安排方案,以期安全、经济地完成换热任务。

在换热器的操作过程中,传热面积是确定的,操作人员主要考虑通过增大总传热系数(或减小总热阻)及增大温度差来提高传热速率。前已述及,如果存在控制热阻,减小总热阻需要针对控制热阻来进行,为此可以采取的措施有:

(1)如果物料易使换热表面结垢,则应设法减缓成垢并及时清洗换热表面。

(2)提高流体流速或湍动程度。常用的具体措施有:增加其流量(对列管式换热器,可保持流量不变,通过增加管程数或壳程挡板数来提高流速)、在流道中放入各种添加物、采用导热系数更大的流体等。当然,生产中的工艺物流流量不可随意更改,提高其流量以减小热阻便不现实。

增大传热温度差的常用具体措施有:

(1)采用温位更高的加热剂或温位更低的冷却剂。

(2)提高加热剂或冷却剂的流量。有时,加热剂或冷却剂的对流传热并非控制热阻,但增加其流量还是能有效改善传热效果。这是因为加热剂流量增加使其在换热器出口处温度升高,或冷却剂流量增加使其在出口处温度降低,这些都能使换热器平均温度差增大。

强化换热器传热过程的途径很多,但每一种都是以多消耗制造成本、流体输送动力或有效能为代价的。因此,在采取强化措施时,要综合考虑制造费用、能量消耗等诸多因素。强化传热固然重要,但不计成本地一味提高传热速率很可能导致得不偿失。

思 考 题

1. 工业上常用的加热剂、冷却剂有哪些?将它们按使用温度顺序排列。

2. 气体、液体和固体的热导率在数值上有何差异?认识这些差异在工程上有什么重要意义?

3. 保温层受潮后保温效果是变好还是变差?

4. 圆筒状的设备或管道外的保温层是否越厚越好?

5. 当饱和水蒸气在换热器(冷凝器)中作为加热介质使用时,其中混有的不凝性气体会如何影响传热效果?你认为工业冷凝器设计和操作中应如何应对此问题?

6. 液体沸腾时对流传热系数往往很高,原因是什么?

7. 壁面两侧流体之间换热过程的热阻有哪几个?什么是控制热阻?

8. 如下几种情形中传热面应如何放置(水平或竖直?容器的底部或顶部)?

① 用于加热容器中液体的盘管;② 列管式换热器,在壳程用高温加热剂使管程的液体沸腾;③ 列管式换热器,在壳程用饱和水蒸气加热管程中的空气。

9. 在向夹套通入作为加热剂的饱和水蒸气时,水蒸气从什么部位通入,其冷凝液从什么部位引出?冷却水从什么部位进、出夹套?

文本:
思考题参考答案

10. 对流传热系数是如何影响总传热系数的? 认识到这一点有什么工程意义?

11. 列管式换热器的热应力是如何产生的? 有什么危害? 为减小热应力,应怎样安排流体行程,在换热器的结构设计方面可以采取哪些措施?

12. 将本章所介绍的各种换热器按其紧凑程度(即单位体积设备提供的传热面积)大致排序。

13. 举例说明生活中哪些地方人为地强化或削弱热辐射,是怎么做到的?

14. 生产中,用饱和水蒸气在套管式换热器中加热某种油品。如果发现油品在换热器出口的温度降低了,有哪些可能的原因?

15. 强化换热器中的传热过程可以从哪些大的方面入手? 每个方面又可以有哪些具体措施?

习 题

1. 红砖平壁墙,厚度为 500 mm,内侧温度为 200 ℃,外侧温度为 30 ℃,设红砖的平均热导率为 0.57 W/(m·K)。试求:(1) 单位时间、单位面积导出的热量;(2) 距离内侧 350 mm 处的温度。

(193.8 W/m²;81 ℃)

2. 在外径 100 mm 的蒸汽管道外包一层热导率为 0.08 W/(m·K)的绝热材料。已知蒸汽管外壁 150 ℃,要求绝热层外壁温度在 50 ℃ 以下,且每米管长的热损失不应超过 150 W/m,试求绝热层厚度。

(19.9 mm)

3. 某燃烧炉炉墙由耐火砖、绝热砖和普通砖三种砖砌成,它们的热导率分别为 1.2 W/(m·K)、0.16 W/(m·K)和 0.92 W/(m·K),耐火砖和绝热砖厚度都是 0.5 m,普通砖厚度为 0.25 m。已知炉内壁温度为 1 000 ℃,外壁温度为 55 ℃,设各层砖间接触良好,求每平方米炉壁散热速率。 (247.8 W/m²)

4. 燃烧炉炉墙的内层为 460 mm 厚的耐火砖,外层为 230 mm 厚的绝热砖。若炉墙的内表面温度 t_1 为 1 400 ℃,外表面温度 t_3 为 100 ℃。试求导热的热通量及两种砖之间的界面温度。设两种砖接触良好,已知耐火砖的热导率为 $\lambda_1 = 0.9 + 0.000\,7t$,绝热砖的热导率为 $\lambda_2 = 0.3 + 0.000\,3t$。两式中 t 分别取各层材料的平均温度,单位为 ℃,λ 单位为 W/(m·K)。 (1 689 W/m²;949.0 ℃)

5. 设计一燃烧炉时拟采用三层砖围成其炉墙,其中最内层为耐火砖,中间层为绝热砖,最外层为普通砖。耐火砖和普通砖的厚度分别为 0.5 m 和 0.25 m,三种砖的热导率分别为 1.02 W/(m·K)、0.14 W/(m·K)和 0.92 W/(m·K),已知耐火砖内侧为 1 000 ℃,普通砖外壁温度为 35 ℃。试问绝热砖厚度至少为多少才能保证绝热砖内侧温度不超过 940 ℃,普通砖内侧不超过 138 ℃。 (0.25 m)

6. ϕ50 mm×5 mm 的不锈钢管,其材料热导率为 21 W/(m·K);管外包厚 40 mm 的石棉,其材料热导率为 0.25 W/(m·K)。若管内壁温度为 330 ℃,保温层外壁温度为 105 ℃,试计算每米管长的热损失。

(368.9 W/m)

7. 蒸汽管道外包有两层热导率不同而厚度相同的绝热层,设外层的对数平均直径为内层的 2 倍,其导热系数也为内层的两倍。若将两层材料互换位置,假定其它条件不变,试问每米管长的热损失变为原来的多少倍? 说明在本题情况下,哪一种材料放在内层较为适合? (1.25 倍)

8. 常压下温度为 20 ℃ 的空气以 60 m³/h 的流量流过直径为 ϕ57 mm×3.5 mm、长度为 3 m 的换热管内,被加热升温至 80 ℃,试求管内壁对空气的对流传热系数。 [29.2 W/(m²·K)]

9. 96% 的硫酸在套管式换热器中从 90 ℃ 冷却至 30 ℃。硫酸在直径为 ϕ25 mm×2.5 mm、长度为 3 m 的内管中流过,流量为 800 kg/h。已知在管内壁平均温度下流体的黏度为 9.3×10⁻³ Pa·s。试求硫酸对管壁的对流传热系数。已知硫酸在定性温度下的物性如下:$c_p = 1.6$ kJ/(kg·K),$\lambda = 0.36$ W/(m·K),$\mu = 8.0×10^{-3}$ Pa·s,$\rho = 1\,836$ kg/m³。 [245 W/(m²·K)]

10. 98% 的硫酸以 0.6 m/s 的流速在套管式换热器的环隙间流动。硫酸的平均温度为 70 ℃,换热器内管直径为 ϕ25 mm×2.5 mm,外管直径是 ϕ51 mm×3 mm。试求:硫酸的对流传热系数。已知定性温度下硫酸的物性为:$c_p = 1.58$ kJ/(kg·K),$\lambda = 0.36$ W/(m·K),$\mu = 6.4×10^{-3}$ Pa·s,$\rho = 1\,836$ kg/m³;壁温

60 ℃下硫酸黏度 $\mu_w = 7.6$ cP。 $[722.5\mathrm{W}/(\mathrm{m}^2 \cdot \mathrm{K})]$

11. 水在一定流量下流过某套管式换热器的内管,温度可从 20 ℃升至 80 ℃,此时测得其对流传热系数为 1 000 W/(m²·K)。试求同样体积流量的苯通过换热器内管时的对流传热系数。已知两种情况下流动皆为湍流,苯进、出口的平均温度为 60 ℃。 $[281.4\ \mathrm{W}/(\mathrm{m}^2 \cdot \mathrm{K})]$

12. 150 ℃的饱和水蒸气在一根外径为 100 mm、长 0.75 m 的管外冷凝,已知管外壁温度为 110 ℃。分别求该管垂直和水平放置时的蒸汽冷凝传热系数。 $[6\ 183.5\ \mathrm{W}/(\mathrm{m}^2 \cdot \mathrm{K}), 6\ 566.9\ \mathrm{W}/(\mathrm{m}^2 \cdot \mathrm{K})]$

13. 竖直放置的蒸汽管,管外径为 100 mm,管长 3.5 m。若管外壁温度为 110 ℃,周围空气温度为 30 ℃,试计算单位时间内散失于周围空气中的热量。 $(559.2\ \mathrm{W})$

14. 在一套管式换热器中用冷却水将流量为 1.25 kg/s 的苯由 80 ℃冷却至 40 ℃。冷却水进口温度为 25 ℃,其出口温度选定为 35 ℃。试求冷却水的用量。 $(2.23\ \mathrm{kg/s})$

15. 流量为 10 000 m³/h(标准状况)的空气在换热器中被饱和水蒸气从 20 ℃加热至 60 ℃,所用水蒸气的压强为 400 kPa(绝对压力)。若设备热损失为该换热器热负荷的 6%,试求该换热器的热负荷及加热蒸汽用量。 $(144.6\ \mathrm{kW}; 258.1\ \mathrm{kg/h})$

16. 在一套管式换热器中用饱和水蒸气加热某溶液。水蒸气通入环隙,其对流传热系数为 10 000 W/(m²·K);溶液在 $\phi25\ \mathrm{mm} \times 2.5\ \mathrm{mm}$ 的管内流动,其对流传热系数为 800 W/(m²·K)。换热管内污垢热阻为 $1.2 \times 10^{-3}\ \mathrm{m}^2 \cdot \mathrm{K/W}$,管外污垢热阻和管壁忽略不计。试求该换热器以换热管的外表面为基准的总传热系数及各部分热阻在总热阻中所占的百分数。

$(316.2\ \mathrm{W/m}^2 \cdot \mathrm{K}; 蒸汽\ 3.2\%, 溶液\ 49.4\%, 管内污垢\ 47.4\%)$

17. 以三种不同的水流速度对某台列管式换热器进行试验。第一次试验在新购进时进行;第二次试验在使用了一段时间之后进行。试验时水在管内流动,且为湍流,管外为饱和水蒸气冷凝。管子直径为 $\phi25\ \mathrm{mm} \times 2.5\ \mathrm{mm}$ 的钢管,其材料热导率为 45 W/(m·K)。两次试验结果如下:

试验次数	第一次		第二次
水流速度/(m·s⁻¹)	1.0	1.5	1.0
总传热系数/(W·m⁻²·K⁻¹)	2 115	2 660	1 770

试计算:

(1)第一次试验中蒸汽冷凝传热系数;

(2)第二次试验时水侧的污垢热阻(蒸汽侧污垢热阻忽略不计)。

$(16\ 313\ \mathrm{W}/(\mathrm{m}^2 \cdot \mathrm{K}); 7.37 \times 10^{-5}\ \mathrm{m}^2 \cdot \mathrm{K/W})$

18. 在一石油热裂装置中,所得热裂物的温度为 300 ℃。今拟设计一列管式换热器,用来将热石油由 25 ℃预热到 180 ℃,要求热裂物的终温低于 200 ℃,试分别计算热裂物与石油在换热器中采用逆流与并流时的平均温度差。 $(146.0\ ℃; 97.3\ ℃)$

19. 拟在列管式换热器中用初温为 20 ℃的水将流量为 1.25 kg/s 的溶液[比热容为 1.9 kJ/(kg·K)、密度为 850 kg/m³]由 80 ℃冷却到 30 ℃。换热管直径为 $\phi25\ \mathrm{mm} \times 2.5\ \mathrm{mm}$。水走管程、溶液走壳程,两流体逆流流动。水侧和溶液侧的对流传热系数分别为 0.85 kW/(m²·K)和 1.70 kW/(m²·K),污垢热阻和管壁热阻可忽略。若水的出口温度不能高于 50 ℃,试求换热器的传热面积。 $(13.5\ \mathrm{m}^2)$

20. 在列管式换热器中用水冷却油,并流操作。水的进、出口温度分别为 15 ℃和 40 ℃,油的进、出口温度分别为 150 ℃和 100 ℃。现因生产任务要求油的出口温度降至 80 ℃,假设油和水的流量、进口温度及物性均不变,原换热器的管长为 1 m,试求在换热管根数不变的条件下其长度增至多少才能满足要求。设换热器的热损失可忽略。 $(1.86\ \mathrm{m})$

21. 一列管式冷凝器,换热管规格为 $\phi25$ mm×2.5 mm,其有效长度为 3.0 m。水以 0.65 m/s 的流速在管内流过,其温度由 20 ℃升至 40 ℃。流量为 4 600 kg/h、温度为 75 ℃的饱和有机蒸气在壳程冷凝为同温度的液体后排出,冷凝相变焓为 310 kJ/kg。已知蒸气冷凝传热系数为 820 W/(m²·K),水侧污垢热阻为 0.000 7 m²·K/W。蒸气侧污垢热阻和管壁热阻忽略不计。试核算该换热器中换热管的总根数及管程数。

(96;4)

22. 在某四管程的列管式换热器中,采用 120 ℃的饱和水蒸气加热初温为 20 ℃的某种溶液。溶液走管程,流量为 70 000 kg/h,在定性温度下其物性为:黏度 $3.0×10^{-3}$ Pa·s,比热容 1.8 kJ/(kg·K),热导率0.16 W/(m·K)。溶液侧污垢热阻估计为 $6×10^{-4}$ m²·K/W,蒸汽传热系数为 10 000 W/(m²·K),管壁热阻忽略不计。换热器的有关数据为:换热管直径 $\phi25$ mm×2.5 mm,管数 120,换热管长 6 m。试求溶液的出口温度。

(82.1 ℃)

23. 有一逆流操作的列管式换热器,壳程热流体为空气,其对流传热系数 $\alpha_1 = 100$ W/(m²·K);冷却水走管内,其对流传热系数 $\alpha_2 = 2\ 000$ W/(m²·K)。已测得冷、热流体的进、出口温度为:$t_1 = 20$ ℃、$t_2 = 85$ ℃、$T_1 = 100$ ℃、$T_2 = 70$ ℃。两种流体的对流传热系数均与各自流速的 0.8 次方成正比。忽略管壁及污垢热阻。其它条件不变,当空气流量增加一倍时,求水和空气的出口温度 t_2' 和 T_2',并求现传热速率 Q' 比原传热速率 Q 增加的倍数。

(96.5 ℃,82.3 ℃;1.18)

24. 两平行的大平板相距 8 mm,其中一平板的黑度为 0.2,温度为 420 K;另一平板的黑度为 0.07,温度为 300 K,试计算两板之间的辐射传热热通量。

(71.4 W/m²)

25. 试计算一外径为 48 mm,长为 12 m 的氧化钢管,其外壁温度为 300 ℃时的辐射热损失。若将此管放置于:

(1) 空间很大的厂房内,其刷有石灰粉的墙壁温度为 27 ℃,石灰粉刷壁的黑度为 0.91;

(2) 截面为 200 mm×200 mm 的红砖砌成的通道中,通道壁面的温度为 27 ℃。

(8 158.8 W;8 066.7 W)

本章符号说明

拉丁文:

A——传热面积,m²;

A——辐射吸收率;

a——温度系数,1/℃;

b——厚度或润湿周边长,m;

C_0——黑体的辐射系数,W/(m²·K⁴);

C——总辐射系数,W/(m²·K⁴);

c_p——比定压热容,kJ/(kg·K);

D——换热器壳径,m;

D——透过率;

d——管径,m;

E——实际物体的辐射能力,W/m²;

E_0——黑体的辐射能力,W/m²;

f——校正系数;

g——重力加速度,m/s²;

h——折流板间距,m;

K——总传热系数,W/(m²·K);

l——长度或特征尺寸,m;

M——冷凝负荷,kg/(s·m);

n——指数,换热管根数;

p——压强,Pa;

Q——传热速率,W;

q——热通量,W/m²;

q_m——质量流量,kg/s;

q_v——体积流量,m³/s;

R——热阻,m²·K/W;

R——反射率;

r——半径,m;

r——相变焓,kJ/kg;

T——热流体温度,℃;

T——热力学温度,K;

t——冷流体温度,℃;

t——管心距,m;

u——流速,m/s。

希文：

α——对流传热系数，$W/(m^2 \cdot K)$；

β——体积膨胀系数，$1/℃$；

ε——黑度；

λ——热导率，$W/(m \cdot K)$；

μ——黏度，$Pa \cdot s$；

ρ——密度，kg/m^3；

σ_0——斯蒂芬-玻耳兹曼常数，$W/(m^2 \cdot K^4)$；

φ——温差校正系数；

φ——角系数。

数群：

Gr——格拉晓夫数；

Nu——努塞尔数；

Pr——普朗特数；

Re——雷诺数。

下标：

1——管外的或入口的；

2——管内的或出口的；

m——平均；

W——壁面的。

参 考 文 献

［1］杨祖荣.化工原理.3 版 . 北京：化学工业出版社，2014.

［2］陈敏恒，丛德滋，方图南，等.化工原理：上册.4 版.北京：化学工业出版社，2015.

［3］王志魁.化工原理.5 版.北京：化学工业出版社，2018.

［4］蒋维钧，戴猷元，顾惠君.化工原理：上册.3 版.北京：清华大学出版社，2009.

［5］柴诚敬，张国亮.化工流体流动与传热.北京：化学工业出版社，2000.

［6］丁忠伟.化工原理学习指导.2 版 . 北京：化学工业出版社，2014.

第四章　蒸发

 本章学习要求

1. 掌握的内容

单效蒸发过程及其计算,如蒸发水量、加热蒸汽消耗量及传热面积计算;有效温度差及各种温度差损失的来由及其计算;蒸发器的生产能力和生产强度及其影响因素。

2. 熟悉的内容

真空蒸发的特点及其应用;多效蒸发的流程及其计算要点;蒸发操作效数限制及蒸发过程的节能措施;蒸发过程的强化。

3. 了解的内容

蒸发操作的特点及其在工业生产中的应用;各种蒸发器的结构特点、性能及应用范围;蒸发器的选型原则。

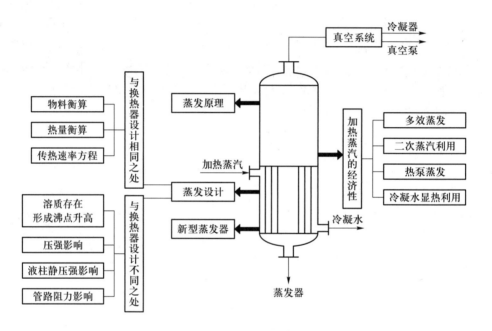

物料衡算

热量衡算

传热速率方程

与换热器设计相同之处

溶质存在
形成沸点升高

压强影响

液柱静压强影响

管路阻力影响

与换热器设计不同之处

真空系统 → 冷凝器 → 真空泵

蒸发原理

蒸发设计

新型蒸发器

加热蒸汽

冷凝水

蒸发器

加热蒸汽的经济性

多效蒸发

二次蒸汽利用

热泵蒸发

冷凝水显热利用

生产案例

图 4-0 为一典型的单效蒸发装置流程示意图。图中蒸发器由加热室 1 和蒸发室（又称分离室）2 两部分组成，加热室为列管式换热器，加热蒸汽在加热室的管间冷凝，放出的热量通过管壁传给列管内的溶液，使其沸腾并汽化，气－液混合物则在分离室中分离，其中液体又落回加热室，当溶液浓缩到规定浓度后排出蒸发器。分离室分离出的蒸汽（又称二次蒸汽，以区别于加热蒸汽或生蒸汽），先经顶部除沫器除液，再进入混合冷凝器 3 与冷水相混，被直接冷凝后，通过大气腿 7 排出。不凝性气体经分离室 4 和缓冲罐 5 由真空泵 6 排出。可以看出掌握蒸发器的设计，真空系统（真空泵等）的选用是该过程的关键。

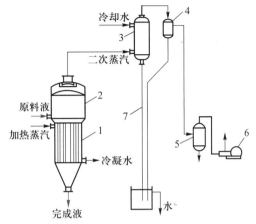

1—加热室；2—蒸发室；3—混合冷凝器；
4—分离室；5—缓冲罐；6—真空泵；7—大气腿
图 4-0　单效蒸发装置流程示意图

第一节　概　　述

4-1-1　蒸发操作及其在工业中的应用

工程上把采用加热方法，将含有不挥发性溶质（通常为固体）的溶液在沸腾状态下，使其浓缩的单元操作称为**蒸发**。蒸发操作广泛应用于化工、轻工、食品、医药等工业领域，其主要目的有以下几个方面：

（1）浓缩稀溶液直接制取产品或将浓溶液再处理（如冷却结晶）制取固体产品，如电解烧碱液的浓缩，食糖水溶液的浓缩及各种果汁的浓缩等；

（2）浓缩溶液和回收溶剂，如有机磷农药苯溶液的浓缩脱苯，中药生产中浸出液的浓缩等；

（3）为了获得纯净的溶剂，如海水淡化等。

4-1-2　蒸发操作的特点

工程上，蒸发过程只是从溶液中分离出部分溶剂，而溶质仍留在溶液中，因此，蒸发操作即为一个使溶液中的挥发性溶剂与不挥发性溶质的分离过程。由于溶剂的汽化速率取决于传热速率，故蒸发操作属传热过程，蒸发设备为传热设备，如图 4-0 的加热室即为一侧是蒸汽冷凝，另一侧为溶液沸腾的间壁式列管换热器。此种蒸发过程即是间壁两侧恒温的传热过程。但是，蒸发操作与一般传热过程比较，有以下特点：

1. 溶液沸点升高

由于溶液含有不挥发性溶质，因此，在相同温度下，溶液的蒸气压比纯溶剂的小，也

就是说,在相同压力下,溶液的沸点比纯溶剂的高,溶液浓度越高,这种影响越显著,这在设计和操作蒸发器时是必须考虑的。

2. 物料及工艺特性

物料在浓缩过程中,溶质或杂质常在加热表面沉积、析出结晶而形成垢层,影响传热;有些溶质是热敏性的,在高温下停留时间过长易变质;有些物料具有较大的腐蚀性或较高的黏度等,因此,在设计和选用蒸发器时,必须认真考虑这些特性。

3. 能量回收

蒸发过程是溶剂汽化过程,由于溶剂汽化潜热很大,所以蒸发过程是一个高能耗的单元操作。因此,节能是蒸发操作应予考虑的重要问题。

4-1-3　蒸发操作的分类

（1）按操作压力分,可分为常压、加压和减压(真空)蒸发操作,即在常压(大气压)、高于或低于大气压下操作。很显然,对于热敏性物料,如抗生素溶液、果汁等应在减压下进行,而高黏度物料就应采用加压并用高温热源加热(如导热油、熔盐等)进行蒸发。

（2）按效数分,可分为单效蒸发与多效蒸发。若蒸发产生的二次蒸汽直接冷凝不再利用,称为单效蒸发,图4-0即为单效真空蒸发。若将二次蒸汽作为下一效加热蒸汽,并将多个蒸发器串联,此蒸发过程即为多效蒸发。

（3）按蒸发模式分,可分为间歇蒸发与连续蒸发。工业上大规模的生产过程通常采用的是连续蒸发。

由于工业上被蒸发的溶液大多为水溶液,故本章仅讨论水溶液的蒸发。但其基本原理和设备对于非水溶液的蒸发,原则上也适用或可作参考。

第二节　单效蒸发与真空蒸发

4-2-1　单效蒸发设计计算

单效蒸发设计计算内容有:

（1）确定水的蒸发量;

（2）加热蒸汽消耗量;

（3）蒸发器所需传热面积。

在给定生产任务和操作条件,如进料量、温度和浓度,完成液的浓度,加热蒸汽的压力和冷凝器操作压力的情况下,上述任务可通过物料衡算、热量衡算和传热速率方程求解。

一、蒸发水量的计算

对图4-1所示蒸发器进行溶质的物料衡算,可得

$$Fw_0 = (F-W)w_1 = Lw_1$$

由此可得水的蒸发量

$$W = F\left(1 - \frac{w_0}{w_1}\right) \tag{4-1}$$

及完成液的浓度 $\qquad w_1 = \dfrac{Fw_0}{F-W}$ (4-2)

式中：　F——原料液量，kg/h；

　　　　W——蒸发水量，kg/h；

　　　　L——完成液量，kg/h；

　　　　w_0——原料液中溶质的质量分数；

　　　　w_1——完成液中溶质的质量分数。

二、加热蒸汽消耗量的计算

加热蒸汽用量可通过热量衡算求得，即对图 4-1 作热量衡算可得

$$DH + Fh_0 = WH' + Lh_1 + Dh_c + Q_L \tag{4-3}$$

或　　$Q = D(H - h_c) = WH' + Lh_1 - Fh_0 + Q_L$ (4-3a)

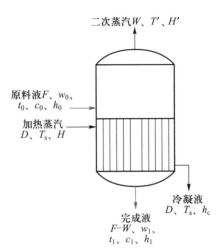

图 4-1　单效蒸发器

式中：　D——蒸汽消耗量，kg/h；

　　　　H——加热蒸汽的焓，kJ/kg；

　　　　H'——二次蒸汽的焓，kJ/kg；

　　　　h_0——原料液的焓，kJ/kg；

　　　　h_1——完成液的焓，kJ/kg；

　　　　h_c——加热室排出冷凝液的焓，kJ/kg；

　　　　Q——蒸发器的热负荷或传热速率，kJ/h；

　　　　Q_L——热损失，可取 Q 的某一百分数，kJ/h。

考虑溶液浓缩热不大，并将 H' 取为 t_1 下饱和蒸汽的焓，则式（4-3a）可写为

$$D = \frac{Fc_0(t_1 - t_0) + Wr' + Q_L}{r} \tag{4-4}$$

式中：　r、r'——分别为加热蒸汽和二次蒸汽的汽化潜热，kJ/kg；

　　　　c_0、c_1——为原料液、完成液的比热容，kJ/(kg·℃)。

若原料由预热器加热至沸点后进料（沸点进料），即 $t_0 = t_1$，并不计热损失，则式（4-4）可写为

$$D = \frac{Wr'}{r} \quad \text{或} \quad \frac{D}{W} = \frac{r'}{r} \tag{4-5}$$

式中 D/W 称为单位蒸汽消耗量，它表示加热蒸汽的利用程度，也称蒸汽的经济性。由于蒸汽的汽化潜热随压力变化不大，故 $r = r'$。对单效蒸发而言，$D/W = 1$，即蒸发 1 kg 水需要约 1 kg 加热蒸汽，实际操作中由于存在热损失等原因，$D/W \approx 1$。可见单效蒸发的能耗很大，是很不经济的。

三、传热面积的计算

蒸发器的传热面积可通过传热速率方程求得，即

169

$$Q = KA\Delta t_{\mathrm{m}} \quad \text{或} \quad A = \frac{Q}{K\Delta t_{\mathrm{m}}} \tag{4-6}$$

式中：　　A——蒸发器的传热面积，m^2；

　　　　　K——蒸发器的总传热系数，$W/(m^2 \cdot K)$；

　　　Δt_{m}——传热平均温度差，℃；

　　　　　Q——蒸发器的热负荷，W 或 kJ/h。

式(4-6)中，Q 可通过对加热室作热量衡算求得。若忽略热损失，Q 即为加热蒸汽冷凝放出的热量，即

$$Q = D(H - h_{\mathrm{c}}) = Dr \tag{4-7}$$

但在确定 Δt_{m} 和 K 时，却有别于一般换热器的计算方法。

1. 传热平均温度差 Δt_{m} 的确定

在蒸发操作中，蒸发器加热室一侧是蒸汽冷凝，另一侧为液体沸腾，因此其传热平均温度差应为

$$\Delta t_{\mathrm{m}} = T - t_1 \tag{4-8}$$

式中：　　T——加热蒸汽的温度，℃；

　　　　　t_1——操作条件下溶液的沸点，℃。

应该指出，溶液的沸点，不仅受蒸发器内液面压力影响，而且受溶液浓度、液位深度等因素影响。因此，在计算 Δt_{m} 时需考虑这些因素。下面分别予以介绍。

（1）溶液浓度的影响　溶液中由于有溶质存在，因此其蒸气压比纯水的低。换言之，一定压强下水溶液的沸点比纯水高，它们的差值称为**溶液的沸点升高**，以 Δ' 表示。影响 Δ' 的主要因素为溶液的性质及其浓度。一般，有机物溶液的 Δ' 较小；无机物溶液的 Δ' 较大；稀溶液的 Δ' 不大，但随浓度增高，Δ' 值增高较大。例如，7.4% 的 NaOH 溶液在 101.33 kPa 下其沸点为 102 ℃，Δ' 仅为 2 ℃，而 48.3% NaOH 溶液，其沸点为 140 ℃，Δ' 值达 40 ℃ 之多。

各种溶液的沸点由实验确定，也可由手册或本书附录查取。

（2）压强的影响　当蒸发操作在加压或减压条件下进行时，若缺乏实验数据，则可按下式估算 Δ'，即

$$\Delta' = f\Delta'_{\text{常}} \tag{4-9}$$

式中：　　Δ'——操作条件下的溶液沸点升高，℃；

　　　　$\Delta'_{\text{常}}$——常压下的溶液沸点升高，℃；

　　　　　f——校正系数，量纲为1，其值可由下式计算。

$$f = 0.016\,2\,\frac{(T' + 273)^2}{r'} \tag{4-10}$$

式中：　　T'——操作压力下二次蒸汽的饱和温度，℃；

　　　　　r'——操作压力下二次蒸汽的汽化潜热，kJ/kg。

（3）液柱静压头的影响　通常，蒸发器操作需维持一定液位，这样液面下的压力比

液面上的压力(分离室中的压力)高,即液面下的沸点比液面上的高,二者之差称为液柱静压头引起的温度差损失,以 Δ'' 表示。为简便计,以液层中部(料液一半)处的压力进行计算。根据流体静力学方程,液层中部的压力 p_{av} 为

$$p_{av} = p' + \frac{\rho_{av} \cdot g \cdot h}{2} \tag{4-11}$$

式中: p'——溶液表面的压力,即蒸发器分离室的压力,Pa;

ρ_{av}——溶液的平均密度,kg/m³;

h——液层高度,m。

则由液柱静压头引起的沸点升高 Δ'' 为

$$\Delta'' = t_{av} - t_b \tag{4-12}$$

式中: t_{av}——液层中部 p_{av} 压力下溶液的沸点,℃;

t_b——p' 压力(分离室压力)下溶液的沸点,℃。

近似计算时,式(4-12)中的 t_{av} 和 t_b 可分别用相应压力下水的沸点代替。

(4)管道阻力的影响   倘若设计计算中温度以另一侧的冷凝器的压力(即饱和温度)为基准,则还需考虑二次蒸汽从分离室到冷凝器之间的压降所造成的温度差损失,以 Δ''' 表示。显然,Δ''' 值与二次蒸汽的速度、管道尺寸及除沫器的阻力有关。由于此值难以计算,一般取经验值为 1 ℃,即 $\Delta''' = 1$ ℃。

考虑了上述因素后,操作条件下溶液的沸点 t_1,即可用下式求取:

$$T_1 = T'_c + \Delta' + \Delta'' + \Delta''' \tag{4-13}$$

或 $$T_1 = T'_c + \Delta \tag{4-13a}$$

式中: T'_c——冷凝器操作压力下的饱和水蒸气温度,℃;

$\Delta = \Delta' + \Delta'' + \Delta'''$——总温度差损失,℃。

蒸发计算中,通常把式(4-8)中的平均温度差称为**有效温度差**,而把($T - T'_c$)称为**理论温度差**,即认为是蒸发器蒸发纯水时的温度差。

2. 总传热系数 K 的确定

蒸发器的总传热系数可按下式计算:

$$K = \frac{1}{\dfrac{1}{\alpha_i} + R_i + \dfrac{b}{\lambda} + R_o + \dfrac{1}{\alpha_o}} \tag{4-14}$$

式中: α_i——管内溶液沸腾的对流传热系数,W/(m²·K);

α_o——管外蒸汽冷凝的对流传热系数,W/(m²·K);

R_i——管内污垢热阻,m²·K/W;

R_o——管外污垢热阻,m²·K/W;

$\dfrac{b}{\lambda}$——管壁热阻,m²·K/W。

式(4-14)中 α_o、R_o 及 b/λ 在传热一章中均已阐述,本章不再赘述。只是 R_i 和 α_i 成

为蒸发设计计算和操作中的主要问题。由于蒸发过程中，加热面处溶液中的水分汽化，浓度上升，因此溶液很易超过饱和状态，溶质析出并包裹固体杂质，附着于表面，形成污垢，所以 R_i 往往成为蒸发器总热阻中的主要部分。为降低污垢热阻，工程中常采用的措施有：加快溶液循环速度；在溶液中加入晶种和微量的阻垢剂等。设计时，污垢热阻 R_i 目前仍需根据经验数据确定。通常管内溶液沸腾对流传热系数 α_i 是影响总传热系数的主要因素，而且影响 α_i 的因素很多，如溶液的性质，沸腾传热的状况，操作条件和蒸发器的结构等。目前虽然对管内沸腾做过不少研究，但所推荐的经验关联式并不太可靠，再加上管内污垢热阻变化较大，因此，蒸发器的总传热系数仍主要靠现场实测，以作为设计计算的依据。表4-1中列出了常用蒸发器总传热系数的大致范围，供设计计算参考。

表 4-1　常用蒸发器总传热系数 K 的经验值

蒸发器型式	总传热系数 $K/(\text{W} \cdot \text{m}^{-2} \cdot \text{K}^{-1})$
中央循环管式	580~3 000
带搅拌的中央循环管式	1 200~5 800
悬筐式	580~3 500
自然循环	1 000~3 000
强制循环	1 200~3 000
升膜式	580~5 800
降膜式	1 200~3 500
刮膜式，黏度 1 mPa·s	2 000
刮膜式，黏度 100~10 000 mPa·s	200~1 200

例 4-1　采用单效真空蒸发装置，连续蒸发 NaOH 水溶液。已知进料量为 2 000 kg/h，进料浓度为 10%（质量分数），沸点进料，完成液浓度为 48.3%（质量分数），其密度为 1 500 kg/m³，加热蒸汽压强为 0.3 MPa（表压），冷凝器的真空度为 51 kPa，加热室管内液层高度为 3 m。试求蒸发水量、加热蒸汽消耗量和蒸发器传热面积。已知总传热系数为 1 500 W/(m²·K)，蒸发器的热损失为加热蒸汽量的 5%，当地大气压为 101.3 kPa。

解：（1）水分蒸发量 W

$$W = F\left(1 - \frac{w_0}{w_1}\right) = 2\ 000 \times \left(1 - \frac{0.1}{0.483}\right) \text{ kg/h} = 1\ 586 \text{ kg/h}$$

（2）加热蒸汽消耗量

$$D = \frac{Wr' + Q_L}{r}$$

因为

$$Q_L = 0.05Dr$$

故

$$D = \frac{Wr'}{0.95r}$$

由本书附录Ⅳ查得：

当 $p = 0.3$ MPa（表压）时，$T = 143.5\ ℃$，$r = 2\ 137$ kJ/kg

当 $p_c = 51$ kPa（真空度）时，$T'_c = 81.2\ ℃$，$r' = 2\ 304$ kJ/kg

故
$$D = \frac{1\,586 \times 2\,304}{0.95 \times 2\,137}\ \text{kg/h} = 1\,800\ \text{kg/h}$$

$$\frac{D}{W} = \frac{1\,800}{1\,586} = 1.13$$

（3）传热面积 A

① 确定溶液沸点

a）计算 Δ'

已查知 $p_c = 51\ \text{kPa}$（真空度）下，冷凝器中二次蒸汽的饱和温度 $T'_c = 81.2\ ℃$。

查得常压下 48.3% NaOH 溶液的沸点近似为 $t_A = 140\ ℃$，所以 $\Delta'_{常} = (140-100)\ ℃ = 40\ ℃$。

因二次蒸汽的真空度为 51 kPa，故 Δ' 需用式（4-10）校正，即

$$f = 0.016\,2\,\frac{(T'+273)^2}{r'} = 0.016\,2\,\frac{(81.2+273)^2}{2\,304} = 0.88$$

所以 $\Delta' = 0.88 \times 40\ ℃ = 35.2\ ℃$。

b）计算 Δ''

由于二次蒸汽流动的压降较小，故分离室压力可视为冷凝器的压力。

则
$$p_{av} = p_c + \frac{\rho_{av}gh}{2} = \left(51 + \frac{1\,500 \times 9.81 \times 3 \times 10^{-3}}{2}\right)\ \text{kPa} = (51+22)\ \text{kPa} = 73\ \text{kPa}$$

查得 73 kPa 下对应水的沸点为 90.4 ℃，则

$$\Delta'' = t_{av} - t_b = (90.4 - 81.2)\ ℃ = 9.2\ ℃$$

c）$\Delta''' = 1\ ℃$

则溶液的沸点为

$$t = T'_c + \Delta' + \Delta'' + \Delta''' = (81.2 + 35.2 + 9.2 + 1)\ ℃ = 126.6\ ℃$$

② 总传热系数

已知
$$K = 1\,500\ \text{W/(m}^2 \cdot \text{K)}$$

③ 传热面积

由式（4-6）、式（4-7）和式（4-8）得蒸发器加热面积为

$$A = \frac{Q}{K\Delta t_m} = \frac{Dr}{K(T-t_1)} = \left[\frac{1\,586 \times 2\,137 \times 10^3}{3\,600 \times 1\,500 \times (143.5 - 126.6)}\right]\ \text{m}^2 = \left(\frac{1\,586 \times 2\,137 \times 10^3}{3\,600 \times 1\,500 \times 16.9}\right)\ \text{m}^2 = 37.1\ \text{m}^2$$

4-2-2 蒸发器的生产能力与生产强度

一、蒸发器的生产能力

蒸发器的生产能力可用单位时间内蒸发的水分量来表示。由于蒸发水分量取决于传热量的大小，因此其生产能力也可表示为

$$Q = KA(T - t_1) \tag{4-15}$$

二、蒸发器的生产强度

由式（4-15）可以看出蒸发器的生产能力仅反映蒸发器生产量的大小，而引入蒸发强度的概念却可反映蒸发器的优劣。

蒸发器的生产强度简称蒸发强度,是指单位时间单位传热面积上所蒸发的水量,即

$$U = \frac{W}{A} \tag{4-16}$$

式中: U——蒸发强度,$kg/(m^2 \cdot h)$。

蒸发强度通常可用于评价蒸发器的优劣,对于一定的蒸发任务而言,若蒸发强度越大,则所需的传热面积越小,即设备的投资就越低。

若不计热损失和浓缩热,料液又为沸点进料,则由式(4-7)、式(4-8)和式(4-16)可得

$$U = \frac{W}{A} = \frac{K\Delta t_m}{r} \tag{4-17}$$

由此式可知,提高蒸发强度的主要途径是提高总传热系数 K 和传热温度差 Δt_m。

三、提高蒸发强度的途径

1. 提高传热温度差

提高传热温度差可以从提高热源的温度或降低溶液的沸点等角度考虑,工程上通常采用下列措施来实现:

(1) 真空蒸发 真空蒸发可以降低溶液沸点,增大传热推动力,提高蒸发器的生产强度,同时由于沸点降低,还可减少或防止热敏性物料的分解。另外,真空蒸发可降低对加热热源的要求,即可利用低温位的水蒸气作热源。但是,应该指出,溶液沸点降低,其黏度会增高,并使总传热系数 K 下降。当然,真空蒸发要增加真空设备并增加动力消耗。图4-1即为典型的单效真空蒸发流程。其中真空泵主要是抽吸由于设备、管道等接口处泄漏的空气及物料中溶解的不凝性气体和该温度、压力下的饱和水蒸气。设计时,它是选用真空泵的一个参数(抽气量);操作中,它可指导分析操作系统真空度变化的缘由。

(2) 高温热源 提高 Δt_m 的另一个措施是提高加热蒸汽的压力,但这会对蒸发器的设计和操作提出严格要求。一般加热蒸汽压力不超过 $0.6 \sim 0.8$ MPa。对于某些物料如果加压蒸汽仍不能满足要求时,则可选用高温导热油、熔盐或改用电加热,以增大传热推动力。

2. 提高总传热系数

蒸发器的总传热系数主要取决于溶液的性质、沸腾状况、操作条件及蒸发器的结构等。这些已在前面论述,因此,合理设计蒸发器以实现良好的溶液循环流动,及时排出加热室中不凝性气体,定期清洗蒸发器(加热室内管),均是提高和保持蒸发器在高强度下操作的重要措施。

第三节 多 效 蒸 发

4-3-1 加热蒸汽的经济性

蒸发过程是一个能耗较大的单元操作,通常把能耗作为评价其优劣的一个重要指标,或称为加热蒸汽的经济性,它的定义为 1 kg 蒸汽可蒸发的水分量,即

$$E = \frac{W}{D} \tag{4-18}$$

文本:

本节学习纲要

第四章　蒸发

一、多效蒸发

多效蒸发是将第一效蒸发器汽化的二次蒸汽作为热源通入第二效蒸发器的加热室作加热用,这称为双效蒸发。如果再将第二效的二次蒸汽通入第三效加热室作为热源,并依次进行多个串接,则称为多效蒸发。图4-2为三效蒸发的流程示意图。

不难看出,采用多效蒸发,由于生产给定的总蒸发水量 W 分配于各个蒸发器中,而只有第一效才使用加热蒸汽,故加热蒸汽的经济性大大提高。

二、外蒸汽的引出

将蒸发器中蒸出的二次蒸汽引出(或部分引出),作为其它加热设备的热源,如用来加热原料液等,可大大提高加热蒸汽的经济性,同时还降低了冷凝器的负荷,减少了冷却水量。

三、热泵蒸发

将蒸发器蒸出的二次蒸汽用压缩机压缩,提高它的压力,倘若压力又达到加热蒸汽压力时,则可送回入口,循环使用。加热蒸汽(或生蒸汽)只作为启动或补充泄漏、损失等用。因此节省了大量生蒸汽,热泵蒸发的流程如图4-3所示。

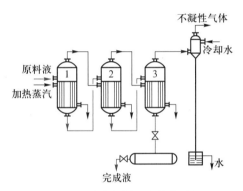

图 4-2　并流加料三效蒸发流程

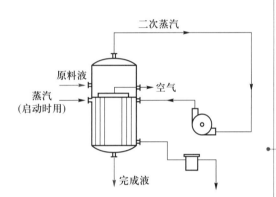

图 4-3　热泵蒸发流程

四、冷凝水显热的利用

蒸发器加热室排出大量高温冷凝水,这些水理应返回锅炉房重新使用,这样既节省能源又节省水源。但应用这种方法时,应注意水质监测,避免因蒸发器损坏或阀门泄漏,污染锅炉补水系统。当然,高温冷凝水还可用于其它加热或需工业用水的场合。

4-3-2　多效蒸发

一、多效蒸发流程

为了合理利用有效温度差,并根据被处理物料的性质,通常多效蒸发有下列三种操作流程。

1. 并流流程

并流加料三效蒸发的流程的优点为:原料液可借相邻二效的压强差自动流入后一效,而不需用泵输送,同时,由于前一效的沸点比后一效的高,因此当物料进入后一效时,会产生自蒸发,这可多蒸出一部分水汽。这种流程的操作也较简便,易于稳定。但其主要缺点是传热系数会下降,这是因为后序各效的浓度会逐渐增高,但沸点反而逐渐降低,导致溶液黏度逐渐增大。

2. 逆流流程

图4-4为逆流加料三效蒸发流程,其优点是:各效浓度和温度对溶液的黏度的影响大致相抵消,各效的传热条件大致相同,即传热系数大致相同。缺点是:料液输送必须用泵,另外,进料也没有自蒸发。一般这种流程只有在溶液黏度随温度变化较大的场合才被采用。

3. 平流流程

图4-5为平流加料三效蒸发流程,其特点是蒸汽的走向与并流相同,但原料液和完成液则分别从各效加入和排出。这种流程适用于处理易结晶物料,如食盐水溶液等的蒸发。

动画:
逆流加料三效蒸发流程

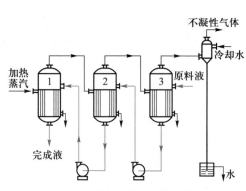

图4-4 逆流加料三效蒸发流程

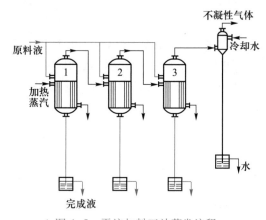

图4-5 平流加料三效蒸发流程

二、多效蒸发设计型计算

多效蒸发需要计算的内容有:各效蒸发水量、加热蒸汽消耗量及传热面积。由于多效蒸发的效数多,计算中未知数量也多,所以计算远较单效蒸发复杂。因此目前已采用电子计算机进行计算。但基本依据和原理仍然是物料衡算、热量衡算及传热速率方程。由于计算中出现未知参数,因此计算时常采用试差法,其步骤如下:

(1)根据物料衡算求出总蒸发量。

(2)根据经验设定各效蒸发量,再估算各效溶液浓度。通常各效蒸发量可按各效蒸发量相等的原则设定,即

$$W_1 = W_2 = \cdots = W_n \qquad (4-19)$$

并流加料的蒸发过程,由于有自蒸发现象,则可按如下比例设定:

若为两效 $\qquad W_1 : W_2 = 1 : 1.1 \qquad (4-20)$

若为三效 $\qquad W_1 : W_2 : W_3 = 1 : 1.1 : 1.2 \qquad (4-21)$

根据设定得到各效蒸发量后,即可通过物料衡算求出各完成液的浓度。

(3)设定各效操作压力以求各效溶液的沸点。通常按各效等压降原则设定,即相邻两效间的压差为

第四章 蒸发

176

$$\Delta p = \frac{p_1 - p_c}{n} \qquad (4-22)$$

式中： p_1——加热蒸汽的压力，Pa；

p_c——冷凝器中的压力，Pa；

n——效数。

（4）应用热量衡算求出各效的加热蒸汽用量和蒸发水量。

（5）按照各效传热面积相等的原则分配各效的有效温度差，并根据传热效率方程求出各效的传热面积。

（6）校验各效传热面积是否相等，若不等，则还需重新分配各效的有效温度差，重新计算，直到相等或相近时为止。

三、多效蒸发计算

多效蒸发计算主要有下面两个主要步骤：

步骤 1：物料衡算和热量衡算；

步骤 2：传热面积计算和有效温度差在各效的分配。

4-3-3 多效蒸发效数的限制

一、溶液的温度差损失

单效和多效蒸发过程中均存在温度差损失。若单效和多效蒸发的操作条件相同，即二者加热蒸汽压力相同，则多效蒸发的温度差损失较单效时的大。图 4-6 为单效、双效和三效蒸发的有效温度差及温度差损失的变化情况。图中总高代表加热蒸汽温度与冷凝器中蒸汽温度之差，即(130-50) ℃ =80 ℃。阴影部分高度代表由于各种原因引起的温度差损失，空白部分高度代表有效温度差(即传热推动力)。由图可见，多效蒸发中的温度差损失较单效大。不难理解，效数越多，温度差损失将越大。

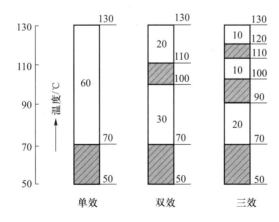

图 4-6　单效、双效和三效蒸发的有效
温度差及温度差损失

二、多效蒸发效数的限制

表 4-2 列出了不同效数蒸发的单位蒸汽消耗量。由表 4-2 并综合前述情况后可知，随着效数的增加，单位蒸汽的消耗量会减少，即操作费用降低，但是有效温度差也会减少

(即温度差损失增大),使设备投资费用增大。因此必须合理选取蒸发效数,使操作费和设备费之和为最少。

表 4-2　不同效数蒸发的单位蒸汽消耗量

效数	单效	双效	三效	四效	五效
$(D/W)_{min}$ 的理论值	1	0.5	0.33	0.25	0.2
$(D/W)_{min}$ 的实测值	1.1	0.57	0.4	0.3	0.27

文本:

本节学习纲要

178

动画:

中央循环管式蒸发器

第四节　蒸发设备

4-4-1　蒸发器

工业生产中蒸发器有多种结构型式,但均主要由加热室(器)、流动(或循环)管道及分离室(器)组成。根据溶液在加热室内的流动情况,蒸发器可分为循环型和单程型两类,分述如下。

一、循环型蒸发器

常用的循环型蒸发器主要有以下几种:

1. 中央循环管式蒸发器

中央循环管式蒸发器为最常见的蒸发器,其结构如图 4-7 所示,它主要由加热室、蒸发室、中央循环管和除沫器组成。蒸发器的加热器由垂直管束构成,管束中央有一根直径较大的管子,称为中央循环管,其截面积一般为管束总截面积的 40% 以上。当加热蒸汽(介质)在管间冷凝放热时,由于加热管束内单位体积溶液的受热面积远大于中央循环管内溶液的受热面积,因此,管束中溶液的相对汽化率就大于中央循环管的汽化率,所以管束中的气-液混合物的密度远小于中央循环管内气-液混合物的密度(具有密度差)。这样造成了混合液在管束中向上,而在中央循环管向下的自然循环流动。混合液的循环速度与密度差和管长有关。密度差越大,加热管越长,循环速度越大。但这类蒸发器受总高限制,通常加热管长为 1~2 m,直径为 25~75 mm,长径比为 20~40。

中央循环管式蒸发器的主要优点是:结构简单、紧凑,制造方便,操作可靠,投资费用少。缺点是:清理和检修麻烦,溶液循环速度较低,一般仅在 0.5 m/s 以下,传热系数小。它适用于黏度适中,结垢不严重,有少量的结晶析出及腐蚀性不大的场合。中央循环管式蒸发器在工业上的应用较为广泛。

2. 外加热式蒸发器

外加热式蒸发器如图 4-8 所示。其主要特点是把加热器与分离室分开安装,这样不仅易于清

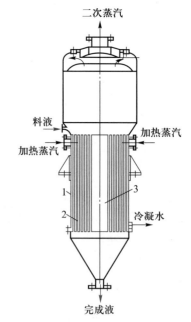

1—加热室;2—蒸发室;3—中央循环管
图 4-7　中央循环管式蒸发器

洗、更换,同时还有利于降低蒸发器的总高度。这种蒸发器的加热管较长(管长与管径之比为 50~100),且循环管又不被加热,故溶液的循环速度可达 1.5 m/s,它既利于提高传热系数,也利于减轻结垢。

3. 强制循环蒸发器

上述几种蒸发器均为自然循环型蒸发器,即靠加热管与循环管内溶液的密度差作为推动力,导致溶液的循环流动,因此循环速度一般较低,尤其在蒸发黏稠溶液(易结垢及有大量结晶析出)时就更低。为提高循环速度,可用循环泵进行强制循环,如图 4-9 所示。这种蒸发器的循环速度可达 1.5~5 m/s。其优点是,传热系数大,利于处理黏度较大、易结垢、易结晶的物料。但该蒸发器的动力消耗较大,每平方米传热面积消耗的功率为 0.4~0.8 kW。

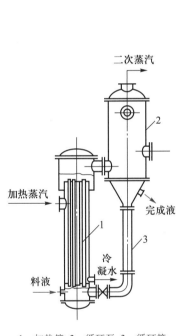

1—加热管;2—循环泵;3—循环管

图 4-8　外加热式蒸发器

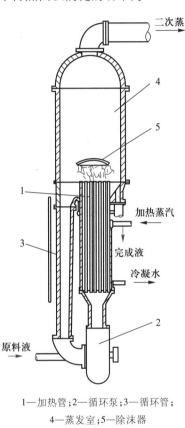

1—加热管;2—循环泵;3—循环管;
4—蒸发室;5—除沫器

图 4-9　强制循环蒸发器

二、单程型蒸发器

循环型蒸发器有一个共同的缺点,即蒸发器内溶液的滞留量大,物料在高温下停留时间长,这对处理热敏性物料甚为不利。在单程型蒸发器中,物料沿加热管壁成膜状流动,一次通过加热器即达浓缩要求,其停留时间仅数秒或十几秒。另外,离开加热器的物料又得到及时冷却,故特别适用于热敏性物料的蒸发。但由于溶液一次通过加热器就要达到浓缩要求,因此对设计和操作的要求较高。由于这类蒸发器的加热管上的物料成膜状流动,故又称膜式蒸发器。根据物料在蒸发器内的流动方向和成膜原因不同,它可分为下列几种类型:

1. 升膜式蒸发器

升膜式蒸发器如图 4-10 所示,它的加热室由一根或数根垂直长管组成。通常加热管径为 25~50 mm,管长与管径之比为 100~150。原料液预热后由蒸发器底部进入加热器管内,加热蒸汽在管外冷凝。当原料液受热后沸腾汽化,生成二次蒸汽在管内高速上升,带动料液沿管内壁成膜状向上流动,并不断地蒸发汽化,加速流动,气-液混合物进入分离器后分离,浓缩后的完成液由分离器底部放出。

这种蒸发器需要精心设计与操作,即加热管内的二次蒸汽应具有较高速度,并获较高的传热系数,使料液一次通过加热管即达到预定的浓缩要求。通常,常压下,管上端出口处速度以保持 20~50 m/s 为宜,减压操作时,速度可达 100~160 m/s。

升膜式蒸发器适宜处理蒸发量较大,热敏性、黏度不大及易起沫的溶液,但不适于高黏度、有晶体析出和易结垢的溶液。

2. 降膜式蒸发器

降膜式蒸发器如图 4-11 所示,原料液由加热室顶端加入,经分布器分布后,沿管壁成膜状向下流动,气-液混合物由加热管底部排出进入分离室,完成液由分离室底部排出。

设计和操作这种蒸发器的要点是:尽量使料液在加热管内壁形成均匀液膜,并且不能让二次蒸汽由管上端窜出。常用的分布器型式见图 4-12。

图 4-12(a)是用一根有螺旋型沟槽的导流柱,使流体均匀分布到内管壁上;图 4-12(b)是利用导流杆均匀分布液体,导流杆下部设计成圆锥形,且底部向内凹,以免使锥体斜面下流的液体再向中央聚集;图 4-12(c)是使液体通过齿缝分布到加热器内壁成膜状下流。

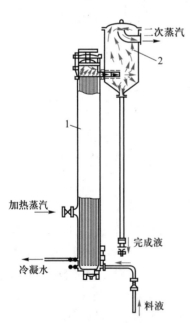

1—蒸发器;2—分离室

图 4-10　升膜式蒸发器

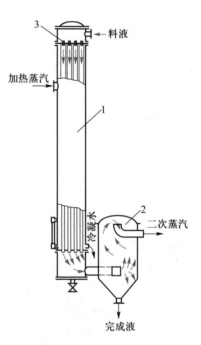

1—蒸发器;2—分离室;3—分布器

图 4-11　降膜式蒸发器

降膜式蒸发器可用于蒸发黏度较大（0.05~0.45 Pa·s）、浓度较高的溶液,但不适于处理易结晶和易结垢的溶液,这是因为这种溶液形成均匀液膜较困难,传热系数也不高。

3. 刮板式薄膜蒸发器

刮板式薄膜蒸发器如图4-13所示,它是一种适应性很强的新型蒸发器,如对高黏度、热敏性和易结晶、结垢的物料都适用。它主要由加热夹套和刮板组成,夹套内通加热蒸汽,刮板装在可旋转的轴上,刮板和加热夹套内壁保持很小间隙,通常为0.5~1.5 mm。料液经预热后由蒸发器上部沿切线方向加入,在重力和旋转刮板的作用下,分布在内壁形成下旋薄膜,并在下降过程中不断被蒸发浓缩,完成液由底部排出,二次蒸汽由顶部逸出。在某些场合下,这种蒸发器可将溶液蒸干,在底部直接得到固体产品。

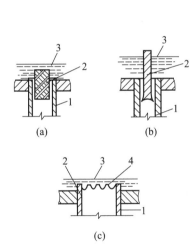

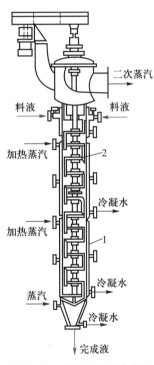

1—加热管;2—导流器;3—料液面;4—齿缝

图4-12　降膜式蒸发器的液体分布装置

图4-13　刮板式薄膜蒸发器

这类蒸发器的缺点是结构复杂（制造、安装和维修工作量大）、加热面积不大,且动力消耗大。

4-4-2　蒸发器的选型

蒸发器的结构型式较多,选用和设计时,要在满足生产任务要求,保证产品质量的前提下,尽可能兼顾生产能力大、结构简单、维修方便及经济性好等因素。

表4-3列出了常见蒸发器的一些重要性能,可供选型时参考。

表 4-3 常见蒸发器的重要性能

蒸发器型式	造价	总传热系数		溶液在管内流速 m/s	停留时间	完成液浓度能否恒定	浓缩比	处理量	对溶液性质的适应性					
		稀溶液	高黏度						稀溶液	高黏度	易生泡沫	易结垢	热敏性	有结晶析出
水平管型	最廉	良好	低	—	长	能	良好	一般	适	适	适	不适	不适	不适
标准型	最廉	良好	低	0.1~1.5	长	能	良好	一般	适	适	适	尚适	尚适	稍适
外热式（自然循环）	廉	高	良好	0.4~1.5	较长	能	良好	较大	适	尚适	较好	尚适	尚适	稍适
列文式	高	高	良好	1.5~2.5	较长	能	良好	较大	适	尚适	较好	尚适	尚适	稍适
强制循环	高	高	高	2.0~3.5	—	能	较高	大	适	好	好	适	尚适	适
升膜式	廉	高	良好	0.4~1.0	短	较难	高	大	适	尚适	尚适		良好	不适
降膜式	廉	良好	高	0.4~1.0	短	尚能	高	大	较适	好	适	不适	良好	不适
刮板式	最高	高	良好	—	短	尚能	高	较小	较适	好	较好	不适	良好	不适
甩盘式	较高	高	低	—	较短	尚能	较高	较小	适	适	不适		较好	
旋风式	最廉	高	良好	1.5~2.0	短	较难	较高	较小	适	适	尚适	尚适		适
板式	高	高	良好	—	较短	尚能	良好	较小	尚适	适	不适	尚适		不适
浸没燃烧	廉	高	高	—	短	较难	良好	较大	适	适	适	适	不适	适

4-4-3 蒸发装置的附属设备和机械

蒸发装置的附属设备和机械主要有除沫器、冷凝器和真空装置。

一、除沫器（汽液分离器）

蒸发操作时产生的二次蒸汽，在分离室与液体分离后，仍夹带大量液滴，尤其是处理易产生泡沫的液体，夹带更为严重。为了防止产品损失或冷却水被污染，常在蒸发器内（或外）设除沫器。图 4-14 为几种除沫器的结构示意图。图中（a）~（d）直接安装在蒸发器顶部，（e）~（g）安装在蒸发器外部。

二、冷凝器

冷凝器的作用是冷凝二次蒸汽。冷凝器有间壁式和直接接触式两种，倘若二次蒸汽为需回收的有价值物料或会严重污染水源，则应采用间壁式冷凝器，否则通常采用直接接触式冷凝器。后一种冷凝器一般均在负压下操作，这时为将混合冷凝后的水排出，冷凝器必须设置得足够高，冷凝器底部的长管称为大气腿，并有液封。参见图 4-0。

三、真空装置

当蒸发器在负压下操作时，无论采用哪一种冷凝器，均需在冷凝器后安装真空装置。需要指出的是，蒸发器中的负压主要是由于二次蒸汽冷凝所致，而真空装置仅是抽吸蒸发系统泄漏的空气、物料及冷却水中溶解的不凝性气体和冷却水饱和温度下的水蒸气等，以维持蒸发操作的真空度。常用的真空装置有喷射泵、水环式真空泵、往复式或旋转式真空泵等。

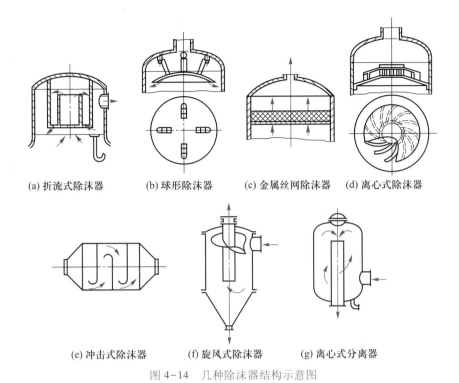

(a) 折流式除沫器　　(b) 球形除沫器　　(c) 金属丝网除沫器　　(d) 离心式除沫器

(e) 冲击式除沫器　　(f) 旋风式除沫器　　(g) 离心式分离器

图 4-14　几种除沫器结构示意图

第五节　过程和设备的强化与展望

纵观国内外蒸发装置的研究,概括可分为以下几个方面:

1. 研制开发新型高效蒸发器

这方面工作主要从改进加热管表面形状等思路出发来提高传热效果,如板式蒸发器等,它的优点是传热效率高、液体停留时间短、体积小、易于拆卸和清洗,同时加热面积还可根据需要而增减。又如表面多孔加热管,双面纵槽加热管,它们可使沸腾溶液侧的传热系数显著提高。

2. 改善蒸发器内液体的流动状况

这方面的工作主要有:一是设法提高蒸发器循环速度,二是在蒸发器管内装入多种型式的湍流元件。前者的重要性在于它不仅能提高沸腾传热系数,同时还能降低单程汽化率,从而减轻加热壁面的结构现象。后者的出发点,则是使液体增加湍动,以提高传热系数。还有资料报道向蒸发器管内通入适量不凝性气体,增加湍动,以提高传热系数,其缺点是增加了真空泵的吸收量。

3. 改进溶液的性质

近年来,通过改进溶液性质来改善蒸发效果的研究报道也不少。例如,加入适量表面活性剂,消除或减少泡沫,以提高传热系数;也有报道,加入适量阻垢剂可以减少结垢,以提高传热效率和生产能力;在醋酸蒸发器溶液表面,喷入少量水,可提高生产能力和减少加热管的腐蚀,以及用磁场处理水溶液提高蒸发效率等。

4. 优化设计和操作

许多研究者从节省投资、降低能耗等方面着眼,对蒸发装置优化设计进行了深入研究,他们分别考虑了蒸汽压力、冷凝器真空度、各效有效传热温度差、冷凝水闪蒸、热损失以及浓缩热等综合因素的影响,建立了多效蒸发系统优化设计的数学模型。应该指出,在装置中采用先进的计算机测控技术,是使装置在优化条件下进行操作的重要措施。

由上可以看出,近年来蒸发过程的强化,不仅涉及化学工程流体力学、传热方面的研究与技术支持,同时还涉及物理化学、计算机优化和测控技术、新型设备和材料等方面的综合知识与技术。这种由不同单元操作、不同专业和学科之间的渗透和耦合,已经成为过程和设备结合创新的新思路。

思 考 题

1. 蒸发过程与传热过程的主要异同之处有哪些?
2. 多效蒸发的优缺点有哪些?
3. 蒸发器选型时应考虑哪些因素?
4. 真空蒸发中,大气腿、真空装置的作用是什么?
5. 强化蒸发过程的途径有哪些?
6. 蒸发操作为何要保持恒定的料液位、加热蒸汽压力和真空度?
7. 蒸发操作系统真空度下降有哪些因素?

习 题

1. 用一单效蒸发器将 2 500 kg/h 的 NaOH 水溶液由 10% 浓缩到 25%(均为质量分数),已知加热蒸汽压力为 450 kPa,蒸发室内压力为 101.3 kPa,溶液的沸点为 115 ℃,比热容为 3.9 kJ/(kg·K),热损失为 20 kW。试计算以下两种情况下所需加热蒸汽消耗量和单位蒸汽消耗量。(1) 进料温度为 25 ℃;(2) 沸点进料。

$$\left(D_1 = 1\ 820\ \text{kg/h}, \quad \frac{D_1}{W} = 1.21; \quad D_2 = 1\ 500\ \text{kg/h}, \quad \frac{D_2}{W} = 1.0 \right)$$

2. 试计算 30%(质量分数)的 NaOH 水溶液在 60 kPa 绝对压力下的沸点。 $(t = 132.7\ ℃)$

3. 在一常压单效蒸发器中浓缩 $CaCl_2$ 水溶液,已知完成液浓度为 35.7%(质量分数),密度为 1 300 kg/m³,若液面平均深度为 1.8 m,加热室用 0.2 MPa(表压)饱和蒸汽加热,求传热的有效温度差。 $(\Delta t = 14.7\ ℃)$

4. 用一双效并流蒸发器将 10%(质量分数,下同)的 NaOH 水溶液浓缩到 45%,已知原料液量为 5 000 kg/h,沸点进料,原料液的比热容为 3.76 kJ/(kg·K)。加热用蒸汽压力为 500 kPa(绝对压力),冷凝器压力为51.3 kPa,各效传热面积相等,已知一、二效传热系数分别为 $K_1 = 2\ 000\ \text{W}/(\text{m}^2·\text{K})$,$K_2 = 1\ 200\ \text{W}/(\text{m}^2·\text{K})$,若不考虑各种温度差损失和热量损失,且无额外蒸汽引出,且求每效的传热面积。 $(A_1 = 117.3\ \text{m}^2, A_2 = 92.8\ \text{m}^2)$

本章符号说明

拉丁文:

A——传热面积,m²;

B——壁厚,m;

c——比热容,kJ/(kg·K);

D——管径,m;

D——直径,m;

W——加热蒸汽消耗量,kg/h;

e——单位蒸汽消耗量,kg/h;

f——校正系数;

F——原料液量,kg/h;

g——重力加速度,m/s^2;

H——蒸汽的焓,kJ/kg;

K——总传热系数,W/($m^2 \cdot$ K);

L——液面的高度,m;

n——效数;

p——加热蒸汽压力,Pa;

Q——传热速率,W;

r——汽化热,kJ/kg;

R——污垢热阻,$m^2 \cdot$ K/W;

T——溶液温度,蒸汽温度,℃;

U——蒸发器的生产强度,kg/($m^2 \cdot$ h);

W——蒸发量,kg/h;

w——溶液的浓度,质量分数。

希文:

α——对流传热系数,W/($m^2 \cdot$ K);

Δ——温度差损失,℃;

η——热利用系数;

λ——导热系数,W/(m $\cdot$ K);

μ——黏度,Pa $\cdot$ s;

ρ——密度,kg/m^3;

σ——表面张力,N/m。

下标:

1、2、3——效数序号;

a——常压;

c——冷凝;

av——平均。

参 考 文 献

[1] 柴诚敬,张国亮.化工流体流动与传热.北京:化学工业出版社,2000.

[2] 陈敏恒,丛德滋,方图南,等.化工原理:上册.4 版.北京:化学工业出版社,2015.

[3] 蒋维钧,戴猷元,顾惠君.化工原理:上册.3 版.北京:清华大学出版社,2009.

[4] 李云倩.化工原理:上册.北京:中央广播电视大学出版社,1991.

[5] 时钧,汪家鼎,余国琮,等.化学工程手册.2 版.北京:化学工业出版社,1996.

[6] Foust A S.Principles of Unit Operations.2th ed.John Wiley and Sons,Inc,1980.

[7] Perry R H,Chilton C H.Chemical Engineers' Handbook.5th ed.New York:McGraw-Hill,Inc,1973.

[8] 杨祖荣.化工原理.3 版.北京:化学工业出版社,2014.

[9] 樊丽秋.真空设备设计.上海:上海科学技术出版社,1990.

第五章 气体吸收

 本章学习要求

1. 掌握的内容

气体在液体中的溶解度,亨利定律各种表达式及相互间的关系;相平衡的应用;分子扩散、菲克定律及其在等分子反向扩散和单向扩散中的应用;对流传质的概念;双膜理论要点;吸收塔的物料衡算、操作线方程及图示方法;最小液气比的概念及吸收剂用量的确定;填料层高度的计算,传质单元高度与传质单元数的定义,传质单元数的计算(平均推动力法和吸收因数法);吸收塔的设计计算。

2. 熟悉的内容

各种形式的传质速率方程、传质系数和传质推动力的对应关系;各种传质系数间的关系;气膜控制与液膜控制;吸收剂的选择;解吸的特点及计算。

3. 了解的内容

填料层高度计算基本方程的推导。

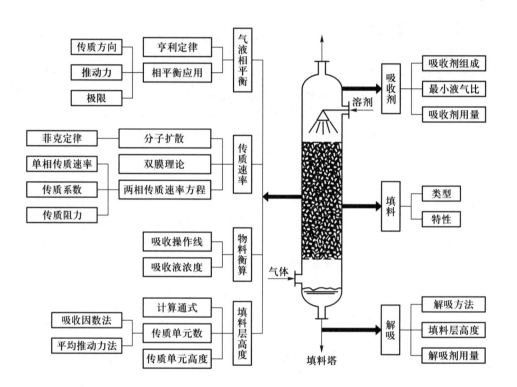

传质方向 ─ 亨利定律 ─ 气液相平衡
推动力 ─ 相平衡应用
极限

菲克定律 ─ 分子扩散 ─ 传质速率
单相传质速率 ─ 双膜理论
传质系数 ─ 两相传质速率方程
传质阻力

吸收操作线 ─ 物料衡算
吸收液浓度

吸收因数法 ─ 计算通式 ─ 填料层高度
平均推动力法 ─ 传质单元数
传质单元高度

溶剂

吸收 ─ 吸收剂组成
最小液气比
吸收剂用量

填料 ─ 类型
特性

气体

填料塔

解吸 ─ 解吸方法
填料层高度
解吸剂用量

使混合气体与适量的液体接触,气体中的一种或几种组分溶解于该液体中,不能溶解的组分仍留在气相中。这种利用混合气体中各组分在溶液中溶解度差异而使气体混合物中各组分分离的单元操作称为**吸收**。

现以甲醇合成工艺中湿法脱硫-低温甲醇洗为例,说明工业吸收过程。该吸收过程的目的是将变换气中的硫脱除,为甲醇合成提供合格的原料气,同时回收硫获得副产品,其工艺流程如图5-0所示。

动画:

吸收与解吸
流程

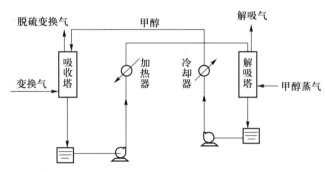

图5-0 湿法脱硫-低温甲醇洗流程

经冷却器降温的吸收剂(贫甲醇)从塔顶进入吸收塔,在加压的吸收塔内与从塔底进入的变换气逆流接触,变换气中的 H_2S 被吸收剂选择吸收,吸收后的脱硫变换气离开吸收塔时,硫的含量达到工艺要求,被输送到合成工段。吸收塔塔底的吸收液被加热后进入甲醇解吸塔,用甲醇蒸气将溶解于甲醇中的 H_2S 几乎全部"吹出",这一过程为**解吸过程**。离开解吸塔的液体为贫甲醇,经冷却后返回到吸收塔循环使用,而解吸出来的 H_2S 可用于制造单质硫和硫酸等。

第一节　概　述

5-1-1　气体吸收过程及应用

吸收操作的依据是混合物各组分在某种溶剂(吸收剂)中溶解度(或化学反应活性)的差异,利用这个差异可达到分离气体混合物的目的。如将含氨的空气通入水中,因氨、空气在水中的溶解度差异很大,氨很容易溶解于水中,形成氨水溶液,而空气几乎不溶于水,所以,用水吸收混合气体中的氨能使氨-空气混合气体得以分离。

混合气体中,能够显著溶解的组分称为**溶质**或**吸收质**,用 A 表示(如上述的氨);不被溶解的组分称为**惰性组分**(惰气)或**载体**,用 B 表示(如上述的空气);吸收操作中所用的溶剂称为**吸收剂**或**溶剂**,用 S 表示(如上述的水);吸收操作中所得到的溶液称为**吸收液**或**溶液**,其成分为溶质 A 和溶剂 S,用 S+A 表示;吸收操作中排出的气体称为**吸收尾气**,其主要成分是惰性气体 B 及残余的溶质 A,用(A)+B 表示。

从流程图5-0可以看出,气体混合物的分离包括吸收和解吸(吸收剂再生)两个过

文本:

本节学习
纲要

程。它既实现了气体混合物组分的分离,达到了气体净化的目的,同时也对有用的组分进行了回收利用。

若吸收操作的目的是获得吸收产品、半产品,则无需解吸相伴,有时为了净化环境而吸收剂价廉又易得,吸收液可排放到污水道,也无需解吸。

吸收过程作为一种重要的分离手段被广泛地应用于化工、医药、冶金等生产过程,其应用目的有以下几种:

(1) **分离混合气体以获得一定的组分或产物** 如用硫酸吸收煤气中的氨,并得到副产物硫酸铵,用洗油吸收焦炉气回收其中的苯、甲苯蒸气,用液态烃处理石油裂解气以回收其中的乙烯、丙烯等。

(2) **除去有害组分以净化或精制气体** 通常采用吸收的方法除去混合物中的杂质。如用水或碱液脱除合成氨原料气中的二氧化碳,用丙酮脱除石油裂解气中的乙炔等。

(3) **制备某种气体的溶液** 如用水吸收氯化氢、二氧化硫、二氧化氮制得相应的酸,用水吸收甲醛制备福尔马林溶液等。

(4) **工业废气的治理** 在煤矿、冶金、医药等生产过程中所排放的废气中常含有SO_2、NO、NO_2等有害成分,其特点是有害成分的浓度低且具有强酸性。如将其直接排入大气对人体和自然环境的危害很大。所以,工业上在这些废气排放之前,通常选用碱性吸收剂来吸收这些有害气体。

实际吸收过程往往同时兼有净化和回收等多重目的。

5-1-2 吸收剂的选用

吸收过程是溶质在气液两相之间的传质过程,是靠气体溶质在吸收剂中的溶解来实现的。因此,吸收剂性能往往是决定吸收效果的关键。在选择吸收剂时,应从以下几方面考虑:

(1) **溶解度** 溶质在溶剂中的溶解度要大,即在一定的温度和浓度下,溶质的平衡分压要低,这样可以提高吸收速率并减小吸收剂的耗用量,气体中溶质的极限残余浓度亦可降低。当吸收剂与溶质发生化学反应时,溶解度可大大提高。但要使吸收剂循环使用,则化学反应必须是可逆的。

(2) **选择性** 吸收剂对混合气体中的溶质要有良好的吸收能力,而对其它组分应不吸收或吸收甚微,否则不能直接实现有效的分离。

(3) **溶解度对操作条件的敏感性** 溶质在吸收剂中的溶解度对操作条件(温度、压力)要敏感,即随操作条件的变化溶解度要显著地变化,这样被吸收的气体组分容易解吸,吸收剂再生方便。

(4) **挥发度** 操作温度下吸收剂的蒸气压要低,因为离开吸收设备的气体往往被吸收剂所饱和,吸收剂的挥发度越大,则在吸收和再生过程中吸收剂损失越大。

(5) **黏性** 吸收剂黏度要低,流体输送功耗小。

(6) **化学稳定性** 吸收剂化学稳定性要好,避免因吸收过程中条件变化而引起吸收剂变质。

(7) **腐蚀性** 吸收剂腐蚀性应尽可能小,以减少设备费和维修费。

（8）**其它**　所选用吸收剂应尽可能满足价廉、易得、易再生、无毒、无害、不易燃烧、不易爆炸等要求。

实际上，很难找到一种理想的溶剂能够满足上述所有要求。因此，应对可供选用的吸收剂全面评价后做出经济、合理、恰当的选择。

5-1-3　吸收过程的分类

一、物理吸收和化学吸收

在吸收过程中溶质与溶剂不发生显著化学反应，称为**物理吸收**。例如，用水吸收 CO_2，洗油吸收焦炉气中的苯等，其吸收过程均为物理吸收。物理吸收过程中溶质与溶剂的结合力较弱，解吸比较容易。如果在吸收过程中，溶质与溶剂发生显著化学反应，则此吸收操作称为**化学吸收**。如硫酸吸收氨，碱液吸收二氧化碳等。

二、单组分吸收与多组分吸收

在吸收过程中，若混合气体中只有一种组分被吸收，其余组分可认为不溶于吸收剂，则称之为**单组分吸收**；如果混合气体中有两种或多种组分进入液相，则称为**多组分吸收**。如合成氨的原料气中含有 N_2、H_2、CO 和 CO_2 等几种组分，用水吸收原料气，只有 CO_2 在水中溶解度大，该吸收过程属于单组分吸收。当用洗油吸收焦炉气时，气体中的苯、甲苯等多种组分在洗油中都有较大的溶解度，该吸收过程属于多组分吸收过程。

三、等温吸收与非等温吸收

气体溶于液体中时常伴随热效应，若热效应很小，或被吸收的组分在气相中的浓度很低，而吸收剂用量很大，液相的温度变化不显著，则可认为是**等温吸收**。若吸收过程中发生化学反应，其反应热很大，液相的温度明显变化，则该吸收过程为**非等温吸收**。若吸收设备散热良好，能及时引出吸收放出的热量而维持液相温度近似不变，则也可认为是等温吸收。

四、低浓度吸收与高浓度吸收

通常根据生产经验，规定当混合气体中溶质组分 A 的摩尔分数大于 0.1，且被吸收的数量多时，称为**高浓度吸收**；反之，若溶质在气、液两相中摩尔分数均小于 0.1，则吸收称为**低浓度吸收**。对于低浓度吸收，可认为气、液两相流经吸收塔的流率为常数，因溶解而产生的热效应很小，引起的液相温度变化不显著，故低浓度的吸收可视为等温吸收。

本章重点研究低浓度、单组分、等温的物理吸收过程。

第二节　气液相平衡关系

前已述及，吸收过程实质上是溶质组分自气相通过相界面转移（迁移）到液相的过程。它类似于热量传递中两流体通过间壁的传热过程，只是吸收过程要比传热过程复杂得多。因为，它还涉及气液相平衡等方面的规律。

5-2-1　气体在液体中的溶解度

一、溶解度曲线

在一定压力和温度下，使一定量的吸收剂与混合气体充分接触，气相中的溶质便向液相溶剂中转移,经长期充分接触之后,液相中溶质组分的浓度不再增加,此时,气液两相达到平衡,此状态为**相平衡状态**,溶质在液相中的浓度为**饱和浓度(溶解度)**,气相中溶质的分压为**平衡分压**。平衡时溶质组分在气液两相中的浓度存在一定的关系,即相平衡关系。

气液相平衡关系可用列表或图线表示,其中用二维坐标绘成的气液相平衡关系曲线称为**溶解度曲线**。图 5-1 为以溶质分压随摩尔分数变化表示的溶解度曲线。图 5-2 为不同压力下 y-x 关系图,由该图可见,在一定的温度下,气相中溶质组成 y 不变,当总压 p 增加时,在同一溶剂中溶质的溶解度 x 随之增加,这将有利于吸收,故吸收操作通常在加压条件下进行。

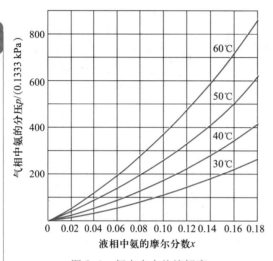

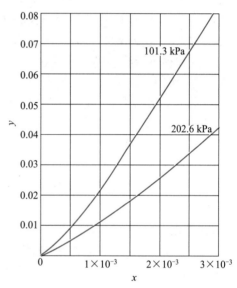

图 5-1　氨在水中的溶解度　　　　　　图 5-2　20 ℃下 SO_2 在水中的溶解度

图 5-3 为一定压力下不同温度的 y-x 关系图,当总压 p、气相中溶质 y 一定时,若吸收温度下降,如温度由 50 ℃降为 30 ℃,则溶解度可大幅度提高,故在吸收工艺流程中,吸收剂常常经冷却后进入吸收塔。

从上述规律得知,加压和降温可以提高气体溶质在溶剂中的溶解度,所以加压和降温有利于吸收操作过程。而减压和升温则有利于解吸操作过程。

不同气体在水中的溶解度曲线如图 5-4 所示,图中的横坐标 O_2 的 n 值为 3,CO_2 的 n 值为 2,SO_2 的 n 值为 1,NH_3 的 n 值为 0。由图可以看出当总压、温度、气相中的溶质组成一定时,不同气体在同一溶剂中的溶解度的差别很大。其中溶解度小的气体如 O_2、CO_2 等称为难溶气体,溶解度大的气体如 NH_3 等称为易溶气体,介乎其间的如 SO_2 等气体称为溶解度适中的气体。

二、亨利定律

当吸收操作用于分离低浓度气体混合物时,所得吸收液的浓度也较低,1803 年亨利对此情况下的溶解度做了大量的研究,发现:总压不高(如不超过 $5×10^5$ Pa)时,在一定温度下,稀溶液上方气相中溶质的平衡分压与溶质在液相中的摩尔分数成正比,其比例系数为**亨利系数**。数学表达式为

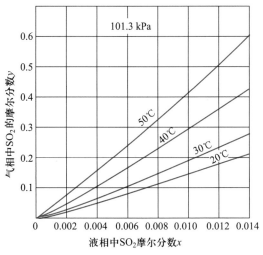

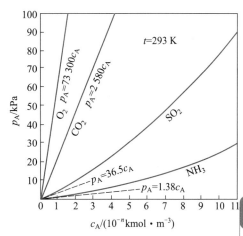

图 5-3　101.3 kPa 下 SO₂ 在水中的溶解度　　　图 5-4　几种气体在水中的溶解度曲线

$$p_A^* = Ex \qquad\qquad (5-1)$$

式中：　p_A^*——溶质在气相中的平衡分压，kPa；

　　　　E——亨利系数，kPa；

　　　　x——溶质在液相中的摩尔分数。

　　当气体混合物和溶剂一定时，亨利系数仅随温度而改变，对于大多数物系，温度上升，E 值增大，气体溶解度减少。在同一种溶剂中，难溶气体的 E 值很大，溶解度很小；而易溶气体的 E 值则很小，溶解度很大。亨利系数一般由实验确定，常见物系的亨利系数也可从有关手册中查得，部分气体在水中的亨利系数见表 5-1。

表 5-1　若干气体在水中的亨利系数

气体	温度/℃															
	0	5	10	15	20	25	30	35	40	45	50	60	70	80	90	100
	$E/(10^6 \text{ kPa})$															
H_2	5.87	6.16	6.44	6.70	6.92	7.16	7.39	7.52	7.61	7.70	7.75	7.75	7.71	7.65	7.61	7.55
N_2	5.35	6.05	6.77	7.48	8.15	8.76	9.36	9.98	10.5	11.0	11.4	12.2	12.7	12.8	12.8	12.8
空气	4.38	4.94	5.56	6.15	6.73	7.30	7.81	8.34	8.82	9.23	9.59	10.2	10.6	10.8	10.9	10.8
CO	3.57	4.01	4.48	4.95	5.43	5.88	6.28	6.68	7.05	7.39	7.71	8.32	8.57	8.57	8.57	8.57
O_2	2.58	2.95	3.31	3.69	4.06	4.44	4.81	5.14	5.42	5.70	5.96	6.37	6.72	6.96	7.08	7.10
CH_4	2.27	2.62	3.01	3.41	3.81	4.18	4.55	4.92	5.27	5.58	5.58	6.34	6.75	6.91	7.01	7.10
NO	1.71	1.96	2.21	2.45	2.67	2.91	3.14	3.35	3.57	3.77	3.95	4.24	4.44	4.54	4.58	4.60
C_2H_6	1.28	1.57	1.92	2.90	2.66	3.06	3.47	3.88	4.29	4.69	5.07	5.72	6.31	6.70	6.96	7.01

气体	温度/℃															
	0	5	10	15	20	25	30	35	40	45	50	60	70	80	90	100
	$E/(10^5 \text{ kPa})$															
C_2H_4	5.59	6.62	7.78	9.07	10.3	11.6	12.9	—	—	—	—	—	—	—	—	—
N_2O	—	1.19	1.43	1.68	2.01	2.28	2.62	3.06	—	—	—	—	—	—	—	—
CO_2	0.738	0.888	1.05	1.24	1.44	1.66	1.88	2.12	2.36	2.60	2.87	3.46	—	—	—	—
C_2H_2	0.73	0.85	0.97	1.09	1.23	1.35	1.48	—	—	—	—	—	—	—	—	—
Cl_2	0.272	0.334	0.399	0.461	0.537	0.604	0.669	0.74	0.80	0.86	0.90	0.97	0.99	0.97	0.96	—
H_2S	0.272	0.319	0.372	0.418	0.489	0.552	0.617	0.686	0.755	0.825	0.689	1.04	1.21	1.37	1.46	1.50
	$E/(10^4 \text{ kPa})$															
SO_2	0.167	0.203	0.245	0.294	0.355	0.413	0.485	0.567	0.661	0.763	0.871	1.11	1.39	1.70	2.01	—

因互成平衡的气液两相组成可采用不同的表示方法,所以亨利定律有不同的表达形式。

(1)若溶质在气相中的平衡浓度用分压 p_A^* 表示,溶质在液相中的浓度用物质的量浓度 c_A 表示,则亨利定律可写成如下形式:

$$p_A^* = \frac{c_A}{H} \tag{5-2}$$

式中: c_A——溶质在液相中的物质的量浓度,$kmol/m^3$;

H——溶解度系数,$kmol/(m^3 \cdot kPa)$;

p_A^*——溶质在气相中的平衡分压,kPa。

溶解度系数 H 与亨利系数 E 的关系为

$$\frac{1}{H} \approx \frac{EM_s}{\rho_s} \tag{5-3}$$

式中: ρ_s——溶剂的密度,kg/m^3;

M_s——溶剂的摩尔质量,kg/kmol。

溶解度系数 H 也是温度的函数,且与溶质和溶剂有关,但 H 随温度的升高而降低,易溶气体 H 值较大,难溶气体 H 值较小。

(2)若溶质在气相和液相中的浓度分别用摩尔分数 y、x 表示,则亨利定律写成如下形式:

$$y^* = mx \tag{5-4}$$

式中: x——液相中溶质的摩尔分数;

y^*——与液相组成 x 相平衡的气相中溶质的摩尔分数;

m——相平衡常数,量纲为一。

相平衡常数 m 与亨利系数 E 的关系为

$$m = \frac{E}{p} \qquad\qquad (5\text{-}5)$$

相平衡常数 m 随温度、压力和物系而变化。当物系一定时，若温度降低或总压升高，则 m 值变小，液相溶质的浓度 x 增加，有利于吸收操作；当温度、压力一定时，m 值越大，该气体的溶解度越小，故 m 值反映了不同气体溶解度的大小。

（3）若溶质在气相和液相中的浓度分别用摩尔比 Y、X 表示，当溶液浓度很低时，亨利定律写成如下形式：

$$Y^* = mX \qquad\qquad (5\text{-}6)$$

式中： X——液相中溶质的摩尔比；

Y^*——与液相组成 X 相平衡的气相中溶质的摩尔比。

亨利定律的各种表达式所描述的是互成平衡的气液两相组成之间的关系，故亨利定律又可以写成如下形式：

$$x^* = \frac{p_A}{E} \quad , \quad c_A^* = Hp_A \quad , \quad x^* = \frac{y}{m} \quad , \quad X^* = \frac{Y}{m}$$

例 5-1 某系统温度为 10 ℃，总压为 101.3 kPa，试求此条件下在与空气充分接触后的水中，每立方米水溶解了多少克氧气？

解： 空气按理想气体处理，由道尔顿分压定律可知，氧气在气相中的分压为

$$p_A^* = py = 101.3 \times 0.21 \text{ kPa} = 21.27 \text{ kPa}$$

氧气为难溶气体，故氧气在水中的液相组成 x 很低，气液相平衡关系服从亨利定律，由表 5-1 查得 10 ℃时，氧气在水中的亨利系数 E 为 3.31×10^6 kPa。

因为

$$H = \frac{\rho_s}{EM_s} \quad , \quad c_A^* = Hp_A$$

所以

$$c_A^* = \frac{\rho_s p_A}{EM_s}$$

故

$$c_A^* = \left(\frac{1\,000 \times 21.27}{3.31 \times 10^6 \times 18} \right) \text{ kmol/m}^3 = 3.57 \times 10^{-4} \text{ kmol/m}^3$$

$$m_A = (3.57 \times 10^{-4} \times 32 \times 1\,000) \text{ g/m}^3 = 11.42 \text{ g/m}^3$$

5-2-2　相平衡关系在吸收过程中的应用

在温度和压力恒定的情况下，若让溶剂与混合气体接触，试问溶质能否向液相转移？如果溶质向液相转移，最终液相中的溶质浓度为多大？转移的速率是多少？这些问题是工程上需要解决的，下面分别予以介绍。

一、判断过程进行的方向

当气液两相接触时，气相中溶质的组成为 y，与液相中溶质组成 x 相平衡的气相组成为 y^*；液相中溶质的组成为 x，与气相中溶质组成 y 相平衡的液相溶质组成为 x^*。溶质自气相转移至液相，即发生吸收过程的充分必要条件是

$$y > y^* \quad 或 \quad x < x^*$$

反之,溶质自液相转移至气相,即发生解吸过程。

二、指明过程进行的极限

平衡状态是吸收过程的极限。相平衡关系限制了吸收液离塔时的最高浓度和气体混合物离塔时的最低浓度。如将浓度为 y_1 的混合气体送入某吸收塔的底部,与自塔顶淋下的溶剂做逆流吸收。即使在塔无限高、溶剂量很小的情况下,x_1 也不会无限增大,其极限浓度只能是与气相浓度 y_1 平衡的液相浓度 x_1^*,即 $x_{1,\max}=x_1^*=\dfrac{y_1}{m}$。如果采用大量的吸收剂和较小气体流量,即使在无限高的塔内进行逆流吸收,出塔气体中溶质的浓度也不会低于与吸收剂入口浓度 x_2 平衡的气相浓度 y_2^*,即 $y_{2,\min}=y_2^*=mx_2$。仅当 $x_2=0$ 时,$y_{2,\min}=0$,理论上才能实现气相溶质的全部吸收。

三、确定过程的推动力

应强调指出,只有不平衡的两相互相接触才会发生吸收或解吸过程。实际浓度偏离平衡浓度越大,过程的推动力越大,过程的速率也越大。

在吸收过程中,通常以实际浓度与平衡浓度偏离的程度来表示吸收过程的推动力。如图5-5所示,吸收塔某截面 MN 处溶质在气液两相中的浓度分别为 y、x,以操作点 A 代表,则 $(y-y^*)$ 即为以气相中溶质摩尔分数差表示的吸收过程推动力;(x^*-x) 为以液相中溶质的摩尔分数差表示的吸收过程推动力。

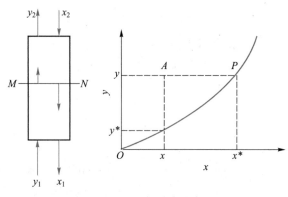

图 5-5　吸收推动力示意图

由于气液两相的浓度还可以用 p_A、c_A 表示,故 $(p_A-p_A^*)$ 为以气相分压差表示的吸收过程推动力,$(c_A^*-c_A)$ 为以液相物质的量浓度差表示的吸收过程推动力。

例 5-2　在总压 101.3 kPa,温度 30 ℃的条件下,SO_2 摩尔分数为 0.3 的混合气体与 SO_2 摩尔分数为 0.01 的水溶液相接触,试求:

(1) 从液相分析 SO_2 的传质方向;

(2) 从气相分析,其它条件不变,温度降到 0 ℃时 SO_2 的传质方向;

(3) 其它条件不变,从气相分析,总压提高到 202.6 kPa 时 SO_2 的传质方向,并计算以液相摩尔分数差及气相摩尔分数差表示的传质推动力。

解:(1) 查得在总压 101.3 kPa,温度 30 ℃条件下 SO_2 在水中的亨利系数 $E=4\,850$ kPa,所以

$$m = \frac{E}{p} = \frac{4\,850}{101.3} = 47.88$$

从液相分析

$$x^* = \frac{y}{m} = \frac{0.3}{47.88} = 0.006\,27 < x = 0.01$$

故 SO_2 必然从液相转移到气相,进行解吸过程。

(2) 查得在总压 101.3 kPa,温度 0 ℃ 的条件下,SO_2 在水中的亨利系数 $E = 1\,670$ kPa,所以

$$m = \frac{E}{p} = \frac{1\,670}{101.3} = 16.49$$

从气相分析

$$y^* = mx = 16.49 \times 0.01 = 0.16 < y = 0.3$$

故 SO_2 必然从气相转移到液相,进行吸收过程。

(3) 在总压 202.6 kPa,温度 30 ℃ 条件下,SO_2 在水中的亨利系数 $E = 4\,850$ kPa,所以

$$m = \frac{E}{p} = \frac{4\,850}{202.6} = 23.94$$

从气相分析

$$y^* = mx = 23.94 \times 0.01 = 0.24 < y = 0.3$$

故 SO_2 必然从气相转移到液相,进行吸收过程。

$$x^* = \frac{y}{m} = \frac{0.3}{23.94} = 0.012\,5$$

以液相摩尔分数差表示的吸收推动力为

$$\Delta x = x^* - x = 0.012\,5 - 0.01 = 0.002\,5$$

以气相摩尔分数差表示的吸收推动力为

$$\Delta y = y - y^* = 0.3 - 0.24 = 0.06$$

由上述的结果可以看出:降低操作温度,会导致亨利系数、相平衡常数下降,溶质在液相中的溶解度增加,故有利于吸收;当压力不太高时,提高操作压力对亨利系数影响不大,可忽略不计,但由于相平衡常数显著地提高,而使溶质在液相中的溶解度增加,故有利于吸收。

第三节 单 相 传 质

当不平衡的气液两相接触时,若 $y > y^*$,则溶质从气相向液相传递,为吸收过程,该过程包括以下三个步骤:

(1) 溶质由气相主体向相界面传递,即在单一相(气相)内传递物质;

(2) 溶质在气液相界面上的溶解,由气相转入液相,即在相界面上发生溶解过程;

文本

本节学习纲要

第三节 单相传质

（3）溶质自气液相界面向液相主体传递，即在单一相（液相）内传递物质。

通常，界面上发生的溶解过程是很容易进行的，其阻力很小，一般认为界面上气液两相溶质的浓度满足平衡关系。故总传质速率将由两个单相即气相与液相内的传质所决定。

不论溶质在气相或液相，它在单一相里的传递均有两种基本形式，一是分子扩散，二是对流传质。

5-3-1 定态的一维分子扩散

一、分子扩散与菲克定律

在静止或层流流体内部，若某一组分存在浓度差，则因分子无规则的热运动使该组分由浓度较高处传递至浓度较低处，这种现象称为**分子扩散**。分子扩散是分子微观运动的结果。如香水瓶打开后，在其附近就可以闻到香水的气味，这就是分子扩散的结果。

分子扩散产生的原因是由于体系内不同位置的浓度差异，实现分子扩散依靠的是分子无规则的热运动。在图5-6所示的容器中，用一块隔板将容器分为左右两室，两室分别盛有温度及压强相同的A、B两种气体。当抽出中间的隔板后，分子A借分子运动由高浓度的左室向低浓度的右室扩散，同理气体B由高浓度的右室向低浓度的左室扩散，扩散过程进行到整个容器里A、B两组分浓度均匀为止。扩散进行的快慢用扩散通量来衡量。

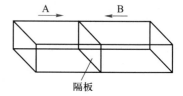

图5-6 两种气体相互扩散

单位时间内通过垂直于扩散方向的单位截面积扩散的物质的量，称为**扩散通量**（扩散速率），以符号J表示，单位为$kmol/(m^2 \cdot s)$。

由两组分A和B组成的混合物，在恒定温度、总压条件下，若组分A只沿z方向扩散，浓度梯度为$\dfrac{dc_A}{dz}$，则任一点处组分A的扩散通量与该处A的浓度梯度成正比，此定律称为**菲克定律**，数学表达式为

$$J_A = -D_{AB}\frac{dc_A}{dz} \tag{5-7}$$

式中： J_A——组分A在扩散方向z上的扩散通量，$kmol/(m^2 \cdot s)$；

$\dfrac{dc_A}{dz}$——组分A在扩散方向z上的浓度梯度，$kmol/m^4$；

D_{AB}——组分A在组分B中的扩散系数，m^2/s。

式中负号表示扩散方向与浓度梯度方向相反，扩散沿着浓度降低的方向进行。

对于A、B两组分混合物，在不同位置，组分A、B各自的物质的量浓度不同，但混合物的总浓度在各处是相等的，即

$$c = c_A + c_B = 常数$$

所以任一时刻,任一处
$$\frac{\mathrm{d}c_A}{\mathrm{d}z} = -\frac{\mathrm{d}c_B}{\mathrm{d}z} \tag{5-8}$$

而且,对于双组分混合物,组分 A 沿 z 方向在单位时间内单位面积扩散的物质的量必等于组分 B 沿 z 方向在单位时间内单位面积反方向扩散的物质的量,即
$$J_A = -J_B \tag{5-9}$$

将式(5-8)和式(5-9)代入菲克定律式(5-7),得到
$$D_{AB} = D_{BA} = D \tag{5-10}$$

式(5-10)说明,在双组分混合物中,组分 A 在组分 B 中的扩散系数等于组分 B 在组分 A 中的扩散系数。

菲克定律是对分子扩散现象基本规律的描述,它与描述热传导规律的傅里叶定律及描述层流流体中动量传递规律的牛顿黏性定律在形式上相似。

分子扩散系数简称**扩散系数**,由菲克定律可知扩散系数的物理意义为单位浓度梯度下的扩散通量,单位为 m^2/s。扩散系数反映了某组分在一定介质(气相或液相)中的扩散能力,是物质特性常数之一。其值随物系种类、温度、浓度或总压的不同而变化。气体中的扩散系数和液体中的扩散系数具体数值查阅有关手册。

二、等分子反向扩散

分子扩散有两种基本形式,下面分别予以讨论。

设想有两个容积很大的容器 α 和 β,如图 5-7 所示。用一粗细均匀的连通管将它们连通,连通管的截面积相对于两容器的截面积很小。两容器内装有浓度不同的 A-B 混合气体,其中 $c_{A1} > c_{A2}$,$c_{B2} > c_{B1}$。两容器内装有搅拌器,以保证各处浓度均匀。由于连通管两端存在组分 A、B 的浓度差,故在连通管内发生分子扩散现象,组分 A 由容器 α 向容器 β 扩散,组分 B 由容器 β 向容器 α 扩散。当通过连通管内任一截面处两个组分的扩散速率大小相等时,此扩散称为**等分子反向扩散**,由于容器很大,而连通管较细,故在有限时间内,此扩散不会使两容器内的组分浓度发生明显的变化,可以认为在截面 1 上的组分浓度 c_{A1} 和 c_{B1}、在截面 2 上的浓度 c_{A2}、c_{B2} 及总压 p(或 c)维持不变,该过程可视为定态的一维分子扩散过程。

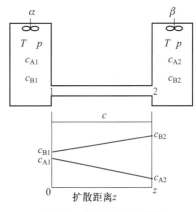

图 5-7　等分子反向扩散

传质速率定义为:在任一固定的空间位置上,单位时间内通过垂直于传递方向的单位面积传递的物质的量,记作 N。

在如图 5-7 所示的等分子反向扩散中,组分 A 的传质速率等于其扩散速率,即
$$N_A = J_A = -D\frac{\mathrm{d}c_A}{\mathrm{d}z} \tag{5-11}$$

因该过程为定态过程,传质速率 N_A 为一常数,从图 5-7 可知边界条件:$z=0$ 处,$c_A = c_{A1}$;$z=z$ 处,$c_A = c_{A2}$,对式(5-11)积分:

$$\int_0^z N_A \mathrm{d}z = \int_{c_{A1}}^{c_{A2}} -D\mathrm{d}c_A$$

$$N_A = \frac{D}{z}(c_{A1}-c_{A2}) \tag{5-12}$$

如果 A、B 组成的混合物为理想气体,式(5-12)可表示为

$$N_A = \frac{D}{RTz}(p_{A1}-p_{A2}) \tag{5-13}$$

式(5-12)式(5-13)为单纯等分子反向扩散速率方程积分式。从式(5-11)可以看出,在等分子反向扩散过程中,组分的浓度与扩散距离 z 成直线关系。

等分子反方向扩散这种形式通常发生在蒸馏过程中。在双组分蒸馏过程,若易挥发组分 A 与难挥发组分 B 的摩尔相变焓近似相等,则在液相有 1 mol 的易挥发组分 A 汽化后进入气相,在气相必有 1 mol 难挥发组分 B 冷凝进入液相,这样 A、B 两组分以相等的量反向扩散,可近似按等分子反向扩散处理。

三、单向扩散及其速率方程

在单组分吸收过程中,混合气体中的溶质 A 不断由气相主体扩散到气液相界面处,在界面处被液体溶解,而组分 B 不被溶剂所吸收,被界面截留,现仍以图 5-7 说明此吸收过程,只不过将截面 2 设想成相界面,只允许组分 A 通过,而组分 B 不能通过,故在连通管内,组分 A 由截面 1 扩散到截面 2,然后通过截面 2 进入容器 β,而组分 B 由截面 2 向截面 1 反向扩散,但由于相界面不能提供组分 B,造成在截面 2 左侧附近总压降低,使截面 1 与截面 2 产生一小压差,促使 A、B 混合气体由截面 1 向截面 2 处流动,此流动称为**总体流动**。

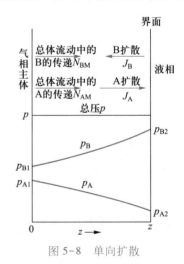

图 5-8 单向扩散

上述总体流动是因分子扩散而不是依靠外力引起的宏观流动。如图 5-8 所示,此总体流动使组分 A 和组分 B 具有相同的传递方向,组分 A 和组分 B 在总体流动通量中各占的比例与其摩尔分数相同,即若总体流动速率为 N_M,则组分 A 和 B 因总体流动而产生的传质速率分别为 $N_{AM} = N_M \dfrac{c_A}{c}$ 和 $N_{BM} = N_M \dfrac{c_B}{c}$。

对于组分 A,扩散的方向与总体流动的方向一致,所以组分 A 因分子扩散和总体流动总和作用所产生的传质速率为 N_A,即

$$N_A = J_A + N_M \frac{c_A}{c} \tag{5-14}$$

同理
$$N_B = J_B + N_M \frac{c_B}{c}$$

根据前面的限定条件,组分 B 不能通过气液界面,故在定态条件下,组分 B 通过截面 2 及连通管各截面的传质速率为零,即 $N_B = 0$。这说明组分 B 的分子扩散与总体流动的作用相抵消。

根据边界条件,对组分 A 和组分 B 传质速率方程积分,得

$$N_A = \frac{Dc}{zc_{Sm}}(c_{A1} - c_{A2}) \tag{5-15}$$

式中:
$$c_{Sm} = \frac{c_{B2} - c_{B1}}{\ln \dfrac{c_{B2}}{c_{B1}}} \tag{5-16}$$

即组分 B 在截面 1 和截面 2 处浓度的对数平均值。

当组分 A 在气相扩散时,式(5-15)可表示为

$$N_A = \frac{Dp}{RTz} \ln \frac{p_{B2}}{p_{B1}} \tag{5-17}$$

或
$$N_A = \frac{Dp}{RTzp_{Bm}}(p_{A1} - p_{A2}) \tag{5-18}$$

式中:
$$p_{Bm} = \frac{p_{B2} - p_{B1}}{\ln \dfrac{p_{B2}}{p_{B1}}} \tag{5-19}$$

$\dfrac{p}{p_{Bm}}$、$\dfrac{c}{c_{Sm}}$——称为"漂流因子"或"移动因子",量纲为一。

因 $p > p_{Bm}$ 或 $c > c_{Sm}$,故 $\dfrac{p}{p_{Bm}} > 1$ 或 $\dfrac{c}{c_{Sm}} > 1$。将式(5-12)与(5-15)、式(5-13)与(5-18)比较,可以看出,漂流因子的大小反映了总体流动对传质速率的影响程度,溶质的浓度越大,其影响越大。其值为总体流动使传质速率较单纯分子扩散增大的倍数。当混合物中溶质 A 的浓度较低时,即 c_A 或 p_A 很小时,$p \approx p_{Bm}$,$c \approx c_{Sm}$。即 $\dfrac{p}{p_{Bm}} \approx 1$,$\dfrac{c}{c_{Sm}} \approx 1$。总体流动可以忽略不计。

例 5-3 在温度为 20 ℃、总压为 101.3 kPa 的条件下,CO_2 与空气混合气体缓慢地沿着 Na_2CO_3 溶液液面流过,空气不溶于 Na_2CO_3 溶液。CO_2 透过 1 mm 厚的静止空气层扩散到 Na_2CO_3 溶液中,混合气体中 CO_2 的摩尔分数为 0.2,CO_2 到达 Na_2CO_3 溶液液面上立即被吸收,故相界面上 CO_2 的浓度可忽略不计。已知温度为 20 ℃时,CO_2 在空气中的扩散系数为 0.18 cm²/s。试求 CO_2 的传质速率为多少?

解：CO_2 通过静止空气层扩散到 Na_2CO_3 溶液液面属单向扩散，可用式(5-18)计算传质速率。

已知：CO_2 在空气中的扩散系数 $D = 0.18\ cm^2/s = 1.8 \times 10^{-5}\ m^2/s$。

    扩散距离 $z = 1\ mm = 0.001\ m$，气相总压 $p = 101.3\ kPa$

    气相主体中溶质 CO_2 的分压 $p_{A1} = py_{A1} = (101.3 \times 0.2)\ kPa = 20.26\ kPa$

    气液界面上 CO_2 的分压 $p_{A2} = 0$

所以，气相主体中空气(惰性组分)的分压 $p_{B1} = p - p_{A1} = (101.3 - 20.26)\ kPa = 81.04\ kPa$

气液界面上的空气(惰性组分)的分压 $p_{B2} = p - p_{A2} = (101.3 - 0)\ kPa = 101.3\ kPa$

空气在气相主体和界面上分压的对数平均值为

$$p_{Bm} = \frac{p_{B2} - p_{B1}}{\ln \dfrac{p_{B2}}{p_{B1}}} = \left(\frac{101.3 - 81.04}{\ln \dfrac{101.3}{81.04}} \right) kPa = 90.79\ kPa$$

代入式(5-18)，得

$$N_A = \frac{Dp}{RTzp_{Bm}}(p_{A1} - p_{A2}) = \left[\frac{1.8 \times 10^{-5}}{8.314 \times 293 \times 0.001} \cdot \frac{101.3}{90.79} \cdot (20.26 - 0) \right] kmol/(m^2 \cdot s)$$

$$= 1.67 \times 10^{-4}\ kmol/(m^2 \cdot s)$$

5-3-2 单相对流传质机理

吸收过程是在两相流体流动时进行的。流动着的流体与壁面之间或两个有限互溶的流动流体之间发生的传质，通常称为**对流传质**。在吸收设备中气液两相内存在浓度梯度，必然存在分子扩散，而两相流体又是流动的，物质会随着流动从一处向另一处传递，故吸收设备内的传递是分子扩散与涡流扩散的总和，其传质速率除了与分子扩散有关外，还与流体的流动状况密切相关。

一、涡流扩散

流体做湍流流动时，由于质点的无规则运动，相互碰撞和混合，在存在浓度梯度的情况下，组分会从高浓度向低浓度方向传递，这种现象称为**涡流扩散**。因质点运动无规则，所以涡流扩散速率很难从理论上确定，通常采用类似描述分子扩散的菲克定律形式表示，即

$$J_A = -D_e \frac{dc_A}{dz} \tag{5-20}$$

式中：J_A——涡流扩散速率，$kmol/(m^2 \cdot s)$；

      D_e——涡流扩散系数，m^2/s。

涡流扩散系数与分子扩散系数不同，D_e 不是物性常数，其值与流体流动状态及所处的位置有关，D_e 的数值很难通过实验准确测定。

二、有效膜模型

在大多数传质设备中，流体的流动多属于湍流。流体在做湍流流动时，传质的形式包括分子扩散和涡流扩散两种，因涡流扩散难以确定，故常将分子扩散与涡流扩散联合考虑。

由于对湍流的认识还不全面,从理论上很难推导出传质速率方程,于是仿照传热中处理对流传热的方法来解决对流传质问题。即将界面以外的对流传质视为通过一厚度为 z_G 的层流层的分子扩散,如图 5-9 所示。设层流内层分压梯度线延长线与气相主体分压线 p_A 相交于一点 G,则厚度 z_G 为 G 到相界面的垂直距离。厚度为 z_G 的膜层称为**有效层流膜**或**虚拟膜**。上述处理方法的实质是把对流传质的阻力全部集中在一层虚拟的膜层内,膜层内的传质形式仅为分子扩散。

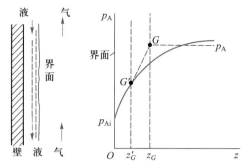

图 5-9 对流传质浓度分布图

有效膜厚 z_G 是个虚拟的厚度,但它与层流内层厚度 z'_G 存在一一对应关系。流体湍流程度越剧烈,层流内层厚度 z'_G 越薄,相应的有效膜厚 z_G 也越薄,对流传质阻力越小。

5-3-3 单相对流传质速率方程

一、气相对流传质速率方程

据上述膜模型,将流体对界面的对流传质折合成在有效膜内的分子扩散,得到气相与界面间对流传质速率方程:

$$N_A = k_G (p_A - p_{Ai}) \tag{5-21}$$

式中: $k_G = \dfrac{Dp}{RTz_G p_{Bm}}$ ——气相传质系数,kmol/(m²·s·kPa)。

由式(5-21)看出,吸收的传质速率等于传质系数乘以吸收的推动力。

因混合物中组分的组成可以用不同的单位表示,如图 5-10 所示,那么吸收的推动力就有多种不同的表示法,吸收的传质速率方程也有多种形式。应该指出,不同形式的传质速率方程具有相同的意义,可用任意一个进行计算;但每个吸收传质速率方程中传质系数的数值和单位各不相同;传质系数的下标必须与推动力的组成表示法相对应。

气相传质速率方程有以下几种形式:

$$N_A = k_G (p_A - p_{Ai})$$
$$N_A = k_y (y - y_i) \tag{5-22}$$
$$N_A = k_Y (Y - Y_i) \tag{5-23}$$

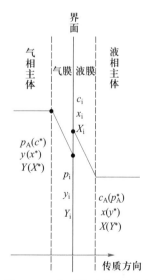

图 5-10 传质推动力示意图

式中: k_G ——以气相分压差表示推动力的气相传质系数,kmol/(m²·s·kPa);

k_y ——以气相摩尔分数差表示推动力的气相传质系数,kmol/(m²·s);

k_Y ——以气相摩尔比差表示推动力的气相传质系数,kmol/(m²·s);

p_A、y、Y——分别为溶质在气相主体中的分压、摩尔分数和摩尔比;

p_{Ai}、y_i、Y_i——分别为溶质在相界面处的分压、摩尔分数和摩尔比。

各气相传质系数之间的关系可通过组成表示法间的关系推导。例如,当气相总压不太高时,气体按理想气体处理,根据道尔顿分压定律可知:

$$p_A = py \quad , \quad p_{Ai} = py_i$$

代入式(5-21)并与式(5-22)比较得

$$k_y = pk_G \tag{5-24}$$

同理导出低浓度气体吸收时

$$k_Y = pk_G \tag{5-25}$$

二、液相对流传质速率方程

根据膜模型进行同样的处理得到溶质 A 在液相中的对流传质速率为

$$N_A = k_L(c_{Ai} - c_A) \tag{5-26}$$

$$k_L = \frac{D'c}{z_L c_{Sm}}$$

式中: z_L——液相有效膜厚,m;

c——液相主体总物质的量浓度,$kmol/m^3$;

c_A——液相主体中溶质 A 的物质的量浓度,$kmol/m^3$;

c_{Ai}——相界面处溶质 A 的物质的量浓度,$kmol/m^3$;

c_{Sm}——吸收剂 S 在液相主体与相界面处物质的量浓度的对数平均值,$kmol/m^3$。

液相传质速率方程有以下几种形式:

$$N_A = k_L(c_{Ai} - c_A)$$

$$N_A = k_x(x_i - x) \tag{5-27}$$

$$N_A = k_X(X_i - X) \tag{5-28}$$

式中: k_L——以液相物质的量浓度差表示推动力的液相传质系数,m/s;

k_x——以液相摩尔分数差表示推动力的液相传质系数,$kmol/(m^2 \cdot s)$;

k_X——以液相摩尔比差表示推动力的液相传质系数,$kmol/(m^2 \cdot s)$;

c_A、x、X——分别为溶质在液相主体中的物质的量浓度、摩尔分数及摩尔比;

c_{Ai}、x_i、X_i——分别为溶质在界面处的物质的量浓度、摩尔分数及摩尔比。

液相传质系数之间的关系: $\qquad k_x = ck_L \tag{5-29}$

当吸收后所得溶液为稀溶液时: $\qquad k_X = ck_L \tag{5-30}$

第四节 相际传质及总传质速率方程

5-4-1 双膜理论

双膜理论基于双膜模型,它把复杂的对流传质过程描述为溶质以分子扩散形式通过两个串联的有效膜,认为扩散所遇到的阻力等于实际存在的对流传质阻力。其模型如图

5-11 所示。

双膜理论的基本假设：

（1）相互接触的气液两相之间存在一个稳定的相界面，界面两侧分别存在着稳定的气膜和液膜。膜内流体流动状态为层流，溶质 A 以分子扩散方式通过气膜和液膜，由气相主体传递到液相主体。

（2）相界面处，气液两相达到相平衡，界面处无扩散阻力。

（3）在气膜和液膜以外的气液主体中，由于流体的充分湍动，溶质 A 的浓度均匀。

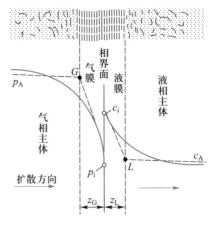

图 5-11 双膜理论示意图

根据双膜理论，在吸收过程中，溶质首先由气相主体以涡流扩散方式到达气膜边界，再以分子扩散方式通过气膜到达气液界面，在界面上溶质不受任何阻力由气相进入液相，然后在液相中以分子扩散的方式穿过液膜到达液膜边界，最后又以涡流扩散的方式转移到液相主体。它把复杂的传质过程归结为两个层流膜的分子扩散过程，而在相界面处及两相主体均无传质阻力。那么整个相际对流传质阻力全部集中在两个层流膜层内，即当两相主体浓度一定时，两个膜的阻力决定了传质速率的大小，因此，双膜模型又称为双膜阻力模型。

在用单相传质速率方程进行吸收计算时，会遇到难确定的相界面状态参数 p_{Ai}、c_{Ai}、y_i、x_i。为避开界面参数，仿照对流传热的处理方法，根据双膜理论，建立以一相实际浓度与另一相平衡浓度差为总传质推动力的总传质速率方程。

5-4-2　吸收过程的总传质速率方程

一、总传质速率方程与单相传质速率方程类似，其表达式分两类

1. 用气相组成表示吸收推动力

此时总传质速率方程称为气相总传质速率方程，具体如下：

$$N_A = K_G(p_A - p_A^*) \tag{5-31}$$

$$N_A = K_y(y - y^*) \tag{5-32}$$

$$N_A = K_Y(Y - Y^*) \tag{5-33}$$

式中：　K_G——以气相分压差（$p_A - p_A^*$）表示推动力的气相总传质系数，$kmol/(m^2 \cdot s \cdot kPa)$；

K_y——以气相摩尔分数差（$y - y^*$）表示推动力的气相总传质系数，$kmol/(m^2 \cdot s)$；

K_Y——以气相摩尔比差（$Y - Y^*$）表示推动力的气相总传质系数，$kmol/(m^2 \cdot s)$。

2. 用液相组成表示吸收推动力

此时总传质速率方程称为液相总传质速率方程，具体如下：

$$N_A = K_L(c_A^* - c_A) \tag{5-34}$$

$$N_A = K_x(x^* - x) \tag{5-35}$$

$$N_A = K_X(X^* - X) \tag{5-36}$$

式中： K_L——以液相浓度差（$c_A^* - c_A$）表示推动力的液相总传质系数，m/s；

   K_x——以液相摩尔分数差（$x^* - x$）表示推动力的液相总传质系数，kmol/（m²·s）；

   K_X——以液相摩尔比差（$X^* - X$）表示推动力的液相总传质系数，kmol/（m²·s）。

二、总传质系数与单相传质系数之间的关系及吸收过程中的控制步骤

若吸收系统服从亨利定律或平衡关系在计算范围为直线，则

$$c_A = H p_A^*$$

根据双膜理论，界面无阻力，即界面上气液两相平衡，对于稀溶液，则

$$c_{Ai} = H p_{Ai}$$

将以上两式代入式（5-26）得

$$N_A = H k_L (p_{Ai} - p_A^*)$$

或

$$\frac{1}{H k_L} N_A = p_{Ai} - p_A^*$$

式（5-21）可转化为

$$\frac{1}{k_G} N_A = p_A - p_{Ai}$$

两式相加得

$$\left(\frac{1}{H k_L} + \frac{1}{k_G} \right) N_A = p_A - p_A^*$$

$$N_A = \frac{1}{\left(\dfrac{1}{H k_L} + \dfrac{1}{k_G} \right)} (p_A - p_A^*)$$

将此式与式（5-31）比较得

$$\frac{1}{K_G} = \frac{1}{H k_L} + \frac{1}{k_G} \tag{5-37}$$

用类似的方法得到

$$\frac{1}{K_L} = \frac{1}{k_L} + \frac{H}{k_G} \tag{5-38}$$

$$\frac{1}{K_y} = \frac{m}{k_x} + \frac{1}{k_y} \tag{5-39}$$

$$\frac{1}{K_x} = \frac{1}{k_x} + \frac{1}{m k_y} \tag{5-40}$$

$$\frac{1}{K_Y} = \frac{m}{k_X} + \frac{1}{k_Y} \tag{5-41}$$

$$\frac{1}{K_X} = \frac{1}{k_X} + \frac{1}{m k_Y} \tag{5-42}$$

通常传质速率可以用传质系数乘以推动力表示，也可用推动力与传质阻力之比表

示。从以上总传质系数与单相传质系数关系式可以看出,总传质阻力等于两相传质阻力之和,这与两流体间壁换热时总传热热阻等于对流传热所遇到的各项热阻加和相同。但要注意总传质阻力和两相传质阻力必须与推动力相对应。

这里以式(5-37)和式(5-38)为例进一步讨论吸收过程中传质阻力和传质速率的控制因素。

1. 气膜控制

由式(5-37)可以看出,以气相分压差$(p_A - p_A^*)$表示推动力的总传质阻力$\frac{1}{K_G}$是由气相传质阻力$\frac{1}{k_G}$和液相传质阻力$\frac{1}{Hk_L}$两部分加和构成的,当k_G与k_L数量级相当时,对于H值较大的易溶气体,有$\frac{1}{K_G} \approx \frac{1}{k_G}$,即传质阻力主要集中在气相,此吸收过程由气相阻力控制（**气膜控制**）。如用水吸收氯化氢、氨气等过程即是如此。

2. 液膜控制

由式(5-38)可以看出,以液相浓度差$(c_A^* - c_A)$表示推动力的总传质阻力$\frac{1}{K_L}$是由气相传质阻力$\frac{H}{k_G}$和液相传质阻力$\frac{1}{k_L}$两部分加和构成的。对于H值较小的难溶气体,当k_G与k_L数量级相当时,有$\frac{1}{K_L} \approx \frac{1}{k_L}$,即传质阻力主要集中在液相,此吸收过程由液相阻力控制（**液膜控制**）。如用水吸收二氧化碳、氧气等过程即是如此。

三、总传质系数间的关系

式(5-38)除以H,得

$$\frac{1}{HK_L} = \frac{1}{Hk_L} + \frac{1}{k_G}$$

与式(5-37)比较得

$$K_G = HK_L \tag{5-43}$$

同理利用相平衡关系式推导出:

$$mK_y = K_x \tag{5-44}$$
$$mK_Y = K_X \tag{5-45}$$
$$pK_G = K_y \tag{5-46}$$
$$pK_G = K_Y \tag{5-47}$$
$$cK_L = K_x \tag{5-48}$$
$$cK_L = K_X \tag{5-49}$$

例 5-4　在总压为 100 kPa、温度为 30 ℃时,用清水吸收混合气体中的氨,气相传质系数 $k_G = 3.84 \times 10^{-6}$ kmol/(m²·s·kPa),液相传质系数 $k_L = 1.83 \times 10^{-4}$ m/s,假设此操作条件下的平衡关系服从亨利定律,测得液相溶质摩尔分数为 0.05,其气相平衡分压为 6.7 kPa。求当塔内某截面上气、液组

成分别为 $y = 0.05$，$x = 0.01$ 时：

（1）以 $(p_A - p_A^*)$、$(c_A^* - c_A)$ 表示的传质总推动力及相应的传质速率、总传质系数；

（2）分析该过程的控制因素。

解：（1）根据亨利定律

$$E = \frac{p_A^*}{x} = \frac{6.7}{0.05} \text{ kPa} = 134 \text{ kPa}$$

$$\text{相平衡常数 } m = \frac{E}{p} = \frac{134}{100} = 1.34$$

$$\text{溶解度常数 } H = \frac{\rho_s}{E M_s} = \frac{1\,000}{134 \times 18} = 0.415$$

以气相分压差 $(p_A - p_A^*)$ 表示总推动力时：

$$p_A - p_A^* = (100 \times 0.05 - 134 \times 0.01) \text{ kPa} = 3.66 \text{ kPa}$$

$$\frac{1}{K_G} = \frac{1}{H k_L} + \frac{1}{k_G} = \left(\frac{1}{0.415 \times 1.83 \times 10^{-4}} + \frac{1}{3.84 \times 10^{-6}} \right) (\text{m}^2 \cdot \text{s} \cdot \text{kPa})/\text{kmol}$$

$$= (13\,167 + 260\,417) (\text{m}^2 \cdot \text{s} \cdot \text{kPa})/\text{kmol} = 273\,584 (\text{m}^2 \cdot \text{s} \cdot \text{kPa})/\text{kmol}$$

$$K_G = 3.66 \times 10^{-6} \text{ kmol}/(\text{m}^2 \cdot \text{s} \cdot \text{kPa})$$

$$N_A = K_G(p_A - p_A^*) = (3.66 \times 10^{-6} \times 3.66) \text{ kmol}/(\text{m}^2 \cdot \text{s}) = 1.34 \times 10^{-5} \text{ kmol}/(\text{m}^2 \cdot \text{s})$$

以 $(c_A^* - c_A)$ 表示传质的总推动力时：

$$c_A = \frac{0.01}{0.99 \times 18/1\,000} \text{kmol}/\text{m}^3 = 0.56 \text{ kmol}/\text{m}^3$$

$$c_A^* - c_A = (0.415 \times 100 \times 0.05 - 0.56) \text{ kmol}/\text{m}^3 = 1.52 \text{ kmol}/\text{m}^3$$

$$K_L = \frac{K_G}{H} = \frac{3.66 \times 10^{-6}}{0.415} \text{ m/s} = 8.82 \times 10^{-6} \text{ m/s}$$

$$N_A = K_L(c_A^* - c_A) = 8.82 \times 10^{-6} \times 1.52 \text{ kmol}/(\text{m}^2 \cdot \text{s}) = 1.34 \times 10^{-5} \text{ kmol}/(\text{m}^2 \cdot \text{s})$$

（2）与 $(p_A - p_A^*)$ 表示的传质总推动力相应的传质阻力为 $273\,584 (\text{m}^2 \cdot \text{s} \cdot \text{kPa})/\text{kmol}$。

$$\text{其中气相阻力为} \quad \frac{1}{k_G} = 260\,417 \ (\text{m}^2 \cdot \text{s} \cdot \text{kPa})/\text{kmol}$$

$$\text{液相阻力为} \quad \frac{1}{H k_L} = 13\,167 \ (\text{m}^2 \cdot \text{s} \cdot \text{kPa})/\text{kmol}$$

$$\text{气相阻力占总阻力的百分数为} \quad \frac{260\,417}{273\,584} \times 100\% = 95.2\%$$

故该传质过程为气膜控制过程。

第五节　吸收塔的计算

工业上通常在塔设备中实现气液传质。塔设备一般分为逐级接触式如板式塔和连续接触式如填料塔两种，本节以连续接触操作的填料塔为例，介绍吸收塔的设计型和操作型计算。

吸收塔的设计型计算包括:吸收剂用量、吸收液浓度、塔高和塔径等的设计计算。吸收塔的操作型计算是指在物系、塔设备一定的情况下,对指定的生产任务,核算塔设备是否合用,以及操作条件发生变化时,吸收结果将怎样变化等问题。对于低浓度的吸收,因吸收溶质的量很少,故气相和液相的流量近似不变,吸收过程按等温吸收过程处理。本节主要介绍低浓度吸收的设计型计算和操作型计算,它将根据操作参数、设备参数及平衡关系,通过物料衡算和吸收速率方程来解决。

5-5-1 物料衡算和操作线方程

一、物料衡算

定态逆流吸收塔的气液流率和组成如图 5-12 所示,图中符号定义如下:

V——单位时间通过任一塔截面惰性气体的物质的量,kmol/s;

L——单位时间通过任一塔截面的纯溶剂的物质的量,kmol/s;

Y_1、Y_2——进塔、出塔气体中溶质的摩尔比;

X_2、X_1——进塔、出塔液体中溶质的摩尔比。

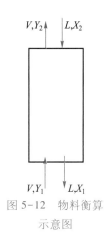

图 5-12　物料衡算示意图

在定态条件下,假设溶剂不挥发,惰性气体不溶于溶剂。因在塔内纯溶剂和惰性气体的量不变,故吸收计算时气液组成以摩尔比表示方便。

以单位时间为基准,在全塔范围内,对溶质 A 作物料衡算得

$$VY_1 + LX_2 = VY_2 + LX_1$$

或
$$V(Y_1 - Y_2) = L(X_1 - X_2) \tag{5-50}$$

通常处理的混合气量、进塔气体中溶质的浓度由生产任务规定,进塔吸收剂中溶质的组成及流量由生产流程及工艺要求确定,出塔气中溶质的组成根据生产任务规定的溶质 A 回收率 η(单位时间内溶质被吸收的量与入塔混合气体中溶质的量之比)计算,即

$$Y_2 = Y_1(1 - \eta)$$

式中:η——混合气体中溶质 A 被吸收的百分数,称为回收率或吸收率。

由式(5-50)可求出塔底排出液中溶质的浓度:

$$X_1 = X_2 + V(Y_1 - Y_2)/L \tag{5-51}$$

二、吸收操作线方程与操作线

今在一逆流吸收塔内任取 mn 截面(见图 5-13),并在截面 mn 与塔顶间对溶质 A 进行物料衡算:

$$VY + LX_2 = VY_2 + LX$$

或
$$Y = \frac{L}{V}X + \left(Y_2 - \frac{L}{V}X_2\right) \tag{5-52}$$

若在塔底与塔内任一截面 mn 间对溶质 A 作物料衡算,则得到

$$VY_1 + LX = VY + LX_1$$

或

$$Y = \frac{L}{V}X + \left(Y_1 - \frac{L}{V}X_1\right) \qquad (5-53)$$

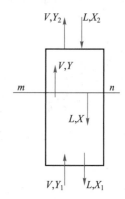

图 5-13 逆流吸收操作线推导示意图

由全塔物料衡算知,方程式(5-52)与式(5-53)等价,这两个公式反映了塔内任一截面上气相组成 Y 与液相组成 X 之间的关系,这种关系称为**操作关系**,这两个公式称为**逆流吸收操作线方程**。

对吸收塔进行分析,得知逆流吸收操作线具有如下特点:

(1)当定态连续吸收时,若 L、V 一定,Y_1、X_2 恒定,则该吸收操作线在 $X-Y$ 直角坐标图上为通过塔顶 $A(X_2, Y_2)$ 及塔底 $B(X_1, Y_1)$ 的直线,其斜率为 $\frac{L}{V}$,见图 5-14。$\frac{L}{V}$ 称为吸收操作的**液气比**。

(2)因逆流吸收操作线方程是通过物料衡算获得的,故此操作线仅与吸收操作的液气比、塔底及塔顶溶质组成有关,与系统的平衡关系、塔型及操作条件 T、p 无关。

(3)因吸收操作时,$Y > Y^*$ 或 $X^* > X$,故吸收操作线在平衡线 $Y^* = f(X)$ 的上方,且塔内某一截面 mn 处吸收的推动力为操作线上点 $K(X, Y)$ 与平衡线的垂直距离 $(Y - Y^*)$ 或水平距离 $(X^* - X)$,见图 5-15,操作线离平衡线越远吸收的推动力越大;解吸操作时,$Y < Y^*$ 或 $X^* < X$,故解吸操作线在平衡线的下方。

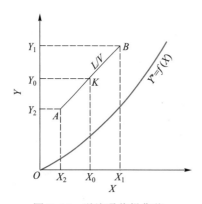

图 5-14 逆流吸收操作线

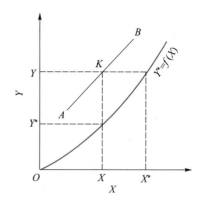

图 5-15 吸收操作线推动力示意图

5-5-2 吸收剂用量与最小液气比

吸收剂用量是影响吸收操作的关键因素之一,它直接影响塔的尺寸、操作费用。当 V、Y_1、Y_2 及 X_2 均已知时,吸收操作线的起点 $A(X_2, Y_2)$ 是固定的。操作线末端 B 随吸收

剂用量的不同而变化,即随吸收操作线的液气比$\frac{L}{V}$的变化而变化。所以 B 点将在平行于 X 轴的直线 $Y=Y_1$ 上移动,如图 5-16 所示。从 B 点位置的变化可以看出,当吸收剂用量减少时,吸收操作线斜率变小,吸收液出口浓度变大,吸收操作线靠近平衡线,吸收推动力变小。若欲满足一定的分离要求,所需塔高应增加。

当吸收剂用量减少到操作线与平衡线相交时,交点为 $D(X_1^*, Y_1)$,X_1^* 为与气相组成 Y_1 相平衡时的液相组成。此时,吸收塔底端推动力为零,若仍欲达到一定吸收程度 Y_2,则吸收塔高度应为无穷大。实际上,这样的操作是不可能的,此时的液气比只是表示吸收操作液气比的下限。此情况下的液气比称为**最小液气比**,以$\left(\frac{L}{V}\right)_{\min}$表示。对应的吸收剂用量称为**最小吸收剂用量**,记作 $L_{\min}$。

由此可见,最小液气比是针对一定的分离任务、操作条件和吸收物系,当塔内某截面吸收推动力为零时,达到分离程度所需塔高为无穷大时的液气比。

若增大吸收剂用量,操作线的 B 点将沿水平线 $Y=Y_1$ 向左移动,如图 5-16 所示的 B、C 点。在此情况下,操作线远离平衡线,吸收的推动力增大,若欲达到一定吸收效果,则所需的塔高将减小,设备投资也减少。但液气比增加到一定程度后,塔高减小的幅度就不显著,而吸收剂消耗量却过大,造成输送及吸收剂再生等操作费用剧增。考虑吸收剂用量对设备费用和操作费用两方面的综合影响。应选择适宜的液气比,使设备费用和操作费用之和最小。根据生产实践经验,通常吸收剂用量为最小用量的 $1.1\sim2.0$ 倍,即

$$\frac{L}{V} = (1.1\sim2.0)\left(\frac{L}{V}\right)_{\min}$$

或

$$L = (1.1\sim2.0)L_{\min}$$

需要指出的是,L 值必须保证操作时填料表面被液体充分润湿,即保证单位塔截面上单位时间内流下的液体量不得小于某一最低允许值。

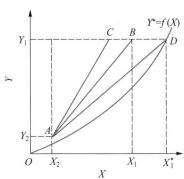

图 5-16 逆流吸收最小液气比

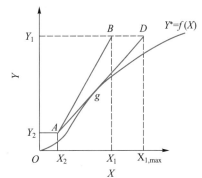

图 5-17 最小液气比计算示意图

最小液气比可根据物料衡算采用图解法求得,当平衡曲线符合图 5-16 所示的情况时,

$$\left(\frac{L}{V}\right)_{min} = \frac{Y_1 - Y_2}{X_1^* - X_2} \tag{5-54}$$

若平衡关系符合亨利定律,则采用下列解析式计算最小液气比:

$$\left(\frac{L}{V}\right)_{min} = \frac{Y_1 - Y_2}{\dfrac{Y_1}{m} - X_2} \tag{5-55}$$

如果平衡线出现如图 5-17 所示的形状,则过点 A 作平衡线的切线,水平线 $Y = Y_1$ 与切线相交于点 $D(X_{1,max}, Y_1)$,则可按下式计算最小液气比:

$$\left(\frac{L}{V}\right)_{min} = \frac{Y_1 - Y_2}{X_{1,max} - X_2} \tag{5-56}$$

例 5-5 某矿石焙烧炉排出含 SO_2 的混合气体,除 SO_2 外其余组分可看作惰性气体。冷却后送入填料吸收塔中,用清水洗涤以除去其中的 SO_2。吸收塔的操作温度为 20 ℃,压力为 101.3 kPa。混合气体的流量为 1 000 m^3/h,其中含 SO_2 体积分数为 9%,要求 SO_2 的回收率为 90%。若吸收剂用量为理论最小用量的 1.2 倍,试计算:

(1)吸收剂用量及塔底吸收液的组成 X_1。

(2)当用含 SO_2 0.000 3(摩尔比)的水溶液作吸收剂时,保持二氧化硫回收率不变,吸收剂用量比原情况增加还是减少?塔底吸收液组成变为多少?已知 101.3 kPa,20 ℃条件下 SO_2 在水中的气液平衡数据如例 5-5 附表所示。

例 5-5 附表 SO_2 气液平衡组成表

SO_2 溶液浓度 X	气相中 SO_2 平衡浓度 Y	SO_2 溶液浓度 X	气相中 SO_2 平衡浓度 Y
0.000 056 2	0.000 66	0.000 84	0.019
0.000 14	0.001 58	0.001 4	0.035
0.000 28	0.004 2	0.001 97	0.054
0.000 42	0.007 7	0.002 8	0.084
0.000 56	0.011 3	0.004 2	0.138

解:按题意进行组成换算:

进塔气体中 SO_2 的组成为　　　$Y_1 = \dfrac{y_1}{1-y_1} = \dfrac{0.09}{1-0.09} = 0.099$

出塔气体中 SO_2 的组成为　　　$Y_2 = Y_1(1-\eta) = 0.099 \times (1-0.90) = 0.009\ 9$

进吸收塔惰性气体的摩尔流量为 $V = \left[\dfrac{1\ 000}{22.4} \times \dfrac{273}{273+20} \times (1-0.09)\right]$ kmol/h $= 37.9$ kmol/h

由附表中 X-Y 数据,采用内差法得到与气相进口组成 Y_1 相平衡的液相组成 $X_1^* = 0.003\ 2$。

（1） $$L_{min} = V\frac{Y_1 - Y_2}{X_1^* - X_2} = \left[\frac{37.9 \times (0.099 - 0.009\ 9)}{0.003\ 2}\right]\ \text{kmol/h} = 1\ 055\ \text{kmol/h}$$

实际吸收剂用量 $L = 1.2\ L_{min} = (1.2 \times 1\ 055)\ \text{kmol/h} = 1\ 266\ \text{kmol/h}$

塔底吸收液的组成 X_1 由全塔物料衡算求得

$$X_1 = X_2 + V(Y_1 - Y_2)/L = 0 + \frac{37.9 \times (0.099 - 0.009\ 9)}{1\ 266} = 0.002\ 67$$

（2）吸收率不变，即出塔气体中 SO_2 的组成 Y_2 不变，$Y_2 = 0.009\ 9$，而 $X_2 = 0.000\ 3$，所以

$$L_{min} = V\frac{Y_1 - Y_2}{X_1^* - X_2} = \left[\frac{37.9 \times (0.099 - 0.009\ 9)}{0.003\ 2 - 0.000\ 3}\right]\ \text{kmol/h} = 1\ 164\ \text{kmol/h}$$

实际吸收剂用量 $L = 1.2\ L_{min} = (1.2 \times 1\ 164)\ \text{kmol/h} = 1\ 397\ \text{kmol/h}$

塔底吸收液的组成 X_1 由全塔物料衡算求得

$$X_1 = X_2 + V(Y_1 - Y_2)/L = 0.000\ 3 + \frac{37.9 \times (0.099 - 0.009\ 9)}{1\ 397} = 0.002\ 42$$

由该题计算结果可见，当保持溶质回收率不变，吸收剂所含溶质越低，所需溶剂量越小，塔底吸收液浓度越低。

5-5-3　吸收塔填料层高度的计算

填料层高度的计算通常采用**传质单元数法**，它又称**传质速率模型法**，该法依据传质速率、物料衡算和相平衡关系来计算填料层高度。

一、塔高计算基本关系式

在填料塔内任一截面上的气液两相组成和吸收的推动力均沿塔高连续变化，所以不同截面上的传质速率各不相同。为解决填料层高度的计算，必须从分析填料层内某一微元 dZ 内的溶质吸收过程入手。

在图 5-18 所示的填料层内，厚度为 dZ 的微元传质面积 $dA = a\Omega dZ$，其中 a 为单位体积填料所具有的相际传质面积，m^2/m^3；Ω 为填料塔的塔截面积，m^2。定态吸收时，由物料衡算可知，气相中溶质减少的量等于液相中溶质增加的量，即单位时间由气相转移到液相溶质 A 的量可用下式表达：

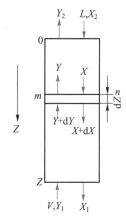

图 5-18　填料层高度计算图

$$dG_A = VdY = LdX \tag{5-57}$$

根据吸收速率定义，dZ 段内吸收溶质的量为

$$dG_A = N_A dA = N_A(a\Omega dZ) \tag{5-58}$$

式中：　G_A——单位时间吸收溶质的物质的量，kmol/s；

　　　　N_A——微元填料层内溶质的传质速率，$\text{kmol/(m}^2 \cdot \text{s)}$。

将吸收速率方程 $N_A = K_Y(Y - Y^*)$ 代入式(5-58)得

$$dG_A = K_Y(Y - Y^*)a\Omega dZ \qquad (5-59)$$

将式(5-57)与式(5-59)联立得

$$dZ = \frac{VdY}{K_Y a\Omega(Y - Y^*)} \qquad (5-60)$$

当吸收塔定态操作时,V、L、Ω、a 皆不随时间而变化,也不随截面位置变化。对于低浓度吸收,在全塔范围内气液相的物性变化都较小,通常 K_Y、K_X 可视为常数,将式(5-60)积分得

$$Z = \int_{Y_2}^{Y_1} \frac{VdY}{K_Y a\Omega(Y - Y^*)} = \frac{V}{K_Y a\Omega} \int_{Y_2}^{Y_1} \frac{dY}{Y - Y^*} \qquad (5-61)$$

式(5-61)为低浓度定态吸收填料层高度计算基本公式。式中单位体积填料层内的有效传质面积 a 是指那些被流动液体膜层所覆盖的能提供气液接触的有效面积。a 值与填料的类型、形状、尺寸、填充情况有关,还随流体物性、流动状况而变化。其数值不易直接测定,通常将它与传质系数的乘积作为一个物理量,称为**体积传质系数**。如 $K_Y a$ 为**气相总体积传质系数**,单位为 $kmol/(m^3 \cdot s)$。

体积传质系数的物理意义为:在单位推动力下,单位时间、单位体积填料层内吸收的溶质量。

在低浓度吸收的情况下,体积传质系数在全塔范围内为常数,可取平均值。

$$H_{OG} = \frac{V}{K_Y a\Omega}$$

其单位为 m,由于 m 是高度单位,故将 $\frac{V}{K_Y a\Omega}$ 称为**气相总传质单元高度**(H_{OG})。

$$N_{OG} = \int_{Y_2}^{Y_1} \frac{dY}{Y - Y^*}$$

该值是量纲为一的数值,工程上以 N_{OG} 表示,称为**气相总传质单元数**。

因此,填料层高度为 $\qquad Z = N_{OG} \cdot H_{OG} \qquad (5-62)$

填料层高度可用下面的通式计算:

$$Z = 传质单元高度 \times 传质单元数$$

若式(5-58)用液相总传质系数及气、液相传质系数对应的吸收速率方程计算,可得一系列填料层高度计算式。

二、传质单元数的计算

根据物系平衡关系的不同,传质单元数的求解有以下几种方法:

1. 对数平均推动力法

当气液平衡线为直线时

$$N_{OG} = \int_{Y_2}^{Y_1} \frac{dY}{Y - Y^*} = \frac{Y_1 - Y_2}{\Delta Y_m} \qquad (5-63)$$

式中：$\Delta Y_m = \dfrac{\Delta Y_1 - \Delta Y_2}{\ln \dfrac{\Delta Y_1}{\Delta Y_2}}$，$\Delta Y_1 = Y_1 - Y_1^*$，$\Delta Y_2 = Y_2 - Y_2^*$；

Y_1^*——与 X_1 相平衡的气相组成；

Y_2^*——与 X_2 相平衡的气相组成；

ΔY_m——塔顶与塔底两截面上吸收推动力的对数平均值，称为**对数平均推动力**。

同理液相总传质单元数的计算式：

$$N_{OL} = \int_{X_2}^{X_1} \frac{dX}{X^* - X} = \frac{X_1 - X_2}{\Delta X_m} \qquad (5-64)$$

式中：$\Delta X_m = \dfrac{\Delta X_1 - \Delta X_2}{\ln \dfrac{\Delta X_1}{\Delta X_2}}$，$\Delta X_1 = X_1^* - X_1$，$\Delta X_2 = X_2^* - X_2$；

X_1^*——与 Y_1 相平衡的液相组成；

X_2^*——与 Y_2 相平衡的液相组成。

在使用平均推动力法时应注意，当 $\dfrac{\Delta Y_1}{\Delta Y_2} < 2$、$\dfrac{\Delta X_1}{\Delta X_2} < 2$ 时，对数平均推动力可用算术平均推动力替代，产生的误差小于 4%，这是工程允许的；当平衡线与操作线平行，$Y - Y^* = Y_1 - Y_1^* = Y_2 - Y_2^*$ 为常数，对传质单元数定义式进行积分得

$$N_{OG} = \frac{Y_1 - Y_2}{Y_1 - Y_1^*} = \frac{Y_1 - Y_2}{Y_2 - Y_2^*}$$

2. 吸收因数法

若气液平衡关系在吸收过程所涉及的组成范围内服从亨利定律，即平衡线为通过原点的直线，根据传质单元数的定义式：

$$N_{OG} = \int_{Y_2}^{Y_1} \frac{dY}{Y - Y^*}$$

可导出其解析式：

$$N_{OG} = \frac{1}{1-S} \ln \left[(1-S) \frac{Y_1 - mX_2}{Y_2 - mX_2} + S \right] \qquad (5-65)$$

其中 $S = \dfrac{mV}{L}$ 为**解吸因数**，其倒数 $A = \dfrac{L}{mV}$ 为**吸收因数**，吸收因数的意义为吸收操作线的斜率与平衡线斜率的比。

由式（5-65）可以看出，N_{OG} 的数值与解吸因数 S、$\dfrac{Y_1 - mX_2}{Y_2 - mX_2}$ 有关。为方便计算，以 S 为

参数，$\dfrac{Y_1-mX_2}{Y_2-mX_2}$ 为横坐标，N_{OG} 为纵坐标，在半对数坐标上标绘式（5-65）的函数关系，得到图5-19所示的曲线。此图可方便地查出 N_{OG} 值。

$\dfrac{Y_1-mX_2}{Y_2-mX_2}$ 值的大小反映了溶质 A 吸收率的高低。当物系及气、液相进口浓度一定时，吸收率越高，Y_2 越小，$\dfrac{Y_1-mX_2}{Y_2-mX_2}$ 越大，则对应于一定 S 的 N_{OG} 就越大，所需填料层高度越高。

当 $X_2=0$ 时，$\dfrac{Y_1-mX_2}{Y_2-mX_2}=\dfrac{Y_1}{Y_2}=\dfrac{1}{1-\eta}$。

参数 S 反映了吸收过程推动力的大小，其值为平衡线斜率与吸收操作线斜率的比值。当溶质的吸收率和气、液相进出口浓度一定时，S 越大，吸收操作线越靠近平衡线，则吸收过程的推动力越小，N_{OG} 值增大。反之，若 S 减小，则 N_{OG} 值必减小。

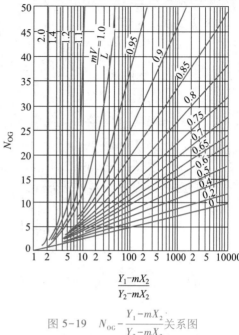

图 5-19　$N_{OG}-\dfrac{Y_1-mX_2}{Y_2-mX_2}$ 关系图

小贴士：

当操作条件、物系一定时，S 减少，通常是靠增大吸收剂流量实现的，而吸收剂流量增大会使吸收操作费用及再生负荷加大，所以一般情况，S 取 $0.7\sim0.8\ m$ 是经济合适的。

液相总传质单元数也可用吸收因数法计算，其计算式为

$$N_{OL}=\frac{1}{1-A}\ln\left[(1-A)\frac{Y_1-mX_2}{Y_1-mX_1}+A\right] \tag{5-66}$$

例 5-6　在一塔径为 0.8 m 的填料塔内，用清水逆流吸收空气中的氨，要求氨的吸收率为 99.5%。已知空气和氨的混合气体质量流量为 1 400 kg/h，气体总压为 101.3 kPa，其中氨的分压为 1.33 kPa。若实际吸收剂用量为最小用量的 1.4 倍，操作温度（293 K）下的气液相平衡关系为 $Y^*=0.75X$，气相总体积传质系数为 0.088 kmol/（m³·s），试求：

（1）每小时用水量；

（2）所需填料层高度。

解：（1）　　　$y_1=\dfrac{1.33}{101.3}=0.013\,1$，　　$Y_1=\dfrac{y_1}{1-y_1}=\dfrac{0.013\,1}{1-0.013\,1}=0.013\,3$

$Y_2=Y_1(1-\eta)=0.013\,3\times(1-0.995)=6.65\times10^{-5}$

$X_2=0$

因混合气体中氨含量很少，故 $\overline{M} \approx 29$ kg/kmol，则

$$V = \frac{1\,400}{29} \times (1-0.013\,1) \text{ kmol/h} = 47.6 \text{ kmol/h}$$

$$\Omega = (0.785 \times 0.8^2) \text{ m}^2 = 0.502 \text{ m}^2$$

由式(5-55)得 $L_{min} = V\dfrac{Y_1-Y_2}{X_1^*-X_2} = \left[\dfrac{47.6 \times (0.013\,3-6.65\times10^{-5})}{\dfrac{0.013\,3}{0.75}-0}\right]$ kmol/h = 35.5 kmol/h

实际吸收剂用量 $\qquad L = 1.4 L_{min} = 1.4 \times 35.5$ kmol/h = 49.7 kmol/h

（2）$\quad X_1 = X_2 + V(Y_1-Y_2)/L = 0 + \dfrac{47.6 \times (0.013\,3-6.65\times10^{-5})}{49.7} = 0.012\,7$

$$Y_1^* = 0.75 X_1 = 0.75 \times 0.012\,7 = 0.009\,5$$

$$Y_2^* = 0$$

$$\Delta Y_1 = Y_1 - Y_1^* = 0.013\,3 - 0.009\,5 = 0.003\,8$$

$$\Delta Y_2 = Y_2 - Y_2^* = 6.65\times10^{-5} - 0 = 6.65\times10^{-5}$$

$$\Delta Y_m = \frac{\Delta Y_1 - \Delta Y_2}{\ln\dfrac{\Delta Y_1}{\Delta Y_2}} = \frac{0.003\,8 - 6.65\times10^{-5}}{\ln\dfrac{0.003\,8}{6.65\times10^{-5}}} = 0.000\,92$$

$$N_{OG} = \frac{Y_1 - Y_2}{\Delta Y_m} = \frac{0.013\,3 - 6.65\times10^{-5}}{0.000\,92} = 14.38$$

$$H_{OG} = \frac{V}{K_y a \Omega} = \left(\frac{47.6/3\,600}{0.088 \times 0.502}\right) \text{ m} = 0.30 \text{ m}$$

$$Z = N_{OG} \cdot H_{OG} = (14.38 \times 0.30) \text{ m} = 4.31 \text{ m}$$

例 5-7 空气中含丙酮 2%（体积分数）的混合气体以 0.024 kmol/(m²·s) 的流速进入一填料塔，今用流速为 0.065 kmol/(m²·s) 的清水逆流吸收混合气体中的丙酮，要求丙酮的回收率为 98.8%。已知操作压力为 100 kPa，操作温度下的亨利系数为 177 kPa，气相总体积传质系数为 0.023 1 kmol/(m³·s)，试求填料层高度。

解： 已知

$$y_1 = \frac{2}{100-2} = 0.020\,4, \qquad Y_1 = \frac{y_1}{1-y_1} = \frac{0.020\,4}{1-0.020\,4} = 0.020\,8$$

$$Y_2 = Y_1(1-\eta) = 0.020\,8 \times (1-0.988) = 0.000\,250$$

$$X_2 = 0$$

$$m = \frac{E}{p} = \frac{177}{100} = 1.77$$

因此时为低浓度吸收，故 $\dfrac{V}{\Omega} \approx 0.024$ kmol/(m²·s)，则

$$S = \frac{mV}{L} = \frac{1.77 \times 0.024}{0.065} = 0.654$$

$$\frac{Y_1 - mX_2}{Y_2 - mX_2} = \frac{Y_1}{Y_2} = \frac{1}{1-\eta} = \frac{1}{1-0.988} = 83.3$$

$$N_{OG} = \frac{1}{1-S} \ln \left[(1-S) \frac{Y_1 - mX_2}{Y_2 - mX_2} + S \right]$$

$$= \frac{1}{1-0.654} \ln \left[(1-0.654) \times 83.3 + 0.654 \right] = 9.78$$

N_{OG} 也可由 $S = 0.654$ 和 $\dfrac{Y_1 - mX_2}{Y_2 - mX_2} = 83.3$，查图 5-19 得 $N_{OG} = 9.78$，则

$$H_{OG} = \frac{V}{K_Y a \Omega} = \frac{0.024}{0.023\ 1}\ \text{m} = 1.04\ \text{m}$$

所以
$$Z = N_{OG} \cdot H_{OG} = (9.78 \times 1.04)\ \text{m} = 10.17\ \text{m}$$

　　求传质单元数除前面介绍的几种方法外，若平衡线为曲线，则可采用图解积分法；若平衡线为直线或曲线曲率不大时，也可采用梯级图解法估算传质单元数，详细内容参见有关书籍。

5-5-4　吸收塔塔径的计算

吸收塔塔径的计算可以仿照圆形管路直径的计算公式：

$$D = \sqrt{\frac{4q_V}{\pi u}} \qquad\qquad (5-67)$$

式中：　D——吸收塔的塔径，m；

　　　　q_V——混合气体通过塔的实际流量，m^3/s；

　　　　u——空塔气速，m/s。

　　应当指出的是在吸收过程中溶质不断进入液相，故实际混合气体量因溶质被吸收而沿塔高变化，混合气体在进塔时气量最大，离塔时气量最小。计算时气量通常取全塔中气量最大值，即以进塔气量为设计塔径的依据。

　　计算塔径关键是确定适宜的空塔气速，通常先确定液泛气速，然后考虑一个小于 1 的安全系数，计算出空塔气速。液泛气速的大小由吸收塔内气液比、气液两相物性及填料特性等方面决定，详细的计算过程见 5-6-2。

　　按式（5-67）计算出的塔径，还应根据国家压力容器公称直径的标准进行圆整。

5-5-5　解吸及其计算

　　工业生产中，常将离开吸收塔的吸收液送到解吸塔中，使吸收液中的溶质浓度由 X_1 降至 X_2，这种从吸收液中分离出被吸收溶质的操作，称为解吸过程。解吸后的液体再送到吸收塔循环使用，同时在解吸过程中得到较纯的溶质，真正实现了原混合气体各组分的吸收分离。故吸收-解吸流程才是一个完整的气体分离过程。图 5-0 即是一个吸收-解吸联合流程。

　　在实际生产中，解吸过程有两个目的：一是获得所需较纯的气体溶质；二是使溶剂再生返回到吸收塔中循环使用，使分离过程经济合理。

一、解吸方法

解吸操作可通过以下几种方法实现。

1. 气提解吸

气提解吸法也称载气解吸法。其过程为吸收液从解吸塔顶喷淋而下,载气从解吸塔底靠压差自下而上与吸收液逆流接触,载气中不含溶质或含溶质量极少,故 $p_A < p_A^*$,溶质从液相向气相转移,最后气体溶质从塔顶带出。解吸过程的推动力为 $(p_A^* - p_A)$,推动力越大,解吸速率越快。使用载气解吸是在解吸塔中引入与吸收液不平衡的气相。通常作为气提解吸的气体有空气、氮气、二氧化碳、水蒸气等。根据工艺要求及分离过程的特点,可选用不同的载气。

2. 减压解吸

将加压吸收得到的吸收液进行减压,因总压降低后气相中溶质分压 p_A 也相应降低,实现了 $p_A < p_A^*$ 的条件。解吸的程度取决于解吸操作的压力,如果是常压吸收,解吸只能在真空条件下进行。

3. 加热解吸

将吸收液加热时,减少溶质的溶解度,吸收液中溶质的平衡分压 p_A^* 提高,满足解吸条件 $p_A < p_A^*$,有利于溶质从溶剂中分离出来。

二、解吸过程的计算

1. 解吸过程的特点

解吸过程是吸收过程的逆过程,二者传质方向相反,过程的推动力互为相反数。因此,在 $X-Y$ 图上,吸收过程的操作线在平衡线的上方,解吸过程的操作线在平衡线的下方,吸收的计算方法均可用于解吸过程,解吸的推动力为负的吸收推动力。

2. 最小气液比和载气流量的确定

如图 5-20 所示,当吸收液与载气在解吸塔中逆流接触时,吸收液流量、吸收液进出口组成及载气进塔组成通常由工艺规定,所要计算的是载气流量 V 及填料层高度。

采用与处理吸收操作线类似的方法,可得到解吸操作线方程:

$$Y = \frac{L}{V}X + \left(Y_1 - \frac{L}{V}X_1\right) \qquad (5-68)$$

此操作线在 X-Y 图上为一直线,斜率为 $\frac{L}{V}$,通过塔底 $A'(X_1, Y_1)$ 和塔顶 $B'(X_2, Y_2)$。与吸收操作线所不同的是该操作线在平衡线的下方,如图 5-21 所示。

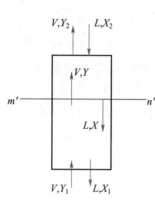

图 5-20　逆流解吸塔示意图

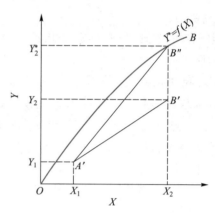

图 5-21　解吸操作线及最小气液比示意图

当载气量 V 减少时,解吸操作线斜率 $\frac{L}{V}$ 增大,Y_2 增大,操作线 $A'B'$ 向平衡线靠近,当解吸平衡线为非下凹线时,$A'B'$ 的极限位置为与平衡线相交于点 B'',此时,对应的气液比为最小气液比,以 $\left(\dfrac{V}{L}\right)_{\min}$ 表示。对应的气体用量为最小用量,记作 $V_{\min}$。即

$$\left(\frac{V}{L}\right)_{\min} = \frac{X_2 - X_1}{Y_2^* - Y_1}$$

$$V_{\min} = L\frac{X_2 - X_1}{Y_2^* - Y_1} \qquad (5-69)$$

当解吸平衡线为下凹线时,由塔底点 A' 作平衡线的切线,见图 5-22,同样可以确定 $\left(\dfrac{V}{L}\right)_{\min}$。

根据生产实际经验,实际操作气液比为最小气液比的 1.1~2.0 倍,即

$$\frac{V}{L} = (1.1 \sim 2.0)\left(\frac{V}{L}\right)_{\min}$$

实际载气流量　　　　　　　　　$V = (1.1 \sim 2.0)L\left(\dfrac{V}{L}\right)_{\min}$

3. 传质单元数法计算解吸填料层高度

当解吸的平衡线和操作线为直线时，可以用与导出吸收塔填料层高度计算式同样的方法，得到解吸填料层高度计算式：

$$Z = N_{OL} \cdot H_{OL}$$

$$H_{OL} = \frac{L}{K_X a \Omega}$$

$$N_{OL} = \int_{X_1}^{X_2} \frac{\mathrm{d}X}{X - X^*}$$

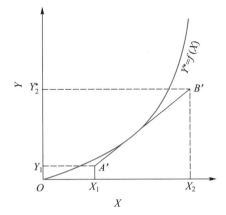

图 5-22　解吸最小气液比

传质单元数可以采用平均推动力法：

$$N_{OL} = \frac{X_2 - X_1}{\Delta X_m} \tag{5-70}$$

式中：

$$\Delta X_m = \frac{\Delta X_2 - \Delta X_1}{\ln \dfrac{\Delta X_2}{\Delta X_1}} \tag{5-71}$$

$$\Delta X_1 = X_1 - X_1^* \quad , \quad \Delta X_2 = X_2 - X_2^*$$

传质单元数也可用吸收因数法计算：

$$N_{OL} = \frac{1}{1-A} \ln \left[(1-A) \frac{X_2 - X_1^*}{X_1 - X_1^*} + A \right] \tag{5-72}$$

例 5-8　含烃摩尔比为 0.025 5 的溶剂油用水蒸气在一塔截面积为 1 m² 的填料塔内逆流解吸，已知溶剂油流量为 10 kmol/h，操作气液比为最小气液比的 1.35 倍，要求解吸后溶剂油中烃的含量减少至摩尔比为 0.000 5。已知该操作条件下，系统的平衡关系为 $Y^* = 33X$，液相总体积传质系数 $K_X a = 30 \ \text{kmol/}(\text{m}^3 \cdot \text{h})$。假设溶剂油不挥发，蒸气在塔内不冷凝，塔内维持恒温。求：(1) 解吸所需水蒸气量；(2) 所需填料层高度。

解： 已知

$$X_1 = 0.000\,5 \quad , \quad X_2 = 0.025\,5 \quad , \quad Y_1 = 0 \quad , \quad m = 33 \quad , \quad \frac{V}{L} = 1.35 \left(\frac{V}{L} \right)_{\min}$$

$$Y_2^* = 33 X_2 = 33 \times 0.025\,5 = 0.842$$

(1)
$$\left(\frac{V}{L} \right)_{\min} = \frac{X_2 - X_1}{Y_2^* - Y_1} = \frac{0.025\,5 - 0.000\,5}{0.842 - 0} = 0.029\,7$$

$$\frac{V}{L} = 1.35 \left(\frac{V}{L} \right)_{\min} = 1.35 \times 0.029\,7 = 0.04$$

蒸气用量
$$V = 1.35 \left(\frac{V}{L} \right)_{\min} L = 0.04 \times 10 \ \text{kmol/h} = 0.4 \ \text{kmol/h}$$

（2）
$$A = \frac{V}{mL} = \frac{1}{33 \times 0.04} = 0.758$$

$$\frac{X_2 - X_1^*}{X_1 - X_1^*} = \frac{X_2}{X_1} = \frac{0.025\ 5}{0.000\ 5} = 51$$

$$N_{OL} = \frac{1}{1-A}\ln\left[(1-A)\frac{X_2-X_1^*}{X_1-X_1^*}+A\right] = \frac{1}{1-0.758}\ln\left[(1-0.758)\times 51+0.758\right] = 10.63$$

$$H_{OL} = \frac{L}{K_x a\Omega} = \frac{10}{30}\ \text{m} = 0.33\ \text{m}$$

填料层高度
$$Z = N_{OL} \cdot H_{OL} = 10.63 \times 0.33\ \text{m} = 3.51\ \text{m}$$

5-5-6 强化吸收过程的措施

强化吸收过程即提高吸收速率。吸收速率为吸收推动力与吸收阻力之比,故强化吸收过程从以下两个方面考虑:一是提高吸收过程的推动力;二是降低吸收过程的阻力。

一、提高吸收过程的推动力

1. 逆流操作

吸收塔内气液流动方式可以是逆流,也可以是并流。一般工业吸收逆流较多,此时,气体由塔底通入,从塔顶排出,而液体则靠自重由上自下流下;并流操作则气液同向。在逆流操作与并流操作的气液两相进、出口组成相等的条件下,逆流操作可获得较大的吸收推动力,从而提高吸收过程的传质速率。但要注意在逆流操作过程中,液体在向下流动时受到上升气体的曳力,这种曳力过大会妨碍液体顺利流下,因而限制了吸收塔的液体流量和气体流量。

2. 提高吸收剂的流量

通常混合气体入口条件由前一工序决定,即气体流量 V、气体入塔浓度一定,如果吸收操作采用的吸收剂流量 L 提高,即 $\frac{L}{V}$ 提高,则吸收的操作线上扬,气体出口浓度下降,吸收程度加大,吸收推动力提高,因而提高了吸收速率。但加大吸收剂流量时要注意 L 不能过大,否则吸收液再生负荷太大,会增大解吸操作的难度,导致吸收剂入口浓度上升,反而使吸收推动力降低。

3. 降低吸收剂入口温度

当吸收过程其它条件不变,吸收剂温度降低时,相平衡常数将降低,吸收的操作线远离平衡线,吸收推动力增加,从而导致吸收速率加快。

4. 降低吸收剂入口溶质的浓度

当吸收剂入口浓度降低时,液相入口处吸收的推动力增加,从而使全塔的吸收推动力增加。

二、降低吸收过程的传质阻力

1. 提高流体流动的湍动程度

吸收过程是由气相与界面的对流传质、溶质组分在界面处的溶解和液相与界面的对流传质三部分串联而成,吸收的总阻力等于三步阻力的加和,通常界面处溶解阻力很小,故吸收总阻力由两相传质阻力的大小决定。若一相阻力远远大于另一相阻力,则阻力大的一相传质过程为整个吸收过程的控制步骤,只有降低控制步骤的传质阻力,才能有效地降低总阻力。由前述对流传质机理可知,降低气、液相传质阻力的措施是加强流体的湍动程度,若气相传质阻力大,提高气相的湍动程度,如加大气体的流速,可有效地降低吸收阻力;若液相传质阻力大,提高液相的湍动程度,如加大液体的流速,可有效地降低吸收阻力。

2. 改善填料的性能

因吸收总传质阻力可用 $\dfrac{1}{K_Y a}$ 表示,所以通过采用高效填料,改善填料性能,提高填料的相际传质面积 a,也可降低吸收的总阻力。

第六节 填 料 塔

文本:

本节学习
纲要

动画:

填料塔

动画:

气体进口
装置

吸收操作既可用填料塔,也可用板式塔。为叙述方便和节省篇幅,有关填料塔的内容在本节中讨论,板式塔则在蒸馏一章介绍。

5-6-1　填料塔与填料

一、填料塔

填料塔的结构简单,包括填料、填料支承板、液体分布器、液体再分布器、气体和液体进出口接管等部件,如图 5-23 所示。

填料塔不但结构简单,且流体通过填料层的压降较小,易于用耐腐蚀材料制造,故填料塔是一种重要的传质设备。

二、填料

填料是填料塔的核心部件,它提供塔内的气液两相接触表面。填料塔的流体力学性能、传质速率等与填料的材质、几何形状密切相关,所以长期以来人们十分注重改善填料的性能和新型填料的开发,使得填料塔在化工生产中应用更加广泛。

1. 填料的特性

(1)**比表面积**　填料的比表面积是指单位体积填料的表面积,用 a 表示,单位为 $1/m$。在填料塔内,液体沿填料表面流动形成液膜,被液膜覆盖的表面才是气液两相传质面,所以填料比表面积大有利于传质。相同材质的填料,小尺寸的比表面积大,有利于传质,但使流体流动阻力增大。

(2)**空隙率**　填料的空隙率定义为单位体积填料所提供的空隙体积,记为 ε,量纲为一的量。在填料塔内流体是在填料的空隙中流过的,填料的空隙率大,则流体流过填料的阻力小,气液两相流量在正常的操作条件下可提高,即流体通量增大。

(3)**干填料因子与湿填料因子**　干填料因子是填料的比表面积与空隙率所组成的复合量,定义为填料的比表面积与填料空隙率三次方之比,记为 ϕ,$\phi = \dfrac{a}{\varepsilon^3}$,单位为 $1/m$。干填料因子反映了气体通过干填料时的流动特性。不同几何形状的填料,其传质、流体力学性能差别很大,从而影响气液传质效率。形状理想的填料既能提供较大的传质面积,并使流体流动易湍动;又能提供足够的空隙率,使气液通量大、气体流动压降小。

湿填料因子是指填料层内有液体流过时,润湿的填料实际比表面积与填料实际空隙率三次方之比。当液体流过填料时,填料的部分孔隙被液体占据,填料层内的实际空隙率变小,填料的比表面积也将发生变化,气体通过填料的流动特性随之变化,故提出湿填料因子。它反映气体通过湿填料的流动特性。常见填料的特性见相关手册。

2. 常用填料

填料按装填方式分乱堆填料和整砌填料,按使用效率分为普通填料和高效填料,按结构分为实体填料和网体填料。工业上常见的填料形状和结构如图 5-24 所示。

(1)**拉西环填料** 拉西环填料是工业上最早的一种填料,见图 5-24(a)。通常高度和直径相等,常用的直径为 25 ~ 75 mm。拉西环在乱堆填料中易产生架桥,使流体流动产生沟流、偏流等现象,所以气液分布不均,传质效果不理想,目前使用拉西环填料的很少。

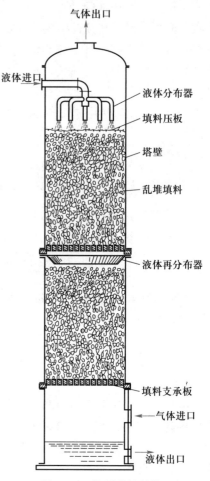

图 5-23 填料塔的结构

(2)**鲍尔环填料** 鲍尔环填料是对拉西环填料结构改进发展而来的,在拉西环的侧壁上开两排长方形或正方形的窗口,如图 5-24(b)所示。其气液传质效率大大提高,流体通量增加,流体流动的阻力下降。

(3)**阶梯环填料** 它是在鲍尔环填料的基础上改善而得到的一种高效填料,如图 5-24(c)所示,其高径比为 1:2,底端为喇叭口形,环内有筋。这种填料由于高径比小,气体路径缩短,流动阻力大大减小,填料底端的喇叭口使得填料间以点接触为主,有利于液膜表面不断更新,故传质效率较高。

(4)**弧鞍填料** 其特点是内外表面全部敞开,液体可流经内外两侧,表面利用率高,流动阻力小,但堆积时易叠合,使传质效率降低。

(5)**矩鞍填料** 为防止填料之间叠合,矩鞍填料将弧鞍填料的弧形改为矩形。该填料液体分布较为均匀,且加工也变得简单化。

(6)**金属鞍环填料** 它是将鞍形和环形填料的优点相结合的一种金属制的新型高效填料。其结构如图 5-24(f)所示。它的特点是液体分布均匀、气体流动阻力小,且流体通量大。

(7)**格栅填料** 用木板、陶瓷、塑料、金属等材料排列成的栅板,称为格栅填料。这种填料气体流动阻力小,空隙率大,流体通量大,但填料的比表面积小,故它主要用于低压降、大流量的场合。

图 5-24　各种常用填料及新型填料

视频:

鲍尔环填料
塔正常操作

视频:

拉西环填料
塔正常操作

3. 填料研究的新进展

随着化工技术水平的高速发展,相继出现了一些新型填料,如多面球形填料、共轭环填料、海尔环填料、脉冲填料、纳特环填料等,见图5-24。这些新型填料主要特征体现在以下几个方面:

（1）**填料比表面积大**　如填料由拉西环发展为鲍尔环,后来又出现的海尔环等新型高效填料,主要以提高填料比表面积为目的,以便增加传质速率。

（2）**空隙率大**　填料由实体填料到网体填料,解决了流体流动阻力大的问题。采用大空隙率的填料,流体流动阻力降低,才使流体通量增大成为可能。

（3）**填料形状改变**　改变填料的形状,防止填料相互叠合,使填料间的线接触改为点接触,有利于液体表面更新,改善传质性能。

5-6-2 填料塔的流体力学性能

填料塔传质性能的好坏、负荷的大小及操作的稳定性很大程度取决于流体通过填料的流体力学性能。填料塔的流体力学性能通常用填料层的持液量、填料层压降、液泛等描述。

一、填料层的持液量

填料层的**持液量**是指单位体积填料所持有的液体体积，以 m^3 液体/m^3 填料表示。它是填料塔流体力学性能的重要参数之一。

填料的总持液量包括静持液量和动持液量。**静持液量**是指在充分润湿的填料层中，气液两相不进料，且填料层中不再有液体流下时，填料层中的液体量。**动持液量**是指填料塔停止气液两相进料后，经足够长时间排出的液体量。

持液量与填料类型、规格、液体性质、气液负荷等有关。若持液量太大，气体流通截面积减少，气体通过填料层的压降增加，则生产能力下降；但若持液量太小，则操作不稳定。一般认为持液量以能够提供较大的气液传质面积且操作稳定为宜。

二、气体通过填料的压降

气体靠压差自下而上通过填料，液体靠重力自上而下流过填料层，这时气体通过填料层的流动与过滤一节所讲的颗粒层内流动相似，不过填料的空隙大，气体通过填料层的流速高，流动呈湍流。将气体体积流量与塔截面积之比定义为**空塔气速**（简称**气速**，以区别于填料中的实际气速）u，单位为 m/s。实验测得的不同液体喷淋量下的填料层压降与空塔气速的关系，如图 5-25 所示。

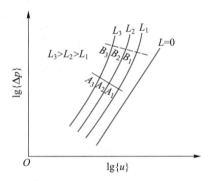

图 5-25　填料塔压降与空塔气速的关系

当液体喷淋流速 $L=0$（干填料层）时，填料层压降与气速之间的关系称为**干板压降**。实验得到压降与气速关系为直线，斜率为 1.8~2。有液体喷淋时，由于液体在填料的空隙中占有一部分体积，实际气速增加，相应的压降增加。液体流量越大，填料层的压降就越大，如图 5-25 中的液体喷淋流速为 L_1、L_2、L_3 时的压降对流速关系线所示。

当液体喷淋量一定时，气速不大，压降与气速的关系线与干填料层时的压降与气速关系线几乎平行，斜率仍为 1.8~2。

当气速增加到一定程度时，塔内持液量增加，塔内空隙率减少，故实际气速增加，导致压降随气速增加速度加快，即压降随气速变化关系线的斜率大于 2，如图 5-25 中的 A_1B_1、A_2B_2、A_3B_3 段的关系线所示。压降随气速变化剧烈的第一个转折点 A_1、A_2、A_3 称为**载点**，对应的气速为载点气速。

当气速再进一步增加时，超过某一极限值，液体不能顺利向下流动，此现象为**液泛**。此时压降与气速近似成垂直线关系，出现第二个转折点，该点为**泛点**，如图 5-25 中的 B_1、B_2、B_3 点。泛点以后，液体不能顺利流下，从塔顶溢出。所以，泛点是填料塔操作的上限，泛点对应的气速为**泛点气速**。

三、泛点气速

气体流速正常的操作范围是载点气速到泛点气速之间。因泛点气速易测,所以通常操作气速为泛点气速的 0.6～0.8 倍。

泛点气速受到多种因素的影响,如填料性质、气液负荷、液体物性等。人们根据大量的实验数据得到了一些关联图和经验关联式,以此获得泛点气速,然后根据泛点气速确定操作气速,作为设计填料塔塔径的依据。下面介绍一种常用的**埃克特(Eckert)通用关联图**来求取泛点气速,见图 5-26,图中的横坐标为 $\dfrac{q_{m,\mathrm{L}}}{q_{m,\mathrm{V}}}\left(\dfrac{\rho_{\mathrm{V}}}{\rho_{\mathrm{L}}}\right)^{0.5}$,纵坐标为 $\dfrac{u^2\phi\psi}{g}\left(\dfrac{\rho_{\mathrm{V}}}{\rho_{\mathrm{L}}}\right)\mu_{\mathrm{L}}^{0.2}$。

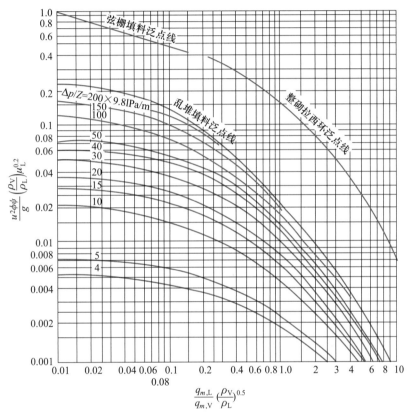

图 5-26　填料塔泛点和压降通用关联图

图中：　$q_{m,\mathrm{L}}$、$q_{m,\mathrm{V}}$——分别为液相和气相的质量流量,kg/h;

　　　　ρ_{L}、ρ_{V}——分别为液相和气相的密度,kg/m³;

　　　　u——空塔气速,m/s;

　　　　ϕ——湿填料因子,1/m;

　　　　ψ——液体密度校正系数,$\psi=\dfrac{\rho_{水}}{\rho_{\mathrm{L}}}$;

　　　　μ_{L}——液体黏度,mPa·s。

使用此图时,首先根据气、液相质量流量及密度求出 $\frac{q_{m,L}}{q_{m,V}}\left(\frac{\rho_V}{\rho_L}\right)^{0.5}$ 的值,若使用乱堆填料,则在图的上方乱堆填料泛点线上读取 $\frac{q_{m,L}}{q_{m,V}}\left(\frac{\rho_V}{\rho_L}\right)^{0.5}$,相应得到纵坐标值 $\frac{u_f^2 \phi \psi}{g}\left(\frac{\rho_V}{\rho_L}\right)\mu_L^{0.2}$,由此求出泛点气速 u_f。

利用埃克特通用关联图还可求出单位填料层高度的压降,将操作气速代入 $\frac{u^2 \phi \psi}{g}\left(\frac{\rho_V}{\rho_L}\right)\mu_L^{0.2}$ 中,根据 $\frac{q_{m,L}}{q_{m,V}}\left(\frac{\rho_V}{\rho_L}\right)^{0.5}$、$\frac{u^2 \phi \psi}{g}\left(\frac{\rho_V}{\rho_L}\right)\mu_L^{0.2}$ 值确定横坐标和纵坐标的交点,由此交点定对应的压降线,即可得单位填料层高度的压降 Δp。通常,常压塔中 Δp 在 150～500 Pa/m 为宜,真空塔中 Δp 在 80 Pa/m 以下适宜。

5-6-3　填料塔的附件

填料塔的主要附件有填料支承板、液体分布器、液体再分布器和气体出口除沫器等。这些附件的结构与尺寸直接影响填料塔的流体力学性能和气液传质分离效果。

一、支承板

支承板是用以支承填料和塔内持液的部件。工业生产要求支承板的设计应具备以下基本条件:

(1) 足够的机械强度;

(2) 支承板的自由截面不应小于填料层的自由截面积,以免气液在通过支承板时流动阻力过大,在支承板处首先发生液泛;

(3) 结构易于使流体分布均匀。

图 5-27 所示的是几种常用的支承板。

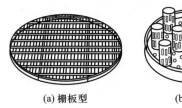

(a) 栅板型　　　(b) 孔管型　　　(c) 驼峰型

图 5-27　填料的支承板

二、液体分布器

液体分布器是将液体从塔顶均匀分布的部件。由于液体均匀分布的好坏与分离效率密切相关,所以设计和选用液体分布器也非常重要。根据塔的大小和填料类型的不同,液体分布器有多种结构,见图 5-28。

三、液体再分布器

由于液体从塔顶流下时有向壁流动的趋势(称为**壁流效应**),并造成填料层内传质面积减少,影响传质。为此,工程上采用液体再分布器来改善因壁流效应造成的液体在填料层内不均匀分布。通常填料层内每隔一定高度设置一个液体再分布器。由于填料性

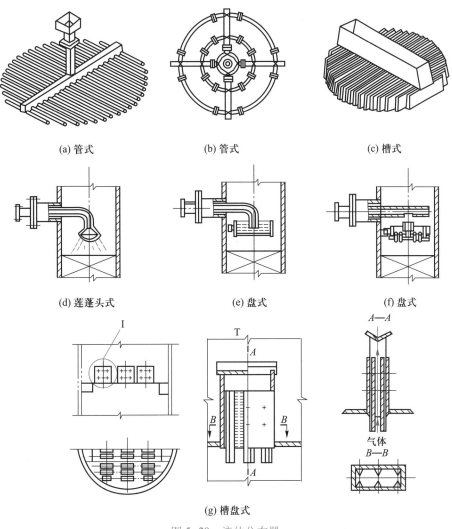

(a) 管式　　　　　(b) 管式　　　　　(c) 槽式

(d) 莲蓬头式　　　(e) 盘式　　　　　(f) 盘式

(g) 槽盘式

图 5-28　液体分布器

动画：
多孔管式喷淋器

229

动画：
莲蓬式喷洒器

动画：
截锥式液体再分布器

能不同,其间隔也不同,如拉西环的壁流效应较严重,每段填料层的高度较小,通常取塔径的 3 倍;而鲍尔环和鞍形填料每段填料层高度可取塔径的 5~10 倍。

常用的液体再分布器见图 5-29。

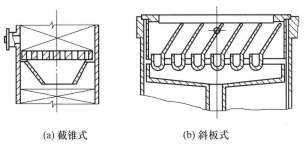

(a) 截锥式　　　　　(b) 斜板式

图 5-29　液体再分布器

四、气体出口除沫器

当塔内气速大时,气体通过填料层顶部时会夹带大量的雾滴,通常在液体分布器的上部应设置除沫器。当气速较小时,气体中的液滴量很少,可不安装除沫器。

工业上常用的除沫器有折板除沫器、丝网除沫器、旋流板除沫器等多种形式,见图5-30。

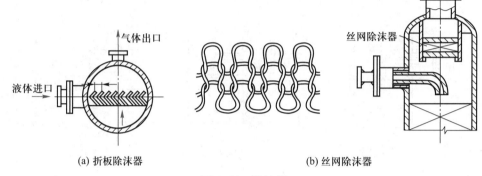

(a) 折板除沫器   (b) 丝网除沫器

图 5-30 除沫器

文本:
思考题参考答案

思 考 题

1. 吸收分离气体混合物的依据是什么?

2. 吸收剂进入吸收塔前经换热器冷却与直接进入吸收塔两种情况,吸收效果有什么区别?

3. 比较温度、压力对亨利系数、溶解度系数及相平衡常数的影响。

4. 什么是气膜控制?气膜控制的特点是什么?用水吸收混合气体中的 CO_2 是属于什么控制过程?提高其吸收速率的有效措施是什么?

5. 什么是最小液气比?它与哪些因素有关?

6. 确定操作液气比的依据是什么?

文本:
习题参考答案

习 题

气液平衡

1. 向盛有一定量水的鼓泡吸收器中通入纯的 CO_2 气体,经充分接触后,测得水中的 CO_2 平衡浓度为 2.875×10^{-2} kmol/m^3,鼓泡器内总压为 101.3 kPa,水温 30 ℃,溶液密度为 1 000 kg/m^3。试求亨利系数 E、溶解度系数 H 及相平衡常数 m。   ($E = 1.876 \times 10^5$ kPa, $H = 2.96 \times 10^{-4}$ kmol/(kPa·m^3), $m = 1$ 852)

2. 在压力为 101.3 kPa 的吸收器内用水吸收混合气体中的氨,设混合气体中氨的浓度为 0.02(摩尔分数),试求所得氨水的最大物质的量浓度。已知操作温度 20 ℃ 下的相平衡关系为 $p_A^* = 2\ 000x$。

                                                     ($c_A = 0.564$ kmol/m^3)

3. 在压力为 101.3 kPa,温度 30 ℃ 下,含 CO_2 20%(体积分数)空气-CO_2 混合气体与水充分接触,试求液相中 CO_2 的物质的量浓度。   ($c_A^* = 6.01 \times 10^{-3}$ kmol/m^3)

4. 含 CO_2 30%(体积分数)空气-CO_2 混合气体,在压力为 505 kPa、温度 25 ℃ 下,通入盛有 1 m^3 水的 2 m^3 密闭贮槽,当混合气体通入量为 1 m^3 时停止进气。经长时间后,将全部水溶液移至膨胀床中,并减压至 20 kPa,设 CO_2 大部分放出,求最多能获得 CO_2 多少千克(设操作温度为 25 ℃,CO_2 在水中的平衡关系服从亨利定律,亨利系数 E 为 $1.66×10^5$ kPa)? $\qquad$ $(\Delta W = 0.91 \text{ kg})$

5. 用清水逆流吸收混合气体中的氨,进入常压吸收塔的气体含氨6%(体积分数),吸收后气体出口中含氨 0.4%(体积分数),溶液出口浓度为 0.012(摩尔比),操作条件下相平衡关系为 $Y^* = 2.52X$。试用气相摩尔比表示塔顶和塔底处吸收的推动力。 $\qquad$ $(\Delta Y_2 = 0.004\ 02, \Delta Y_1 = 0.034)$

6. 在操作温度 25 ℃、压力 101.3 kPa 下,用 CO_2 含量为 0.000 1(摩尔分数)的水溶液与含 CO_2 10%(体积分数)的 CO_2-空气混合气在一容器充分接触,试:

(1) 判断 CO_2 的传质方向,且用气相摩尔分数表示过程的推动力;

(2) 若压力增加到 506.5 kPa,CO_2 的传质方向如何,并用液相分数表示过程的推动力。

$\qquad$ (解吸过程,$\Delta y = 0.06$;吸收过程,$\Delta x = 2.05×10^{-4}$)

扩散与单相传质

7. 在填料吸收塔内用水吸收混合于空气中的甲醇,已知某截面上的气、液两相组成为 $p_A = 5$ kPa,$c_A = 2$ kmol/m^3,设在一定的操作温度、操作压力下,甲醇在水中的溶解度系数 H 为 0.5 kmol/($m^3 \cdot$ kPa),液相传质分系数为 $k_L = 2×10^{-5}$ m/s,气相传质分系数为 $k_G = 1.55×10^{-5}$ kmol/($m^2 \cdot s \cdot$ kPa)。试求以分压表示的吸收总推动力、总阻力、总传质速率及液相阻力的分配。

$\qquad$ ($\Delta p_A = 1$ kPa;$1.65×10^5$ ($m^2 \cdot s \cdot$ kPa)/kmol;$N_A = 1.65×10^5$ kmol/($m^2 \cdot s$);60.6%)

8. 对习题 7 的过程,若吸收温度降低,甲醇在水中的溶解度系数 H 变为 5.8 kmol/($m^3 \cdot$ kPa),设气、液相传质分系数与两相浓度近似不变,试求液相阻力分配为多少,并分析其结果。

$\qquad$ (27.3%;为气相传质阻力控制)

吸收过程设计型计算

9. 用 20 ℃ 的清水逆流吸收氨-空气混合气中的氨,已知混合气体的温度为 20 ℃,总压为 101.3 kPa,其中氨的分压为 1.013 3 kPa,要求混合气体处理量为 773 m^3/h,水吸收混合气体中氨的吸收率为 99%。在操作条件下物系的平衡关系为 $Y^* = 0.757X$,若吸收剂用量为最小用量的 2 倍,试求(1) 塔内每小时所需清水的量;(2) 塔底液相浓度(用摩尔分数表示)。 $\qquad$ ($L = 856.8$ kg/h;$x_1 = 0.006\ 6$)

10. 在一填料吸收塔内,用清水逆流吸收混合气体中的有害组分 A,已知进塔混合气体中组分 A 的浓度为 0.04(摩尔分数,下同),出塔尾气中 A 的浓度为 0.005,出塔水溶液中组分 A 的浓度为 0.012,操作条件下气液平衡关系为 $Y^* = 2.5X$。试求操作液气比是最小液气比的倍数。 $\qquad$ $\left(\dfrac{L}{V} \Big/ \left(\dfrac{L}{V}\right)_{\min} = 1.38\right)$

11. 用 SO_2 含量为 $1.1×10^{-3}$(摩尔分数)的水溶液吸收含 SO_2 为 0.09(摩尔分数)的混合气体中的 SO_2。已知进塔吸收剂流量为 37 800 kg/h,混合气体流量为 100 kmol/h,要求 SO_2 的吸收率为 80%。在吸收操作条件下,系统的平衡关系为 $Y^* = 17.8X$,求气相总传质单元数。 $\qquad$ ($N_{OG} = 19.3$)

12. 用清水逆流吸收混合气体中的 CO_2,已知混合气体的流量为 300 m^3(标准)/h,进塔气体中 CO_2 含量为 0.06(摩尔分数),操作液气比为最小液气比的 1.6 倍,气相总传质单元高度为 0.8 m。操作条件下物系的平衡关系为 $Y^* = 1\ 200X$。要求 CO_2 吸收率为 95%,试求:

(1) 吸收液组成及吸收剂流量;

(2) 操作线方程;

(3) 填料层高度。

$\qquad$ ($X_1 = 3.33×10^{-5}$,$L = 1\ 824×13.39 = 24\ 423$ kmol/h;$Y = 1\ 824X + 3.26×10^{-3}$;$Z = 4.71$ m)

13. 在逆流的填料塔中,用清水吸收空气-氨混合气体中的氨,气相质量流速为 0.65 kg/($m^2 \cdot s$)。操作液气比为最小液气比的 1.6 倍,平衡关系为 $y^* = 0.92x$,气相总传质系数 $K_y a$ 为 0.043 kmol/($m^3 \cdot s$)。试求:

(1) 吸收率由 90% 提高到 99%,填料层高度的变化。

(2) 吸收率由 95% 提高到 99%,吸收剂用量之比。 $\qquad$ $\left(\dfrac{Z'}{Z} = 1.65; \dfrac{L'}{L} = 1.04\right)$

14. 在一塔高为 4 m 填料塔内,用清水逆流吸收混合气体中的氨,入塔气体中含氨 0.03(摩尔比),混合气体流率为 0.028 kmol/(m²·s),清水流率为 0.057 3 kmol/(m²·s),要求吸收率为 98%,气相总传质收系数与混合气体流率的 0.7 次方成正比。已知操作条件下物系的平衡关系为 $Y^* = 0.8X$,试求:

(1) 当混合气体量增加 20% 时,吸收率不变,所需填料层高。

(2) 压力增加 1 倍时,吸收率不变,所需填料层高(设压力变化气相总体积吸收系数不变)。

$(Z' = 4.64 \text{ m}; Z' = 3.298 \text{ m})$

15. 在一吸收-解吸联合流程,吸收塔内用洗油逆流吸收煤气中含苯蒸气。入塔气体中苯的浓度为 0.03(摩尔分数,下同),吸收时平衡关系为 $Y^* = 0.125X$,液气比为 0.244 4,进塔洗油中苯的浓度为 0.007,出塔煤气中苯的浓度降至 0.001 5,气相总传质单元高度为 0.6 m。由吸收塔排出的液体升温后在解吸塔内用过热蒸气逆流解吸。解吸塔内气液比为 0.4,相平衡关系为 $Y^* = 3.16X$,气相总传质单元高度为 1.3 m。试求:

(1) 吸收塔填料层高度。

(2) 解吸塔填料层高度。

$(Z = 3.90 \text{ m}; Z = 11.99 \text{ m})$

吸收过程的操作型计算

16. 用清水在一填料层高为 13 m 的填料塔内吸收空气中的丙酮蒸气,已知混合气体质量流速为 0.668 kg/(m²·s),混合气中含丙酮 0.02(摩尔分数),水的质量流速为 0.065 kmol/(m²·s),在操作条件下,相平衡常数为 1.77,气相总体积吸收系数为 $K_Y a = 0.023\ 1$ kmol/(m³·s)。问丙酮的吸收率为 98.8% 时,该塔是否合用? $(Z' = 12 > Z = 10.17;$吸收塔合用$)$

17. 在一逆流操作的填料塔中,用纯溶剂吸收混合气体中溶质组分,当液气比为 1.5 时,溶质的吸收率为 90%,在操作条件下气液平衡关系为 $Y^* = 0.75X$。如果改换新的填料时,在相同的条件下,溶质的吸收率提高到 98%,求新填料的气相总体积传质系数为原填料的多少倍。 $\left(\dfrac{K_Y' a}{K_Y a} = 1.900\right)$

18. 在一填料吸收塔内用洗油逆流吸收煤气中含苯蒸气。进塔煤气中苯的初始浓度为 0.02(摩尔比,下同),操作条件下气液平衡关系为 $Y^* = 0.125X$,操作液气比为 0.18,进塔洗油中苯的浓度为 0.003,出塔煤气中苯浓度降至 0.002。因解吸不良造成入塔洗油中苯的浓度为 0.006,试求此情况下:(1) 出塔气体中苯的浓度;(2) 吸收推动力降低的百分数。 $(Y_2' = 0.016\ 69; 81.61\%)$

本章符号说明

拉丁文:

A——吸收因数
气液接触面积,m²;

a——单位体积填料的相际传质面积,m²/m³;

c——混合液总物质的量浓度,kmol/m³;

c_A——溶液中溶质 A 的物质的量浓度,kmol/m³;

c_{Sm}——溶剂在扩散两端浓度的对数平均值,kmol/m³;

D——分子扩散系数,m²/s;

E——亨利系数,kPa;

G——气体流率,kmol/(m²·s);

H——溶解度系数,kPa·m³/kmol;

H_{OG}——气相总传质单元高度,m;

H_{OL}——液相总传质单元高度,m;

J——扩散速率,kmol/(m²·s);

k_G——气相传质系数,kmol/(m²·s·kPa);

k_L——液相传质系数,m/s;

K_G——气相总传质系数,kmol/(m²·s·kPa);

K_L——液相总传质系数,m/s;

L——溶剂流率,kmol/s;

m——相平衡常数;

N——传质速率,kmol/(m²·s);

N_{OG}——气相总传质单元数;

N_{OL}——液相总传质单元数;

p——总压力,kPa;

p_A——溶质 A 分压力,kPa;

p_{Bm}——惰性气体在扩散两端分压的对数平均

值压力,kPa;

V——混合物的体积,m^3;

X——溶液中溶质与溶剂的摩尔比;

x——溶液中溶质的摩尔分数;

Y——混合气体中溶质与惰性气体的摩尔比;

y——混合气体中溶质的摩尔分数;

ΔY_m——溶质的对数平均推动力;

Z——填料层高度,m

扩散距离,m。

希文:

ε——填料层的空隙率,m^3/m^3;

η——溶质的回收率;

μ——黏度,Pa·s;

ρ——流体的密度,kg/m^3;

ϕ——填料因子,$1/m$;

ψ——液体密度校正系数;

Ω——塔截面积,m^2。

下标:

A——溶质;

B——惰性气体;

G——气相;

L——液相;

i——界面;

s——溶剂。

参 考 文 献

[1] 陈敏恒,丛德滋,方图南,等.化工原理:下册.4版.北京:化学工业出版社,2015.

[2] 王志魁.化工原理.5版.北京:化学工业出版社,2018.

[3] 李云倩.化工原理.北京:中央广播电视大学出版社,1996.

[4] 蒋维钧,雷良恒,刘茂林.化工原理:下册.3版.北京:清华大学出版社,2010.

[5] 时钧,汪家鼎,余国琮,等.化学工程手册:上卷.2版.北京:化学工业出版社,1996.

[6] 化学工程手册编辑委员会.化学工程手册(第十二篇,吸收).北京:化学工业出版社,1982.

[7] 孙东升.填料塔分离技术新进展.化工进展,2002,21(10):769-772.

[8] 周伟.组片式波纹填料的开发与研究.石油化工设备,1998,8(10):27.

[9] 刘乃鸿.现代填料塔技术指南.北京:中国石油出版社,1998.

[10] 赵汝文.辐射式进气分布器的性能及其在大型化工填料塔中的应用.ACHEMASIA 会议论文,北京,1998,5.

第六章　蒸馏

 本章学习要求

1. 掌握的内容

双组分理想物系的气液相平衡关系及相图表示；精馏原理及精馏过程分析；双组分连续精馏塔的计算（包括物料衡算、操作线方程、q 线方程、进料热状况参数 q 的计算、回流比的确定、图解法求算理论板层数等）；板式塔的结构及气液流动方式、板式塔内非理想流动及不正常操作现象。

2. 熟悉的内容

逐板法求算理论板层数、理论板层数简捷计算法；全塔效率和单板效率、塔高及塔径计算；平衡蒸馏、简单蒸馏的特点；塔板的主要类型、塔板负荷性能图的特点及作用。

3. 了解的内容

精馏装置的热量衡算；其它精馏方式的特点；精馏过程的强化及展望。

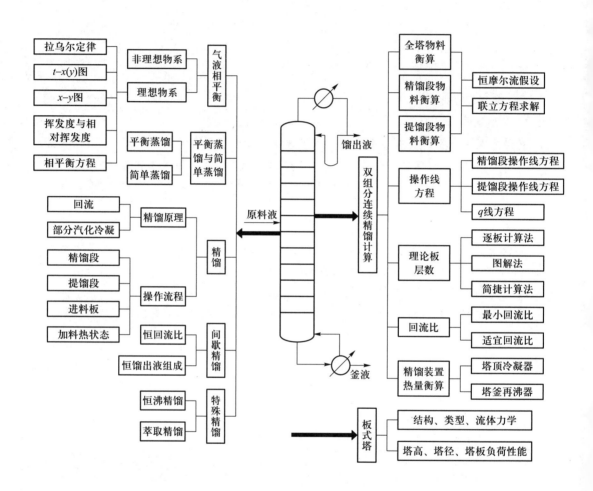

图 6-0 是化工生产中乙苯脱氢制苯乙烯工艺流程示意图。原料乙苯经过前期加热蒸发,经反应器催化脱氢后得到产物苯乙烯,粗苯乙烯与原料乙苯热交换后进入后面分离设备。这是因为粗苯乙烯中含有未反应的单体乙苯、原料中带入的水及少量苯、甲苯。需要进一步分离才能得到高纯度的苯乙烯产品。粗苯乙烯经油水分离器除去水后,进入乙苯蒸馏塔除去乙苯,再进入苯乙烯精馏塔除去焦油,得到高纯度苯乙烯产品。从乙苯蒸馏塔出来的乙苯还要进一步把苯及甲苯分离,得到纯度较高的产品,乙苯可作为原料回用。

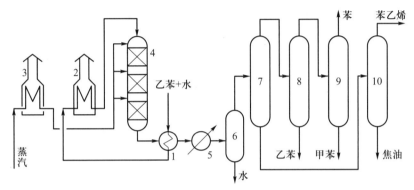

1—乙苯蒸发器;2—乙苯加热炉;3—蒸汽过热炉;4—反应器;5—冷凝器;
6—油水分离器;7—乙苯蒸馏塔;8—苯、甲苯回收塔;
9—苯、甲苯分离塔;10—苯乙烯精馏塔
图 6-0 乙苯脱氢制苯乙烯工艺流程示意图

该案例表明,要得到高纯度的液体化工产品,很多都需要通过蒸馏来完成。所以了解蒸馏设备(精馏塔)的结构、特点,掌握蒸馏的原理、基本计算及影响蒸馏操作的因素非常重要。

第一节 概 述

蒸馏是分离液体均相混合物的典型单元操作之一,也是最早实现工业化的一种分离方法,广泛应用于化工、石油、医药、食品、酿酒及环保等领域。

6-1-1 蒸馏操作在工业中的应用

化工生产中常需要进行液体混合物的分离,以达到提纯或回收有用组分的目的。

在工业上采用蒸馏方法即可直接获得所需要的组分(产品),而吸收、萃取等操作则需加入其它组分,并需进一步将所需组分(产品)与外加组分进行分离,因此,蒸馏操作的流程较为简单。蒸馏不仅可以分离液体混合物,而且可以通过改变操作压力或温度,使常压常温下呈气态或固态的混合物在液化后,再用蒸馏方法加以分离。例如,将空气加压液化,再用蒸馏方法得到氮、氧产品;将脂肪酸固体混合物加热熔化,减压蒸馏进行分离等。

文本:

本节学习纲要

但是在蒸馏过程中,为产生气相和液相需提供大量的相变热,因此该过程消耗大量的热能。此外,为建立气液两相系统,有时需要高压、真空、高温或低温等条件,还将消耗额外能量。

6-1-2　蒸馏操作的依据

液体均具有挥发成为蒸气的能力,但不同的液体在一定温度下的挥发能力各不相同。例如,低浓度乙醇和水的混合液,由于乙醇挥发能力高于水,因而在加热形成气液两相并达到平衡时,乙醇在气相中的摩尔分数会明显高于液相。若将汽化后的蒸气全部冷凝,则可得到较高纯度的乙醇,从而达到增浓的效果。

通常,我们将混合物中挥发能力高的组分称为**易挥发组分**或**轻组分**,以 A 表示;将挥发能力低的组分称为**难挥发组分**或**重组分**,以 B 表示。

蒸馏操作就是借助液体混合物中各组分挥发性的差异,进行汽化、冷凝分离液相混合物的化工单元操作。由于这种操作过程是物质在相间的转移过程,因此蒸馏操作属于传质过程。

6-1-3　蒸馏过程的分类

蒸馏操作可按不同方法进行分类:

1. 按操作流程可分为间歇蒸馏和连续蒸馏

间歇蒸馏主要应用于小规模生产或某些有特殊要求的场合,工业生产中多以连续蒸馏为主。连续蒸馏通常为定态操作,间歇蒸馏为非定态操作。

2. 按操作压强可分为常压蒸馏、减压蒸馏和加压蒸馏

常压下为气态(如空气、石油气)或常压下沸点为室温的混合物,常采用加压蒸馏;常压下沸点为室温至 150 ℃ 左右的混合物,一般采用常压蒸馏;对于常压下沸点较高或热敏性混合物(在较高温度下易发生分解、聚合等变质现象),则宜采用减压蒸馏,以降低操作温度。

3. 按蒸馏方式可分为简单蒸馏、平衡蒸馏、精馏和特殊精馏等

若混合物中各组分的挥发性相差很大,且对分离要求又不高时,可采用平衡蒸馏和简单蒸馏,它们是最简单的蒸馏方法;当混合物中各组分的挥发性相差不大,且分离要求较高时,宜采用精馏,它是工业生产中应用最为广泛的一种蒸馏方式;当混合物中各组分的挥发性差别很小或形成恒沸液时,采用普通的精馏方法达不到分离要求,则应采用特殊精馏,特殊精馏包括萃取精馏、恒沸精馏、盐效应精馏等。

对于含有高沸点杂质的混合物,若它不与水互溶,可采用水蒸气蒸馏,从而降低操作温度;对于热敏性混合物,还可采用高真空操作下的分子蒸馏。

4. 按被分离混合物中组分的数目可分为双组分蒸馏和多组分蒸馏

工业生产中,绝大多数为多组分蒸馏,但两者在过程原理、计算原则等方面均无本质区别,只是多组分蒸馏过程更为复杂,因此常以双组分蒸馏为研究基础。

本章重点讨论双组分常压连续精馏。

第二节　双组分物系的气液相平衡

均相液体混合物中,由于各组分彼此对蒸气压的影响规律不同,所以分为理想物系和非理想物系。

6-2-1　理想物系的气液相平衡

理想物系是指液相和气相应符合以下条件:

(1) 液相为理想溶液,遵循拉乌尔定律。根据溶液中同分子间与异分子间作用力的差异,可将溶液分为理想溶液和非理想溶液。虽然严格意义上的理想溶液是不存在的,但对于性质相近、分子间作用力相似的组分组成的溶液可视为理想溶液,如苯–甲苯、甲醇–乙醇物系。而一些性质不同、分子间作用力差异很大的组分组成的溶液则可视为非理想溶液,如乙醇–水、酸–水物系。

(2) 气相为理想气体,遵循道尔顿分压定律。当总压不太高(一般不高于 10^4 kPa)时,气相可视为理想气体。

一、气液相平衡的函数关系

根据拉乌尔定律,一定温度下气液相平衡时,理想溶液上方气相各组分分压为

$$p_A = p_A^* x_A \tag{6-1}$$

$$p_B = p_B^* x_B = p_B^* (1 - x_A) \tag{6-1a}$$

式中:　x_A、x_B——溶液中 A、B 组分的摩尔分数;

　　　　p_A^*、p_B^*——同温度下纯组分 A、B 的饱和蒸气压,Pa。

当溶液沸腾时,溶液上方总压等于各组分平衡分压之和,即

$$p = p_A + p_B \tag{6-2}$$

将式(6-1)及式(6-1a)代入并整理,得到**泡点方程**:

$$x_A = \frac{p - p_B^*}{p_A^* - p_B^*} \tag{6-3}$$

当体系总压不太高(一般不高于 10^4 kPa)时,气相可视为理想气体,服从道尔顿分压定律,即

$$y_A = p_A / p, \quad y_B = p_B / p \tag{6-4}$$

式中:　y_A、y_B——气相中 A、B 组分的摩尔分数。

将式(6-1)代入式(6-4)得到**露点方程**:

$$y_A = \frac{p_A^* x_A}{p} \tag{6-5}$$

由上可知,当总压 p 一定,且组分 A、B 的饱和蒸气压 p_A^*、p_B^* 与溶液温度 t 的关系已知,若给定 t,则可由泡点方程和露点方程求得该温度下的液相组成 x_A 及与之相平衡的气相组成 y_A。

二、气液相平衡相图

用相图表示气液相平衡关系比较直观、清晰,而且影响蒸馏操作的难易程度也可在相图上直接反映出来,对于两组分蒸馏过程的分析和计算也非常方便。蒸馏中常用的相图为恒压下的温度-组成图及气液相组成图。

1. 温度-组成(t-x-y)图

当计算出总压一定时的混合液在不同温度下的气液相平衡组成(均以易挥发组分表示),则可以温度为纵坐标,气液相组成为横坐标,用图线表示它们之间的关系,这就是该混合液在恒定压强下的温度-组成图,称 t-x-y 图。图 6-1 是总压为 101.3 kPa 下苯-甲苯混合液的 t-x-y 图。图中有两条曲线,上曲线为 t-y 线,表示气液相平衡时温度 t 和气相组成 y_A 之间的关系,该曲线称为**饱和蒸气线**。下曲线为 t-x 线,表示气液相平衡时温度 t 和液相组成 x_A 之间的关系,该曲线称为**饱和液体线**。

上述两条曲线将 t-x-y 图分为三个区域,饱和液体线以下的区域代表未沸腾的液体,称为**过冷液相区**;饱和蒸气线上方的区域代表过热蒸气,称为**过热蒸气区**;两曲线包围的区域表示气液两相同时存在,称为**气液共存区**。

若将温度为 t_1,组成为 x_1(图中点 A 表示)的混合液加热,当温度升高到 t_2(点 J)时,溶液开始沸腾,此时产生第一个气泡,相应的温度称为**泡点温度**,因此,饱和液体线又称**泡点线**。同样,若将温度为 t_4,组成为 y_1(点 B)的过热蒸气冷却,当温度降到 t_3(点 H)时,混合气开始冷凝产生第一滴液体,相应的温度称为**露点温度**,因此饱和蒸气线又称**露点线**。

由于温度一定时,气相组成大于液相组成,所以若将组成为 x_1 的冷液体加热到气液共存区内任一温度 t_E(点 E),使液体部分汽化,则液相组成为 x(点 C),与之相平衡的气相组成为 y(点 D),并且 $y>x$,这一过程称为部分汽化。而若将该混合液加热至 t_3(点 H),则全部液体均汽化为饱和蒸气,此时气相组成 y_1 与原来液相组成 x_1 数值相等。因此,只有部分汽化才能起到增浓(分离)的作用,而全部汽化则无此作用。

2. 气液相组成(y-x)图

蒸馏过程图解计算中,经常用到一定压力下的 y-x 图。图 6-2 为苯-甲苯混合液在 101.3 kPa 下的 y-x 图。该图以 x 为横坐标,y 为纵坐标,曲线表示液相组成和与之相平衡的气相组成间的关系。图中 $y=x$ 的对角线供查图时参考用,由于双组分理想溶液的气相组成 y 总是大于液相组成 x,所以平衡线位于对角线上方。平衡线距对角线越远,则与 x 相平衡的 y 值越大,说明该混合液越易分离。

y-x 图是在恒定压力下测得的,但实验也表明,在总压变化不大时(变化范围 30% 以下),压力对图中各线的影响可忽略。

y-x 图可通过 t-x-y 图作出。常见两组分溶液常压下的平衡数据可从物理化学或化工手册中查取。

动画:
从过冷液体至过热蒸气的变化过程

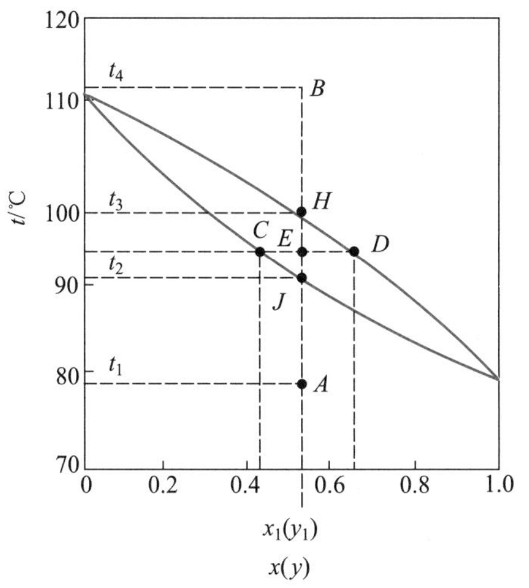

图 6-1　苯-甲苯混合液的 $t-x-y$ 图

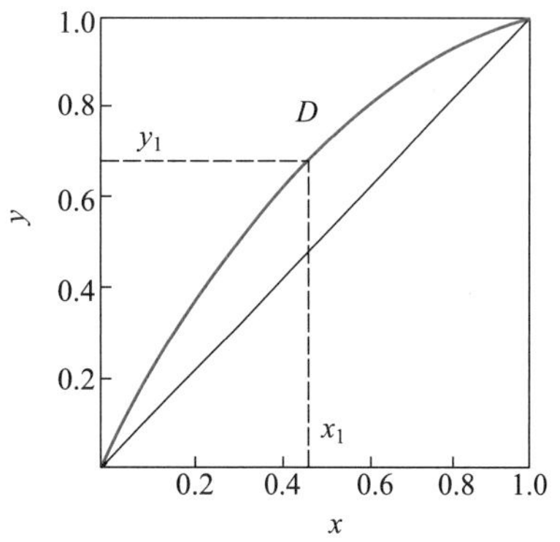

图 6-2　苯-甲苯混合液的 $y-x$ 图

6-2-2　非理想物系的气液相平衡

实际生产中遇到的大多数物系为非理想物系。非理想物系可能有以下三种情况：

① 液相为非理想溶液，气相为理想气体；② 液相为理想溶液，气相为非理想气体；③ 液相为非理想溶液，气相为非理想气体。本节主要介绍第一种情况的气液相平衡关系。

非理想溶液的根源在于不同种类分子之间的作用力与同种分子间的作用力不同，其表现为溶液中各组分的平衡分压与用拉乌尔定律计算的平衡分压发生偏差，偏差可正可负，分别称为正偏差溶液和负偏差溶液。例如，乙醇-水、正丙醇-水等物系是具有正偏差的溶液，硝酸-水、氯仿-丙酮等物系是具有负偏差的溶液。

一、气液相平衡函数关系

非理想溶液的平衡分压可用修正的拉乌尔定律表示：

$$p_A = p_A^* x_A \gamma_A \tag{6-6}$$

$$p_B = p_B^* x_B \gamma_B \tag{6-6a}$$

式中的 γ 为组分的活度系数，各组分的活度系数值和其组成有关，一般可通过实验数据求取或用热力学公式计算。

当总压不太高，气相为理想气体时，平衡时气相组成为

$$y_A = \frac{p_A^* x_A \gamma_A}{p} \tag{6-7}$$

二、气液相平衡相图

1. 温度-组成（$t-x-y$）图

当非理想溶液为正偏差溶液时，溶液在某一组成的两组分蒸气压之和会出现最大值，因此该组成的溶液泡点比两纯组分的沸点都要低，在 $t-x-y$ 图上会出现泡点的最小

值,如图 6-3 所示。相反,当非理想溶液为负偏差溶液时,该溶液某一组成的泡点比两纯组分的沸点都要高,在 $t-x-y$ 图上就会出现泡点的最大值,如图 6-4 所示。

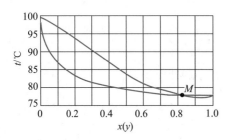

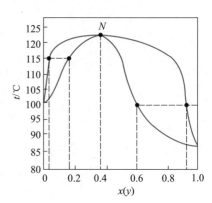

图 6-3　常压下乙醇-水溶液的
$t-x-y$ 图

图 6-4　常压下硝酸-水溶液的
$t-x-y$ 图

由于在泡点最小(大)值对应下的气液相组成相等,这种溶液称为**具有最低(高)恒沸点的溶液**,相应的组成称为**恒沸组成**,对应的温度称为**恒沸点**。

2. 气液相组成($y-x$)图

由于非理想溶液在某一组成时具有最低(高)恒沸点,因此,在 $y-x$ 图中平衡线与对角线有一交点,交点处说明该混合液用普通的蒸馏方法不能得到较完全的分离。图 6-5 为常压下乙醇-水溶液的 $y-x$ 图,图中交点处 $x_M = 0.894$ 为恒沸组成,这就是工业酒精中乙醇摩尔含量不超过 89.4% 的原因。图 6-6 是常压下硝酸-水溶液的 $y-x$ 图。

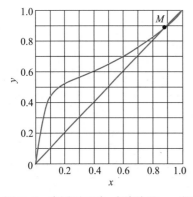

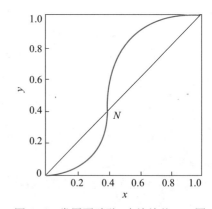

图 6-5　常压下乙醇-水溶液的 $y-x$ 图

图 6-6　常压下硝酸-水溶液的 $y-x$ 图

 小贴士:

　　非理想溶液并非都具有恒沸点,如甲醇-水、二硫化碳-四氯化碳等混合液。只有混合液的非理想性足够大,即偏差出现最低或最高值时才有恒沸点。

6-2-3 挥发度及相对挥发度

一、挥发度

前已指出，蒸馏的基本依据是混合液中各组分挥发度的差异。通常纯组分的挥发度是指液体在一定温度下的饱和蒸气压，即

$$v_A = p_A^* \tag{6-8}$$

而溶液中各组分的挥发度可用蒸气分压和与之平衡的液相中的摩尔分数之比来表示，即

$$v_A = \frac{p_A}{x_A} \quad , \quad v_B = \frac{p_B}{x_B} \tag{6-9}$$

式中： v_A、v_B——溶液中组分 A、B 的挥发度。

对于理想溶液，因其符合拉乌尔定律，在一定温度下，理想溶液各组分的挥发度与其饱和蒸气压在数值上相等。

二、相对挥发度

从上述可看出，溶液中组分的挥发度随温度而变化，在使用上不太方便，因此引入相对挥发度的概念。相对挥发度可用易挥发组分的挥发度与难挥发组分的挥发度之比表示，即

$$\alpha = \frac{v_A}{v_B} = \frac{p_A / x_A}{p_B / x_B} \tag{6-10}$$

式中： α 为组分 A 对组分 B 的相对挥发度。

当总压不太高时，气相服从道尔顿分压定律：

$$p_A = p y_A \quad , \quad p_B = p y_B$$

对双组分混合液，$x_B = 1 - x_A$，$y_B = 1 - y_A$，于是式（6-10）可写作

$$\alpha = \frac{y_A / x_A}{y_B / x_B} = \frac{y_A / y_B}{x_A / x_B} = \frac{y_A / (1 - y_A)}{x_A / (1 - x_A)}$$

略去下标并整理上式，可得

$$y = \frac{\alpha x}{1 + (\alpha - 1) x} \tag{6-11}$$

式（6-11）称为相平衡方程。若已知 α，则可通过式（6-11）求得平衡时的气液相组成，并可绘出 y-x 相图。在蒸馏的计算和分析中，用式（6-11）来表示气液相平衡关系更为简便。

动画：

温度对相对挥发度的影响

第二节　双组分物系的气液相平衡

利用相对挥发度的大小,可判断某混合液是否能用普通蒸馏方法分离及分离的难易程度,即若 $\alpha > 1$,表示 $y > x$,组分 A 容易挥发,可用普通蒸馏方法分离,而且 α 越大,分离越容易。

若 $\alpha = 1$,由式(6-11)可知 $y = x$,气液相组成相同,此时不能用普通蒸馏方法分离,而需要采用特殊精馏或其它的分离方法分离。

对理想溶液,根据式(6-9)和式(6-10),相对挥发度可用下式表示:

$$\alpha = \frac{p_A^*}{p_B^*} \tag{6-12}$$

对组分性质(主要指饱和蒸气压随温度的变化)比较接近的混合液,如苯-甲苯混合液,相对挥发度随温度变化很小,α 可视为常数,一般取操作范围内的某一平均值,称为平均相对挥发度,以 α_m 表示。

最常用的 α_m 取法是求算术平均值,即

$$\alpha_m = \frac{1}{n} \sum_{i=1}^{n} \alpha_i \tag{6-13}$$

在精馏塔内,当温度和压强变化都较小时,也可以用几何平均值计算 α_m,即

$$\alpha_m = \sqrt{\alpha_1 \alpha_2} \tag{6-14}$$

式中: α_1、α_2——塔顶、塔底温度下的相对挥发度。

很多实际混合液的相对挥发度还需由实验测定。

例 6-1 根据表中饱和蒸气压数据,计算苯-甲苯混合液在各温度下的相对挥发度,并列出该操作条件下气液相平衡数据,绘出 $y-x$ 相图。

$t/℃$	80.1	86.0	90.0	94.0	98.0	102.0	106.0	110.63
p_A^*/kPa	101.3	121.1	136.1	152.6	170.5	189.6	211.2	237.8
p_B^*/kPa	39.0	47.6	54.2	61.6	69.8	78.8	88.7	101.3

解:苯-甲苯为理想混合液,因此

$$\alpha = \frac{p_A^*}{p_B^*}$$

根据表中饱和蒸气压数据,可求得各温度下的相对挥发度,如下表:

$t/℃$	80.1	86.0	90.0	94.0	98.0	102.0	106.0	110.63
α	2.6	2.54	2.51	2.48	2.443	2.406	2.38	2.347

$$\alpha_m = \frac{1}{8} \sum_{i=1}^{8} \alpha_i = \frac{2.6 + 2.54 + 2.51 + 2.48 + 2.443 + 2.406 + 2.38 + 2.347}{8} = 2.46$$

由式(6-11)得出

$$y = \frac{2.46x}{1 + 1.46x}$$

由此可求出气液相平衡组成:

x	1	0.9	0.7	0.5	0.3	0.1	0
y	1	0.96	0.85	0.71	0.51	0.21	0

根据以上气液相平衡组成绘出 y-x 图(见图6-2)。

第三节　简单蒸馏和平衡蒸馏

6-3-1　简单蒸馏

简单蒸馏是一种间歇、单级蒸馏操作,也是历史上使用最早的蒸馏方法,其流程如图6-7所示。原料液进入蒸馏釜1中,加热使之部分汽化,产生的蒸气随即进入冷凝器2中冷凝,冷凝液作为馏出液产品进入接受器3中。随着蒸馏过程的进行,釜液中易挥发组分含量不断降低,与之平衡的气相组成(即馏出液组成)也随之下降,釜中液体的泡点逐渐升高,因此可用若干个馏出液接受器接受不同组成的产品。当釜液组成降低到预定值,或者馏出液易挥发组分组成降低到预定值后,即停止蒸馏操作,釜液一次排出。

由于简单蒸馏的分离效率不高,故多用于混合液的初步分离。此外,还常用于仅需截取某一沸点范围的馏出物(馏分)或是需除去某种难挥发组分(釜液)的混合液。

由上述可知,简单蒸馏是非定态操作,因此操作系统的温度和浓度均随时间而变化,计算时应使用微分衡算式,有关内容参看相关参考资料。

6-3-2　平衡蒸馏

平衡蒸馏是一种单级蒸馏操作,这种操作既可以间歇进行又可以连续进行,其流程如图6-8所示。被分离的混合液先经加热器1升温,使之温度高于分离器压力下料液的泡点,然后通过节流阀2降压至规定值后进入分离器3,此时过热的液体混合物一进入分离器中即发生部分汽化,平衡的气液两相及时被分离。由于在分离器内液体是自蒸发而汽化的,因此分离器又称闪蒸器或闪蒸塔。

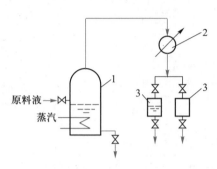

1—蒸馏釜;2—冷凝器;3—接受器

图6-7　简单蒸馏装置

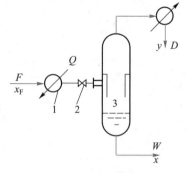

1—加热器;2—节流阀;3—分离器

图6-8　平衡蒸馏装置简图

246

第四节　精　馏

上述简单蒸馏和平衡蒸馏,都是单级分离过程,不能得到纯度较高的产品。而且,当混合物各组分挥发度相差不大时,用这两种蒸馏方式更是无法达到满意的分离效果。

精馏是借助"回流"技术的多级分离过程,可同时进行多次部分汽化和多次部分冷凝,因此可使混合物得以几乎完全的分离。

6-4-1　精馏原理

精馏过程原理可利用气液平衡相图说明。如图6-9所示,将组成为x_F的混合液升温至泡点以上的温度t_1,使其部分汽化,并将气相和液相分开,则两相组成分别为x_1、y_1,此时$y_1>x_F>x_1$,若继续将组成为y_1的气相混合物降温至t_2进行部分冷凝,则可得到组成为y_2的气相和组成为x_2的液相,再将组成为y_2的气相降温至t_3进行部分冷凝,则可得到组成为y_3的气相和组成为x_3的液相,而且$y_3>y_2>y_1$。由此可见,气相混合物经多次部分冷凝后,可在气相中获得高纯度的易挥发组分。同时,将组成为x_1的液相升温部分汽化,则可得到组分分别为y_2'的气相(图中未标出)及x_2'的液相,而且$x_1>x_2'$,如此将液相混合物进行多次部分汽化,可在液相中获得高纯度的难挥发组分。

上述分别进行的气相多次部分冷凝过程和液相多次部分汽化过程,从热力学角度认为可获得高纯度的易挥发组分产品和难挥发组分产品,但实际应用时,由于产生大量的中间馏分而使产品收率降低,能量消耗加大,所需设备庞杂,因此,工业上精馏过程是在直立圆形的精馏塔内进行多次部分汽化和部分冷凝的。

精馏塔内装有若干块塔板(称板式塔)或充填一定高度的填料(称填料塔)。尽管塔板的型式和填料种类很多,但它们有一个共同点,就是提供了气、液两相进行传质和传热的场所。

现以板式塔为例,讨论精馏过程气液传质、传热情况。如图6-10所示,在第n块塔

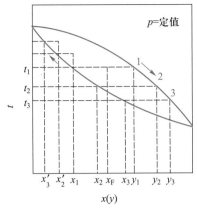

图 6-9 多次部分汽化和冷凝的
$t-x-y$ 图

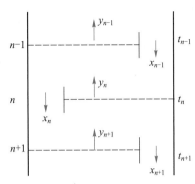

图 6-10 板式塔气液传质、传热
过程示意图

板上,由第 $n+1$ 块板上升的蒸气(组成为 y_{n+1})与第 $n-1$ 块板下降的液体(组成为 x_{n-1})接触,由于它们是组成互不平衡的两相,且 $t_{n+1}>t_n>t_{n-1}$,因此在第 n 块板上进行传质、传热。组成为 y_{n+1} 的气相部分冷凝,其中部分难挥发组分转入液相,而冷凝时放出的潜热供给组成为 x_{n-1} 的液相,使之部分汽化,部分易挥发组分转入气相,直至在第 n 块板上达到平衡时离开。经过充分接触和传质传热后,气相组成 $y_n>y_{n+1}$,液相组成 $x_{n-1}>x_n$,精馏塔内每层塔板上都进行着上述相似的过程,所以,塔内只要有足够多的塔板,就可使混合物达到所要求的分离程度。除此之外,还必须保证源源不断的上升蒸气流和下降液体流(回流),因此,塔底蒸气回流和塔顶液体回流是精馏过程连续进行的必要条件,回流也是精馏与普通蒸馏的本质区别。

6-4-2 精馏操作流程

由精馏原理可知,仅有精馏塔还不能完成精馏操作,必须同时有塔底再沸器和塔顶冷凝器以保证必要的回流。有时还要配备原料预热器等附属设备,才能实现整个操作,图 6-11 为连续精馏操作流程。图中原料液从塔中间适当位置进入塔内,塔顶蒸气通过塔顶冷凝器 2 冷凝为液体,冷凝液的一部分回流到塔内,称为回流液,其余作为塔顶产品(馏出液)连续排出。塔底部的再沸器 6 用于加热液体,产生的蒸气引入塔内作为气相回流,与下降的液体逆流接触。塔底产品(釜液)自再沸器连续排出。

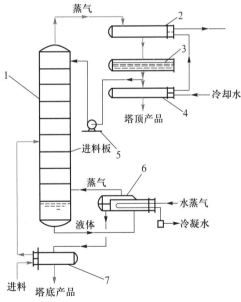

1—精馏塔；2—塔顶冷凝器；3—贮槽；4—冷却器；
5—回流液泵；6—再沸器；7—原料液预热器
图 6-11 连续精馏操作流程

进料板以上,上升蒸气中难挥发组分向液相传递,而回流液中易挥发组分向气相传递,两相间传质的结果,使上升蒸气中易挥发组分含量逐渐增加,到达塔顶时,蒸气将成为高纯度的易挥发组分。因此,塔的上半部完成了上升蒸气中易挥发组分的精制,因而称为**精馏段**。

进料板以下(包括进料板),同样进行着下降液体中易挥发组分向气相传递,上升蒸气中难挥发组分向液相传递的过程。两相间传质的结果是在塔底获得高纯度的难挥发组分。因此,塔的下半部完成了下降液体中难挥发组分的提浓,因而称为**提馏段**。

一个完整的精馏塔应包括精馏段和提馏段,才能达到较高程度的分离。

第五节 双组分连续精馏的计算

工业生产中的蒸馏操作以精馏为主,而且在多数情况下采用连续精馏。

双组分连续精馏的工艺计算主要内容包括:

(1) 物料衡算求塔顶及塔底产品量、精馏段及提馏段上升蒸气量和下降液体量等;

(2) 为完成一定分离要求所需要的板层数或填料层高度;

(3) 确定塔高和塔径;

(4) 热量衡算求再沸器、冷凝器的热负荷及载热体用量。

6-5-1 理论板的概念与恒摩尔流假设

一、理论板的概念

所谓理论板是指离开这种板的气、液两相互为平衡,即温度相等、组成达平衡。

气液相平衡是气液传质的极限,在达到平衡时,各相组成相对稳定,因此,不仅便于计算而且也是气液传质的理想状态。但由于塔板上气液间的接触面积和接触时间有限,因此任何形式的塔板都很难达到气、液两相的平衡状态,即理论板在实际上是不存在的,仅仅作为衡量实际板分离效率的依据和标准,它给精馏过程的分析和计算带来很大便利。通常先求得理论板层数,再根据塔板效率的高低来决定实际板层数。

二、恒摩尔流假设

由于精馏过程是既传质又传热的过程,所以相互影响的因素较多。为了简化计算,通常假定塔内物料以恒物质的量流动,即为**恒摩尔流假设**。此假设如下:

1. 恒摩尔气流

精馏操作时,在精馏塔内,精馏段每块板上升蒸气的摩尔流量均相等,在提馏段内也是如此,但两段上升蒸气的摩尔流量不一定相等。即

$$V_1 = V_2 = \cdots = V_n = V$$
$$V_1' = V_2' = \cdots = V_m' = V'$$

式中: V、V'——分别代表精馏段和提馏段上升蒸气摩尔流量,kmol/h;

下标表示塔板序号。

2. 恒摩尔液流

精馏操作时,在精馏塔内,精馏段每块板下降液体的摩尔流量均相等,在提馏段也是如此,但两段下降液体的摩尔流量不一定相等。即

$$L_1 = L_2 = \cdots = L_n = L$$
$$L_1' = L_2' = \cdots = L_m' = L'$$

式中： L、L'——分别代表精馏段和提馏段下降液体的摩尔流量，kmol/h。

在塔板上气液两相接触时，若有 n kmol 的蒸气冷凝，相应地就有 n kmol 的液体汽化，此时，恒摩尔流假设才能成立。因此，恒摩尔流假设必须满足以下条件：

（1）各组分的摩尔汽化热相等；

（2）气液接触时因温度不同而交换的显热可忽略；

（3）塔设备保温良好，热损失可以忽略。

精馏操作时，恒摩尔流虽是一项假设，但在很多情况下与实际情况基本接近，利用该假设可方便地进行精馏过程计算。

6-5-2　全塔物料衡算

根据全塔物料衡算，可以按指定的分离要求确定进、出精馏装置各物料的量和组成。

现对图 6-12 所示精馏装置作全塔物料衡算，并以单位时间为基准，即

总物料衡算

$$F = D + W \tag{6-15}$$

易挥发组分的物料衡算

$$F x_F = D x_D + W x_W \tag{6-15a}$$

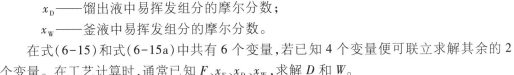

图 6-12　精馏塔的物料衡算

式中：　F——原料液流量，kmol/h；

　　　　D——塔顶产品（馏出液）流量，kmol/h；

　　　　W——塔底产品（釜液）流量，kmol/h；

　　　　x_F——原料液中易挥发组分的摩尔分数；

　　　　x_D——馏出液中易挥发组分的摩尔分数；

　　　　x_W——釜液中易挥发组分的摩尔分数。

在式（6-15）和式（6-15a）中共有 6 个变量，若已知 4 个变量便可联立求解其余的 2 个变量。在工艺计算时，通常已知 F、x_F、x_D、x_W，求解 D 和 W。

联立式（6-15）和式（6-15a）可以解得馏出液的采出率：

$$\frac{D}{F} = \frac{x_F - x_W}{x_D - x_W} \tag{6-16}$$

常用回收率的表示方法有以下两种：

（1）塔顶易挥发组分的回收率

$$\eta_D = \frac{Dx_D}{Fx_F} \times 100\% \tag{6-17}$$

（2）塔釜难挥发组分的回收率

$$\eta_W = \frac{W(1-x_W)}{F(1-x_F)} \times 100\% \tag{6-18}$$

例 6-2 每小时将 15 000 kg 含苯 40%（质量分数，下同）和甲苯 60% 的溶液在连续精馏塔中进行分离，要求釜液中含苯不高于 2%，塔顶馏出液中苯的回收率为 97.1%。试求馏出液和釜液的流量及组成，以摩尔流量和摩尔分数表示。

解： 苯的相对分子质量为 78；甲苯的相对分子质量为 92。

进料组成

$$x_F = \frac{40/78}{40/78 + 60/92} = 0.44$$

釜液组成

$$x_W = \frac{2/78}{2/78 + 98/92} = 0.023\ 5$$

原料液的平均相对分子质量　　$M_F = 0.44 \times 78 + 0.56 \times 92 = 85.8$

原料液流量　　$F = 15\ 000/85.8\ \text{kmol/h} = 174.8\ \text{kmol/h}$

依题意知　　$Dx_D/Fx_F = 0.971$

所以　　$Dx_D = 0.971 \times 174.8\ \text{kmol/h} \times 0.44 = 74.68\ \text{kmol/h}$ (a)

由式（6-15）及式（6-15a）得到

$$174.8\ \text{kmol/h} = D + W \tag{b}$$

$$174.8\ \text{kmol/h} \times 0.44 = Dx_D + 0.023\ 5W \tag{c}$$

联立式（a）、（b）和（c）解得

$$D = 79.8\ \text{kmol/h}\ ,\quad W = 95\ \text{kmol/h}\ ,\quad x_D = 0.936$$

6-5-3　操作线方程

由恒摩尔流假设可知，精馏段与提馏段内的上升蒸气或下降液体的摩尔流量不一定相等，因此精馏段和提馏段具有不同的操作关系，应分别予以讨论。

一、精馏段操作线方程

对图 6-13 虚线范围作物料衡算，以单位时间为基准，即

总物料衡算　　　　　　　　　　$V = L + D$ (6-19)

易挥发组分衡算　　　　　　　　$Vy_{n+1} = Lx_n + Dx_D$ (6-19a)

式中：　x_n——精馏段第 n 块板下降液体中易挥发组分的摩尔分数；

　　　　y_{n+1}——精馏段第 $n+1$ 块板上升蒸气中易挥发组分的摩尔分数。

由此可以计算出精馏段上升蒸气摩尔流量 V 及下降液体摩尔流量 L，并由此可推导出精馏段操作线方程：

$$y_{n+1} = \frac{R}{R+1}x_n + \frac{1}{R+1}x_D \qquad (6-20)$$

式中 R 称为回流比，$R = L/D$。精馏段操作线方程表示在一定条件下，精馏段内任意一块板（第 n 块板）下降的液相组成 x_n 与其相邻的下一块板（第 $n+1$ 块板）上升的气相组成 y_{n+1} 之间的关系。该式在 $y-x$ 相图上是一条斜率为 $\frac{R}{R+1}$、截距为 $\frac{x_D}{R+1}$、通过 (x_D, x_D) 点的直线，即图 6-14 中直线 ac。

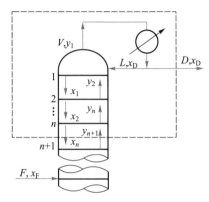

图 6-13 精馏段操作线方程推导示意图

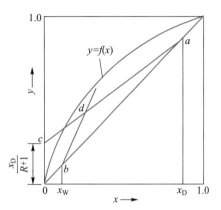

图 6-14 操作线方程示意图

二、提馏段操作线方程

按照图 6-15 虚线范围作物料衡算，以单位时间为基准，即

总物料衡算 $\qquad L' = V' + W \qquad (6-21)$

易挥发组分衡算 $\qquad L'x_m' = V'y_{m+1}' + Wx_W$

$$\qquad (6-21a)$$

式中：x_m'——提馏段第 m 块板下降液体中易挥发组分的摩尔分数；

y_{m+1}'——提馏段第 $m+1$ 块板上升蒸气中易挥发组分的摩尔分数。

由此可以计算出提馏段上升蒸气摩尔流量 V' 及下降液体摩尔流量 L'，并由此可推导出提馏段操作线方程。

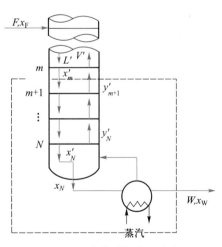

图 6-15 提馏段操作线方程推导示意图

$$y_{m+1}' = \frac{L'}{V'}x_m' - \frac{W}{V'}x_W \qquad (6-22)$$

或

$$y_{m+1}' = \frac{L'}{L'-W}x_m' - \frac{W}{L'-W}x_W \qquad (6-22a)$$

它表示在一定条件下,提馏段内任意一块板(第 m 块板)下降的液相组成 x'_m 与其相邻的下一块板(第 $m+1$ 块板)上升蒸气组成 y'_{m+1} 之间的关系。该式在 y-x 相图上是一条斜率为 $\dfrac{L'}{L'-W}$、截距为 $-\dfrac{Wx_{\mathrm{W}}}{L'-W}$、通过 $(x_{\mathrm{W}}, x_{\mathrm{W}})$ 点的直线,即图 6-14 中直线 bd。

提馏段的下降液体流量 L' 和上升蒸气流量 V' 不像精馏段的 L 和 V 那样容易求得,因为 L' 除了与 L 有关外,还受进料量 F 及进料热状况的影响。

6-5-4 进料热状况的影响及 q 线方程

一、进料热状况的影响

在实际生产中,原料液经预热后进入精馏塔(如图 6-11 所示),因此,精馏塔的原料液就可能有五种热状况:

(1)温度低于泡点的过冷液体;

(2)泡点下的饱和液体;

(3)温度介于泡点和露点之间的气液混合物;

(4)露点下的饱和蒸气;

(5)温度高于露点的过热蒸气。

这五种进料热状况,使进料后分配到精馏段的蒸气量及提馏段的液体量有所不同。图 6-16 定性地表示出在五种进料热状况下,由进料板上升蒸气及该板下降液体的摩尔流量变化情况。

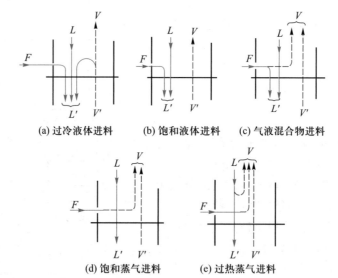

(a) 过冷液体进料　　(b) 饱和液体进料　　(c) 气液混合物进料

(d) 饱和蒸气进料　　(e) 过热蒸气进料

图 6-16　进料热状况对进料板上、下各流股的影响

为了分析进料热状况及其流量对精馏操作的影响,可对图 6-17 所示的进料板进行物料衡算及热量衡算。以单位时间为基准,即

物料衡算 $$F+V'+L = V+L' \tag{6-23}$$

热量衡算　　$Fh_F + V'h_{V'} + Lh_L = Vh_V + L'h_{L'}$　　（6-24）

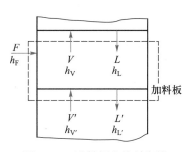

图 6-17　进料板上物料衡算
和热量衡算

式中：　h_F——原料液的摩尔焓, J/mol；

　　　　h_V、$h_{V'}$——分别为进料板上、下处饱和蒸气的摩
　　　　　　　　尔焓, J/mol；

　　　　h_L、$h_{L'}$——分别为进料板上、下处饱和液体的
　　　　　　　　摩尔焓, J/mol。

　　由于塔中液体和蒸气都呈饱和状态, 而且进料
板上、下的温度及气液相组成都比较接近, 故

$$h_V \approx h_{V'}\ ,\quad h_L \approx h_{L'}$$

于是式（6-24）可改写为　　　　$Fh_F + V'h_V + Lh_L = Vh_V + L'h_L$

或　　　　　　　　　　　　　　$Fh_F - (L'-L)h_L = (V-V')h_V$

将式（6-23）代入上式, 得到

$$\frac{h_V - h_F}{h_V - h_L} = \frac{L'-L}{F}\qquad\qquad\text{（6-25）}$$

令　　　　$q = \dfrac{h_V - h_F}{h_V - h_L} = \dfrac{\text{将 1 kmol 原料变成饱和蒸气所需热量}}{\text{1 kmol 原料的汽化相变焓}}$　　（6-26）

q 值称为**进料热状况参数**。通过 q 值可以计算提馏段的上升蒸气及下降液体的摩尔流
量。即由式（6-25）可得

$$L' = L + qF\qquad\qquad\text{（6-27）}$$

将式（6-23）代入式（6-27）并整理可得到

$$V' = V + (q-1)F\qquad\qquad\text{（6-28）}$$

　　q 值的另一个意义是：对于饱和液体、气液混合物及饱和蒸气进料而言, q 值就等于
进料中的液相分数。

　　根据 q 值的大小, 可以判断五种进料热状况对精馏段 L、V 及提馏段 L'、V' 的影响, 即

（1）过冷液体进料时　　　$q>1$　　　表示 $L'>L+F$　　　$V'>V$

（2）饱和液体进料时　　　$q=1$　　　表示 $L'=L+F$　　　$V'=V$

（3）气液混合进料时　　　$q=0\sim1$　　表示 $L'>L$　　　　$V'<V$

（4）饱和蒸气进料时　　　$q=0$　　　表示 $L=L'$　　　　$V'=V-F$

（5）过热蒸气进料时　　　$q<0$　　　表示 $L'<L$　　　　$V'<V-F$

这与图 6-16 相符。

例 6-3　用常压连续精馏塔分离苯-甲苯混合液。已知原料液中含苯 0.40(摩尔分数,下同),要求塔顶馏出液中含苯不小于 0.95,塔底釜液中含苯不大于 0.02。原料液以每小时 110 kmol 进料,操作回流比为 3.2,试求(已知操作条件下,泡点温度 96 ℃,苯及甲苯的汽化相变焓分别为 389.4 kJ/kg 及 376.8 kJ/kg):

(1) 塔顶和塔底产品流量;

(2) 精馏段气液相流量及操作线方程;

(3) 当进料温度为 40 ℃ 时,提馏段气液相流量及操作线方程。

解:(1) 由全塔物料衡算

$$\begin{cases} F = D + W \\ Fx_F = Dx_D + Wx_W \end{cases} \qquad \text{代入已知数据} \qquad \begin{cases} 110 \text{ kmol/h} = D + W \\ 110 \text{ kmol/h} \times 0.40 = 0.95D + 0.02W \end{cases}$$

联立求解可得

$$D = 44.9 \text{ kmol/h} , \qquad W = 65.1 \text{ kmol/h}$$

(2) 由操作回流比 $R = L/D = 3.2$,解得

$$L = 3.2 \times 44.9 \text{ kmol/h} = 143.7 \text{ kmol/h}$$

由式(6-19)代入已知数据得　　　$V = L + D = (143.7 + 44.9) \text{ kmol/h} = 188.6 \text{ kmol/h}$

精馏段操作线方程:

$$y_{n+1} = \frac{R}{R+1} x_n + \frac{x_D}{R+1} = \frac{3.2}{3.2+1} x_n + \frac{0.95}{3.2+1} = 0.76x_n + 0.23$$

即

$$y_{n+1} = 0.76x_n + 0.23$$

(3) 已知苯的相对分子质量为 78,甲苯的相对分子质量为 92,查得原料组成 0.40 时的泡点温度为 96 ℃,又查 $\frac{96+40}{2}$ ℃ = 68 ℃ 下,苯及甲苯的比热容均为 1.88 kJ/(kg·℃),故进料时混合液的平均比热容为

$$c_{p,m} = c_{pA} M_A x_A + c_{pB} M_B x_B$$

$$= [1.88 \times 78 \times 0.40 + 1.88 \times 92 \times (1-0.40)] \text{ kJ/(kmol·℃)} = 162.4 \text{kJ/(kmol·℃)}$$

由题给的进料在泡点温度下苯及甲苯的汽化相变焓,得到混合液的平均汽化相变焓为

$$r_m = r_A M_A x_A + r_B M_B x_B$$

$$= [389.4 \times 78 \times 0.40 + 376.8 \times 92 \times (1-0.40)] \text{ kJ/kmol} = 32\ 949 \text{ kJ/kmol}$$

由式(6-26)知:

$$q = \frac{c_{p,m}(t_S - t_F) + r_m}{r_m} \qquad (\text{式中 } t_S = 96 \text{ ℃}, \quad t_F = 40 \text{ ℃})$$

所以　　　　　　　$$q = \frac{162.4 \times (96-40) + 32\ 949}{32\ 949} \text{ kJ/kmol} = 1.28 \text{ kJ/kmol}$$

由式(6-27)及式(6-28)解得

$$L' = L + qF = (143.7 + 1.28 \times 110) \text{ kmol/h} = 284.5 \text{ kmol/h}$$

$$V' = V+(q-1)F = [188.6+(1.28-1)\times110] \text{ kmol/h} = 219.4 \text{ kmol/h}$$

提馏段操作线方程:

$$y'_{m+1} = \frac{L'}{V'}x'_m - \frac{W}{V'}x_W = \frac{284.5}{219.4}x'_m - \frac{65.1}{219.4}\times0.02 = 1.30x'_m - 0.0059$$

即

$$y'_{m+1} = 1.30x'_m - 0.0059$$

二、q 线方程

q 线方程也称进料方程。由于进料板连接着精馏段和提馏段,所以将精馏段操作线方程与提馏段操作线方程联立即可得到 q 线方程。

由式(6-19a)和式(6-21a)并省略下标,得到

$$Vy = Lx + Dx_D$$
$$V'y = L'x - Wx_W$$

两式相减得 $\quad (V'-V)y = (L'-L)x - (Dx_D + Wx_W)$

$$(6-29)$$

将式(6-15a)及式(6-18)、式(6-19)代入式(6-29),并整理得

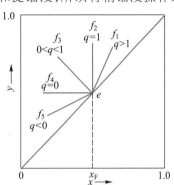

图 6-18 $\quad y-x$ 图上的 q 线位置

$$y = \frac{q}{q-1}x - \frac{x_F}{q-1}$$

$$(6-30)$$

式(6-30)就称为 q 线方程。该式在 $y-x$ 相图中是斜率为 $\frac{q}{q-1}$,截距 $-\frac{x_F}{q-1}$,经过 $(x_F,$

$x_F)$ 点的一条直线。

根据不同进料热状况,q 线及其方位标绘在图6-18中,并列入表6-1中。

表 6-1 $\quad q$ 线斜率值及在 $y-x$ 图上的方位

进料热状况	q 值	q 线斜率 $q/(q-1)$	q 线在 $y-x$ 图上的方位
过冷液体	$q>1$	+	$ef_1(\nearrow)$
饱和液体	$q=1$	∞	$ef_2(\uparrow)$
气液混合物	$0<q<1$	−	$ef_3(\nwarrow)$
饱和蒸气	$q=0$	0	$ef_4(\leftarrow)$
过热蒸气	$q<0$	+	$ef_5(\swarrow)$

6-5-5 理论板层数的计算

理论板层数的计算是确定精馏塔实际塔板数及塔高的重要数据,常用方法有三种,

即(1)逐板计算法;(2)图解法;(3)简捷计算法(吉利兰图法)。第三种方法将在 6-5-7 中介绍。

一、逐板计算法

逐板计算法是计算理论板层数的最基本方法,其应用关系式为操作线方程和相平衡方程。

如图 6-19 所示的连续精馏塔。若塔顶采用全凝器,泡点回流。从塔顶最上一层板(序号为 1)上升的蒸气在全凝器中全部冷凝。因此,馏出液和回流液的组成相同,均为 y_1,即

$$y_1 = x_D$$

根据理论板的概念,自第一层板下降的液相组成 x_1 与 y_1 互为平衡关系,由相平衡方程式(6-11),可求得 x_1,即

$$x_1 = \frac{y_1}{y_1 + \alpha(1-y_1)}$$

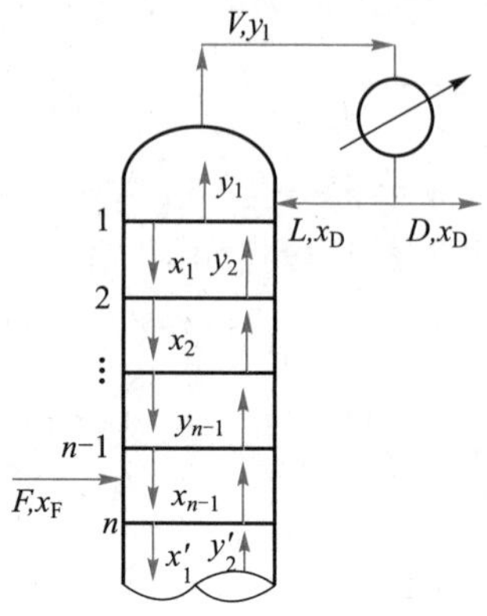

从第二层板上升的蒸气组成 y_2 与 x_1 符合精馏段操作关系,因此可用精馏段操作线方程求得 y_2,即

图 6-19　逐板计算法示意图

$$y_2 = \frac{R}{R+1}x_1 + \frac{x_D}{R+1}$$

同理,y_2 与 x_2 互为平衡关系,可用相平衡方程求得 x_2,再用精馏段操作线方程求算 y_3。如此交替地利用相平衡方程及精馏段操作线方程逐板计算,直至计算到 $x_n \leqslant x_F$(仅指泡点进料)时,则第 n 层理论板为进料板。因此,精馏段所需理论板层数为 $(n-1)$。应予注意,对其它进料热状况,应计算到 $x_n \leqslant x_q$ 为止(x_q 为两操作线交点横坐标值)。

此后,改用提馏段操作线方程,由 x_n(将其序号改为 1′,即 $x_n = x_1'$)求得 y_2',再利用相平衡方程求算 x_2',如此交替计算,直至计算到 $x_m' \leqslant x_W$ 为止。因为一般再沸器内气、液两相可视为平衡,再沸器相当于一层理论板,所以,提馏段所需理论板层数为 $(m-1)$。

在计算过程中,每使用一次平衡关系,表示需要一层理论板。

逐板计算法是求解理论板层数的最基本方法,其概念清晰,计算结果准确,并同时可得到各层塔板上的气液相组成。但该方法较繁琐,特别是当理论板层数很多时更甚,在目前计算机应用技术十分普及的情况下,该方法的优势日益显露出来。因此,该方法广泛应用于精馏塔的设计计算中。

二、图解法

图解法求解理论板层数的基本原理与逐板计算法相同,不同的是以 y-x 相图和平衡曲线、操作线代替相平衡方程和操作线方程的计算。虽然该方法准确性稍差,但因其简便、直观,目前在双组分精馏计算中仍被广泛采用。

如图 6-20 所示说明该方法的步骤:

1. 绘出 y-x 相图

根据该物系的相平衡关系绘出 y-x 相图。

2. 绘出精馏段操作线

若略去精馏段操作线方程中变量的下标,则

$$y = \frac{R}{R+1}x + \frac{x_D}{R+1}$$

对角线方程 $\qquad y = x$

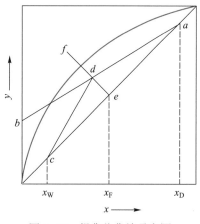

两式联立求解,可得到精馏段操作线与对角线的交点,即图6-20中交点坐标为 $x=x_D$、$y=x_D$ 的点 a。根据精馏段操作线的截距 $\dfrac{x_D}{R+1}$ 在 y 轴上确定点 b,直线 ab 即为精馏段操作线。当然,也可从点 a 作斜率 $\dfrac{R}{R+1}$ 的直线 ab,得到精馏段操作线。

图 6-20　操作线作法示意图

3. 绘出 q 线

同理,用 q 线方程 $y = \dfrac{q}{q-1}x - \dfrac{x_F}{q-1}$ 与对角线 $y=x$ 联立求解,可得到 q 线与对角线的交点,其交点坐标为 $x=x_F$、$y=x_F$,如图6-20中点 e 所示。根据 q 线斜率 $\dfrac{q}{q-1}$,可作出通过 e 点的直线,即为 q 线。该 q 线与精馏段操作线相交于 d 点。

4. 绘出提馏段操作线

同理,提馏段操作线方程中略去变量的上下标,即 $y = \dfrac{L'}{V'}x - \dfrac{Wx_W}{V'}$。

与对角线 $y=x$ 联立求解,可得到提馏段操作线与对角线的交点,交点坐标为 $x=x_W$、$y=x_W$,如图6-21中点 c 所示。连接 cd 即为提馏段操作线。也可以用绘制精馏段操作线的方法,在作出 q 线之前,绘出提馏段操作线,但因提馏段操作线的截距值往往很小,交点 c 与代表截距的点离得很近,作图不易准确;而利用斜率不仅麻烦,且在图中不能直接反映出进料热状况的影响,所以通常不用该方法。

5. 图解计算理论板层数

从 a 点开始,在精馏段操作线与平衡线之间作由水平线和铅垂线构成的阶梯,当阶梯跨过三条线交点 d 时,则换为在提馏段操作线与平衡线之间绘阶梯,直至阶梯的垂线达到或超过点 c 为止,如图6-21所示。跨过交点 d 的阶梯为进料板,最后一个阶梯为再沸器,因此,理论板层数为阶梯数减1。图6-21中图解的结果表明,所需理论板层数为6,其中精馏段与提馏段各为3,第4板为加

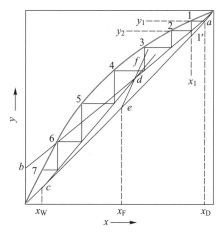

图 6-21　阶梯绘法

料板。

若从点 c 开始向上绘阶梯,得到的结果基本一致。

小贴士:

有时从塔顶出来的蒸气先在分凝器中部分冷凝,冷凝液作为回流液,未冷凝的蒸气再用全凝器冷凝作为馏出液。因为离开分凝器的气液两相可视为相互平衡,故分凝器也相当于一层理论板,这时精馏段的理论板层数应在相应的阶梯数上减 1。

三、最优进料位置

最优的进料位置一般应在塔内液相或气相组成与进料组成相近或相同的塔板上。用图解法计算理论板层数时,适宜的进料位置应为跨过三线交点 d 所对应的阶梯。因为,对于一定的分离任务,只有这样作图所需理论板层数才最少。跨过三线交点后,继续在精馏段操作线与平衡线之间绘阶梯[如图 6-22(a)所示],或没有跨过交点过早更换操作线[如图 6-22(b)所示],都将使所需理论板层数增加。而图中 6-22(c)所示则为最优进料位置。

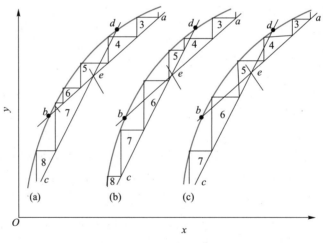

图 6-22 进料位置比较

在实际操作中,如果进料位置不当,将使精馏操作不能达到最佳分离效果。若进料位置过高,则使馏出液组成偏低(难挥发组分含量偏高);反之,若进料位置偏低,则使釜液中易挥发组分含量增高。

例 6-4 根据例 6-1 中所得的气液相平衡数据,用图解法求例 6-3 条件下的理论板层数及进料板位置。

解: (1) 利用例 6-1 中所得气液相平衡数据,在直角坐标图上绘出 y-x 相图(例 6-4 附图),并由例 6-3 中已知 $x_D = 0.95$, $x_F = 0.40$, $x_W = 0.02$。在图中定出点 a、点 e、点 c 三点。

(2) 由精馏段操作线方程中的截距 $\dfrac{x_D}{R+1} = 0.23$,在 y 轴上定出点 b。连接 ab,即得到精馏段操作线。

(3) 由 $q = 1.28$,求算 q 线斜率 $\dfrac{q}{q-1} = \dfrac{1.28}{1.28-1} = 4.57$。

从 e 点作斜率为 4.57 的直线,即得 q 线。q 线与精馏段操作线交于点 d。

(4) 连接 cd,即为提馏段操作线。

(5) 自点 a 开始在操作线与平衡线之间绘制

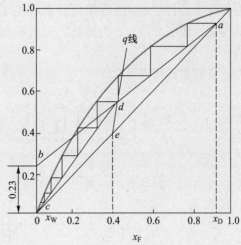

例 6-4 附图

阶梯,阶梯数为 9,所需理论板层数为 8(不包括再沸器),第 4 板为进料板,如本题附图所示。

6-5-6 最小回流比、回流比及其选择

前已述及,回流是保证精馏塔连续稳定操作的必要条件之一,而且回流比是影响精馏操作费用和设备投资费用的重要因素,同时也影响着分离效果。对于一定的分离任务(即 F、x_F、x_D 及 x_W),选择适宜的回流比是非常重要的。

回流比有全回流及最小回流比两个极限,操作回流比是介于两个极限之间的某个适宜值。

一、全回流和最少理论板层数

上升至塔顶的蒸气经冷凝后全部流回塔内,这种操作方式称为全回流。在这种情况下,塔顶产品 D 为零,通常 F 和 W 也均为零,既不向塔内进料,也不从塔内取出产品。因此,全塔也就无精馏段和提馏段之分,两段操作线合二为一。

全回流时,回流比 $R = L/D = L/0 = \infty$。

此时,操作线斜率 $R/(R+1) = 1$,截距 $x_D/(R+1) = 0$,操作线方程为 $y_{n+1} = x_n$,与对角线重合。显然,这时所需的理论板层数最少,以 $N_{\min}$ 表示。

全回流时理论板层数求法主要有两种:

1. 图解法

如图 6-23 所示,根据分离要求,从点 $a(x_D, x_D)$ 开始,在对角线与平衡线之间绘阶梯,直至垂线达到或超过点 $b(x_W, x_W)$ 为止。阶梯数减 1 即为不包括再沸器的理论板层数 $N_{\min}$。

2. 解析法

根据相平衡方程和全回流时的操作线方程进行逐板计算,可以推导出芬斯克(Fenske)方程并计算最少理论板层数 $N_{\min}$。具体推导过程可参见有关参考书。

芬斯克方程表示为

$$N_{\min} + 1 = \frac{\lg\left[\left(\dfrac{x_A}{x_B}\right)_D \left(\dfrac{x_B}{x_A}\right)_W\right]}{\lg\alpha_m} \quad (6\text{-}31)$$

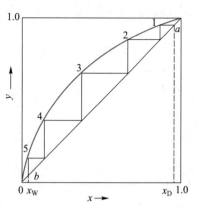

图 6-23　全回流时的 $N_{\min}$

对双组分混合液,上式可略去下标 A、B,写成

$$N_{\min} + 1 = \frac{\lg\left[\left(\dfrac{x_D}{1-x_D}\right)\left(\dfrac{1-x_W}{x_W}\right)\right]}{\lg\alpha_m} \quad (6\text{-}31a)$$

式中: α_m——全塔平均相对挥发度,当 α 变化不大时,可取塔顶的 α_D 和塔底的 α_W 的几何平均值,即

$$\alpha_m = \sqrt{\alpha_D \alpha_W}$$

该式也可用于计算精馏段的最少理论板层数,并由此确定进料板位置:

$$N'_{\min} + 1 = \frac{\lg\left[\left(\dfrac{x_D}{1-x_D}\right)\left(\dfrac{1-x_F}{x_F}\right)\right]}{\lg\alpha'_m} \quad (6\text{-}32)$$

式中: $N'_{\min}$——全回流时精馏段理论板层数;

　　　α'_m——精馏段平均相对挥发度,可取塔顶 α_D 和进料 α_F 的几何平均值。

式(6-31)、式(6-31a)和式(6-32)均称为芬斯克方程。

应予指出,全回流操作时,装置的生产能力为零,因此对正常生产无实际意义。但在精馏的开工、短期停工阶段或实验研究时,采用全回流可使过程稳定,便于控制。

二、最小回流比

当进料状况一定,减小回流比,精馏段操作线的斜率减小,两操作线向平衡线靠近,达到指定分离程度(x_D、x_W)所需的理论板层数将会增多。当回流比减小至某一数值时,两操作线交点正好落在平衡线上,如图6-24中 d 点,此时即使理论板层数无穷多,也不能跨过 d 点,这时的回流比即为指定达到分离程度时的**最小回流比**,用 $R_{\min}$ 表示。

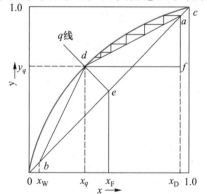

图 6-24　最小回流比图解

设交点 d 的坐标为 (x_q,y_q)，则最小回流比的数值计算可用此时精馏段操作线的斜率求解：

$$\frac{R_{min}}{R_{min}+1}=\frac{\overline{af}}{\overline{df}}=\frac{x_D-y_q}{x_D-x_q}$$

整理上式得到最小回流比的计算式：

$$R_{min}=\frac{x_D-y_q}{y_q-x_q} \tag{6-33}$$

最小回流比的 R_{min} 值还与平衡线的形状有关，图 6-25 为可能遇到的两种情况。当回流比减小至某一数值时，精馏段操作线首先与平衡线相切于 q 点，如图 6-25(a) 所示；或是提馏段操作线首先与平衡线相切于 q 点，如图 6-25(b) 所示。这两种情况下，即使无穷多塔板也不能跨过切点 q，所以，该回流比即为最小回流比，其计算式与式(6-33)同，这时仍利用三线交点 d 的坐标 (x_q,y_q)，而非 q 点坐标。

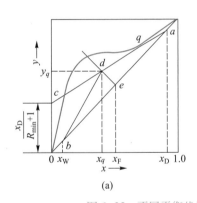 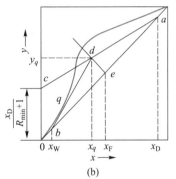

图 6-25　不同平衡线形状的最小回流比

上述三种情况下，操作线与平衡线的交点(图 6-24 中 d 点及图 6-25 中 q 点)称为**夹紧点**。在夹紧点前后各塔板之间的气、液两相组成基本不发生变化，即无增浓作用。所以，这个区域称为**恒浓区**。

> **小贴士：**
>
> 　　最小回流比不仅与一定分离要求及进料状况有关，而且与物系的相平衡关系有关。对于指定物系，最小回流比仅取决于混合液的分离要求，所以，最小回流比是工艺计算中特有的问题。

三、适宜回流比的选择

适宜的回流比应通过经济衡算来决定，即操作费用和设备费用之和最低时的回流比为适宜回流比。

动画：
常规平衡曲线时的最小回流比

动画：
回流比对理论塔板数的影响

动画：
回流比的选择

当 F、q、D 一定时,回流比增加,将使塔内上升蒸气量 $V=(R+1)D$ 和 $V'=V+(q-1)F$ 增加很多,加大了塔顶冷凝器和塔底再沸器的热负荷,使精馏操作费用(主要指载热体消耗量)增加,如图 6-26 中(a)线所示。对于设备费用,则随着回流比增加而先降低后增大,如图 6-26 中(b)线所示,当回流比大于 R_{min} 时,随着回流比 R 增大,理论板层数减少,这是设备费用降低的主要原因;但当回流比增至某一值后,设备费用反而上升,这是由于回流比增加,上升蒸气量也增加,使得塔径、塔板、再沸器及冷凝器等的尺寸增加,并远大于理论板层数减少所需的费用所致。总费用为设备费用和操作费用之和,如图6-26中(c)线所示。总费用中最低点所对应的回流比即为适宜的回流比。

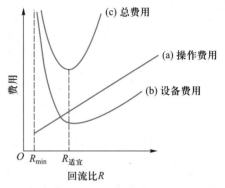

图 6-26　适宜回流比的确定

在精馏塔设计中,回流比还可根据经验选取,通常适宜回流比可取为最小回流比的 1.1~2.0 倍,即

$$R=(1.1\sim2.0)R_{min} \tag{6-34}$$

例 6-5　用一常压精馏塔分离正庚烷与正辛烷的混合液。原料液组成 0.40(摩尔分数,下同),泡点进料,要使塔顶产品为含 0.92 的正庚烷,塔釜产品为含 0.95 的正辛烷。试求:(1) 完成上述分离任务所需的最少理论板层数;(2) 若回流比取最小回流比的 1.5 倍,求实际回流比。已知物系的平均相对挥发度为 2.16。

解:(1) 因全回流操作所需的理论板层数最少,故可用芬斯克方程求解,即

$$N_{min}=\frac{\lg\left[\left(\dfrac{x_D}{1-x_D}\right)\left(\dfrac{1-x_W}{x_W}\right)\right]}{\lg\alpha_m}-1=\frac{\lg\left[\left(\dfrac{0.92}{1-0.92}\right)\left(\dfrac{1-0.05}{0.05}\right)\right]}{\lg 2.16}-1=5.99$$

即 $N_{min}=6$(不包括再沸器)。

(2) 因泡点进料,故 $q=1$,于是 $x_q=x_F=0.4$,则

$$y_q=\frac{\alpha x_q}{1+(\alpha-1)x_q}=\frac{2.16\times0.40}{1+1.16\times0.40}=0.59$$

由式(6-33)求 R_{min}:

$$R_{min}=\frac{x_D-y_q}{y_q-x_q}=\frac{0.92-0.59}{0.59-0.40}=1.74$$

实际回流比　　　　　　　　　$R=1.5R_{min}=1.5\times1.74=2.61$

6-5-7　理论板层数的简捷计算法

在精馏计算中,当需要对指定的分离任务所需的理论板层数作大致估算或大

致地找出板层数与回流比的关系,以供技术经济分析时,可采用吉利兰(Gilliland)图进行简捷计算。该方法虽然准确度稍差,但因其简便,特别适用于初步设计计算。

一、吉利兰图简介

吉利兰图为双对数坐标图,如图 6-27 所示。它关联了 R_{min}、R、N_{min} 及 N 四个变量之间的关系,其中 N 和 N_{min} 分别代表全塔的理论板层数及最少理论板层数(均不含再沸器)。

由图可见,曲线的两端代表回流比的两种极限情况,右端表示全回流下的操作情况,即 $R = \infty$,横坐标 $\dfrac{R-R_{min}}{R+1} = 1$,故纵坐标 $\dfrac{N-N_{min}}{N+2} = 0$(即 $N = N_{min}$);曲线左端延长后表示最小回流比下的操作情况,此时横坐标 $\dfrac{R-R_{min}}{R+1} = 0$,纵坐标 $\dfrac{N-N_{min}}{N+2} = 1$(即 $N = \infty$)。

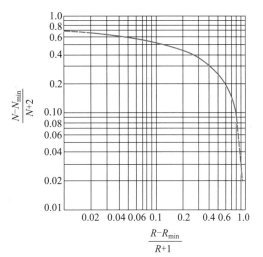

图 6-27 吉利兰图

吉利兰图是由一些生产实际数据归纳得到的,其适用范围是:组分数目为 2~11;五种进料热状况;R_{min} 为 $0.53 \sim 7.0$;α 为 $1.26 \sim 4.05$;N 为 $2.4 \sim 43.1$。

二、理论板层数求法

通常,简捷计算法求理论板层数的步骤如下:

(1) 由分离要求,使用式(6-33)求算出 R_{min},并选择适宜的 R;

(2) 求算全回流下的 N_{min};

(3) 计算吉利兰图中横坐标值,在图中找出相应点,由此点向上作铅垂线并与曲线相交,由交点的纵坐标值,算出理论板层数 N(不包括再沸器);

(4) 确定进料板位置,方法见例 6-6。

例 6-6 某厂欲用常压连续精馏塔分离苯-甲苯混合液。原料液中含苯 44%(摩尔分数,下同),要求塔顶产品中含苯 97.4%,塔釜产品中含苯不大于 2.35%。进料为饱和液体,塔顶采用全凝器。已知操作条件下,塔顶的相对挥发度为 2.6,塔釜的相对挥发度为 2.34,进料的相对挥发度为 2.44。取回流比为最小回流比的 2.45 倍。试用简捷计算法确定完成该分离任务所需的理论板层数及进料板位置。

解:(1)确定最小回流比 R_{min}

因为是泡点进料,$x_q = x_F = 0.44$,则

平均相对挥发度 $\qquad \alpha_m = \sqrt{\alpha_D \alpha_W} = \sqrt{2.6 \times 2.34} = 2.47$

由相平衡方程 $\qquad y_q = \dfrac{\alpha_m x_q}{1+(\alpha_m - 1) x_q} = \dfrac{2.47 \times 0.44}{1 + 1.47 \times 0.44} = 0.66$

由式(6-33)得到

$$R_{min} = \frac{0.974 - 0.66}{0.66 - 0.44} = 1.43$$

（2）最少理论板层数 N_{min}

由式(6-31a)得到

$$N_{min} = \frac{\lg\left[\left(\dfrac{x_D}{1-x_D}\right)\left(\dfrac{1-x_W}{x_W}\right)\right]}{\lg\alpha_m} - 1 = \frac{\lg\left[\left(\dfrac{0.974}{1-0.974}\right)\left(\dfrac{1-0.023\ 5}{0.023\ 5}\right)\right]}{\lg 2.47} - 1 = 7.13$$

（3）理论板层数

由于

$$R = 2.45 R_{min} = 2.45 \times 1.43 = 3.5$$

横坐标

$$\frac{R - R_{min}}{R+1} = \frac{3.5 - 1.43}{3.5 + 1} = 0.46$$

从吉利兰图中查得

$$\frac{N - N_{min}}{N+2} = 0.284$$

即

$$\frac{N - 7.13}{N+2} = 0.284$$

解得理论板层数 $N = 10.8 \approx 11$ 层（不包括再沸器）。

（4）进料板位置

因为

$$\alpha_m' = \sqrt{\alpha_D \alpha_F} = \sqrt{2.6 \times 2.44} = 2.52$$

代入式(6-32)，得到

$$N_{min}' = \frac{\lg\left[\left(\dfrac{0.974}{1-0.974}\right)\left(\dfrac{1-0.44}{0.44}\right)\right]}{\lg 2.52} - 1 = 3.18$$

已查得

$$\frac{R - R_{min}}{R+1} = 0.46 \quad , \quad \frac{N - N_{min}'}{N+2} = 0.284$$

由此解得 $N = 5.2 \approx 5$ 层（不包括进料板），故进料板为塔顶数起的第6层理论板处。

6-5-8　精馏装置的热量衡算

对连续精馏装置进行热量衡算，可以求得冷凝器和再沸器的热负荷，以及冷却介质和加热介质的消耗量，并为设计这些换热设备提供基本数据。

一、冷凝器

对图 6-28 中所示全凝器作热量衡算。以单位时间为基准，并忽略热损失，则

$$Q_C = V h_V - (L+D) h_L$$

因 $V = L + D = (R+1)D$，代入上式并整理得到

$$Q_C = (R+1) D (h_V - h_L) \tag{6-35}$$

式中： Q_C——全凝器的热负荷，kJ/h；

　　　　h_V——塔顶上升蒸气的摩尔焓，kJ/kmol；

　　　　h_L——塔顶馏出液的摩尔焓，kJ/kmol。

　　冷却介质的消耗量为

$$W_c = \frac{Q_C}{c_{p,c}(t_2 - t_1)} \qquad (6\text{-}36)$$

式中： W_c——冷却介质的消耗量，kg/h；

　　　　$c_{p,c}$——冷却介质的比热容，kJ/(kg·℃)；

　　　　t_1、t_2——分别为冷却介质在冷凝器进、出口的温度，℃。

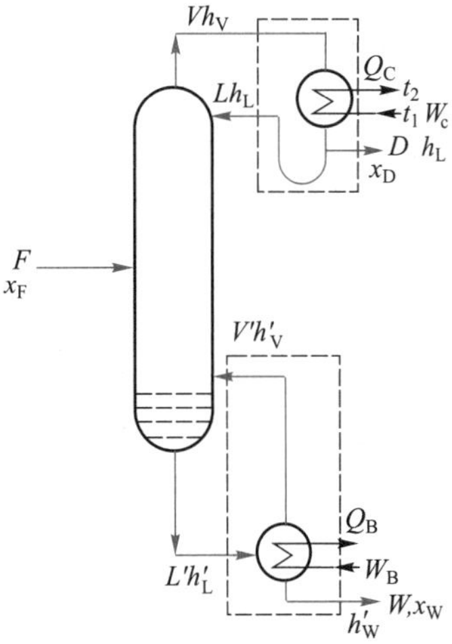

二、再沸器

　　对图6-28所示的再沸器作热量衡算，以单位时间为基准，则

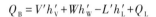

图6-28　精馏塔热量衡算示意图

$$Q_B = V'h'_V + Wh'_W - L'h'_L + Q_L$$

式中： Q_B——再沸器的热负荷，kJ/h；

　　　　Q_L——再沸器的热损失，kJ/h；

　　　　h'_V——再沸器上升蒸气的摩尔焓，kJ/kmol；

　　　　h'_W——釜液的摩尔焓，kJ/kmol；

　　　　h'_L——提馏段底层塔板下降液体的摩尔焓，kJ/kmol。

　　因为提馏段底层下降液体的温度、组成与釜液温度、组成相差不大，所以，可近似取 $h'_L = h'_W$，又因为 $V' = L' - W$，则

$$Q_B = V'(h'_V - h'_L) + Q_L \qquad (6\text{-}37)$$

加热介质消耗量为

$$W_h = \frac{Q_B}{h_{B1} - h_{B2}} \qquad (6\text{-}38)$$

式中： W_h——加热介质的消耗量，kg/h；

　　　　h_{B1}、h_{B2}——分别为加热介质进、出再沸器的焓，kJ/kg。

若用饱和蒸汽加热，而且冷凝液在饱和温度下排出，则加热蒸汽消耗量为

$$W_h = \frac{Q_B}{r} \qquad (6\text{-}38a)$$

式中： r——加热蒸汽汽化热，kJ/kg。

　　例6-7　求例6-3中进料情况的再沸器热负荷、加热蒸汽消耗量、冷凝器热负荷和冷却水消耗量。已知：(1)加热蒸汽的绝对压力为200 kPa，冷凝液在饱和温度下排出；(2)冷却水进、出冷凝器

的温度分别为 25 ℃ 及 35 ℃。设热损失忽略不计。

解：由例 6-3 知，$D = 44.9$ kmol/h，$W = 65.1$ kmol/h，$V = 188.6$ kmol/h，$L = 143.7$ kmol/h，$V' = 219.4$ kmol/h，$L' = 284.5$ kmol/h，$R = 3.2$。

冷凝器热负荷为

$$Q_C = (R+1)D(h_V - h_L) = V(h_V - h_L)$$

由于塔顶馏出液几乎为纯苯，为简化计算，可按纯苯的摩尔焓计算。若回流液在饱和温度下进入塔内，则

$$h_V - h_L = r$$

查图 6-1，当 $x_D = 0.95$ 时，泡点温度为 82.5 ℃，由手册查得该温度下苯的汽化热为 450 kJ/kg，故

$$r = 450 \times 78 \text{ kJ/kmol} = 35\,100 \text{ kJ/kmol}$$

所以

$$Q_C = 188.6 \times 35\,100 \text{ kJ/h} \approx 6.62 \times 10^6 \text{ kJ/h}$$

冷却水消耗量

$$W_c = \frac{Q_C}{c_{p,c}(t_2 - t_1)} = \left[\frac{6.62 \times 10^6}{4.187 \times (35-25)}\right] \text{ kg/h} = 1.58 \times 10^5 \text{ kg/h}$$

再沸器的热负荷为

$$Q_B = V'(h_V' - h_L')$$

同样，由于釜液几乎为纯甲苯，故其焓也可按纯甲苯的摩尔焓计算，$h_V' - h_L' = r$。查图 6-1 中 $x_W = 0.02$ 时，泡点温度为 108 ℃，由附录中查出该温度下甲苯的汽化热为 33 496 kJ/kmol。

所以

$$Q_B = 219.4 \times 33\,496 \text{ kJ/h} \approx 7.35 \times 10^6 \text{ kJ/h}$$

由附录查得 $p = 200$ kPa 时，水的汽化热为 2 205 kJ/kg，所以，加热蒸汽的消耗量为

$$W_h = \frac{Q_B}{r} = \frac{7.35 \times 10^6}{2\,205} \text{ kg/h} \approx 3.3 \times 10^3 \text{ kg/h}$$

第六节　间　歇　精　馏

间歇精馏又称分批精馏，其流程如图 6-29 所示。当混合液的分离要求较高而料液品种或组成经常变化时，采用间歇精馏比较灵活机动，因此，特别适合于小批量生产的部门，如研究院所、精细化工厂、生物化工厂等。

间歇精馏与连续精馏相比，具有以下特点：

(1) 间歇精馏为非定态过程。间歇精馏操作开始时，全部料液加入精馏釜中，再逐渐加热汽化。自塔顶引出的蒸气经冷凝后，一部分作为馏出液产品，另一部分作为回流液送入塔内。待釜液组成降到规定值后，将其一次排出。因此，在精馏过程中，釜液组成不断降低，塔内操作参数（如温度、料液物性）不仅随位置变化，也随着时间而变化。

(2) 间歇精馏塔只有精馏段，因此，获得同样组成的产品，间歇精馏的能耗必大于连续精馏。

文本：

本节学习纲要

间歇精馏有两种基本操作方法:

一、恒回流比操作

在这种间歇精馏操作中,釜液组成 x_W 和馏出液组成 x_D 同时降低,这样,操作初期的馏出液组成 x_{D1} 必须高于平均组成,以保证馏出液的平均组成 x_{Dm} 符合质量要求。当釜液组成达到规定值后,即停止精馏操作。

二、恒馏出液组成操作

在这种间歇精馏操作中,塔釜内液体浓度 x_W 随过程进行不断下降,若要维持馏出液的浓度不变,在有固定塔板数的精馏塔操作时,只有不断加大回流比,直到釜液浓度降低到规定值后,即停止精馏操作。

在实际生产中,有时采用两种操作方式结合。例如,在操作初期可逐步加大回流比,以维持馏出液组成大致恒定,但回流比过大,在经济上不合理,因此在操作后期,可采用回流比恒定操作。如果最后所得馏出液不符合要求,可将此产物并入下一批原料再次精馏。

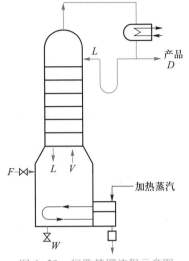

图 6-29　间歇精馏流程示意图

第七节　恒沸精馏与萃取精馏

前已述及,具有恒沸点的双组分非理想溶液,在恒沸点处,$\alpha = 1$,不能用一般的精馏方法将之分离;而对于 α 接近于 1 的溶液,采用一般的精馏方法不仅需要较多数量的塔板,而且回流比亦较大,使精馏过程的设备费用和操作费用增加。因此,这两种情况宜采用恒沸精馏、萃取精馏或其它的分离方法。

恒沸精馏及萃取精馏的基本原理,都是在双组分溶液中加入第三组分,以改变原溶液中各组分之间的相对挥发度 α,达到便于分离的目的。

6-7-1　恒沸精馏

在具有恒沸点的原双组分混合液中加入第三组分(称为夹带剂),夹带剂与原混合液中的一个或两个组分形成新的恒沸物,使原混合液中两组分之间的相对挥发度增大,从而可以用一般的精馏方法来分离。这种精馏方法称为**恒沸精馏**。

以常压下乙醇-水溶液的分离为例,其恒沸组成为乙醇 89.4%(摩尔分数,下同),故一般精馏方法只能得到工业酒精,而不能得到无水酒精。若以苯为夹带剂,可形成苯-水-乙醇三组分非均相恒沸物,此恒沸点为 64.9 ℃,恒沸物组成为:苯 53.9%、乙醇 22.8%、水 23.3%。

采用如图 6-30 所示流程,在精馏塔 1 中部加入工业酒精,塔顶加入苯溶液,精馏时,上述恒沸物由于沸点低,从塔顶蒸出,经过冷凝冷却后在分层器中分层,上层主要是苯,被送入塔内作为回流,苯作为夹带剂循环使用;下层主要是乙醇和水的混合液,送入塔 2 中回收其中少量的苯。塔 2 塔顶所得到的恒沸物并入分层器,塔底的稀乙醇-水溶液送至塔 3,用一般的精馏方法回收其中的乙醇,塔底则排出废水。

只要有足够的苯,就可使进料中的水全部形成恒沸物,从塔 1 顶部蒸出,而在塔底则得到无水酒精。

选择适宜的夹带剂是恒沸精馏成败的关键,对夹带剂的基本要求是:

（1）夹带剂应能与被分离组分形成新的恒沸液,其恒沸点比纯组分的沸点低,一般两者沸点差值不小于 10 ℃;

（2）新的恒沸物中夹带剂的组成要小,以便减少夹带剂的用量及回收时所需的能量;

（3）形成的新恒沸物最好为非均相混合物,以便于分层分离;

（4）无毒、无腐蚀性,热稳定性好;

（5）来源广,价格低廉。

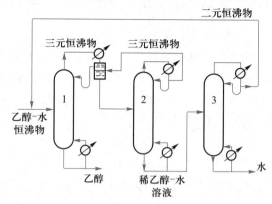

图 6-30 乙醇-水混合液的恒沸精馏

6-7-2 萃取精馏

在原混合液中加入第三组分(称为**萃取剂**或**溶剂**),以增加原混合液中两组分之间的相对挥发度,从而可用一般的精馏方法分离。这种精馏方法称为**萃取精馏**。

例如,常压下分离苯-环己烷混合液。在常压下,苯的沸点为 80.1 ℃,环己烷的沸点为 80.73 ℃,在该双组分混合液中加入萃取剂糠醛后,混合液的相对挥发度发生了显著的变化,如表 6-2 所示。

表 6-2 苯-环己烷混合液加入糠醛后 α 的变化

混合液中糠醛的摩尔分数	0	0.2	0.4	0.5	0.6	0.7
相对挥发度 α	0.98	1.38	1.86	2.07	2.36	2.7

从表 6-2 中可以看出,相对挥发度随着萃取剂量的增大而增加。图 6-31 是该工艺的流程图。原料液从萃取精馏塔 1 的中部进入,萃取剂糠醛从精馏塔的顶部加入,使它在塔中每层塔板上均能与苯接触,塔顶蒸出的为环己烷。为了防止糠醛蒸气从塔顶带出,在精馏塔顶部设萃取剂回收段 2,用于回流液回收。糠醛和苯一起从塔釜排出,送入苯回收塔 3。由于糠醛与苯的沸点相差很大,所以很容易与苯分离。分离出的糠醛返回萃取精馏塔重新使用。

选择适宜萃取剂的要求如下:

（1）萃取剂应使原组分之间的相对挥发度发生显著的变化;

（2）萃取剂的沸点应较原混合液中纯组分的高,使萃取剂易于回收,可循环使用;

（3）与原料液的互溶度大,不产生分层现象;

（4）使用安全,性质稳定,价格便宜等。

萃取精馏与恒沸精馏的特点比较如下:

（1）恒沸精馏的夹带剂必须与被分离组分形成恒沸物,而萃取精馏无此限制,故萃

动画:

恒沸精馏流程

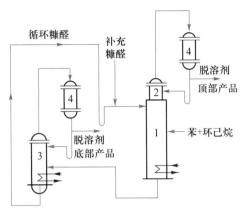

1—萃取精馏塔;2—萃取剂回收段;

3—苯回收塔;4—冷凝器

图6-31　苯-环己烷萃取精馏流程图

取剂选择的范围广;

（2）恒沸精馏时夹带剂被汽化由塔顶蒸出,故潜热消耗量比萃取精馏大,尤其是馏出液较多时;

（3）萃取精馏中萃取剂加入量变化范围较大,而恒沸精馏中夹带剂量多为一定,故萃取精馏的操作较为灵活;

（4）萃取剂必须不断地由塔顶加入,故萃取精馏不宜采用间歇操作,而恒沸精馏则无论连续操作还是间歇操作均能方便地进行;

（5）恒沸精馏的温度较萃取精馏的低,故恒沸精馏适于分离热敏性混合液。

第八节　板　式　塔

板式塔早在1813年就已应用于工业生产,是使用量最大、应用范围最广的气液传质设备。最早的板式塔有泡罩塔和筛板塔,到了20世纪50年代,出现了一些新的板式塔,其中浮阀塔由于具有塔板效率高、操作稳定等优点而得到广泛的应用。60年代初,结构简单的筛板塔在克服了自身某些缺点之后,应用又日益增多,现在又有越来越多的新型板式塔问世,它们以生产能力大、分离效果好的优势,正在受到人们的广泛关注。

6-8-1　板式塔的结构

板式塔为逐级接触式的气液传质设备,其结构如图6-32所示。它是由圆柱形塔壳体、塔板、溢流堰、降液管及受液盘等部件组成。塔板是板式塔的核心部件,它提供气液接触的场所,决定了一个塔的基本性能。塔板按一定间距一块块地安置在塔内,操作时,塔内液体依靠重力的作用,由上层塔板的降液管流到下层塔板的受液盘,然后横向流过塔板,从另一侧的降液管流至下一层塔板。溢流堰的作用是使塔板上保持一定厚度的流动液层;气体自下而上通过塔板上的开孔部分,与自上一块塔板流入的液体在塔板上接触,达到传质、传热的目的。

塔板可分为有降液管式（也称溢流式或错流式）和无降液管式（也称穿流式或逆流式）两类,如图6-33所示。

文本:

本节学习纲要

动画:

板式塔工作原理

动画:

板式塔内流体的流动

第八节　板式塔

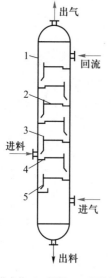

1—塔壳体；2—塔板；3—溢流堰；
4—受液盘；5—降液管

图6-32　板式塔结构示意图

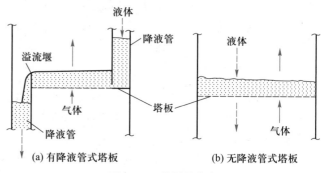

(a) 有降液管式塔板　　　(b) 无降液管式塔板

图6-33　塔板的分类

在有降液管式的塔板上，气、液两相呈错流方式接触，这种塔板效率较高，而且具有较大的操作弹性，使用较为广泛。在无降液管式的塔板上，气、液两相呈逆流方式接触，这种塔板的板面利用率高，生产能力大，结构简单，但效率较低，操作弹性小，工业应用较少。下面主要介绍有降液管式塔板。

塔板的主要类型如下：

1. 泡罩塔板

泡罩塔板上气体通道由升气管和泡罩组成，如图6-34所示。操作时，气体自下而上通过升气管，进入泡罩，再折转向下，由泡罩下端的齿缝以鼓泡形式穿过塔板上液层进行气液传质，如图6-34(a)所示。泡罩尺寸一般有 ϕ80 mm、ϕ100 mm、ϕ150 mm 三种，可根据塔径大小进行选择。

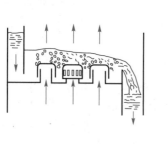

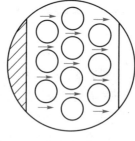

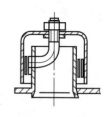

(a) 泡罩塔板操作示意图　　　　(b) 泡罩塔板平面图　　　　(c) 圆形泡罩

图6-34　泡罩塔板

由于有了升气管，可使气体在较低的气速下也不容易发生漏液，而且升气管的顶部高于泡罩齿缝的上沿,可防止液体从中漏下,因此该塔板操作弹性较高,并且不易堵塞,对各种物料的适应能力强,操作稳定可靠。但它的结构复杂,板压降大,生产能力低,造价高,近年来已逐渐被筛板塔和浮阀塔取代。

2. 浮阀塔板

该塔板取消了泡罩塔板的升气管,在每个气孔的上方装有一个可以上下浮动的阀片(浮阀),如图 6-35 所示。操作时,由气孔上升的气流经过阀片与塔板的间隙,呈水平方向吹出,再折转向上与板上液体接触,阀片与塔板的间隙即为气体的通道。此通道的大小随气体流量的变化自动调节,气体流量低时,阀片的开度较小,气体通道小;气体流量较大时,阀片浮起,由脚钩钩住塔板来维持最大开度,使气体通道增大。

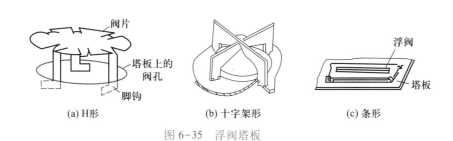

图 6-35　浮阀塔板

(a) H形　　　　　(b) 十字架形　　　　　(c) 条形

由于浮阀可根据气量大小而上下浮动,故操作弹性较大,而且浮阀在塔板上安排得很紧凑,因此,生产能力可比圆形泡罩提高 20%~40%。此外,由于高气量时阀片能自动浮起,从而降低了高气速时的压降,塔板的效率较高。该塔板的主要缺点是浮阀使用久时会被卡住、锈住或黏住,影响其自由开启。

3. 筛孔塔板(筛板)

浮阀塔在结构上采用了运动部件,不免在操作时留下隐患,而且结构较复杂。最简单的结构应该是筛板。筛板结构如图 6-33(a)所示,操作时,气体自下而上通过筛孔,与塔板上液层进行气液传质,脱离液层后进入上面一块塔板,液体自上而下通过降液管进入下面一块塔板。

筛板几乎与泡罩塔板同时出现,但当时由于设计上的原因,筛板容易漏液且操作弹性小,因而未被使用,但是它的独特优点——结构简单、造价低廉却始终吸引着不少研究者,经过百余年的不断研究探索,筛板设计方法逐渐成熟,目前已成为应用最为广泛的一种塔板。

4. 舌形塔板

上述三种塔板中,气体向上穿过液层时,不仅使液体破碎成小液滴,而且还给液滴以相当大的向上初速度,使液滴易被气体带入上面一块塔板,造成"返混"。为避免这一不正常操作现象,舌形塔板应运而生。

这种塔板是在塔板上冲出许多舌形孔,舌片与板面的角度一般为 20° 左右,向塔板的溢流出口侧张开,如图 6-36 所示。由舌孔喷出的气流方向近于水平,产生的液滴几乎不具有向上的初速度。而且从孔中喷出的气流,通过动量传递,推动液体流动,降低了板上的液层高度和板压降,因此其生产能力和板效率均较高。

为了提高舌形塔板的操作弹性,还可采用浮动的舌片,即舌片可以像"阀片"一样,根据气流量的大小上下运动。

由于舌形塔板所有舌孔的开口方向相同,全部气体由一个方向喷出,所以当气速较大时,造成板上液层太薄,板效率显著降低。采用斜孔塔板(即舌孔的开口方向与液流垂直,相邻两排的开孔方向相反)可以避免这种情况发生。

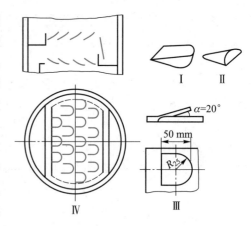

以上是工业应用较为广泛的塔板,目前新型高效的塔板正在不断地研制和推出,种类较多,但基本结构均来源于以上几种塔板。对各种塔板性能的评价和要求主要有以下几个方面:

Ⅰ—三面切口舌片;Ⅱ—拱形舌片;Ⅲ—50 mm×
50 mm 定向舌片的尺寸和倾角;Ⅳ—塔板

图 6-36　舌形塔板

（1）生产能力大。即单位塔截面上气体和液体的流通量大。

（2）板效率高。塔板效率高,完成一定的分离任务所需的塔板层数就少;对塔板层数一定的板式塔,若板效率高,操作时可减少回流比(或液气比)和能耗,降低操作费用。

（3）压降小。气体通过单板的压降小,能耗低。

（4）操作范围宽。当塔内操作的气、液负荷出现波动时,不至于影响塔的正常操作。

（5）结构简单,制造、维修方便,造价低廉。

其实各种塔板很难全部满足以上要求,但它们大多数各具特色,应根据生产过程中的要求,进行正确选择。例如,减压蒸馏对塔板压降和板效率要求较高,其它方面相对来说可降低要求。

6-8-2　板式塔的流体力学性能

前已述及,塔板是气、液两相进行传质和传热的场所。板式塔能否正常操作与气、液两相在塔板上的流动状况(即流体力学性能)有关。

一、塔板上气液接触状况

以筛板塔为例,气体通过筛孔时的速度不同,气液两相在塔板上的接触状况也不同,通常有三种状况,如图 6-37 所示。

1. 鼓泡接触状况

当孔中气速很低时,气体以鼓泡形式穿过板上清液层,由于塔板上气泡数量较少,因

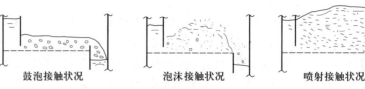

鼓泡接触状况　　　泡沫接触状况　　　喷射接触状况

图 6-37　塔板上的气液接触状况

此板上液层清晰可见。两相接触面积为气泡表面,液体为连续相,气体为分散相。还由于气泡数量较少,气泡表面的湍动程度较低,因此传质阻力较大。

2. 泡沫接触状况

随着孔中气速的增加,气泡数量急剧增加并形成泡沫,此时气液两相的传质面是面积很大的液膜,液膜和气泡不断发生破裂与合并,又重新形成泡沫。这时液体仍为连续相,气体为分散相。

由于这种液膜不同于因表面活性剂而形成的稳定泡沫,因此高度湍动并不断合并与破裂,为两相传质创造了良好的流体力学条件。

3. 喷射接触状况

当孔中气速继续增大,动能很大的气体从筛孔喷出并穿过液层,将板上液体破碎成许多大小不等的液滴,并被抛向塔板上方的空间,当液滴回落合并后,再次被破碎成液滴抛出。这时两相传质面积是液滴的外表面,液体为分散相,气体为连续相。

由于液滴的多次形成与合并,使传质表面不断更新,因此也为两相传质创造了良好的流体力学条件。

因为鼓泡状况的传质阻力大,故实际意义不大。理想的气液接触状况是泡沫接触状况和喷射接触状况,所以工业上常采用这两种状况之一。

二、塔板上气液两相的非理想流动

塔板上理想的气液流动,是塔内两相总体上保持逆流而在塔板上呈均匀的错流,以获得最大的传质推动力。但在实际操作中经常出现偏离理想流动的情况,归纳起来有如下几种:

1. 返混现象

与主流方向相反的流动称为**返混现象**。与液体主体流动方向相反的流动表现为液沫夹带(又称雾沫夹带);与气体主体方向相反的流动表现为气泡夹带。

(1)液沫夹带 上升气流穿过塔板上液层时,将部分液体分散成微小液滴,气体夹带着这些液滴在板间的空间上升,如果液滴来不及沉降分离,则将随着气体进入上一层塔板,这种现象称为**液沫夹带**。

小贴士:

液沫夹带造成液相返混,导致板效率严重下降。为维持正常操作,需要将液沫夹带限制在一定的范围内,一般规定每千克上升气体夹带到上层塔板的液体量不应超过 0.1 kg。

影响液沫夹带量的因素很多,最主要的是空塔气速和板间距。空塔气速减小及板间距增大,都可以减小液沫夹带量。

(2)气泡夹带 在塔板上与气体充分接触后的液体,在进入降液管时将气泡卷入降液管,若液体在降液管内的停留时间太短,所含的气泡来不及脱离而被夹带到下一层塔板,这种现象称为**气泡夹带**。

小贴士：

气泡夹带产生的气体夹带量占气体总流量的比例很小，因而给传质带来的危害不大，但由于降液管内液体含大量的气泡，使降液管内泡沫层平均密度降低，导致降液管的通过能力降低，严重时还会破坏塔的正常操作。

为了避免严重的气泡夹带，液体在降液管内应有足够的停留时间，以利于气泡的分离。

2. 气体和液体的不均匀分布

（1）气体沿塔板的不均匀分布　在每一层塔板上气液两相呈错流流动，因此，希望在塔板上各点的气速都相等，如图 6-38(a) 所示。但是由于液面落差 Δ 的存在，在塔板入口处的液层厚，气体通过的阻力大，因此气量小；而在塔板出口处的液层薄，气体通过的阻力小，因此气量大，从而导致气体流量沿塔板的不均匀分布，如图 6-38(b) 所示。不均匀的气流分布对传质是不利的。塔板上的液体流动距离越长或液体流量越大，液面落差就越大。为了减轻气体流动不均匀分布，应尽量减少液面落差 Δ。

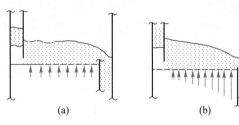

图 6-38　气体沿塔板的分布

（2）液体沿塔板的不均匀分布　因为塔截面是圆形的，所以，液体横向流过塔板时有多种途径。在塔板中央，液体行程短而平直、阻力小、流速大，而在塔板的边沿部分，行程长而弯曲，又受到塔壁的牵制，阻力大、流速小，如图 6-39 所示。由于液体沿塔板的速度分布是不均匀的，因而严重时会在塔板上造成一些液体流动不畅的滞留区，总的结果是使塔板的物质传递量减少，因此对传质不利。

液体分布的不均匀性与液体流量有关，当液体流量低时，该问题尤为突出。此外，由于气体的搅动，液体在塔板上还存在各种小尺度的反向流动，而在塔板边沿处，还可能产生较大尺度的环流，如图 6-40 所示。这些与主体流动方向相反的流动，同样属于返混，使传质效果降低。

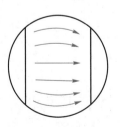

图 6-39　液体沿塔板的不均匀分布

---- ▶液体主流方向

—— ▶小尺度反向流动

图 6-40　液体在塔板上的反向流动

三、板式塔的不正常操作

上述气液两相的非理想流动虽然对传质不利,但基本上还能保持塔的正常操作,下面讨论的则是指板式塔根本无法工作的不正常现象。

1. 液泛

在操作过程中,塔板上液体下降受阻,并逐渐在塔板上积累,直到充满整个板间,从而破坏了塔的正常操作,这种现象称为**液泛**(也称淹塔)。根据引起液泛的原因不同,可以分为如下几种:

(1) **降液管液泛** 液体流量和气体流量过大,均会引起降液管液泛。当液体流量过大时,降液管截面不足以使液体通过,管内液面升高;当气体流量过大时,相邻两块塔板的压降增大,使降液管内液体不能顺利下流,管内液体积累使液位不断升高,当管内液体升高到越过溢流堰顶部,于是,两板间液体相连,最终导致液泛。

(2) **夹带液泛** 对一定的液体流量,气速过大,气体穿过板上液层时,造成液沫夹带量增加,每层塔板在单位时间内被气体夹带的液体越多,液层就越厚,而液层越厚,液沫夹带量也就越大,这样必将出现恶性循环,最终导致液体充满全塔,造成液泛。

造成液泛的因素除了气液流量和物性外,塔板结构,特别是塔板间距也是重要的影响因素,设计中采用较大的板间距,可提高液泛气速。

2. 严重漏液

当气体通过筛孔的速度较小时,一部分液体从筛孔直接流下,这种现象称为**漏液**。漏液的发生影响了气液两相在塔板上的充分接触,造成板效率下降。当从孔道流下的液体量占液体流量的 10% 以上时,称为**严重漏液**。严重漏液可使塔板不能积液而无法操作,因此,为保证塔的正常操作,漏液量应不大于塔内液体流量的 10%。

造成漏液的主要原因是气速太小和由于板面上液面落差所引起的气流分布不均匀,液体在塔板入口侧的液层较厚,此处往往出现漏液,所以常在塔板入口处留出一条不开孔的安定区,以避免塔内严重漏液。

另外,由于液层的波动,也可导致气流在各筛孔中的分布不均匀,如波谷下面的筛孔通气量大而波峰下面的筛孔通气量小,则波峰下的小孔将停止通气而漏液。当然,只要干板阻力足够大,各筛孔都有气体通过,塔板就不会漏液。液层波动所引起的各筛孔气流分布不均匀是随机的,由此引起的漏液称为**随机性漏液**。

6-8-3 塔板负荷性能图

从前面的分析可以看出,影响板式塔操作情况和分离效果的主要因素为物料性质、塔板结构及气液负荷。当确定了分离物系和塔板类型后,其操作情况和分离效果仅与气液负荷有关。要维持塔的正常操作和板效率的基本稳定,必须将塔内的气液负荷限制在一定范围内,将此范围标绘在直角坐标系中,以气相负荷 V_s 为纵坐标,以液相负荷 L_s 为横坐标,所得图形称为塔板负荷性能图,如图 6-41 所示。负荷性能图由五条线组成:

1. 液沫夹带线

线 1 为液沫夹带线(又称气相负荷上限线)。当气相负荷超过此线时,液沫夹带量过大,使板效率严重下降。

视频

液泛

视频

漏液

2. 液泛线

线 2 为液泛线。当操作的气液负荷超过此线时，塔内将发生液泛现象，使塔不能正常操作。

3. 液相负荷上限线

线 3 为液相负荷上限线。若操作的液相负荷高于此线时，表明液体流量过大，造成气泡夹带，使塔板效率下降。

4. 严重漏液线

线 4 为严重漏液线（又称气相负荷下限线）。当操作的气相负荷低于此线时，将发生严重漏液，使板效率下降。

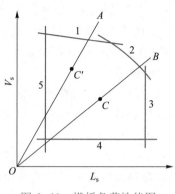

图 6-41　塔板负荷性能图

5. 液相负荷下限线

线 5 为液相负荷下限线。当操作的液相负荷低于此线时，表明液体流量过小，塔板上液体不能均匀分布，气液接触不良，造成板效率下降。

诸线所包围的区域便是塔的适宜操作范围。操作时的气相负荷 V_s 与液相负荷 L_s 在图中的坐标点称为**操作点**，如图 6-41 中 C 及 C'。在连续精馏塔中，回流比为定值，故操作气液比 V_s/L_s 也为定值，因此，每层塔板上的操作点沿通过原点、斜率为 V_s/L_s 的直线（称为**操作线**）变化，如图 6-41 中线 AO、BO。操作线与负荷性能图上曲线的两个交点分别表示塔内上下操作极限，两个极限的气体流量之比称为**塔板的操作弹性**。设计板式塔时，应使操作点尽可能位于适宜操作区的中央，使之操作弹性大些，若操作点紧靠某一条边界线，则负荷稍有波动时，塔的正常操作即被破坏，显然，图中操作点 C 优于点 C'。

对于一定的工艺条件，操作点的位置是固定的，而负荷性能图中各条线的相对位置可以随着塔板结构、尺寸而变化。因此，在设计时，可根据操作点在图中的位置，适当调整塔板结构参数，改变负荷性能图以满足所需的操作弹性。例如，加大板间距可使液泛线上移，增加降液管的截面积可使液相负荷上限线右移等。

应予指出，图 6-41 所示为塔板负荷性能图的一般形式。实际上，该图与塔板的类型密切相关，不同的塔板，其负荷性能图的形状有一定差异，对于同一个塔，各层塔板的负荷性能图也不尽相同。

总之，负荷性能图对检验塔的设计是否合理，了解塔的操作状况及改进塔板的操作性能都具有一定的指导意义。

6-8-4　全塔效率与单板效率

一、全塔效率

全塔效率又称总板效率。在塔设备的实际操作中，由于受到气液接触时间和面积的限制，一般不可能达到气液相平衡，也就是说，实际塔板的分离作用低于理论板。全塔效率是指达到指定分离效果所需理论板层数与实际板层数的比值：

$$E = \frac{N_T}{N_P} \times 100\% \tag{6-39}$$

式中：　　E——全塔效率；

　　　　N_T——理论板层数（不包括再沸器）；

　　　　N_P——实际板层数。

全塔效率包含影响传质过程的全部动力学因素，但目前尚不能用纯理论公式计算得到，利用有关工程手册中的关联图可得到一些参考数据。可靠数据只能通过实验测定。

二、单板效率

单板效率又称默弗里（Murphree）板效率，是指气相或液相经过一层塔板前后的实际组成变化与经过该层塔板前后的理论组成变化的比值，如图 6-42 所示。

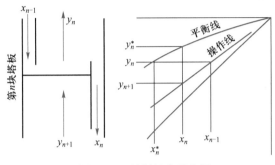

图 6-42　单板效率示意图

按气相组成变化表示的单板效率为

$$E_{mV} = \frac{y_n - y_{n+1}}{y_n^* - y_{n+1}} \tag{6-40}$$

按液相组成变化表示的单板效率为

$$E_{mL} = \frac{x_{n-1} - x_n}{x_{n-1} - x_n^*} \tag{6-41}$$

式中：　y_{n+1}、y_n——进入和离开第 n 块塔板的气相组成；

　　　　x_{n-1}、x_n——进入和离开第 n 块塔板的液相组成；

　　　　y_n^*、x_n^*——第 n 块塔板上达到平衡时的气液相组成。

小贴士：

　　板式塔各层塔板的效率并不相同，单板效率直接反映了该层塔板的传质效果，而全塔效率反映了整个塔内的平均传质效果。即使塔内各单板效率相等，全塔效率在数值上也不等于单板效率，这是因为两者的定义基准不同，全塔效率是基于所需理论板层数的概念，而单板效率则是基于该板理论增浓程度的概念。

6-8-5 塔高及塔径计算

一、塔高计算

对于板式塔,应先利用全塔效率 E 将前述方法得到的理论板层数 N_T 折算成实际板层数 N_P,然后再由实际板间距来计算塔高。

$$Z = (N_P - 1)H_T \qquad (6-42)$$

式中: Z——板式塔气液接触的有效高度,m;

N_P——塔中实际板层数;

H_T——塔中实际板间距,m。

板间距的大小对塔能否正常操作及塔高和塔径的尺寸都有很大影响。若板间距大,则可取较高的气速而不至于发生液沫夹带现象,同时,对于完成一定的生产任务,塔径小,塔高就要增加。因此,选择适宜的板间距对设计板式塔非常重要。目前,选择板间距多用经验的方法,可参照表 6-3 选取。

表 6-3 不同塔径的板间距参考值

塔径 D/mm	800~1 200	1 400~2 400	2 600~6 600
板间距 H_T/mm	300、350、400、450、500	400、450、500、550、600、650、700	450、500、550、600、650、700、750、800

若精馏塔采用填料塔,可以利用得到的理论板层数,再引入等板高度的概念,计算出相应的填料层高度。

设想在填料塔内,将填料层分为若干相等的高度单元,每一单元的作用相当于一层理论板,此单元填料层高度称为**理论板当量高度**,或称**等板高度**,以 HETP 表示。理论板层数乘以等板高度即可求得填料层高度。即

$$Z = N_T \times \text{HETP} \qquad (6-43)$$

等板高度一般由实验测定,在缺乏实验数据时,也可用经验公式计算,但精确度较低。

 小贴士:

应予注意,上面计算出的板式塔或填料塔高度,均指精馏塔主体的有效高度,不包括塔底空间高度(即最下一层塔板到底部封头水平切线距离)及塔顶空间高度(即塔顶第一层塔板到顶部封头水平切线的距离)。

二、塔径的计算

塔径是由塔内上升气体的体积流量及空塔气速决定的,即

$$D_i = \sqrt{\dfrac{4q_{V,g}}{\pi u}} \qquad (6-44)$$

式中： D_i——塔径,m;

$\qquad q_{V,g}$——塔内上升气体的体积流量,m^3/s;

$\qquad u$——气体空塔速度,m/s。

对于精馏塔,因为精馏段与提馏段上升蒸气量不一定相同,因此在计算塔径时应分段计算。

若计算的两段塔径相差不大时,为使塔的结构简化,宜采用相等的塔径,通常选取两者中较大的,圆整后作为精馏塔塔径。

将适宜的空塔气速 u 代入式(6-44)即可算出塔径。最后根据塔径系列标准进行圆整。当塔径小于 1 m 时,其尺寸圆整时按 100 mm 递增值计算,如 600 mm、700 mm、800 mm 等;当塔径超过 1 m 时,则按 200 mm 递增值计算,如 1 200 mm、1 400 mm、1 600 mm 等。

例 6-8 根据例 6-3 结果,求所需精馏塔的塔径。已知平均空塔气速为 0.9 m/s,全塔平均操作温度110 ℃。

解：由例 6-3 知,精馏段上升蒸气量 V = 188.6 kmol/h,提馏段上升蒸气量 V' = 219.4 kmol/h,所以精馏塔应分段计算。因精馏操作压强较低,气相可视为理想气体混合物,则

精馏段

上升蒸气的体积流量

$$q_{V,g} = \frac{22.4\, VTp_0}{3\,600\,T_0 p} = \frac{22.4 \times 188.6 \times (110+273)}{3\,600 \times 273}\ \text{m}^3/\text{s} = 1.65\ \text{m}^3/\text{s}$$

塔径
$$D_i = \sqrt{\frac{4q_{V,g}}{\pi u}} = \sqrt{\frac{4 \times 1.65}{3.14 \times 0.9}}\ \text{m} = 1.53\ \text{m}$$

提馏段

上升蒸气的体积流量

$$q'_{V,g} = \frac{22.4 \times V'Tp_0}{3\,600\,T_0 p} = \frac{22.4 \times 219.4 \times (110+273)}{3\,600 \times 273}\ \text{m}^3/\text{s} = 1.92\ \text{m}^3/\text{s}$$

塔径
$$D_i = \sqrt{\frac{4q'_{V,g}}{\pi u}} = \sqrt{\frac{4 \times 1.92}{3.14 \times 0.9}}\ \text{m} = 1.65\ \text{m}$$

两段尺寸相差不大,取塔径 1.65 m,圆整为 1 800 mm。

第九节　过程的强化与展望

蒸馏作为当代工业应用最广的分离技术,目前已具有了相当成熟的工程设计经验及一定的理论研究基础。随着石油化工及化学工业等领域的不断发展和兴起,蒸馏分离过程的大处理量、连续化操作的优势得到了充分的发挥。但是作为能量消耗很大的单元操作之一,在大型工业化生产过程中不可避免地遇到产品的高纯度与高能耗的矛盾。因此,在产品达到高纯度分离的同时又能降低能耗,成为当今蒸馏分离研究开发的重要目标。

文本:

本节学习纲要

第九节　过程的强化与展望

蒸馏技术虽然具有较长的历史,但从总体上看,蒸馏技术目前仍处于半经验阶段,这是因其传质分离过程具有较高的复杂性,至今仍需靠经验关联式或实验测定来确定板效率或传质系数,从而导致理论预测偏差大、安全系数大及设备和能源的浪费大。

由此可知,蒸馏技术的理论研究需要进一步加强,如气液两相界面相变传质和传热、气泡群传质动力学规律等要由现象描述向过程机理转移,同时借助高科技手段(计算技术、光纤技术、激光、超声波、电子等)和多学科交叉研究的优势,逐步完善蒸馏的机理研究,使人们能更准确地预测蒸馏过程。

从现有理论研究和工程经验看,强化蒸馏和传质过程的主要途径是:① 改进设备结构,从而改善气液两相流动,使气液充分接触,达到最好的分离效果;② 优化工艺过程,降低蒸馏过程中的能量消耗。

6-9-1 蒸馏过程的节能技术

一、蒸馏过程中热能的充分利用和回收

利用精馏塔的馏出液和釜液冷却时放出的热量,预热原料液或其它工艺流股,是历来采用的简单节能方法之一。特别是利用釜液的显热变为潜热对于节能则更有意义。如图 6-43 所示,由精馏塔底排出的釜液进入减压罐,该罐装有蒸气喷射泵,以中压蒸气为驱动力,把一部分釜液变为蒸气并升压用于其它方面。在选择蒸气喷射泵时,应选择适合于所利用蒸气压力特性的蒸气喷射泵。

用塔顶余热产生的低压蒸气可以驱动涡轮机发电。日本一家化工厂对混合二甲苯分离邻二甲苯的精馏塔塔顶的低压蒸气进行发电,取得了很好的经济效益。

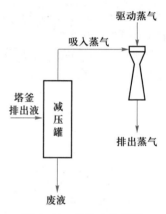

图 6-43　釜液余热利用

二、改变操作条件和方法,减少精馏过程本身的能量需求

1. 减小回流比

精馏的核心在于回流,而精馏装置所需热能则很大程度上取决于回流比,因此,选择经济上合理的回流比是精馏过程节能的重要因素。前已述及,回流比增大,能耗上升,而减小回流比,则使塔板层数增加,若在同一体系中,既要减小回流比,又要使塔板上气液接触的推动力加大,其最好的方法是设计并应用新型塔板或高效填料。

2. 减小再沸器与冷凝器的温差

减小再沸器与冷凝器的温差,就可以减少向再沸器提供的热量,从而提高有效能效率。

当塔底和塔顶的温差较大时,可在精馏段中间设置冷凝器,在提馏段中间设置再沸器,如图 6-44 所示的二级冷凝、二级再沸流程。这样就可以在塔内设置的中间冷凝器中使用温位较高的冷却剂,使上升蒸气部分冷凝,以减少塔顶低温的冷却剂量。同理,塔内设置中间再沸器则可使用温位较低的加热剂,以减少塔底高温加热剂量。

当然,增设中间再沸器的条件是有不同温度的热源提供;增设中间冷凝器的条件是中间回收的热能有适当的用处或可以用冷却水冷却,否则,增设的中间冷凝器和再沸器对节能就无实际意义。

3. 采用多股进料

当组分相同而组成不同的几种物料在同一精馏塔内分离时,最好按照它们原有的组成在塔的不同位置进入,形成多股进料。

实际情况证实,多股进料完成相同的分离任务,能耗较低。例如,分离两股不同组成的甲醇-水溶液,两股进料较两者混合后单股进料节能 12.7%,这是因为混合是增熵的过程,组成不同的几股原料混合增加了过程的不可逆性,因此必然导致精馏过程的能耗增加。

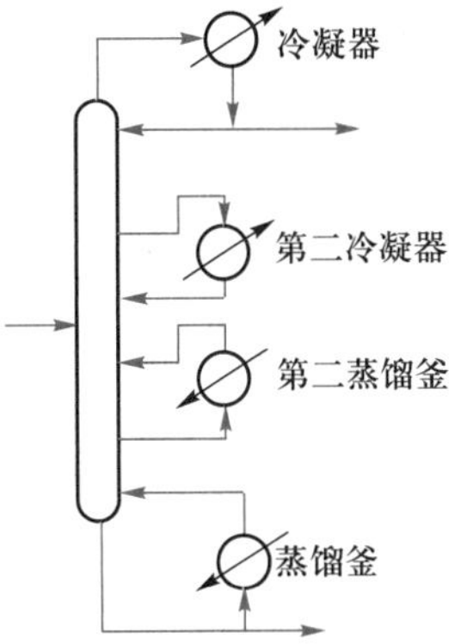

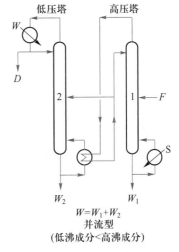

图 6-44 二级冷凝、二级再沸流程

三、多效精馏

多效精馏的原理类似于多效蒸发,即采用压力依次降低的若干个精馏塔串联流程,其热量和过程物流也有并流、逆流或平流。图 6-45 所示的串联并流装置最为常见。此时,外界仅向塔 1 供热,其塔顶蒸气的冷凝潜热供塔 2 再沸器加热塔底液体。塔 2 塔底处,其中间产品的沸点必然高于塔 1 塔底蒸气的露点。

从操作压力的组合上,多效精馏各塔的压力有:① 加压-常压;② 加压-减压;③ 常压-减压;④ 减压-减压。总之要使塔 1 的操作压力高于塔 2。无论采用上述哪种多效方式,两效精馏操作所需热量与单塔精馏相比,都可减少 30%～40%。

与多效蒸发相同,多效精馏也受到许多因素的影响。首先,效数增加,投资费用要增加,效数增加还使换热器的传热温差减小,换热面积增大,故换热器的投资费用也增加。

图 6-45 多效精馏

效数还受到操作条件的限制,即塔 1 中允许的最高压力和温度,受系统临界压力和温度、热源的最高温度及热敏性物料的允许温度等限制;而压力最低的塔则通常受塔顶冷凝器中冷却水的限制。

因此,一般多效精馏的效数为 2,最多不超过 3。

四、热泵精馏

热泵精馏是把精馏塔顶的蒸气加压升温,并重新返回塔内作为再沸器的热源,以回收其冷凝潜热。而压缩气体冷凝后经过节流阀,一部分作为塔顶产品抽出,另一部分作为回流液,如图 6-46 所示。这样,除了开工阶段外,基本上可不向再沸器提供额外热源,节能效果十分显著。

但是由于塔顶和塔底的温差是精馏分离的推动力,所以,把塔顶蒸气加压,使之升温到塔底再沸器热源的水平,所需的能量很大,目前热泵精馏仅限于沸点相近物系的分离(因其塔顶和塔底的温差不大)。

上述方法均能获得不同程度的节能效果,但在大多数情况下是以增加设备费用为代价的,此外,节能措施往往使操作变得复杂,要求有较高的控制水平,在应用节能技术时需要综合考虑,权衡利弊。

6-9-2 新蒸馏过程的开发

对于具有恒沸点或沸点相近的物系,一般仅仅利用蒸馏难以达到有效的分离目的,为了达到强化传质和最好的分离效果,一些特殊的蒸馏方法及为分离一些特殊物料(如热敏性物料)的蒸馏方法进入探索与开发阶段。这些蒸馏方法包括:

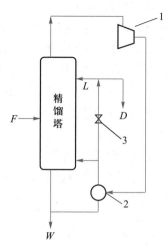

1—压缩机;2—再沸器;3—减压阀

图 6-46　热泵精馏

(1)结合反应(包括均相和非均相)、吸附等其它化工单元操作的优势提出或已经实现工业化的,如反应精馏(主要与化学反应相结合)、催化蒸馏(主要与催化反应相结合)、吸附蒸馏(主要与吸附过程相结合)及膜蒸馏(主要与固膜分离过程相结合)等蒸馏方法。

(2)在蒸馏过程中引入某些添加剂,以利用溶液的非理想性质改变组分之间相对挥发度,实现高效和节能的分离目的。除了早期的萃取精馏、恒沸精馏外,近年来发展了加盐蒸馏、加盐萃取蒸馏等方法。

(3)引入第二能量(如磁场、电场和激光)以促进传质过程的进行。目前这种方式虽未投入生产使用,但专家预计,第二能量的引入将会使蒸馏过程产生巨大的经济效益。随着超导材料和激光器制备技术的提高和生产成本的降低,相信这种蒸馏过程的实现将不会太远。

思　考　题

1. 蒸馏的目的及操作的基本依据是什么?

2. 精馏的原理是什么? 为什么精馏塔必须有回流? 若取消回流将会产生什么结果?

3. q 值的意义是什么? 根据 q 的取值范围,有哪几种进料热状况?

4. 压强对相平衡关系有何影响? 精馏塔的操作压强增大,其它条件不变,塔顶、塔底的温度和组成如何变化?

5. 精馏塔中气相组成、液相组成及温度沿塔高如何变化?

6. 在图解法求理论塔板数的 x-y 相图上,直角阶梯与平衡线的交点、直角阶梯与操作线的交点各表示什么意义? 直角阶梯的水平线和垂直线各表示什么意义?

7. 在进行精馏塔的设计时,若将塔釜间接加热改为直接蒸汽加热,而保持进料组成及热状况、塔顶采出率、回流比及塔顶馏出液组成不变,则塔釜产品量和组成,以及所需的理论板数如何变化?

8. 一个正在操作中的精馏塔分离某混合液,若下列因素之一改变时,馏出液及釜液组成将有何变化? 假设其它因素保持不变,板效率不变。

(1) x_F 增加;

(2) 将进料板的位置下移两块;

(3) 塔釜加热蒸汽的压强增大;

(4) 塔顶冷却水量减少。

9. 一个结构尺寸已经确定的板式塔,如果气体流量或液体流量增加,对下列操作参数会有什么影响?

　　液面落差　　液沫夹带量　　板上泡沫层高度　　降液管内泡沫层高度和停留时间　　漏液量

　　塔板压降　　堰上清液层高度

10. 塔板负荷性能图对塔的设计与操作有何指导意义? 图中各线代表什么意义? 可通过改变哪些结构参数使各线位置发生移动?

习　题

1. 质量分数与摩尔分数的相互换算:

（1）甲醇-水溶液中,甲醇(CH_3OH)的摩尔分数为 0.45,试求其质量分数。

（2）苯-甲苯混合液中,苯的质量分数为 0.21,试求其摩尔分数。　　　　　　　(0.593;0.239)

2. 在连续精馏塔中分离苯-苯乙烯混合液。原料液量为 5 000 kg/h,组成为 0.45,要求馏出液中含苯 0.95,釜液中含苯不超过 0.06(均为质量分数)。试求馏出液量和釜液产品量各为多少。

$(D = 27.8 \text{ kmol/h}; W = 27.5 \text{ kmol/h})$

3. 在一连续精馏塔中分离某混合液,混合液流量为 5 000 kg/h,其中轻组分含量为 30%(摩尔分数,下同),要求馏出液中能回收原料液中 88%的轻组分,釜液中轻组分含量不高于 5%。试求馏出液的摩尔流量及摩尔分数。已知 $M_A = 114$ kg/kmol, $M_B = 128$ kg/kmol。　　　(11.31 kmol/h;0.943)

4. 在一连续精馏塔中分离苯-甲苯混合液,要求馏出液中苯的含量为 0.97(摩尔分数),馏出液量6 000 kg/h,塔顶为全凝器,平均相对挥发度为 2.46,回流比为 2.5。试求:(1) 第一块塔板下降的液体组成 x_1;(2) 精馏段各板上升的蒸气量及下降液体量。$(x_1 = 0.929; V = 267.8 \text{ kmol/h}, L = 191.3 \text{ kmol/h})$

文本:

习题参考
答案

5. 某理想混合液用常压精馏塔进行分离。进料组成含 A 81.5%,含 B 18.5%(摩尔分数,下同),饱和液体进料,塔顶为全凝器,塔釜为间接蒸汽加热。要求塔顶产品为含 A 95%,塔釜为含 B 95%,此物系的相对挥发度为 2.0,回流比为 4.0。试用(1) 逐板计算法,(2) 图解法分别求出所需的理论板层数及进料板位置。　　　　　　　　　　　　　　　　　　　(10块,第三块板为进料板)

6. 在常压连续精馏塔中分离苯-甲苯混合液。若原料为饱和液体,其中含苯 0.5(摩尔分数,下同),塔顶馏出液组成为 0.95,釜液组成为 0.06,操作回流比为 2.6。试求理论板层数和进料板位置。气液相平衡数据见例6-1表。　　　　　　　　　　　　　　　(9块(包括再沸器),第 5 块为进料板)

7. 在常压下用连续精馏塔分离甲醇-水溶液。已知原料液中甲醇含量为 0.35(摩尔分数,下同)馏出液及釜液组成分别为 0.95 和 0.05,泡点进料,塔顶为全凝器,塔釜为间接蒸汽加热,操作回流比为最小回流比的 2 倍。求(1) 理论板层数及进料板位置;(2) 从塔顶向下第二块理论板上升的蒸气组成。　　　　　　　　　　　　　　　(8块(包括再沸器),第 6 块为进料板;0.93)

甲醇-水溶液平衡数据如下:

温度 t/℃	液相中甲醇的摩尔分数	气相中甲醇的摩尔分数	温度 t/℃	液相中甲醇的摩尔分数	气相中甲醇的摩尔分数
100	0.0	0.0	75.3	0.40	0.729
96.4	0.02	0.134	73.1	0.50	0.779
93.5	0.04	0.234	71.2	0.60	0.825
91.2	0.06	0.304	69.3	0.70	0.870
89.3	0.08	0.365	67.6	0.80	0.915
87.7	0.10	0.418	66.0	0.90	0.958
84.4	0.15	0.517	65.0	0.95	0.979
81.7	0.20	0.579	64.5	1.0	1.0
78.0	0.30	0.665			

$(D = 39.56 \text{ kmol/h}; L = 102.9 \text{ kmol/h}, V' = 142.4 \text{ kmol/h}$

8. 用简捷计算法求算习题 6 中连续精馏塔所需的理论板层数。　　　　　　　(8 块(不包括再沸器))

9. 试计算习题 7 中精馏塔的塔径和有效高度。已知条件如下:

(1) 进料量为 100 kmol/h;

(2) 全塔平均温度为 84.1 ℃,平均操作压力为 107.7 kPa;

(3) 全塔效率 55%,空塔气速为 0.84 m/s,板间距为 0.35 m。　　　($D_i = 0.97$ m;$Z = 4.2$ m)

10. 试计算习题 9 中冷凝器的热负荷、冷却水的消耗量及再沸器的热负荷、加热蒸汽的消耗量。已知条件如下:

(1) 忽略冷凝器热损失,冷却水的进出口温度分别为 25 ℃ 和 35 ℃;

(2) 加热蒸汽的压力为 232.2 kPa,冷凝液在饱和温度下排出,再沸器的热损失为有效传热量的 12%。

$(Q_C = 2.91 \times 10^6$ kJ/h;$W_C = 6.95 \times 10^4$ kg/h;$Q_B = 3.66 \times 10^6$ kJ/h;$W_h = 1\ 670$ kg/h)

本章符号说明

拉丁文:

b——操作线截距;

c_p——比热容,kJ/(kmol·℃)或 kJ/(kg·℃);

C——独立组分数;

D——塔顶产品(馏出液)流量,kmol/h;

D_i——塔径,m;

E——全塔效率;

F——自由度数;

h_L——板上清液层高度,m;

H_T——板间距,m;

HETP——理论板当量高度,m;

h——物质的焓,kJ/kg;

m——平衡线斜率;

m——提馏段理论板层数;

M——摩尔质量,kg/kmol;

n——精馏段理论板层数;

N_T——理论板层数;

p_i——组分分压;

p——系统压力或外压,Pa 或 kPa;

q——进料热状况参数;

q——塔内下降液体流量,kmol/h;

$q_{V,L}$——液相体积流量,m^3/s;

$q_{V,g}$——气相体积流量;m^3/s;

Q——传热速率或热负荷,kJ/h 或 kW;

r——汽化热,kJ/kg;

R——回流比;

t——温度;

u——气相空塔气速,m/s;

v——组分挥发度,Pa;

V——上升蒸气流量,kmol/h;

W——塔底产品(釜残液)流量,kmol/h;

x——液相中组分的摩尔分数;

y——气相中组分的摩尔分数;

Z——塔的有效高度,m。

希文:

α——相对挥发度;

γ——活度系数;

η——回收率;

Φ——相数;

μ——黏度,Pa·s;

ρ——密度,kg/m^3;

τ——时间,h 或 s。

下标:

A——易挥发组分;

B——难挥发组分;

B——再沸器;

c——冷却或冷凝;

C——冷凝器;

D——馏出液;

e——最终；

F——原料液；

h——加热；

g——气相；

L——液相；

m——平均；

m——提馏段；

min——最小；

n——精馏段；

p——实际的；

q——q 线与平衡线交点；

T——理论的；

W——釜残液。

上标：

o——纯态；

*——平衡状态；

′——提馏段。

参 考 文 献

[1] 姚玉英.化工原理:下册.天津:天津大学出版社,1999.

[2] 陆美娟.化工原理:下册.北京:化学工业出版社,2001.

[3] 陈敏恒,丛德滋,方图南,等.化工原理:下册.4 版.北京:化学工业出版社,2015.

[4] 大连理工大学化工原理教研室.化工原理:下册.大连:大连理工大学出版社,1993.

[5] 蒋维钧,戴猷元,顾惠君.化工原理:下册.3 版.北京:清华大学出版社,2009.

[6] 贾绍义,柴诚敬.化工传质与分离过程.北京:化学工业出版社,2001.

[7] 蒋维钧.新型传质分离技术.北京:化学工业出版社,1992.

[8] 冯霄,李勤凌.化工节能原理与技术.北京:化学工业出版社,1998.

[9] 陈洪钫,刘家祺.化工分离过程.北京:化学工业出版社,1995.

[10] 刘茉娥.膜分离技术应用手册.北京:化学工业出版社,2001.

[11] 成弘,余国琮.蒸馏技术现状与发展方向.化学工程,2001,29(1):52-54.

[12] 盖旭东.反应精馏分离技术进展.现代化工,1995,5:17-18.

[13] 赵风岭.精馏的节能途径.化学工程,1996,24(30):40-41.

[14] 余国琮,袁希钢.我国蒸馏技术的现状与发展.现代化工,1996,10:7-12.

[15] 周明.吸附蒸馏复合新分离过程的研究.自然科学进展,1995,5(2):147-148.

[16] 李居参,周波,乔子荣.化工单元操作实用技术.北京:高等教育出版社,2008.

[17] 蒋丽芬.化工原理.2 版. 北京:高等教育出版社,2014.

[18] 王志魁.化工原理.5 版. 北京:化学工业出版社,2018.

第七章 干燥

 本章学习要求

1. 掌握的内容

湿空气的性质及计算;湿度图构成及应用;干燥过程的物料衡算;干燥过程中空气状态的确定;物料中所含水分的性质;恒速干燥与降速干燥的特点。

2. 熟悉的内容

干燥过程的热量衡算;干燥器的热效率;干燥速率与干燥时间计算。

3. 了解的内容

常用干燥器的特点及适用;干燥过程的强化途径。

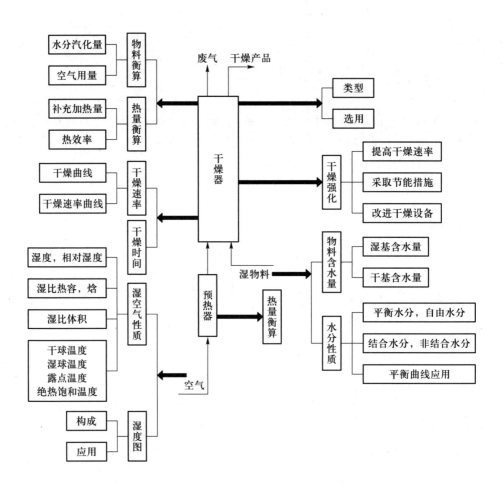

水分汽化量

空气用量

物料衡算

补充加热量

热效率

热量衡算

干燥曲线

干燥速率曲线

干燥速率

干燥时间

湿度，相对湿度

湿比热容，焓

湿空气性质

湿比体积

干球温度
湿球温度
露点温度
绝热饱和温度

构成

应用

湿度图

废气　干燥产品

干燥器

类型

选用

干燥强化

提高干燥速率

采取节能措施

改进干燥设备

湿物料

物料含水量

湿基含水量

干基含水量

水分性质

平衡水分，自由水分

结合水分，非结合水分

平衡曲线应用

预热器

热量衡算

空气

聚氯乙烯(PVC)是应用非常广泛的通用塑料,其生产工艺是先制备氯乙烯单体,再经聚合反应获得聚氯乙烯,聚合反应产物中含有大量的水,需脱除,图 7-0 为聚氯乙烯干燥流程图。PVC 浆料首先在离心机中进行离心分离,脱除大量的水分,再经螺旋加料器送入气流干燥器中;空气经预热器加热后也送入气流干燥器中,与物料充分接触,去除其中的水分;含 PVC 颗粒的气流再送入旋风流化干燥器中,进一步去除 PVC 中的水分,直至 PVC 含水量降至 0.3% 以下;干燥后的 PVC 树脂经旋风分离器分离下来,经振动筛筛分,最后进行成品包装。

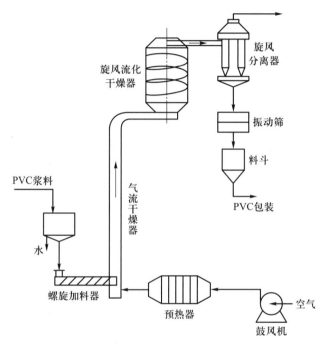

289

图 7-0 聚氯乙烯干燥流程图

工业生产中对 PVC 树脂的含水量通常有一定的要求,否则其制品中将有气泡生成。由上述流程可以看出,PVC 中水分的去除是先经离心机除去大量水分,再经干燥处理,最终获得合格产品。

第一节 概 述

在化工生产中,一些固体原料、半成品或产品中常含有一些湿分(水或其它溶剂),为便于进一步的加工、贮存和使用,通常需要将湿分从物料中去除,这种操作称为**去湿**。去湿方法较多,主要有机械去湿法,即采用过滤、离心分离等机械方法去湿;热能去湿法,即向物料供热以汽化其中的湿分,这种利用热能除去固体物料中湿分的单元操作通常称为**干燥**。在以上两种去湿方法中,前者一般可除去大量的湿分,能量消耗较少,但去湿程度不高;而后者去湿彻底,但能量消耗较大,所以化工生产中湿物料一般是先用机械法除去大量的湿分,再利用干燥法使湿分含量进一步降低,最终达到产品的要求,如上述 PVC 干燥流程所示。

7-1-1　物料的干燥方式

根据对物料的加热方式不同,干燥过程又分为以下几种:

(1)传导干燥　热能以传导方式通过传热壁面加热物料,使其中的湿分汽化。

(2)对流干燥　干燥介质与湿物料直接接触,以对流方式给物料供热使湿分汽化,所产生的蒸汽被干燥介质带走。

(3)辐射干燥　由辐射器产生的辐射能以电磁波的形式发射到湿物料表面,被物料吸收并转化为热能,使湿分汽化。

(4)介电加热干燥　将需要干燥的物料置于高频电场内,利用高频电场的交变作用,将湿物料加热,汽化湿分。

在化工生产中,对流干燥是最普遍的方式,其中干燥介质可以是热空气,也可以是烟道气、惰性气体等,去除的湿分可以是水或是其它液体。本章主要讨论以空气为干燥介质,去除湿分为水的对流干燥过程。

7-1-2　对流干燥特点

对流干燥可以是连续过程,也可以是间歇过程,其流程如图 7-1 所示。湿空气经鼓风机送入预热器加热至一定温度再送入干燥器中,与湿物料直接接触进行传质、传热,沿程空气温度降低,湿分含量增加,最后废气自干燥器另一端排出。干燥若为连续过程,物料则被连续地加入与排出,物料与气流接触可以是并流、逆流或其它方式;若为间歇过程,湿物料则被成批地放入干燥器内,干燥至要求的湿分含量后再取出。

经预热的高温热空气与低温湿物料接触时,热空气以对流方式将热量传至湿物料表面,再由表面传至物料内部;物料表面的水分因受热汽化扩散至空气中并被空气带走,同时,其内部的水分由于浓度梯度的推动而迁移至表面,使干燥连续进行下去。可见,空气既是载热体,也是载湿体,干燥是传热、传质同时进行的过程,如图 7-2 所示,其传热方向是由气相到固相,推动力为空气温度 t 与物料表面温度 θ 之差;而传质方向则由固相到气相,推动力为物料表面水汽分压 p_w 与空气主体中水汽分压 p_v 之差。显然,干燥是热、质反向传递过程。

图 7-1　对流干燥流程

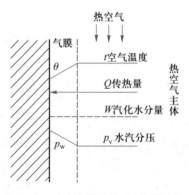

图 7-2　对流干燥的热、质传递过程

第二节　湿空气的性质及湿度图

文本:

本节学习纲要

7-2-1　湿空气的性质

在干燥过程计算中,通常将湿空气视为绝干空气和水蒸气的混合物,并认为是理想气体。由于干燥过程湿空气中水汽含量及总量发生变化,但其中绝干空气的质量保持不变,故以下的湿空气性质参数及干燥计算均以单位质量绝干空气为基准。

一、湿空气中水汽分压 p_v

湿空气由水蒸气与绝干空气组成,其总压 p 为水汽分压 p_v 与绝干空气分压 p_a 之和。当总压一定时,湿空气中水汽含量越大,其水汽分压越高。当水汽分压等于该空气温度下水的饱和蒸气压时,湿空气中水汽分压达到最大值,则表明湿空气已被水蒸气所饱和。

二、湿度 H

湿空气的湿度又称湿含量或绝对湿度,定义为湿空气中所含水汽质量与绝干空气质量之比,以 H 表示。

$$H = \frac{湿空气中水汽的质量}{湿空气中绝干空气的质量} = \frac{n_v M_v}{n_a M_a} = \frac{18.02 n_v}{28.97 n_a} \tag{7-1}$$

式中：　H——湿空气的湿度,kg 水汽/kg 干气;

　　　M_a——绝干空气的摩尔质量,kg/kmol(28.97 kg/kmol);

　　　M_v——水汽的摩尔质量,kg/kmol(18.02 kg/kmol);

　　　n_a——湿空气中绝干空气的物质的量,kmol;

　　　n_v——湿空气中水蒸气的物质的量,kmol。

湿空气可视为理想气体,则

$$\frac{n_v}{n_a} = \frac{p_v}{p_a} = \frac{p_v}{p - p_v}$$

将上式代入式(7-1),可得

$$H = 0.622 \frac{p_v}{p - p_v} \tag{7-1a}$$

由式(7-1a)可知,湿度 H 与总压 p 及水汽分压 p_v 有关,当总压一定时,H 仅与 p_v 有关。

当湿空气中水汽分压等于同温度下水的饱和蒸气压时,表明湿空气已达饱和,此时的湿度称为饱和湿度,以 H_s 表示。

$$H_s = 0.622 \frac{p_s}{p - p_s} \tag{7-1b}$$

式中：　H_s——湿空气的饱和湿度,kg 水汽/kg 干气;

p_s——同温度下水的饱和蒸气压，Pa。

三、相对湿度 φ

在一定总压下，湿空气中水汽分压 p_v 与同温度下水的饱和蒸气压 p_s 之比的百分数称为**相对湿度**，以 φ 表示。

$$\varphi = \frac{p_v}{p_s} \times 100\% \tag{7-2}$$

相对湿度表明湿空气的不饱和程度，反映湿空气吸收水汽的能力。若 $\varphi = 100\%$，即 $p_v = p_s$，则表明空气达饱和，不能再吸收水汽，已不能作为干燥介质；若 $\varphi < 100\%$，即 $p_v < p_s$，则表明空气未饱和，能再吸收水汽，可作为干燥介质。φ 值越小，表示该湿空气偏离饱和程度越远，干燥能力越强。

将式(7-2)代入式(7-1a)，可得相对湿度与绝对湿度的关系：

$$H = 0.622 \frac{\varphi p_s}{p - \varphi p_s} \tag{7-3}$$

由式(7-3)可知，当总压一定时，湿空气的湿度 H 随相对湿度 φ 及温度 t 而变。

四、湿比体积 v_H

湿比体积是指 1 kg 绝干空气与其所带的 H kg 水汽所具有的总体积，单位为 m^3/kg 干气，即

$$v_H = \frac{\text{湿空气体积}(\text{m}^3)}{\text{绝干空气质量}(\text{kg})}$$

根据理想气体状态方程，在总压为 p、温度为 t 时，湿空气的比体积为

$$v_H = (0.772 + 1.244H) \times \frac{273 + t}{273} \times \frac{1.013 \times 10^5}{p} \tag{7-4}$$

即一定压力下，湿比体积与湿空气的温度和湿度有关。

五、湿比热容 c_H

湿比热容是指将 1 kg 绝干空气和其所带的 H kg 水汽的温度升高 1 ℃所需的热量。

$$c_H = c_a + c_v H \tag{7-5}$$

式中： c_H——湿比热容，kJ/(kg 干气·℃)；

c_a——绝干空气的比热容，kJ/(kg·℃)；

c_v——水汽的比热容；kJ/(kg·℃)。

温度在 0~120 ℃时，绝干空气及水汽的平均比热容分别为 1.01 kJ/(kg·℃)及 1.88 kJ/(kg·℃)，代入式(7-5)，得

$$c_H = 1.01 + 1.88H \tag{7-5a}$$

即湿比热容 c_H 仅随空气的湿度而变。

六、焓 h

湿空气的焓为 1 kg 绝干空气及其所带 H kg 水汽所具有的焓。

$$h = h_a + H h_v \tag{7-6}$$

式中： h——湿空气的焓，kJ/kg 干气；

       h_a——绝干空气的焓，kJ/kg 干气；

       h_v——水汽的焓，kJ/kg 水汽。

由于焓是相对值，计算时以 0 ℃下的绝干空气和液态水为基准，又已知 0 ℃时水的汽化相变焓 r_0 为 2 492 kJ/kg，则对于温度为 t、湿度为 H 的空气，其焓值为

$$h = c_a t + H(r_0 + c_v t) = (c_a + c_v H) t + r_0 H = (1.01 + 1.88H) t + 2\,492H \tag{7-6a}$$

可见，湿空气的焓随空气温度及湿度的增加而增大。

七、露点温度 t_d

一定压力下，将不饱和空气等湿降温至饱和，出现第一滴露珠时的温度称为该空气的**露点温度**。

湿空气达到露点温度时，空气已达饱和，$\varphi = 100\%$。由式（7-3）得

$$H = 0.622 \frac{p_d}{p - p_d} \tag{7-7}$$

式中： p_d——露点 t_d 下水的饱和蒸气压，Pa。

式（7-7）可写成以下形式：

$$p_d = \frac{Hp}{0.622 + H} \tag{7-8}$$

上式说明，当空气的总压一定时，露点时的饱和蒸气压 p_d 仅与空气的湿度有关。若已知空气的总压和湿度，可由式（7-8）计算出水的饱和蒸气压 p_d，再根据饱和水蒸气压表查出相应的温度，即为该湿空气的露点。反之，若已知空气的总压和露点，即可求得空气的湿度，此为露点法测定空气湿度的依据。

八、干球温度 t 及湿球温度 t_w

在空气流中放置一支普通温度计，如图 7-3 所示，所测得空气的温度为 t，称为空气的**干球温度**，简称为空气的温度。它是湿空气的真实温度。

将普通温度计的感温球用纱布包裹，并将纱布的下端浸在水中，使纱布一直保持润湿状态，即构成湿球温度计，如图 7-3 所示。将该温度计置于一定温度和湿度的流动空气中，达到稳态时的温度称为空气的**湿球温度**。

当温度为 t、湿度为 H 的大量不饱和湿空气吹过湿球

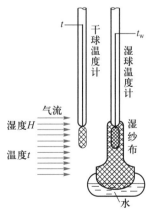

图 7-3 干、湿球温度计

温度计的湿纱布表面时,假设开始时湿纱布中水分的温度与空气的温度相同,但由于湿空气是不饱和的,必然会发生湿纱布表面的水分汽化并向空气中扩散的过程,此时,由于空气和水之间没有温度差,因此水分汽化所需的热量不可能来自空气,只能取自水本身,从而使水温下降。当水温低于空气温度时,热量则由空气传给湿纱布,其传热速率随着两者温度差的增大而提高,直到空气至湿纱布的传热量恰等于自纱布表面水分汽化所需的传热量时,两者达到平衡状态,湿纱布中水温保持恒定,此时湿球温度计所指示的温度就是该空气的湿球温度。

> **小贴士:**
>
> 湿球温度并不代表空气的真实温度,而是湿纱布表面水层的温度,但由于它与空气的干球温度 t 及湿度 H 有关,所以称为空气的湿球温度。上述过程中,因湿空气的流量大,而湿纱布表面汽化的水分量很少,对空气的湿度及温度影响很小,通常可认为湿空气的温度 t 和湿度 H 保持不变。

湿球温度 t_w 是空气温度 t 和湿度 H 的函数。当 t 和 H 一定时,t_w 必为定值。反之,t 及 t_w 一定时,H 亦必为定值,故在干燥操作中,常用干、湿球温度计来测量湿空气的湿度。应予注意,在测量湿球温度时,空气速度应大于 5 m/s,以减少热辐射和热传导的影响,使测量较为精确。

九、绝热饱和温度 t_{as}

图 7-4 为绝热饱和器,其中一定量湿度为 H、温度为 t 的不饱和空气与大量的循环水充分接触,水分不断地向空气中汽化,汽化所需的热量来自空气,使空气的温度逐渐下降,湿度则不断增加。当该过程进行到空气被水汽所饱和时,空气的温度不再下降,而等于循环水的温度,此温度称为初始空气的**绝热饱和温度**。

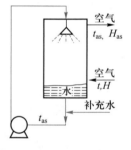

湿空气绝热饱和过程中,气相传给液相的显热恰好等于水分汽化所需的热量,而这些热又由汽化水分带回空气中,循环水并未获得净的热量,即空气在此过程中焓值基本上没有变化,可视为等焓过程。

图 7-4 绝热饱和器示意图

空气的绝热饱和温度 t_{as} 是空气温度 t 和湿度 H 的函数。

应予指出,湿球温度和绝热饱和温度意义完全不同。湿球温度是大量空气和少量水接触达到平衡状态时的温度,此过程可认为空气的温度和湿度不变;而绝热饱和温度是一定量不饱和空气与大量水充分接触,在绝热条件下达饱和时的温度,空气经历降温增湿过程。虽然 t_w 与 t_{as} 意义不同,但二者均与湿空气状态 $(t、H)$ 有关,特别是对于空气-水系统,t_w 与 t_{as} 在数值上近似相等,这给干燥计算带来很大方便。通常湿球温度较容易测定,也可根据湿空气的状态由湿度图查取,详见 7-2-2。

以上介绍了表示湿空气性质的四种温度:干球温度 t、湿球温度 t_w、绝热饱和温度 t_{as}、露点 t_d。对于空气-水系统,有如下关系:

不饱和湿空气:$t > t_w(t_{as}) > t_d$;饱和湿空气:$t = t_w(t_{as}) = t_d$。

例 7-1 已知在总压 101.3 kPa 下,湿空气的干球温度为 30 ℃,相对湿度为 50%,试求:(1) 湿度;(2) 露点温度;(3) 焓;(4)将 100 kg/h 绝干空气预热至 100 ℃时所需的热量;(5)每小时送入预热器的湿空气体积。

解:(1) 由附录Ⅳ查得 30 ℃时水的饱和蒸气压 $p_s = 4.247$ kPa

水汽分压:

$$p_v = \varphi p_s = 0.5 \times 4.247 \text{ kPa} = 2.124 \text{ kPa}$$

湿度

$$H = 0.622 \frac{p_v}{p - p_v} = 0.622 \times \frac{2.124}{101.3 - 2.124} \text{ kg 水汽/kg 干气} = 0.013\ 3 \text{ kg 水汽/kg 干气}$$

(2) 露点温度 t_d 露点温度是湿空气在湿度或水汽分压不变的情况下,冷却达到饱和时的温度,故可由 $p_d = 2.124$ kPa,从附录Ⅳ查饱和水蒸气表,得露点 $t_d = 18$ ℃。

(3) 焓

$$h = (1.01 + 1.88H)t + 2\ 492H$$
$$= [(1.01 + 1.88 \times 0.013\ 3) \times 30 + 2\ 492 \times 0.013\ 3] \text{ kJ/kg 干气} = 64.2 \text{ kJ/kg 干气}$$

(4) 热量

湿比热容 $c_H = 1.01 + 1.88H = (1.01 + 1.88 \times 0.013\ 3) \text{ kJ/(kg 干气 · ℃)}$
$$= 1.022 \text{ kJ/(kg 干气 · ℃)}$$

热量 $Q = 100c_H(t_1 - t) = 100 \times 1.022 \times (100 - 30) \text{ kJ/h} = 7\ 154 \text{ kJ/h} = 1.99 \text{ kW}$

(5) 湿空气体积流量

湿比体积 $v_H = (0.772 + 1.244H) \times \frac{273 + t}{273} \times \frac{1.013 \times 10^5}{p}$
$$= (0.772 + 1.244 \times 0.013\ 3) \times \frac{273 + 30}{273} \text{ m}^3 \text{ 湿气/kg 干气}$$
$$= 0.875 \text{ m}^3 \text{湿气/kg 干气}$$

湿空气体积流量 $q_V = 100v_H = 100 \times 0.875 \text{ m}^3 \text{ 湿气/h} = 87.5 \text{ m}^3 \text{湿气/h}$

注意:在以上各湿空气性质计算中,均是以 1 kg 干气为基准的。

7-2-2 湿空气的湿度图及应用

由以上分析可知,在总压一定时,湿空气的状态参数(H、φ、h、t、t_d、t_w、t_{as} 等)中,只要规定其中任意两个独立的参数,湿空气的状态就被唯一确定。湿空气性质可用上述公式计算,但过程比较繁琐且有时还需用试差法求解。为方便起见,工程上常将空气各种性质标绘在湿度图中,由图直接读取。湿度图的形式有两种:温度-湿度(t-H)图及焓-湿度(h-H)图。本章采用焓-湿度图,简称焓湿图(h-H 图)。

一、焓湿图(h-H 图)

图 7-5 是在总压 p = 101.3 kPa 下绘制的湿空气的 h-H 图,图中横坐标为空气的湿度 H,纵坐标为焓 h。为避免图中多条线挤在一起而难以读取数据,采用夹角为 135°的斜角坐标系,又为 H 读数方便,作一水平辅助轴,将横轴上的湿度 H 投影到辅助水平轴上。该

图共有五种线,分述如下:

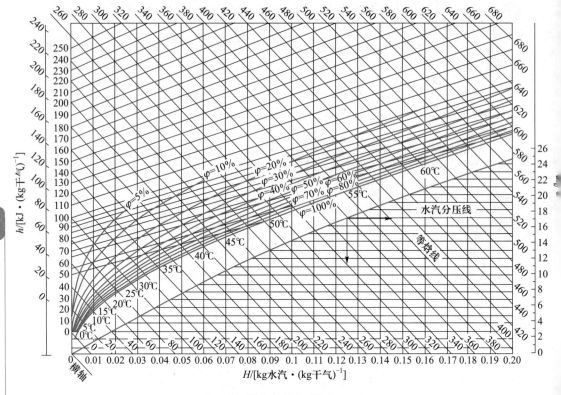

图 7-5 湿空气的 h-H 图

（1）等湿度线(等 H 线) 是一组平行于纵轴的直线,H 值在辅助水平轴上读出。

（2）等焓线(等 h 线) 是一组平行于横轴的直线,h 值在纵轴上读出。

（3）等温线(等 t 线) 将式(7-6a)改写成

$$h = 1.01t + (1.88t + 2\,492)H \tag{7-6b}$$

由上式可知,当温度 t 一定时,h 与 H 为直线关系,故在 h-H 图中对应不同的 t,可作出许多等 t 线。又由于直线斜率($1.88t + 2\,492$)随 t 的升高而增大,故诸多等 t 线并不是互相平行的。

（4）等相对湿度线(等 φ 线) 根据式(7-3):

$$H = 0.622\frac{\varphi p_s}{p - \varphi p_s}$$

可标绘出等相对湿度线。对于某一 φ 值,若已知温度 t,就可查得对应的饱和蒸气压 p_s,在总压 $p = 101.3$ kPa 时,由上式算出对应的湿度 H,在焓湿图中可定出一个点,将许多 (t, H) 点连接起来,即构成该 φ 值的等 φ 线。图中标绘了 $\varphi = 5\%$ 到 $\varphi = 100\%$ 的一组等 φ 线。

$\varphi = 100\%$ 的等 φ 线称为**饱和空气线**,此时空气被水汽所饱和。饱和空气线以上($\varphi < 100\%$)为不饱和区域,此区域对干燥操作有意义;饱和线以下为过饱和区域,此时湿空气

呈雾状,会使物料增湿,故在干燥中应避免。

由图7-5可见,当湿空气的湿度一定时,温度越高,其相对湿度越低,即作为干燥介质时,吸收水汽的能力越强,故湿空气进入干燥器之前,必须先经预热以提高温度,其目的除提高湿空气的焓值使其作为载热体外,还为了降低其相对湿度而作为载湿体。

(5)水汽分压线　是湿空气中水汽分压 p_v 与湿度 H 之间的关系曲线,可根据式(7-1a)标绘。将式(7-1a)改写为

$$p_v = \frac{Hp}{0.622+H} \tag{7-1b}$$

在总压 $p = 101.3$ kPa 时,由上式算出若干组 H 与对应的 p_v,并标绘于 $h-H$ 图上,得到水汽分压线。水汽分压采用右端纵坐标。

必须指出,图7-5是按总压 p 为常压 101.3 kPa 绘制的,若系统总压偏离常压较大,该图不再适用,应根据湿空气性质的计算式考虑总压的影响。

二、焓湿图($h-H$ 图)的应用

焓湿图中的任意点均代表某一确定的湿空气状态,只要依据任意两个独立参数,即可在 $h-H$ 图中定出状态点,由此可查得湿空气其它性质。

如图7-6所示,湿空气状态点为 A 点,则各参数分别为

(1)湿度 H　由 A 点沿等湿线向下与辅助水平轴相交,可直接读出湿度值。

(2)水汽分压 p_v　由 A 点沿等湿线向下与水汽分压线相交于 C 点,在右纵坐标上读出水汽分压值。

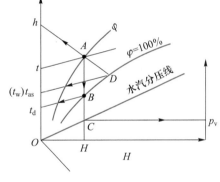

图 7-6　$h-H$ 图的用法

(3)焓 h　通过 A 点沿等焓线与纵轴相交,即可读出焓值。

(4)露点温度 t_d　由 A 点沿等湿线向下与 $\varphi = 100\%$ 相交于 B 点,由通过 B 点的等 t 线读出露点温度值。

(5)绝热饱和温度 t_{as}(或湿球温度 t_w)　过 A 点沿等焓线与 $\varphi = 100\%$ 相交于 D 点,由通过 D 点的等 t 线读出绝热饱和温度 t_{as} 即湿球温度 t_w 值。

应予指出,只有根据湿空气的两个独立参数,才可在 $h-H$ 图上确定状态点。湿空气状态参数并非都是独立的,如 t_d-H、p_v-H、t_w(或 t_{as})$-h$ 之间就不彼此独立,由于它们均落在同一条等 H 线或等 h 线上,因此不能用来确定空气的状态点。通常,能确定湿空气状态的两个独立参数为:干球温度 t 与相对湿度 φ、干球温度 t 与湿度 H、干球温度 t 与露点温度 t_d、干球温度 t 与湿球温度 t_w(或绝热饱和温度 t_{as})等,其状态点的确定方法见图7-7。

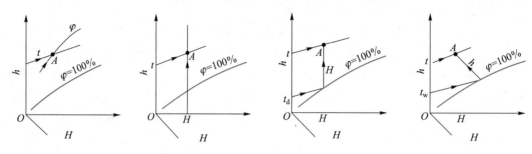

图 7-7　在 h-H 图上确定湿空气的状态点

例 7-2　试用 h-H 图查取例 7-1 中湿空气的性质参数。

解：如附图所示，作 $t=30\ ℃$ 的等温线与 $\varphi=50\%$ 线相交于 A 点，则 A 点即为该湿空气的状态点，由此可读取其它参数。

（1）湿度 H　由 A 点沿等 H 线向下与辅助水平轴交点读数为 $H=0.014$ kg 水汽/kg 干气。

（2）露点 t_d　由 A 点沿等湿线向下与 $\varphi=100\%$ 线相交于 B 点，由通过 B 点的等 t 线读出露点温度 $t_d=18\ ℃$。

（3）焓 h　通过 A 点沿等焓线与纵轴相交，读出焓值 $h=65$ kJ/kg 干气。

（4）绝热饱和温度 t_{as}　由 A 点沿等焓线与 $\varphi=100\%$ 线相交于 D 点，由通过 D 点的等 t 线读出绝热饱和温度 $t_{as}=22\ ℃$，此即湿球温度 t_w。

本题查图结果与例 7-1 中计算结果略有偏差。

从图中可明显看出不饱和湿空气的干球温度、湿球温度及露点温度的大小关系。

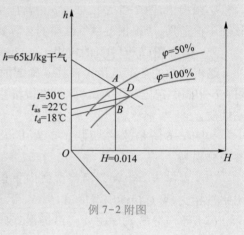

例 7-2 附图

第三节　干燥过程的物料衡算和热量衡算

在图 7-1 所示的对流干燥流程中，空气经预热器加热后送入干燥器内，给湿物料供热以汽化其中的水分，所以在干燥计算中，应通过干燥系统的物料衡算及热量衡算确定从湿物料中除去的水分量、空气用量及所需提供的热量，并以此为依据进行干燥设备的设计或选型、选择合适型号的风机与换热设备等。

7-3-1　物料含水量的表示方法

湿物料中含水量有两种表示方法。

一、湿基含水量

湿基含水量是指以湿物料为计算基准时湿物料中水的质量分数，用 w 表示。

$$w=\frac{\text{湿物料中水分的质量}}{\text{湿物料总质量}}\times100\%\tag{7-9}$$

文本：

本节学习纲要

二、干基含水量

干基含水量是指以绝干物料为基准时湿物料中水分的含量,用 X 表示,单位为 kg 水/kg 干料。

$$X = \frac{湿物料中水分的质量}{湿物料中绝干物料的质量} \qquad (7-10)$$

两种含水量的关系为

$$w = \frac{X}{1+X} \qquad (7-9a)$$

$$X = \frac{w}{1-w} \qquad (7-10a)$$

在工业生产中,通常用湿基含水量表示物料中水分的含量,但在干燥过程中湿物料的总量会因失去水分而逐渐减少,故用湿基含水量计算不方便,而绝干物料的质量是不变的,故干燥计算中多采用干基含水量。

7-3-2 干燥过程的物料衡算

通过物料衡算,可以确定从物料中除去的水分量和空气的用量等。

一、水分汽化量

图 7-8 为一连续干燥器的干燥过程示意图。

令　　$q_{m,\text{L}}$——绝干空气的质量流量,kg/s;

H_1、H_2——湿空气进、出干燥器时的湿度,kg 水汽/kg 干气;

$q_{m,1}$、$q_{m,2}$——物料进、出干燥器时的质量流量,kg/s;

$q_{m,\text{C}}$——湿物料中绝干物料的质量流量,kg/s;

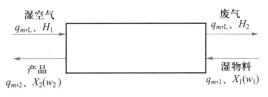

图 7-8　干燥器的物料衡算

X_1、X_2——物料进、出干燥器时的干基含水量,kg 水/kg 干料;

w_1、w_2——物料进、出干燥器时的湿基含水量。

若不计干燥器内的物料损失,则在干燥前后绝干物料的质量不变,即

$$q_{m,\text{C}} = q_{m,1}(1-w_1) = q_{m,2}(1-w_2) \qquad (7-11)$$

对物料中水分进行衡算,则水分汽化量为

$$W = q_{m,1} - q_{m,2} \qquad (7-12)$$

或

$$W = q_{m,1}w_1 - q_{m,2}w_2 \qquad (7-12a)$$

$$W = q_{m,\text{C}}(X_1 - X_2) \qquad (7-12b)$$

式中:　W——水分的汽化量,kg/s。

二、空气用量

对干燥器进行物料衡算,物料中水分减少量应等于空气中水汽增加量,即

$$W = q_{m,\text{L}}(H_2 - H_1) = q_{m,\text{C}}(X_1 - X_2) \tag{7-13}$$

则汽化 W 水所需的绝干空气量 $q_{m,\text{L}}$ 为

$$q_{m,\text{L}} = \frac{W}{H_2 - H_1} \tag{7-14}$$

汽化 1 kg 的水分所需的绝干空气量（比空气用量）为

$$l = \frac{q_{m,\text{L}}}{W} = \frac{1}{H_2 - H_1} \tag{7-15}$$

式中： l——比空气用量，kg 干气/kg 水。

空气通过预热器前后的湿度不变，若以 H_0 表示进入预热器前空气的湿度，则 $H_1 = H_0$，式（7-15）可改写为

$$l = \frac{q_{m,\text{L}}}{W} = \frac{1}{H_2 - H_0} \tag{7-15a}$$

由此可以看出，比空气用量仅与空气的最初和最终湿度有关，而与干燥过程所经历的途径无关。

当绝干空气的用量为 $q_{m,\text{L}}$ 时，湿度为 H_0 的湿空气用量为

$$q'_{m,\text{L}} = q_{m,\text{L}}(1 + H_0) \tag{7-16}$$

式中： $q'_{m,\text{L}}$——湿空气用量，kg/s。

湿空气的体积流量为

$$q_V = q_{m,\text{L}} v_{\text{H}} \tag{7-17}$$

式中： q_V——湿空气体积流量，m^3/s；

v_{H}——空气的湿比体积，m^3/kg 干气。

由于一年中湿空气 H_0 变化，一般应根据全年中最大的湿空气体积用量来选用风机。

7-3-3 干燥过程的热量衡算

通过干燥系统的热量衡算，可求出物料干燥所消耗的热量、干燥系统的热效率，确定湿空气的出口状态，并以此为依据计算预热器传热面积、加热介质用量等。

图 7-9 为连续干燥过程的热量衡算示意图。状态为 t_0、H_0、h_0 的湿空气经预热器加热至状态 t_1、$H_1(H_1 = H_0)$、h_1 后进入干燥器，与湿物料接触进行传热与传质，其温度降低，湿度增加，离开干燥器时的状态为 t_2、H_2、h_2。干基含水量为 X_1、温度为 θ_1、焓为 h'_1（kJ/kg 干料）的湿物料进入干燥器进行干燥，除去水分后，离开干燥器时的干基含水量为 X_2、温度为 θ_2、焓为 h'_2（kJ/kg 干料）。以下分别对预热器与干燥器进行热量衡算。计算时以 0 ℃为基准温度，以 1 s 为基准时间。

一、预热器的加热量

若忽略热损失，则预热器的热量衡算式为

$$q_{m,\text{L}} h_0 + Q_{\text{P}} = q_{m,\text{L}} h_1$$

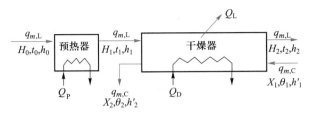

图 7-9 连续干燥过程的热量衡算

即
$$Q_P = q_{m,L}(h_1 - h_0) \tag{7-18}$$

或
$$Q_P = q_{m,L}c_{H_0}(t_1 - t_0) \tag{7-18a}$$

式中： Q_P——预热器中加入的热量，kW。

二、干燥器的加热量

对图 7-9 中的干燥器进行热量衡算，有

$$q_{m,L}h_1 + q_{m,C}h_1' + Q_D = q_{m,L}h_2 + q_{m,C}h_2' + Q_L$$

故干燥器内补充的热量为

$$Q_D = q_{m,L}(h_2 - h_1) + q_{m,C}(h_2' - h_1') + Q_L \tag{7-19}$$

式中： Q_D——干燥器内补充的热量，kW；

Q_L——干燥器损失于周围的热量，kW。

三、干燥系统消耗的总热量

干燥系统消耗的总热量 Q 为 Q_P 与 Q_D 之和，将式（7-18）与式（7-19）相加，并整理得

$$Q = Q_P + Q_D = q_{m,L}(h_2 - h_0) + q_{m,C}(h_2' - h_1') + Q_L \tag{7-20}$$

式中： Q——干燥系统消耗的总热量，kW。

以下对 $(h_2 - h_0)$ 及 $(h_2' - h_1')$ 分别作简化处理。

1. $h_2 - h_0$

根据式（7-6）焓 h 的定义，以 0 ℃ 为基准时 h_0 及 h_2 分别为

$$h_0 = h_{a0} + h_{v0}H_0 = c_a t_0 + h_{v0}H_0$$

及
$$h_2 = c_a t_2 + h_{v2}H_2$$

式中： h_{v0} 及 h_{v2}——分别为进入与离开干燥系统时空气中水汽的焓，二者的数值相差不大，故近似地取 $h_{v0} \approx h_{v2}$。于是有

$$h_2 - h_0 = c_a(t_2 - t_0) + h_{v2}(H_2 - H_0) \tag{7-21}$$

而
$$h_{v2} = r_0 + c_{v2}t_2$$

将上式代入式（7-21）中，可得

$$h_2 - h_0 = c_a(t_2 - t_0) + (r_0 + c_{v2}t_2)(H_2 - H_0)$$

或 $$h_2 - h_0 = 1.01(t_2 - t_0) + (2\,492 + 1.88t_2)(H_2 - H_0) \tag{7-21a}$$

2. $h_2' - h_1'$

湿物料进、出干燥器的焓分别为

$$h_1' = c_s \theta_1 + X_1 c_W \theta_1 = c_{M1} \theta_1$$
$$h_2' = c_s \theta_2 + X_2 c_W \theta_2 = c_{M2} \theta_2$$

式中： c_s——绝干物料的比热容，kJ/(kg 干料·℃)；

c_W——水的比热容，kJ/(kg 水·℃)；

c_{M1}、c_{M2}——湿物料进、出干燥器的比热容，kJ/(kg 干料·℃)。

由于 c_{M1} 及 c_{M2} 的值相差不大，近似取 $c_{M1} \approx c_{M2}$，于是有

$$h_2' - h_1' \approx c_{M2}(\theta_2 - \theta_1) \tag{7-22}$$

将式(7-21a)及式(7-22)代入式(7-20)中，并整理得

$$Q = Q_P + Q_D = 1.01 q_{m,L}(t_2 - t_0) + W(2\,492 + 1.88t_2) + q_{m,C} c_{M2}(\theta_2 - \theta_1) + Q_L \tag{7-23}$$

由此可见，干燥系统的总热量用于加热空气(废气带出)、汽化水分、加热湿物料及损失于周围环境中。

7-3-4 干燥系统的热效率

干燥系统的热效率定义为

$$\eta = \frac{汽化水分所需的热量}{加入干燥系统的总热量} \times 100\% \tag{7-24}$$

或 $$\eta = \frac{Q'}{Q} \times 100\% = \frac{Q'}{Q_P + Q_D} \times 100\% \tag{7-24a}$$

其中，汽化水分所需的热量为

$$Q' = W(2\,492 + 1.88t_2 - 4.187\theta_1) \tag{7-25}$$

若忽略湿物料中水分带入的焓，则

$$Q' \approx W(2\,492 + 1.88t_2) \tag{7-25a}$$

干燥系统的热效率越高，表示热利用率越高，操作费用越低。一般可通过提高空气的预热温度、适当降低出口废气温度、回收废气中热量及减少干燥设备和管路的热损失等途径来提高热效率。

例 7-3 常压下以温度为 20 ℃、相对湿度为 60% 的新鲜空气为介质，干燥某种湿物料。空气在预热器中被加热到 90 ℃ 后送入干燥器，离开时的温度为 45 ℃，湿度为 0.022 kg 水汽/kg 干气。每小时有 1 100 kg 温度为 20 ℃、湿基含水量为 3% 的湿物料送入干燥器，物料离开干燥器时温度为 60 ℃，湿基含水量为 0.2%。湿物料的平均比热容为 3.28 kJ/(kg 干料·℃)。忽略预热器向周围的热损失，干燥器的热损失速率为 1.2 kW。试求：

（1）水分汽化量；

（2）若风机装在预热器的新鲜空气入口处，求风机的风量；

（3）若预热器中用压力为196 kPa（绝压）的饱和水蒸气加热，计算水蒸气用量；

（4）干燥系统消耗的总热量；

（5）干燥系统的热效率。

解：（1）水分汽化量

干基含水量 $\quad X_1 = \dfrac{w_1}{1-w_1} = \dfrac{0.03}{1-0.03} = 0.030\ 9$ kg 水/kg 干料

$$X_2 = \frac{w_2}{1-w_2} = \frac{0.002}{1-0.002} \approx 0.002 \text{ kg 水/kg 干料}$$

绝干物料量 $\quad q_{m,C} = q_{m,1}(1-w_1) = [\,1\ 100 \times (1-0.03)\,]$ kg/h $= 1\ 067$ kg/h

则水分汽化量 $\quad W = q_{m,C}(X_1 - X_2) = [\,1\ 067 \times (0.030\ 9 - 0.002)\,]$ kg/h $= 30.84$ kg/h

（2）风机的风量

用式（7-14）计算绝干空气消耗量

$$q_{m,L} = \frac{W}{H_2 - H_1}$$

由湿度图查得，当 $t_0 = 20\ ℃$、$\varphi_0 = 60\%$ 时，$H_0 = H_1 = 0.009$ kg 水汽/kg 干气，故

$$q_{m,L} = \frac{30.84}{0.022 - 0.009} \text{ kg 干气/h} = 2\ 372 \text{ kg 干气/h}$$

空气的湿比体积

$$v_{\text{H}} = (0.772 + 1.244 H_0) \times \frac{273+t}{273} \times \frac{1.013 \times 10^5}{p}$$

$$= \left[\,(0.772 + 1.244 \times 0.009) \times \frac{273+20}{273}\,\right] \text{ m}^3 \text{ 湿气/kg 干气} = 0.841 \text{ m}^3 \text{ 湿气/kg 干气}$$

所以风机的风量为

$$q_V = q_{m,L} v_{\text{H}} = (2\ 372 \times 0.841) \text{ m}^3/\text{h} = 1\ 995 \text{ m}^3/\text{h}$$

（3）加热蒸汽消耗量

若忽略热损失，则预热器中加热量为

$$Q_{\text{P}} = q_{m,L}(h_1 - h_0) = q_{m,L} c_{H_0}(t_1 - t_0)$$

$$= [\,2\ 372 \times (1.01 + 1.88 \times 0.009) \times (90-20)\,] \text{ kJ/h}$$

$$= 1.705 \times 10^5 \text{ kJ/h} = 47.4 \text{ kW}$$

查水蒸气表，压力为196 kPa 饱和水蒸气的汽化相变焓 $r = 2\ 206$ kJ/kg，则加热蒸汽用量为

$$q_m = \frac{Q_{\text{P}}}{r} = \left(\frac{1.705 \times 10^5}{2\ 206}\right) \text{ kg/h} = 77.3 \text{ kg/h}$$

（4）干燥系统消耗的总热量

用式（7-23）计算

$$Q = 1.01q_{m,L}(t_2-t_0)+W(2\,492+1.88t_2)+q_{m,C}c_{M2}(\theta_2-\theta_1)+Q_L$$
$$= [1.01\times2\,372\times(45-20)+30.84\times(2\,492+1.88\times45)+1\,067\times3.28\times(60-20)+1.2\times3\,600]kJ/h$$
$$= 2.837\times10^5\ kJ/h = 78.8\ kW$$

（5）干燥系统的热效率

$$\eta = \frac{W(2\,492+1.88t_2-4.187\theta_1)}{Q}\times100\% = \frac{30.84\times(2\,492+1.88\times45-4.187\times20)}{2.837\times10^5}\times100\% = 27.1\%$$

7-3-5　干燥器空气出口状态的确定

如前所述,在干燥系统中空气需先经过预热器加热后再进入干燥器。空气在预热过程中,仅温度升高$(t_0\rightarrow t_1)$而湿度不变,预热后空气状态点容易确定。在干燥器内空气与物料之间同时进行热、质传递,使空气的温度降低、湿度增加,同时还有外界向干燥器补充热量,又有热量散失于周围环境中,情况比较复杂,故干燥器出口空气状况比较难确定。通常,根据空气在干燥器内焓的变化,将干燥过程分为等焓与非等焓过程来讨论。

一、等焓干燥过程

等焓干燥过程即为绝热干燥过程,其基本条件为

（1）干燥器内不补充热量,即$Q_D=0$;

（2）干燥器的热损失忽略不计,即$Q_L=0$;

（3）物料在干燥过程中不升温,进、出干燥器的焓相等,即$h_2'=h_1'$。

此时式(7-19)简化为

$$h_1=h_2$$

即说明空气通过干燥器时经历等焓变化过程。而实际操作中很难实现此过程,故等焓过程又称为理想干燥过程。对于此过程,将上式与物料衡算式(7-13)联立,可通过计算方法确定空气出口状态。另外,在等焓过程中,空气的状态沿等焓线变化,故亦可利用图解法在湿度图中直接确定空气出口状态。如图7-10所示,根据新鲜空气任意两个独立状态参数,如H_0及h_0,在图上确定状态A,经预热器温度升为t_1,但湿度不变$(H_1=H_0)$确定状态点B,该点为离开预热器(即进入干燥器)的状态点。由于空气通过干燥器按等焓过程变化,即沿过点B的等h线而变,故只要知道空气离开干燥器任一参数,如相对湿度φ_2,则过点B的等h线与等φ_2线的交点C即为空气离开干燥器的状态点。

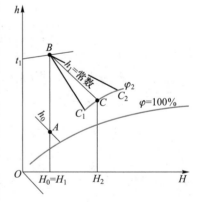

图7-10　干燥过程中湿空气的状态变化示意图

二、非等焓干燥过程

相对于理想干燥过程,非等焓过程又称为实际干燥过程,通常分为以下两种情况:

（1）若干燥器内不补充热量,即$Q_D=0$,但不能忽略干燥器向周围的热损失,即$Q_L\neq$

0,或物料在干燥过程中温度升高,即 $h'_2 > h'_1$,则由式(7-19)可知,$h_2 < h_1$,说明空气通过干燥器后焓值降低,此时的操作线 BC_1 应在等焓操作线 BC 线下方,见图7-10。

（2）若向干燥器补充的热量大于损失的热量与加热物料消耗的热量之和,则由式(7-19)可知,$h_2 > h_1$,说明空气通过干燥器后焓值增加,此时的操作线 BC_2 应在等焓操作线 BC 线上方,见图7-10。

非等焓过程中空气离开干燥器的状态参数也可采用计算法或图解法求得。

例 7-4 在某干燥器中干燥砂糖晶体,处理量为 100 kg/h,要求将湿基含水量由 40% 减至 5%。干燥介质为干球温度 20 ℃、湿球温度 16 ℃ 的空气,经预热器加热至 80 ℃ 后送至干燥器内。空气在干燥器内为等焓过程,离开干燥器时温度为 30 ℃,总压为 101.3 kPa。试求:(1)水分汽化量;(2)湿空气的用量;(3)加热器向空气提供的热量(不计热损失)。

解: (1) 水分汽化量

绝干物料量　$q_{m,C} = q_{m,1}(1 - w_1) = 100 \times (1 - 0.4)$ kg/h $= 60$ kg/h

物料的干基含水量　$X_1 = \dfrac{w_1}{1 - w_1} = \dfrac{0.4}{1 - 0.4}$ kg 水/kg 干料 $= 0.667$ kg 水/kg 干料

$$X_2 = \frac{w_2}{1 - w_2} = \frac{0.05}{1 - 0.05} \text{ kg 水/kg 干料} = 0.052\,6 \text{ kg 水/kg 干料}$$

则水分汽化量　$W = q_{m,C}(X_1 - X_2) = 60 \times (0.667 - 0.052\,6)$ kg/h $= 36.9$ kg/h

（2）湿空气的用量

由 $t_0 = 20$ ℃,$t_{w0} = 16$ ℃ 查 h-H 图,得 $H_0 = 0.01$ kg 水汽/kg 干气。

预热后空气状态 $t_1 = 80$ ℃,$H_1 = 0.01$ kg 水汽/kg 干气。

$$h_1 = (1.01 + 1.88 H_1) t_1 + 2\,492 H_1$$
$$= [(1.01 + 1.88 \times 0.01) \times 80 + 2\,492 \times 0.01] \text{ kJ/kg 干气} = 107.2 \text{ kJ/kg 干气}$$

出口废气状态:$t_2 = 30$ ℃,$h_2 = h_1 = 107.2$ kJ/kg 干气。即

$$h_2 = (1.01 + 1.88 H_2) t_2 + 2\,492 H_2 = (1.01 + 1.88 \times H_2) \times 30 + 2\,492 H_2 = 107.2 \text{ kJ/kg 干气}$$

解得:$H_2 = 0.03$ kg 水汽/kg 干气。

绝干空气用量　$q_{m,L} = \dfrac{W}{H_2 - H_1} = \dfrac{36.9}{0.03 - 0.01}$ kg/h $= 1\,845$ kg/h

湿空气用量　$q'_{m,L} = q_{m,L}(1 + H_0) = 1\,845 \times (1 + 0.01)$ kg/h $= 1\,863$ kg/h

（3）预热器中的加热量

$$Q_P = q_{m,L}(h_1 - h_0) = q_{m,L} c_{H_0}(t_1 - t_0)$$
$$= 1\,845 \times (1.01 + 1.88 \times 0.01) \times (80 - 20) \text{ kJ/h} = 1.14 \times 10^5 \text{ kJ/h} = 31.7 \text{ kW}$$

第四节　干燥速率与干燥时间

通过干燥系统的物料衡算与热量衡算,可以确定出完成一定干燥任务所需的空气量及加热量,但需多大尺寸的干燥器,则必须通过干燥速率与干燥时间的计算才能解决。物料中水分的去除,经历了两个过程:首先是水分从物料的内部迁移到表面,然后再从物

料表面汽化进入空气中。因此，干燥过程速率不仅取决于空气的性质及干燥操作条件，而且还与物料中所含水分的性质有关。

7-4-1 物料中所含水分性质

一、平衡水分和自由水分

根据物料在一定条件下，其中所含水分能否用干燥方法除去划分，可分为平衡水分与自由水分。

平衡水分　将某种湿物料与一定状态的不饱和湿空气相接触时，若湿物料表面水的蒸气压大于空气中的水汽分压，则物料中的水分将向空气中汽化，物料被干燥，直至物料表面水的蒸气压与空气中的水汽分压相等为止，即物料中的水分与空气中的水汽达到平衡，此时物料中所含的水分称为平衡水分，其含量为平衡含水量，用 X^* 表示。物料的平衡含水量是一定空气状态下物料被干燥的极限。

物料的平衡含水量与物料的种类及湿空气的性质有关，图 7-11 为某些物料在 25 ℃时的平衡含水量 X^* 与空气相对湿度 φ 的关系曲线（又称平衡曲线）。平衡含水量随物料种类的不同而有较大差异，非吸水性的物料如陶土、玻璃棉等，其平衡含水量接近于零；而吸水性物料如烟叶、皮革等，则平衡含水量较高。对于同一物料，平衡含水量又因所接触的空气状态不同而变化，温度一定时，空气的相对湿度越高，其平衡含水量越大；相对湿度一定时，温度越高，平衡含水量越小，但变化不大，由于缺乏不同温度下平衡含水量的数据，一般温度变化不大时，可忽略温度对平衡含水量的影响。

自由水分　指物料中所含大于平衡水分的那一部分水分，它可在该空气状态下用干燥方法除去，称为自由水分。

二、结合水分和非结合水分

根据水与物料的结合方式，还可将物料中的水分分为结合水分和非结合水分。

结合水分　包括物料细胞壁内的水分、物料内可溶固体物溶液中的水分及物料内毛细管中的水分等。这种水分是凭借化学力和物理化学力与物料相结合，由于结合力强，其蒸气压低于同温度下纯水的饱和蒸气压，致使干燥过程传质推动力下降，故难以除去。

非结合水分　包括存在于物料表面的附着水分及大孔隙中的水分。这种水分与物料的结合较弱，其蒸气压等于同温度下纯水的饱和蒸气压，因此，非结合水分比结合水分容易除去。

三、平衡曲线的应用

利用物料的平衡曲线，可以确定出一定含水量的湿物料与指定状态的湿空气相接触时平衡水分含量与自由水分含量的大小，以及结合水分含量与非结合水分含量的大小。

图 7-12 为一定温度下某种物料（丝）的平衡曲线。当将干基含水量为 $X = 0.30$ kg 水/kg 干料的物料与相对湿度为 50% 的空气相接触时，由平衡曲线可查得平衡含水量为 $X^* = 0.084$ kg 水/kg 干料，相应自由水分含量为 $X-X^* = 0.216$ kg 水/kg 干料。

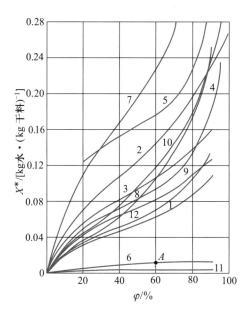

1—新闻纸;2—羊毛、毛织物;3—硝化纤维;4—丝;
5—皮革;6—陶土;7—烟叶;8—肥皂;9—牛皮胶;
10—木材;11—玻璃棉;12—棉花

图 7-11 25 ℃时某些物料的平衡含水量 X^* 与
空气相对湿度 φ 的关系

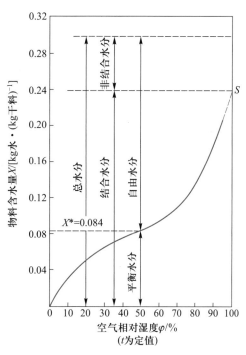

图 7-12 某种物料(丝)的平衡曲线

结合水分含量与非结合水分含量可由以下方法确定:将平衡曲线延长,使之与 $\varphi=$ 100%相交,在交点以下的水分为物料的结合水分,因其所产生的蒸气压是与 $\varphi<100\%$ 的空气成平衡,即它的蒸气压低于同温度下纯水的饱和蒸气压;交点之上的水分则为非结合水分。图 7-12 中,平衡曲线与 $\varphi=100\%$ 相交于 S 点,查得结合水分含量为 0.24 kg 水/kg 干料,此部分水较难去除,相应非结合水分含量为 0.06 kg 水/kg 干料,此部分水较易去除。

小贴士:

平衡水分与自由水分是依据物料在一定干燥条件下,其水分能否用干燥方法除去而划分的,既与物料的种类有关,也与空气的状态有关;而结合水分与非结合水分是依据物料与水分的结合方式(或物料中所含水分去除的难易)而划分,仅与物料的性质有关,而与空气的状态无关。

7-4-2 恒定干燥条件下的干燥速率

一、干燥速率

干燥速率是指在单位时间内,单位干燥面积上汽化的水分质量,可表示为

$$U = \frac{\mathrm{d}W}{A\mathrm{d}\tau} \qquad (7\text{-}26)$$

式中： U——干燥速率,kg/(m²·s);

A——干燥面积,m²;

W——汽化水分量,kg;

τ——干燥时间,s。

因 $$\mathrm{d}W = -q_{m,C}\mathrm{d}X$$

故式(7-26)可改写为

$$U = -\frac{q_{m,C}\mathrm{d}X}{A\mathrm{d}\tau} \qquad (7\text{-}27)$$

式中： $q_{m,C}$——湿物料中绝干物料的质量,kg;

X——湿物料的干基含水量,kg 水/kg 干料。

式中的负号表示物料的含水量随干燥时间的延长而减少。

二、干燥曲线与干燥速率曲线

由于干燥机理和过程的复杂性,干燥速率通常由实验测定。为简化影响因素,实验一般是在恒定的干燥条件下进行,即保持空气的温度、湿度、速度及与物料的接触方式不变,通常用大量的空气干燥少量的湿物料可认为接近于恒定干燥条件。由实验数据,绘出物料含水量 X 及物料表面温度 θ 与干燥时间 τ 的关系曲线,如图 7-13 所示,此曲线称为**干燥曲线**。一般,绝干物料量 $q_{m,C}$ 与干燥面积 A 可测得,由干燥曲线求出各点斜率 $\frac{\mathrm{d}X}{\mathrm{d}\tau}$,再按式(7-27)计算物料的干燥速率,即可标绘出图 7-14 所示的**干燥速率曲线**。

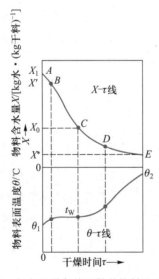

图 7-13　恒定干燥条件下某种物料的干燥曲线

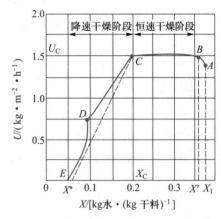

图 7-14　恒定干燥条件下的干燥速率曲线

从图 7-14 中看出,干燥过程可明显地划分为两个阶段。ABC 段表示干燥的第一阶段,其中 BC 段内干燥速率保持恒定,即基本上不随物料含水量而变,故该阶段又称为**恒速干燥阶段**,而 AB 段为物料的预热阶段,因此段所需的时间很短,一般并入 BC 段内考虑。图中的 *CDE* 段为干燥的第二阶段,在此阶段内干燥速率随物料含水量的减小而降低,故又称为**降速干燥阶段**。两个干燥阶段之间的分界点 *C* 称为临界点,相应的物料含水量称为临界含水量,以 X_C 表示,该点的干燥速率等于恒速阶段的干燥速率,以 U_C 表示。*E* 点为干燥的终点,其含水量为操作条件下的平衡含水量 X^*,所对应的干燥速率为零。

由于恒速干燥阶段与降速干燥阶段的干燥机理及影响因素各不相同,故以下分别讨论。

(1)**恒速干燥阶段** 在该阶段,物料内部的水分能及时迁移到物料表面,使物料表面完全润湿,物料表面的温度等于空气的湿球温度,汽化的水分为非结合水分。恒速干燥阶段的干燥速率大小取决于物料表面水分的汽化速率,亦即取决于物料外部的干燥条件,所以恒速干燥阶段又称为**表面汽化控制阶段**。一般,提高空气的温度、降低空气的湿度或提高空气的流速,均能提高恒速干燥阶段的干燥速率。

(2)**降速干燥阶段** 当物料含水量降至临界含水量以下时,即进入降速干燥阶段,如图7-14中 *CDE* 段所示。其中 *CD* 段称为第一降速阶段,在该阶段湿物料内部的水分向表面迁移的速率已小于水分自物料表面汽化的速率,物料的表面不能再维持全部润湿而形成部分"干区"[图7-15(a)],使实际汽化面积减小,因此以物料全部外表面计算的干燥速率将下降。图中 *DE* 段称为第二降速阶段,当物料全部外表面都成为干区后,水分的汽化逐渐向物料内部移动[图7-15(b)],从而使热、质传递途径加长,造成干燥速率下降。同时,物料中非结合水分全部除尽后,进一步汽化的是平衡蒸气压较小的结合水分,使传质推动力减小,干燥速率降低,直至物料的含水量降至平衡含水量 X^* 时,物料的干燥即停止[图7-15(c)]。

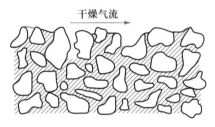

(a) 第一降速阶段

在降速干燥阶段中,干燥速率的大小主要取决于物料本身的结构、形状和尺寸,而与外部干燥条件关系不大,所以降速干燥阶段又称为**物料内部迁移控制阶段**。减小物料尺寸,使物料分散,可提高降速阶段的干燥速率。

(b) 第二降速阶段

7-4-3 恒定干燥条件下的干燥时间

一、恒速干燥阶段

恒速干燥阶段的干燥速率为常量,且等于临界干燥速率 U_C,故物料由初始含水量 X_1 降到临界含水量 X_C 所需的干燥时间 τ_1,可通过积分式(7-27)得到

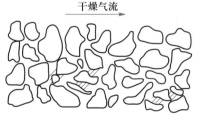

(c) 干燥终了

$$\int_0^{\tau_1} \mathrm{d}\tau = \frac{q_{m,C}}{A} \int_{X_1}^{X_C} \frac{\mathrm{d}X}{U}$$

图7-15 水分在多孔物料中的分布

即
$$\tau_1 = \frac{q_{m,C}}{AU_C}(X_1 - X_C)$$
(7-28)

恒速干燥阶段的干燥速率 U_C，可从干燥速率曲线上直接查得，或由经验公式计算。

二、降速干燥阶段

降速干燥阶段的干燥时间仍可对式(7-27)积分求取，当物料的干基含水量由 X_C 下降到 X_2 时，所用的干燥时间为

$$\int_0^{\tau_2} \mathrm{d}\tau = -\frac{q_{m,C}}{A} \int_{X_C}^{X_2} \frac{\mathrm{d}X}{U}$$

即
$$\tau_2 = \frac{q_{m,C}}{A} \int_{X_2}^{X_C} \frac{\mathrm{d}X}{U}$$
(7-29)

在该阶段干燥速率随物料含水量的减少而降低，通常干燥时间可用图解积分法或近似计算法求取。

（1）图解积分法　当降速干燥阶段的干燥速率随物料的含水量呈非线性变化时，一般采用图解积分法计算干燥时间。由干燥速率曲线查出与不同 X 值相对应的 U 值，以 X 为横坐标，$\frac{1}{U}$ 为纵坐标，在直角坐标中进行标绘，在 X_2、X_C 之间曲线下的面积即为积分项之值，如图7-16所示。

（2）近似计算法　假定降速干燥阶段的干燥速率与物料的自由含水量($X-X^*$)成正比，则可用临界点 C 与平衡点 E 的连线 CE 近似替代降速干燥阶段的干燥速率曲线，如图7-17所示。

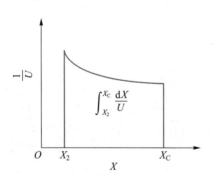

图 7-16　图解积分法计算 τ_2

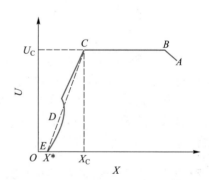

图 7-17　干燥速率曲线示意

$$U = -\frac{q_{m,C}\,\mathrm{d}X}{A\,\mathrm{d}\tau} = K_X(X - X^*)$$
(7-30)

式中：　K_X——比例系数(即 CE 线的斜率)。

将式(7-30)代入式(7-29)中，积分可得

$$\tau_2 = \frac{q_{m,C}}{A} \int_{X_2}^{X_C} \frac{\mathrm{d}X}{K_X(X - X^*)} = \frac{q_{m,C}}{AK_X}\ln\frac{X_C - X^*}{X_2 - X^*}$$
(7-31)

而 CE 线的斜率为

$$K_X = \frac{U_C}{X_C - X^*}$$

将上式代入式(7-31)中,可得降速干燥阶段的干燥时间:

$$\tau_2 = \frac{q_{m,C}(X_C - X^*)}{AU_C} \ln \frac{X_C - X^*}{X_2 - X^*} \qquad (7-32)$$

因此,物料干燥所需的总时间:

$$\tau = \tau_1 + \tau_2 \qquad (7-33)$$

例 7-5 某物料的干燥速率曲线如图 7-14 所示。欲将 10 kg 的该物料由湿基含水量 30% 降至 8%,干燥表面积为 0.52 m²,试估算干燥时间(降速干燥阶段的干燥速率按直线处理)。

解: 绝干物料量

$$q_{m,C} = q_{m,1}(1 - w_1) = 10 \times (1 - 0.3) \text{ kg} = 7 \text{ kg}$$

物料的干基含水量 $X_1 = \dfrac{w_1}{1 - w_1} = \dfrac{0.3}{1 - 0.3}$ kg 水/kg 干料 = 0.429 kg 水/kg 干料

$$X_2 = \frac{w_2}{1 - w_2} = \frac{0.08}{1 - 0.08} \text{ kg 水/kg 干料} = 0.087 \text{ kg 水/kg 干料}$$

由图 7-14 中读得

$$U_C = 1.5 \text{ kg/(m}^2 \cdot \text{h)} \ , \ X_C = 0.2 \text{ kg 水/kg 干料} \ , \ X^* = 0.05 \text{ kg 水/kg 干料}$$

故含水量自 $X_1 = 0.429$ kg 水/kg 干料下降到 $X_2 = 0.087$ kg 水/kg 干料包括恒速和降速两个阶段。

总干燥时间

$$\tau = \tau_1 + \tau_2 = \frac{q_{m,C}}{AU_C}(X_1 - X_C) + \frac{q_{m,C}(X_C - X^*)}{AU_C} \ln \frac{X_C - X^*}{X_2 - X^*}$$

$$= \frac{7}{1.5 \times 0.52}\left[(0.429 - 0.2) + (0.2 - 0.05)\ln \frac{0.2 - 0.05}{0.087 - 0.05}\right] \text{ h} = 3.94 \text{ h}$$

第五节　干　燥　器

工业上应用的干燥器类型很多,可根据不同的方法对干燥器进行分类:

按干燥器的操作压力,可分为常压干燥器和真空干燥器;

按干燥器的操作方式,可分为间歇式干燥器和连续式干燥器;

按加热方式,可分为对流干燥器、传导干燥器、辐射干燥器和介电加热干燥器;

按干燥器的结构,可分为厢式干燥器、喷雾干燥器、流化床干燥器、气流干燥器和转筒式干燥器等。

以下介绍几种工业上常用的干燥器。

7-5-1 工业上常用干燥器

一、厢式干燥器

厢式干燥器是一种间歇式的干燥设备，物料分批地放入，干燥结束后成批地取出，一般为常压操作。图 7-18 为平行流厢式干燥器的示意图，其外形呈厢式，外部用绝热材料保温。厢内支架上放有许多矩形托盘，湿物料置于盘中。新鲜空气由风机吸入，经加热器预热后均匀地进入各层之间，在物料表面掠过以干燥物料，干燥后废气经出口排出。

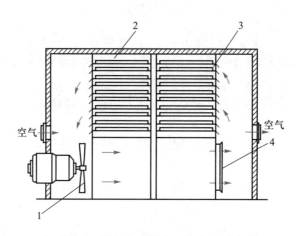

1—风机；2—托盘；3—百叶窗（可调）；4—加热器

图 7-18　平行流厢式干燥器

厢式干燥器的优点是结构简单，装卸灵活、方便，对各种物料的适应性强，适用于小批量、多品种物料的干燥；其缺点是物料得不到分散，装卸物料劳动强度大，干燥时间长，完成一定任务所需的设备体积大。

二、洞道式干燥器

厢式干燥器从能耗和生产能力两方面考虑都不太适应大批量生产的要求，洞道式干燥器是厢式干燥器的自然发展结果，也可以视为连续化的厢式干燥器，如图 7-19 所示。干燥器为一较长的通道，其中铺设铁轨，盛有物料的小车在铁轨上运行，空气连续地在洞道内被加热并强制地流过物料，小车可连续地或半连续地移动。比较合理的空气流动方向是与物料逆流或错流流动，其流动速度要大于 2 m/s。洞道式干燥器适用于体积大、干燥时间长的物料。

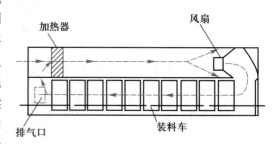

图 7-19　洞道式干燥器

三、转筒式干燥器

如图 7-20 所示，转筒式干燥器的主体是一个略呈倾斜的旋转圆筒，物料从高端加入,从低端排出。为了使物料均匀分散并与干燥介质充分接触,在转筒内壁上安装抄板。物料在圆筒中一方面被抄板升举到一定高度后抛洒下来与干燥介质密切接触,另一方面促使物料沿倾斜圆筒向低端移动。圆筒每旋转一圈,物料被升举和抛洒一次并向前运动一段距离。在转筒式干燥器中,被干燥的物料多为颗粒状及块状,常用的干燥介质是热空气,也可以是烟道气或其它高温气体,干燥器内干燥介质与物料可做总体上并流或逆流流动。

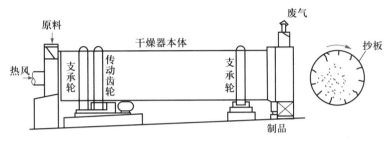

图 7-20　转筒式干燥器

转筒式干燥器主要优点是连续操作,生产能力大,机械化程度高,产品质量均匀。其缺点是结构复杂,传动部分需要经常维修,投资较大。

四、气流干燥器

气流干燥器的流程如图 7-21 所示。物料由加料斗 1 经螺旋加料器 2 送入气流干燥管 3 的底部。空气由风机 4 吸入,经预热器 5 加热至一定温度后送入干燥管。在干燥管内,物料受到气流的冲击,以粉粒状分散于气流中呈悬浮状态,被气流输送而向上运动,并在输送过程中进行干燥。干燥后的物料颗粒经旋风分离器 6 分离下来,从下端排出,废气经湿式除尘器 7 后放空。

干燥管的长度一般为 10~20 m,气体在其中的速度一般为 10~25 m/s,也有的高达 30~40 m/s,因此,物料停留时间极短。在干燥管中,物料颗粒在气流中高度分散,使气、固间的接触面积大大增加,强化了传热与传质过程,因此干燥效果好。

气流干燥器的优点是气、固接触面积大,传热、传质系数高,干燥速率大;干燥时间短,适用于热敏性物料的干燥;由于气、固并流操作,可以采用高温介质,热损失小,因而热效率高;设备结构简单、占地面积小。其缺点是气流速度高,流动阻力及动力消耗较大;在输送与干燥过程中物料与器壁或物料之间相互摩擦,易使产品粉碎;由于全部产品均由气流带出并经分离器回收,所以分离器负荷较大。

气流干燥器适用于处理含非结合水及结

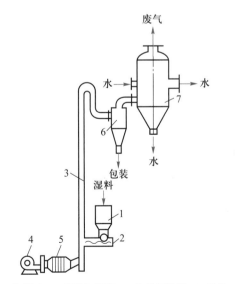

1—加料斗；2—螺旋加料器；3—气流干燥管；4—风机；
5—预热器；6—旋风分离器；7—湿式除尘器
图 7-21　气流干燥器

块不严重又不怕磨损的粒状物料,尤其适宜于干燥热敏性物料或临界含水量低的细粒或粉末物料。

五、流化床干燥器(沸腾床干燥器)

流化床干燥器是固体流态化技术在干燥中的应用。图 7-22 所示的是单层圆筒流化床干燥器,湿物料由床层的一侧加入,与通过多孔分布板的热气流相接触。控制合适的气流速度,使固体颗粒悬浮在气流中,形成流化床。在流化床中,颗粒在气流中上下翻动,外表呈现类似于液体沸腾状态,颗粒之间彼此碰撞和混合,气、固间进行传热、传质,从而达到干燥目的。经干燥后的颗粒从床层另一侧排出。流化干燥过程可间歇操作,也可以连续操作。间歇操作时物料干燥均匀,可干燥至任何湿度,但生产能力不大。而在连续操作时,由于颗粒运动的随

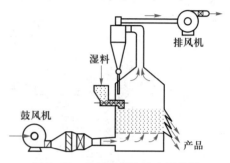

图 7-22　单层圆筒流化床干燥器

机性,使得颗粒在床层中的停留时间不一致,易造成干燥产品的质量不均匀。如果是热敏性物料,则某些粒子可能因停留过久而变性。为避免颗粒混合,提高产品质量,生产上常采用多层或多室干燥器。

流化床干燥器的主要优点是颗粒与热干燥介质在沸腾状态下进行充分混合与分散,气、固接触面积大,故干燥速率很大;物料在床层中的停留时间可任意调节,故对难干燥或要求干燥产品湿含量低的物料特别适用。其缺点是物料的形状和粒度有限制。

六、喷雾干燥器

喷雾干燥器是采用雾化器将稀料液(如含水量在 76% 以上的溶液、悬浮液、浆状液等)分散成雾滴并分散在热气流中,使水分迅速汽化而达到干燥目的。

图 7-23 所示为喷雾干燥器。浆液用送料泵压至雾化器中,雾化为细小的雾滴而分散在气流中,雾滴在干燥器内与热气流接触,使其中的水分迅速汽化,成为微粒或细粉落

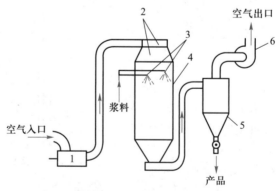

1—预热器;2—空气分布器;3—压力式雾化器;
4—干燥器;5—旋风分离器;6—风机

图 7-23　喷雾干燥器

到器底。产品由风机吸送到旋风分离器中被回收,废气经风机排出。喷雾干燥的干燥介质多为热空气,也可用烟道气或惰性气体。

雾化器是喷雾干燥的关键部分,它影响到产品的质量和能量消耗。工业上采用的雾化器有三种形式,即旋转式、压力式及气流式雾化器。

喷雾干燥器的主要优点是由料液可直接得到粉粒产品,因而省去了许多中间过程如蒸发、结晶、分离、粉碎等;由于喷成了极细的雾滴分散在热气流中,干燥面积极大,干燥过程进行极快(一般仅需 3~10 s),特别适用于热敏性物料的干燥,如牛奶、药品、生物制品、染料等;能得到速溶的粉末或空心细颗粒。其缺点为干燥过程的能量消耗大,热效率较低;设备占地面积大、设备成本费高;粉尘回收麻烦,回收设备投资大。

动画:

薄膜干燥器

动画:
真空耙式
干燥器

7-5-2 干燥器的选用

干燥操作是比较复杂的过程,干燥器的选择也受诸多因素的影响,在选择干燥器时,通常考虑以下因素:

(1)湿物料的特性 包括湿物料的基本性质如密度、热熔性、含水率等,物料的形状,物料与水分的结合方式及热敏性等。

(2)产品的质量要求 如粒度分布、最终含水量及均匀性等。

(3)设备使用的基础条件 设备安装地的气候干湿条件、场地的大小、热源的类型等。

(4)回收问题 包括固体粉尘回收及溶剂的回收。

(5)能耗、操作安全和环境因素 为节约热能,在满足干燥的基本条件下,应尽可能地选择热效率高的干燥器。若排出的废气中含有污染环境的粉尘或有毒物质,应选择合适的干燥器来减少排出的废气量,或对排出的废气加以处理。此外,在选择干燥器时,还必须考虑噪声等问题。

文本:

本节学习
纲要

第六节　干燥过程的强化与展望

7-6-1 干燥过程的强化

一、提高干燥速率

如前所述,干燥过程分为恒速干燥阶段和降速干燥阶段,由于两阶段的影响因素不同,因而强化途径也有所差异。

恒速干燥阶段为表面汽化控制阶段,其干燥速率主要由外部条件所控制,改善外部条件,如提高干燥介质的温度和速度或降低湿度,便能有效地提高干燥速率。降速干燥阶段为物料内部扩散控制阶段,其干燥速率的制约因素主要是内部条件,如采用微波干燥技术,将能量直接、有效地供给物料内部的水分使其汽化;尽量减小物料的尺寸,使物料分散,都是提高降速阶段干燥速率的有效方法。

二、采取节能措施

干燥是热能消耗较大的单元操作,因此,节能也是强化干燥过程的一个重要方面。主要措施有:① 加强热量的回收利用:离开干燥器的废气温度较高,可回收、利用这部分能量;② 减少热损失:加强设备和管路的保温,同时优化送风系统,减少因热气漏出和冷气漏入造成的能量损失。

三、改进干燥设备

对传统干燥设备进行合理改进,也可以强化干燥过程。如在普通流化床上施加振动,构成振动流化床干燥器,其中物料的流态化和输送靠振动来实现,而热空气主要用来传热和传质,这样可显著地降低热空气用量,节能效果显著。对于气流干燥器,可将直径均一的气流管改为管径交替缩小与扩大的气流管,此时颗粒在其中交替地加速和减速运动,使颗粒处于非稳态运动中,提高了传热、传质效果。

7-6-2 干燥技术的展望

目前干燥技术发展的总趋势如下:

1. 实现干燥设备的自动化

实现干燥设备的自动化,提高干燥过程的控制水平,包括干燥操作过程的计算机控制系统;物料湿含量的在线检测;高温含尘气体湿度的在线检测等。

2. 开发组合型干燥器

在一个干燥系统中,将两种或多种干燥器型式组合起来构成组合型干燥器,各发挥其长处,可达到节省能量、减小干燥器尺寸或提高产量的目的。

3. 节能

在干燥器的选择与设计中,能耗是一个主要指标,开发低能耗干燥器,更有效地综合利用能量,将具有竞争力。

思 考 题

1. 为什么说干燥过程既是传热过程又是传质过程?其传热及传质推动力分别是什么?
2. 湿空气的干球温度、湿球温度、露点温度及绝热饱和温度的大小关系如何?
3. 空气经间壁式加热器后,定性分析其湿度、焓、相对湿度、湿球温度、露点温度将如何变化。
4. 什么是平衡水分与自由水分,结合水分与非结合水分?它们各与哪些因素有关?
5. 干燥系统加入的热量分别用于何处?哪一项是用于干燥的主要目的?
6. 什么是恒定干燥条件?干燥过程分为哪几个阶段?各阶段干燥速率的影响因素有哪些?

习 题

1. 常压下湿空气的温度为 30 ℃,湿度为 0.016 kg 水汽/kg 干气,试求:

(1) 相对湿度;

(2) 露点;

(3) 焓;

(4) 将此状态空气加热至 120 ℃所需的热量,已知绝干空气的质量流量为 400 kg/h;

(5) 每小时送入预热器的湿空气体积。

（59.8%;21.4 ℃;71.07 kJ/kg 干气;10.4 kW;351.6 m³ 湿气/h）

2. 已知湿空气的温度为 50 ℃,湿度为 0.02 kg 水汽/kg 干气,试计算下列两种情况下的相对湿度及同温度下容纳水分的最大能力(即饱和湿度),并分析压力对干燥操作的影响。

(1) 总压为 101.3 kPa;(2) 总压为 26.7 kPa。

（25.57%,0.086 kg 水汽/kg 干气;6.74%,0.535 kg 水汽/kg 干气）

3. 在 $h-H$ 图上确定本题附表中空格内的数值。

	干球温度 $t/℃$	湿球温度 $t_w/℃$	露点温度 $t_d/℃$	湿度 $H/[\text{kg 水汽}\cdot(\text{kg 干气})^{-1}]$	相对湿度 $\varphi/\%$	焓 $h/[\text{kJ}\cdot(\text{kg 干气})^{-1}]$	水汽分压 p_v/kPa
1	30	20					
2	40		20				
3	50			0.03			
4	50				50		
5	60					120	
6	70						9.5

（略）

4. 常压下湿空气的温度为 30 ℃，湿度为 0.02 kg 水汽/kg 干气，计算其相对湿度。若将此湿空气经预热器加热到 120 ℃ 时，则此时的相对湿度为多少？　　　　　　　　　　　　　　　　　（74.35；1.59%）

5. 湿物料从含水量 20%（湿基，下同）干燥至 10% 时，以 1 kg 湿物料为基准除去的水分量，为从含水量 2% 干燥至 1% 时的多少倍？　　　　　　　　　　　　　　　　　　　　　　　　　　　（11.2）

6. 在一连续干燥器中，每小时处理湿物料 1 000 kg，经干燥后物料的含水量由 10% 降至 2%（均为湿基）。以热空气为干燥介质，初始湿度为 0.008 kg 水汽/ kg 干气，离开干燥器时的湿度为 0.05 kg 水汽/kg 干气。假设干燥过程无物料损失，试求：

（1）水分汽化量；

（2）新鲜空气用量；

（3）干燥产品量。　　　　　　　　　　　　　　　（81.5 kg/h；1 956 kg/h；918.4 kg/h）

7. 温度 $t_0 = 20$ ℃、湿度 $H_0 = 0.01$ kg 水汽/kg 干气的常压新鲜空气在预热器被加热到 $t_1 = 75$ ℃ 后，送入干燥器内干燥某种湿物料。测得空气离开干燥器时温度 $t_2 = 40$ ℃、湿度 $H_2 = 0.024$ kg 水汽/kg 干气。新鲜空气的用量为 2 000 kg/h。湿物料温度 $\theta_1 = 20$ ℃、含水量 $w_1 = 2.5\%$，干燥产品的温度 $\theta_2 = 35$ ℃、$w_2 = 0.5\%$（均为湿基）。湿物料平均比热容 $c_M = 2.89$ kJ/（kg 干料·℃）。忽略预热器的热损失，干燥器的热损失为 1.3 kW。试求：

（1）水分汽化量；

（2）干燥产品量；

（3）干燥系统消耗的总热量；

（4）干燥系统的热效率。　　　　　　　　（27.72 kg/h；1353 kg/h；48.4 kW；39.6%）

8. 在干燥器中用空气干燥某湿物料，从含水量 5% 降至 1%（均为湿基），湿物料处理量为 900 kg/h。温度为 20 ℃、湿度为 0.005 kg 水汽/kg 干气的空气预热至 150 ℃ 后进入干燥器。若干燥器出口废气的湿度为 0.036 kg 水汽/kg 干气，且为等焓干燥过程，试计算：

（1）废气的温度；

（2）绝干空气用量；

（3）预热器中的加热量。　　　　　　　　　　　（70.2 ℃，1 171 kg/h，43.1 kW）

9. 常压下干球温度为 20 ℃，相对湿度为 62% 的空气，经过预热器温度升高到 50 ℃ 后送至干燥器。空气在干燥器中的变化为等焓过程，离开时温度为 32 ℃。试求：

（1）空气在预热前、预热后及干燥后的状态参数（湿度及焓）；

（2）200 m³/h 原湿空气经干燥器后所获得的水分量。

（（1） 0.009 kg 水汽/kg 干气，43.0 kJ/kg 干气；0.009 kg 水汽/kg 干气，73.8 kJ/kg 干气，0.016 3 kg 水汽/kg 干气，73.8 kJ/kg 干气；（2） 1.73 kg/h）

10. 常压下,已知 25 ℃时氧化锌物料的气固两相水分的平衡关系,其中当 $\varphi = 100\%$,$X^* = 0.02$ kg 水/kg 干料;当 $\varphi = 40\%$ 时,$X^* = 0.007$ kg 水/kg 干料。设氧化锌的初始含水量为 0.25 kg 水/kg 干料,若与 $t = 25$ ℃,$\varphi = 40\%$ 的恒定状态的空气长时间接触。试求:

(1) 该物料的平衡水分含量和自由水分含量。

(2) 该物料的结合水分含量和非结合水分含量。

(0.007 kg 水/kg 干料,0.243 kg 水/kg 干料;0.02 kg 水/kg 干料,0.23 kg 水/kg 干料)

11. 用热空气在厢式干燥器中将 10 kg 的湿物料从 20% 干燥至 2%(均为湿基),物料的干燥表面积为 0.8 m²。已测得恒速干燥阶段的干燥速率为 1.8 kg/(m²·h),物料的临界含水量为 0.08 kg 水/kg 干料,平衡含水量为 0.004 kg 水/kg 干料,且降速干燥阶段的干燥速率曲线可近似为直线,试求干燥时间。

(1.59 h)

12. 某湿物料在恒定的空气条件下进行干燥,物料的初始含水量为 15%,干燥 4 h 后含水量降为 8%,已知在此条件下物料的平衡水分含量为 1%,临界含水量为 6%(均为湿基),设降速干燥阶段的干燥曲线近似为直线,试求将物料继续干燥至含水量 2% 所需的干燥时间。

(5.02 h)

本章符号说明

拉丁文:

A ——干燥面积,m²;

c ——比热容,kJ/(kg·℃);

$q_{m,1}$ ——湿物料进干燥器时的质量流量,kg/s;

$q_{m,2}$ ——干燥产品出干燥器时的质量流量,kg/s;

$q_{m,C}$ ——绝干物料的质量流量,kg/s;

H ——湿度,kg 水汽/kg 干气;

H_s ——饱和湿度,kg 水汽/kg 干气;

h ——焓,kJ/kg 干气;

K_X ——比例系数,kg/(m²·s);

$q_{m,L}$ ——干空气用量,kg/s;

l ——比空气用量,kg 干气/kg 水;

M ——摩尔质量,kg/kmol;

p ——总压,Pa;

p_s ——水饱和蒸气压,Pa;

Q ——干燥系统总补充热量,kW;

Q_D ——干燥器补充热量,kW;

Q_L ——热损失,kW;

Q_P ——预热器补充热量,kW;

r ——汽化相变焓,kJ/kg;

t ——温度,℃;

U ——干燥速率,kg/(m²·s);

v ——比体积,m³/kg;

W ——水分汽化量,kg/s;

w ——物料的湿基含水量,kg 水/kg 湿物料;

X ——物料的干基含水量,kg 水/kg 干料;

X_C ——物料的临界含水量,kg 水/kg 干料;

X^* ——物料的平衡含水量,kg 水/kg 干料。

希文:

η ——热效率,量纲为 1;

θ ——固体物料的温度,℃;

τ ——干燥时间,h;

φ ——相对湿度,%。

下标:

a ——空气;

as ——绝热饱和;

d ——露点;

H ——湿空气;

v ——水汽;

w ——湿球。

参 考 文 献

[1] 陈敏恒,丛德滋,方图南等.化工原理:下册.4 版.北京:化学工业出版社,2015.

［2］杨祖荣.化工原理.3 版.北京:化学工业出版社,2014.

［3］李云倩.化工原理:下册. 北京:中央广播电视大学出版社,1991.

［4］谭天恩,等.化工原理:下册.4 版.北京:化学工业出版社,2013.

［5］王志魁.化工原理.5 版.北京:化学工业出版社,2018.

［6］金国淼,等.干燥设备.北京:化学工作出版社,2002.

［7］余国琮,等.化工机械工程手册:中卷.北京:化学工业出版社,2003.

［8］潘永康.干燥过程特性和干燥技术的研究策略.化学工程,1997,25(3):37-41.

［9］曹正芳.干燥过程的节能途径.节能技术,2000,18(1):21-22.

第八章 液液萃取

 本章学习要求

1. 掌握的内容

萃取操作原理;液液相平衡在三角形相图上的表示方法;单级萃取过程的计算;多级错流萃取过程、多级逆流萃取过程的计算。

2. 熟悉的内容

萃取剂的选择;萃取过程的影响因素。

3. 了解的内容

萃取过程的工艺流程及工业应用;萃取设备的类型、结构特点及选用;萃取过程的强化。

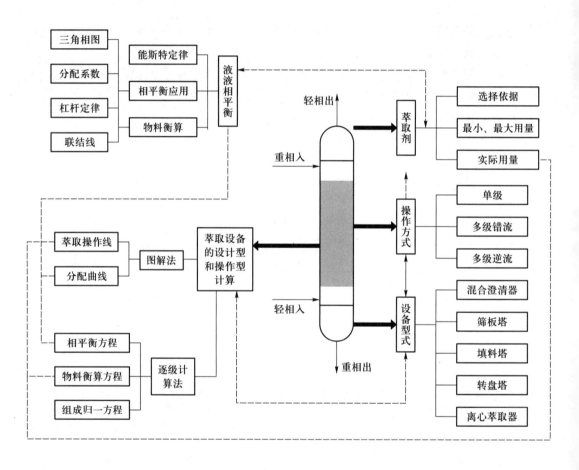

生产案例

液液萃取是另一种工业中广泛应用的分离液体混合物的单元操作,它是依据待分离溶液中各组分在萃取剂中溶解度的差异来实现传质分离的。下面以萃取稀醋酸水溶液制取无水醋酸的过程为例来说明萃取分离的典型工艺流程。

该过程的工艺流程如图 8-0 所示,在萃取塔中密度较小的乙酸乙酯作为萃取剂从塔底加入,与醋酸水溶液进行逆流接触。由于乙酸乙酯中醋酸的浓度远小于其平衡溶解度,而水在乙酸乙酯中溶解度很小,醋酸便从水相不断进入酯相。从萃取塔顶出来的萃取相为乙酸乙酯和醋酸及很少量水的混合物。为进一步得到无水醋酸,将此混合物送入精馏塔中进行恒沸精馏,无水醋酸作为重组分从塔底得到,塔顶得到轻组分乙酸乙酯和水的恒沸物。将此非均相

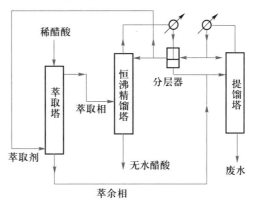

图 8-0 萃取分离醋酸-水的工艺流程

的恒沸物冷凝分层后,上层的乙酸乙酯相一部分作为精馏塔回流液,另一部分作为萃取剂送到萃取塔循环使用。下层的水相与萃取塔底的萃余相一起送入提馏塔中,塔顶蒸出其中的轻组分乙酸乙酯冷凝后一部分回流,另一部分送回恒沸精馏塔,塔底得到重组分水。

通过以上介绍可以看出,萃取过程通过加入第二相萃取剂的方法将一种难分离的液体混合物分成两种易分离的混合物,但并没有直接将原混合物分离开,因此在萃取装置后通常还设有萃取相和萃余相的回收分离装置。对于一个合理的萃取工业流程,应着重解决下面三个问题:

(1)选择一个合适的萃取剂;

(2)提供一个能满足萃取分离要求且具有良好传质性能的萃取设备;

(3)完成萃取的后续分离和萃取剂的循环过程。

第一节 概 述

8-1-1 萃取分离的工业应用

与精馏相比,用萃取的方法分离液体混合物流程较为复杂,但是萃取过程本身具有常温操作、组分无相变及可获得较高程度分离等优点,因而在很多场合具有技术经济上的优势。一般来说,在下列情况下可以考虑采取萃取操作:

(1)分离沸点相近或有恒沸物的混合液。如工业上采用环丁砜从裂解汽油的重整油中萃取得到高纯度的芳烃,用酯类溶剂萃取水中的乙酸,用丙烷萃取润滑油中的石蜡等。

(2)混合液中含有热敏物质,采用萃取方法可避免物料受热破坏。如生化工业中醋酸丁酯萃取含青霉素的发酵液得到青霉素浓溶液,香料工业中用正丙醇从亚硫酸纸浆废水中

提取香兰素等。

（3）混合液中待分离溶质的浓度很低时。如用苯萃取工业含酚废水及浸取液中铀化物的提取等。此时若采用直接精馏的方法必须将大量的溶剂组分汽化，能耗较大。

8-1-2 萃取的工艺过程

在萃取过程中，加入的第二相溶剂称为**萃取剂**，用 S 表示，S 与待分离溶液应互不相溶或少量互溶而形成两相。原混合液中在 S 中溶解度较高的组分称为**溶质**，用 A 表示；另一组分称为**原溶剂**或**稀释剂**，用 B 表示。由于在操作条件下溶质 A 在 S 中的溶解度大于 B 组分在 S 中的溶解度，因而经过萃取操作后，S 从原溶液中提取了大部分 A 和少量的 B，其所在的相称为**萃取相**，用 E 表示；原溶液则含有 B 和少量的 A，S，其所在的相称为**萃余相**，用 R 表示。通常会将萃取相中的 S 和 A 做进一步的分离，可得到含有较纯 S 的萃取剂循环使用，以及含有较纯 A 和少量 B、S 的溶液称为**萃取液**，相应的萃余相中的 B 和 S 也会进一步分离，得到的含 B 和少量 A、S 的溶液称为**萃余液**，用 R' 表示。

8-1-3 萃取操作的特点

（1）液液萃取是依据待分离溶液中各组分在萃取剂中溶解度的差异来实现传质分离的，因此合适的萃取剂应该对溶质 A 具有较大的溶解能力，而对另一组分 B 溶解能力应足够小。

（2）液液萃取是溶质在两液相中的传质过程，所以萃取剂与原溶剂必须在操作条件下互不相溶或仅少量相溶，且有一定的密度差，以利于相对流动和分层。

（3）液液萃取中萃取剂的用量一般较大，常必须循环使用，萃取剂的回收装置常常是萃取的能量主要消耗单元，因此应选择易于回收的萃取剂。

与吸收过程类似，萃取也是通过引入第二相（萃取剂）的方式来实现相际传质分离，其差别在于吸收处理的是气液两相而萃取则是液液两相，因此萃取过程的计算在处理方法上与吸收基本相同，本章将重点讨论双组分溶液的萃取分离过程。

第二节　液液相平衡

与其它相际传质分离过程一样，萃取过程的基础也是相平衡关系，它指明了萃取传质过程的方向和极限。通常情况下萃取剂 S 与原溶液有一定的互溶度，因此萃取相 E 和萃余相 R 都含有三种组分，其平衡关系通常用三角形相图来表示。

8-2-1 三角形相图

一、组成表示方法

三角形坐标图通常有等边三角形坐标图、等腰直角三角形坐标图两种，本章将采用等腰直角三角形坐标图，如图 8-1 所示。一般而言，在萃取过程中很少遇到恒摩尔流的简化情况，故在三角形坐标图中混合物的组成常用质量分数表示。

在三角形坐标图中，每个顶点分别代表一种纯组分，如图 8-1 中顶点 A 表示纯溶质 A，顶点 B 表示原溶剂（稀释剂）B，顶点 S 表示纯萃取剂 S。三角形坐标图三条边上的任一点代表一个二元混合物系,第三组分的组成为零。例如,AB 边上的 E 点,表示由 A、B 组成的二元混合物系,由图上 BA 轴坐标可读得:A 的质量分数为 0.40,则 B 的质量分数为(1.0−0.40)= 0.60,S 的组成为零。三角形坐标图内任一点代表一个三元混合物系。例如,图中 M 点即表示由 A、B、S 三个组分组成的混合物系。其组成可按下法确定:由物系点 M 在 BA 轴的投影点 E 和 F 得到 A 和 S 的质量分数分别为 0.4 和 0.3。由于三组分的质量分数加和必为 1,则 B 的质量分数为(1−0.4−0.3)= 0.3。

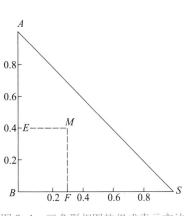

图 8-1 三角形相图的组成表示方法

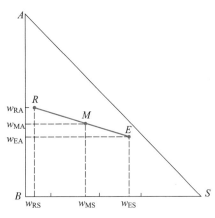

图 8-2 物料衡算与杠杆定律

二、物料衡算和杠杆定律

当组成不同的两种溶液混合后,混合后溶液的组成和总量也可方便地通过三角形相图表示出来。在图 8-2 中,质量分数为 w_{EA},w_{EB},w_{ES} 的溶液 E(图中 E 点)与质量分数为 w_{RA},w_{RB},w_{RS} 的溶液 R(图中 R 点)相混合,混合后的溶液 M,其各组分的质量分数为 w_{MA},w_{MB},w_{MS},则由物料衡算它们之间应该满足:

$$M = E + R \tag{8-1}$$

$$Mw_{MA} = Ew_{EA} + Rw_{RA} \tag{8-2}$$

$$Mw_{MS} = Ew_{ES} + Rw_{RS} \tag{8-3}$$

由式(8-1)、式(8-2)、式(8-3)可得

$$\frac{E}{R} = \frac{w_{RA} - w_{MA}}{w_{MA} - w_{EA}} = \frac{w_{MS} - w_{RS}}{w_{ES} - w_{MS}} \tag{8-4}$$

式(8-4)的右边等式表明,在相图上总组成点 M 必然落在 R 点和 E 点的连线上,同时由图中的几何关系得到:

$$\frac{\overline{EM}}{\overline{RM}} = \frac{w_{MA} - w_{EA}}{w_{RA} - w_{MA}} = \frac{w_{ES} - w_{MS}}{w_{MS} - w_{RS}} = \frac{R}{E} \tag{8-5}$$

故有

$$E \cdot \overline{EM} = R \cdot \overline{RM} \tag{8-6}$$

式(8-6)说明物料衡算在三角形相图中满足杠杆定律,可由此确定混合前后各溶液组成和量的相互关系。

反过来,若混合液 M 可以分为 R 和 E 两部分,已知点 M 和 R(或 E),可由杠杆定律

在直线 MR（或 ME）上定出点 E（或 R）的位置。通常将 M 称为 R 与 E 的**和点**，而 R（或 E）为 M 与 E（或 R）的**差点**。

8-2-2　部分互溶体系的平衡相图

在液液相平衡过程中，物料衡算只解决了物料混合或分离过程中物料量和总组成的关系，而系统所处的相态及对应的平衡组成仍需要通过相图来解决。工业萃取过程常会涉及的是部分互溶体系，即溶质 A 能完全溶于原溶剂 B 和萃取剂 S，而 B 和 S 是部分互溶的。在一定的温度和压强下（主要是温度），系统可能会呈现单一液相，也可能是两个液相，具体的相态及平衡组成可在三角形相图中表示。

一、溶解度曲线、联结线及临界混溶点

溶解度曲线用来表示三元部分互溶体系的 A、B 和 S 的相平衡关系，它是在一定的温度和压强下由实验测定的，其过程及结果如图 8-3 所示。

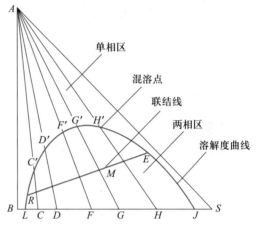

图 8-3　溶解度曲线和联结线

将部分互溶的 B 与 S 以一定数量相混合，得到两个液相，各相的组成点分别为图中 BS 边上的点 L 和 J。若向总组成为 C 的两元混合液中逐渐加入溶质 A 形成三元混合液，则此三元混合液的组成点将沿 AC 线变化，而溶质 A 的加入会增加 B 和 S 的互溶度，当加入 A 的量恰好使混合液由两个液相变为均一液相时，组成点为图中 C' 点，此点称为**混溶点**或**分层点**。重复此过程，分别将图中总组成为 D,F,G,H 所代表的二元混合液中按上述方法做实验，得到混溶点 D',F',G',H'，连接 $L,C',D',F',G',H',\cdots,J$ 诸点便可得到一条平滑的曲线，此曲线即为在实验温度下的**溶解度曲线**。溶解度曲线将三角形相图分为两个区域，曲线以内为两相区，曲线以外为单相区。处于两相区内状态点的溶液在静置后会形成两相，两相组成的坐标点应分别处于溶解度曲线的两端。如图 8-3 中的 M 点，R 点和 E 点，其中 M 为 R 和 E 的和点，MER 三点共线，这条连线称为**联结线**。显然两相区内的任意一点都可以作出一条联结线，联结线的两端为互成平衡的共轭相，因此两相区是萃取操作能够进行的范围。

在一定温度下，任何物系的联结线都有无穷多条，各联结线有一定的斜率，并且互不平行，同一物系的联结线倾斜方向一般是一致的，但也有极少数物系的联结线倾斜方向不一致，这些都需要靠实验测定。当通过一些实验数据得到了某物系的溶解度曲线和联结线之后，可以利用构造辅助曲线的方法求出该物系的任一对平衡组成，其做法如图 8-4 所示。

通过实验测得联结线 $R_1E_1,R_2E_2,R_3E_3,\cdots$，以联结线为斜边，过联结线的两个端点，分别作 AB 边和 BS 边的平行线，两线相交得到交点 $J,K,H,\cdots$，连接这若干个交点所得的曲线即为**辅助曲线**。利用辅助曲线，由已知共轭相之一的组成，就可以很方便地求出共轭相的另一组成。如图 8-4 所示，已知辅助曲线 PL 和一相平衡组成 R_4，由 R_4 作 BS 的平行线，交辅助曲线于 N 点，再由 N 点作 AB 的平行线与溶解度曲线相交，即为对应相的平衡

组成点 E_4。

图中辅助曲线与溶解度曲线交于点 P，通过 P 点的联结线为无穷短，两共轭相的组成相同，P 点称为该系统的**临界混溶点**或**褶点**。因为联结线都有一定的斜率，并且各线不一定平行因而临界混溶点一般并不在溶解度曲线的最高点，常偏于曲线的一侧，处于临界混溶点的三元混合物不能用萃取的方法分离。

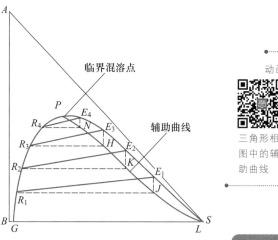

图 8-4　辅助曲线的做法和应用

二、分配系数与分配曲线

一定温度下，某组分在互相平衡的 E 相与 R 相中的组成之比称为该组分的**分配系数**，用符号 k_A 表示，即

$$k_A = \frac{y}{x} \tag{8-7}$$

式中：　y——溶质 A 在 E 相中的质量分数；

　　　　x——溶质 A 在 R 相中的质量分数。

分配系数是选择萃取剂的一个重要参数。如对于某萃取剂其值越大，表明溶质更易在萃取相中富集，采用该萃取剂进行萃取分离的效果越好。k_A 一般不是一个常数，它随着物系的种类、操作温度和溶质组成的变化而变化，但在低浓度时，k_A 的值变化较小，可近似认为是常数，则 y 与 x 呈线性关系，即

$$y = k_A x \tag{8-7a}$$

式（8-7a）称为**能斯特（Nernst）定律**。如果某物系的萃取过程在操作条件下能够满足能斯特定律，则其萃取过程的计算将得到极大简化。

在相图上，k_A 值与联结线的斜率有关，当 $k_A > 1$，即 $y > x$，则联结线的斜率大于 0；$k_A = 1$，$y = x$，则联结线为水平线；$k_A < 1$，$y < x$，则联结线的斜率小于 0，而联结线的斜率越大，k_A 也越大。对于 B 组分的分配系数，也可写出类似定义式。

与蒸馏和吸收类似，可以将溶质 A 在平衡两相中的质量分数 y_A，x_A 在直角坐标中表示，如图 8-5 所示。在右侧的 x-y 图中，以萃余相 R 中溶质 A 的质量分数 x_A 为横坐标，以萃取相 E 中溶质 A 的组成 y_A 的纵坐标，以对角线 $y = x$ 为辅助线，根据三角形相图中共轭相 R、E 中组分 A 的组成，在直角坐标 x-y 图上定出对应点 H，I，J，K，$\cdots$，P'，将这若干个点连成的平滑曲线即为**分配曲线**。

由于联结线的斜率各不相同，所以分配曲线总是弯曲的，若联结线斜率为正值，分配曲线在对角线的上方，若斜率为负值，曲线就在对角线的下方。斜率的绝对值越大，曲线距对角线越远，而分配曲线与对角线的交点即为临界混溶点。

8-2-3　萃取剂的选择

萃取操作中，选择合适的萃取剂非常关键。基于液液相平衡热力学，一般需要对以

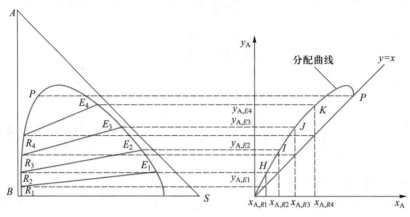

图 8-5　分配曲线

下参数进行综合考虑。

一、选择性

选择性是指萃取剂 S 对原料液中两个组分 A、B 溶解能力的差异,一种好的萃取剂应该对溶质 A 有较强的溶解能力,而对组分 B 的溶解能力要小。萃取剂的选择性可以通过选择性系数 β 来表示,其定义为

$$\beta = \frac{\text{A 在萃取相中的组成}/\text{B 在萃取相中的组成}}{\text{A 在萃余相中的组成}/\text{B 在萃余相中的组成}} = \frac{y_A/y_B}{x_A/x_B} = \frac{y_A/x_A}{y_B/x_B} = \frac{k_A}{k_B} \tag{8-8}$$

式(8-8)表明选择性系数 β 是组分 A 与 B 的分配系数之比,其意义类似于蒸馏中的相对挥发度 α,可以作为萃取分离难易程度的判据。若 $\beta>1$,则说明组分 A 在萃取相中的相对含量比萃余相中的高,即组分 A、B 得到了一定程度的分离;β 越大,萃取剂的选择性也就越高,组分 A、B 的分离越容易,完成一定的分离任务所需的萃取剂用量越少,相应的用于回收溶剂操作的能耗也就越低;当 B 组分不溶解于萃取剂时,β 为无穷大。若 $\beta=1$,则 A、B 两组分不能用此萃取剂分离,即所选择的萃取剂是不适宜的。

二、萃取剂与原溶剂的互溶度

若原溶剂 B 不溶解于 S,则 S 对组分 A 有无穷大的选择性。但通常 B 和 S 会有一定的互溶度,互溶度越小,则在相图(图 8-6)上的两相区越大,萃取可操作的范围也越大。同时,过 S 点的溶解度曲线的切线与 AB 边的交点即为萃取相脱除溶剂后的萃取液可能得到的最高溶质组成 y_{max}。由图 8-6可知 y_{max} 与组分 B、S 的互溶度密切相关,其互溶度越小,则两相区范围越大,可能得到的 y_{max} 便越高,也就越有利于萃取分离。因此选择与组分 B 具有较小互溶度的萃取剂能够有较大的选择性,取得较好的分理效果。

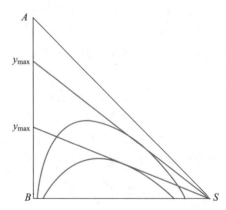

图 8-6　互溶度对萃取过程影响

互溶度除了受物系的影响之外,温度也是一个很重要的影响因素。一般情况下,温度降低,

互溶度减小,对萃取过程有利,但是温度降低会使液体的黏度增加,不利于输送及溶质在两相间的传递。

三、萃取剂回收的难易与经济性

如第一节所述,萃取后的 E 相和 R 相,通常还需要以蒸馏的方法进行分离回收 S。萃取剂回收的难易直接影响萃取操作的费用,从而在很大程度上决定萃取过程的经济性。因此,要求萃取剂 S 与原料液中的各组分的相对挥发度要大,并且最好是组成低的组分为易挥发组分。若被萃取的溶质不挥发或挥发度很低时,则要求 S 的汽化热要小,以降低能耗。

四、萃取剂的其它物性

萃取剂与被分离混合物应有较大的密度差,这样有利于两相在萃取器中分层,提高设备的生产能力。两液相间的界面张力对萃取操作具有重要影响。界面张力较大,分散相液滴易聚结,有利于分层,但界面张力过大,则液体不易分散,难以使两相充分混合,反而使萃取效果降低。界面张力过小,虽然液体容易分散,但易产生乳化现象,使两相较难分离,因此界面张力要适中。萃取剂的黏度对分离效果也有重要影响。溶剂的黏度低,有利于两相的混合与分层,也有利于流动与传质,故当萃取剂的黏度较大时,往往加入其它溶剂以降低其黏度。

此外,选择萃取剂时,还应考虑其它因素,如萃取剂应具有较好的化学稳定性和热稳定性,对设备的腐蚀性要小,来源充分,价格低廉,不易燃,不易爆等。

通常很难找到能同时满足上述所有要求的萃取剂,这就需要根据实际情况综合考虑,以保证满足主要要求。

第三节　萃取过程计算

萃取过程计算的主要目的是解决设计和操作过程中,分离任务、萃取剂的用量和所需要的理论级数之间相互关系问题。计算的依据还是物料衡算、热量衡算、相平衡关系和过程速率方程,基本方法是结合相图逐级计算。

8-3-1　单级萃取过程

单级萃取过程的流程如图 8-7 所示,原料液 F 和萃取剂 S 加入混合器中进行充分的搅拌混合,混合后的溶液 M 进入澄清器中沉降分离,理论上得到互为平衡的萃余相 R 和萃取相 E。R 相和 E 相分别从澄清器的下部和上部输出送往溶剂回收装置。对此过程的计算,一般已知原料液的流量 F 和溶质 A 的质量分数 w_{FA},萃取剂中 A 的质量分数 w_{SA},体系的相平衡数据和分离要求(萃余相的质量分数 w_{RA}),要计算所需的萃取剂用量 S,萃取相的质量 E,萃余相的质量 R 和萃取相组成 w_{EA}。

对此过程,物料质量衡算满足:

$$F+S=E+R=M \tag{8-9}$$

$$Fw_{FA}+Sw_{SA}=Ew_{EA}+Rw_{RA}=Mw_{MA} \tag{8-10}$$

与精馏类似,对于萃取的一个理论级,可假设萃余相 R 和萃取相 E 是达平衡的,则在

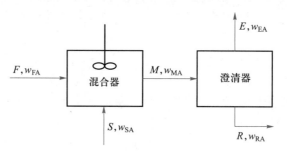

图 8-7　单级萃取流程示意图

三角形相图上 w_{EA} 和 w_{RA} 的组成点在一条联结线上,因此利用三角形相图和杠杆定律能够很方便求出未知量。其求解过程可参考例 8-1。此外,如能从相图上直接读出组成,亦可根据混合器和澄清器的物料衡算式得到:

$$S = \frac{F(w_{FA} - w_{MA})}{w_{MA} - w_{SA}} \tag{8-11}$$

$$E = \frac{M(w_{MA} - w_{RA})}{w_{EA} - w_{RA}} \tag{8-12}$$

$$R = \frac{M(w_{EA} - w_{MA})}{w_{EA} - w_{RA}} \tag{8-13}$$

例 8-1　以水为萃取剂,对丙酮-乙酸乙酯溶液进行单级萃取,原料液中丙酮的组成为 30%(质量分数,下同),为使萃余液浓度降至 15%,理论上每千克原料液中需加水多少? 能得到多少萃取液,浓度多大?

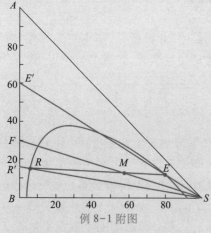

例 8-1 附图

解: 应用附图所示的三角形相图结合杠杆定律可方便求解。图中 A,B,S 分别表示丙酮、乙酸乙酯和水,求解过程如下:

(1)在 BA 边上定出萃余液浓度 15% 对应 R' 点,连接 SR' 交溶解度曲线于 R 点。R 对应的是萃取后萃余相的平衡组成 w_{RA}。

(2)作通过 R 点的联结线 RE 交溶解度曲线于 E 点,E 点对应着萃取相的平衡组成 w_{EA}。

(3)在 BA 边上定出原料液浓度 30% 对应 F 点,连接 SF 交 RE 于 M 点,M 点对应着加水之后的两相总组成。

(4)根据杠杆定律,加入的水量 S 应满足:

$$\frac{S}{F} = \frac{\overline{MF}}{\overline{MS}} = \frac{57 \text{ kg 水}}{43 \text{ kg 料液}} = 1.33 \text{ kg 水/kg 料液}$$

式中 57 和 43 是 BS 边上与 MF 和 MS 成比例的线段的长度。

(5)连接 SE,延长交 BA 边于 E' 点,得到脱除 S 之后的萃取液的浓度为 60%。在 BA 边上原料液 F 经过萃取分离得到萃取液 E' 和萃余液 R',则两液质量 E' 和 R' 亦可由杠杆定律求出:

$$\frac{E'}{R'} = \frac{\overline{R'F}}{\overline{E'F}} = \frac{30-15}{60-30} = \frac{1}{2}$$

又 $F = E' + R' = 3E'$

故 $\dfrac{E'}{F} = 0.333 \text{ kg/kg 料液}$

如图 8-8 所示,在萃取操作过程中,萃取剂 S 的量的大小决定了混合点 M 在线段 FS
上的位置。当萃取剂的加入量过大或过小时,有
可能使 M 点落在两相区以外从而达不到分离的
效果。对应一定的原料液量,存在两个极限萃取
剂用量,在此两极限用量下,原料液与萃取剂的
混合物系点恰好落在溶解度曲线上,如图 8-8 中
的点 G 和点 H 所示,能进行萃取分离的最小溶
剂用量 $S_{\min}$(和点 G 对应的萃取剂用量)和最大
溶剂用量 $S_{\max}$(和点 H 对应的萃取剂用量),可由
杠杆定律计算,即

$$S_{\min} = F \frac{\overline{FG}}{\overline{GS}} \qquad (8-14)$$

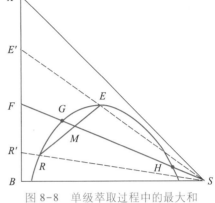

图 8-8　单级萃取过程中的最大和
最小溶剂用量

$$S_{\max} = F \frac{\overline{FH}}{\overline{HS}} \qquad (8-15)$$

若萃取剂与原溶剂完全不互溶,则在整个传质过程中原溶剂 B 和萃取剂 S 的量保持
不变。将相平衡关系用分配曲线表示,两相中的组成用质量比表示,便可以在直角坐标
系中图解计算。此时溶质在两液相间的平衡关系可以用与吸收中的气液平衡类似的方
法表示,即

$$BX_{FA} + SY_S = SY_{EA} + BX_{RA} \qquad (8-16)$$

或 $Y_{EA} = -(B/S)(X_{RA} - X_{FA}) + Y_S$　(8-17)

式中:　　　　　　S、B——萃取剂的流量、原料
　　　　　　　　　　　液中 B 组分流量,
　　　　　　　　　　　kg/h;

X_{FA}、Y_S、Y_{EA}、X_{RA}——原料液、萃取剂、萃取
　　　　　　　　　　相以及萃余相中溶质
　　　　　　　　　　A 的质量比。

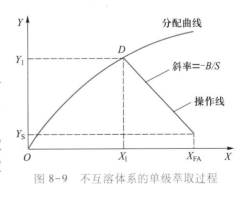

图 8-9　不互溶体系的单级萃取过程

式(8-17)表明 Y_{EA} 和 X_{RA} 在 X-Y 坐标系中为直线关系且这条直线通过点(X_{FA}, Y_S),
斜率为 $-B/S$,称为**操作线**,如图 8-9 所示。图中将操作线延长与相平衡线相交,得到交点
$D(X_1, Y_1)$,即为通过一个理论萃取级后萃余相和萃取相中溶质 A 的浓度 X_1 和 Y_1。

在实际生产中一个萃取单元级的传质效果达不到一个理论级。与精馏过程相似，通常采用级效率来表征它们之间的差异。级效率的定义与板效率类似，级效率越高，单级萃取过程越接近一个平衡级。级效率通常通过实验测定。

8-3-2 多级错流过程

一般单级萃取的分离效果是有限的，所得的萃余相中往往还含有较多的溶质，为进一步降低萃余相中溶质的含量，可采用将多个萃取器按萃余相流向串联起来组成的多级错流萃取过程，其流程如图 8-10 所示。在多级错流萃取操作中，原料依次通过各级萃取器，每级所得的萃余相进入下一级作为原料液，同时每一级均加入新鲜萃取剂。如此萃余相经多次萃取，只要级数足够多，最终可得到溶质组成低于指定值的萃余相。显然多级错流萃取的总溶剂用量为各级溶剂用量之和，原则上各级溶剂用量可以相等也可以不等。但可以证明，当各级溶剂用量相等时，达到一定的分离程度所需的总溶剂用量最少，故在多级错流萃取操作中，一般各级溶剂用量均相等。

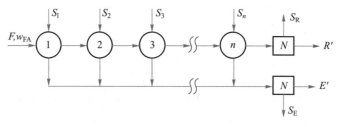

图 8-10 多级错流萃取流程示意图

在多级错流萃取过程的计算中，一般已知操作条件下的相平衡数据，原料液量 F 及组成 w_{FA}，溶剂的量 S 和组成 y_S 和萃余相的组成 w_{RA}，要求计算所需理论级数 N 和离开各级的萃余相和萃取相的量和组成。这个求解过程一般也是采用图解法，而它实质上是单级萃取图解法的多次重复。图 8-11 给出了一个三级错流萃取的图解过程（假设萃取剂为纯溶剂），其具体步骤如下：

（1）由已知的平衡数据在三角形坐标图中绘出溶解度曲线及辅助曲线（图中未标出），并在此相图上标出 F 点。

（2）连接点 F、S 得 FS 线，根据第一级 F、S 的量，依杠杆定律在 FS 线上确定混合物点 M_1。

（3）由于此时 M_1 对应的平衡点 R_1、E_1 均不知，因此必须采用试差的方法借助辅助曲线作出过 M_1 的联结线 E_1R_1。

（4）第二级以 R_1 为原料液，加入量为 S 的新鲜萃取剂，依杠杆定律找出二者混合点 M_2，按与（3）类似的方法可以得到 E_2 和 R_2，此即第二个理论级分离的结果。

（5）以此类推，直至某级萃余相中溶质的组成等于或小于规定的组成 w_{RA} 为止。

（6）作出的联结线数目即为所需的理论级数。

对于原溶剂 B 与萃取剂 S 完全不互溶的物系,设每一级的溶剂加入量相等,则各级萃取相中溶剂 S 的量和萃余相中原溶剂 B 的量均可视为常数。仍采用分配曲线表示相平衡关系,质量比来表示两相组成,直角坐标图解法或解析法求取理论级数。

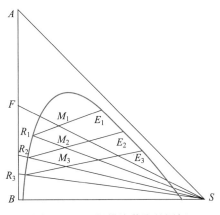

图 8-11　三级错流萃取的图解

一、直角坐标图解法

采取与单级萃取相同的处理方法依次对每级作物料衡算,则可以得到第一级操作线方程为式(8-17),第 N 级为

$$Y_{EA,N} = -(B/S)(X_{RA,N} - X_{RA,N-1}) + Y_S \tag{8-18}$$

式(8-18)表明对于每级萃取器 Y_{EA} 和 X_{RA} 在 X-Y 坐标系中为直线关系,且通过点 $(X_{RA,N-1}, Y_S)$,斜率为 $-B/S$。根据理论级的假设,离开任一萃取级的 Y_{EA} 与 X_{RA} 符合平衡关系,故点 (X_{RA}, Y_{EA}) 必位于分配曲线上。于是可在图 8-12 所示的 X-Y 直角坐标图上图解理论级数,其步骤如下:

（1）根据 X_F 及 Y_S 确定点 L,自点 L 出发,作斜率为 $-B/S$ 的直线交分配曲线于点 E_1,LE_1 即为第一级的操作线,E_1 点的坐标 (X_1, Y_1) 即为离开第一级的萃余相与萃取相的质量比。

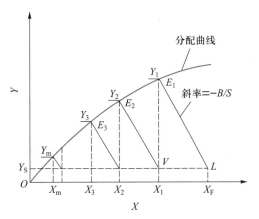

图 8-12　完全不互溶体系多级错流萃取图解法

（2）过点 E_1 作 X 轴的垂线交 $Y = Y_S$ 于点 V,由于第二级操作线必通过点 (X_1, Y_S) 即点 V,又各级操作线的斜率相同,故自点 V 作 LE_1 的平行线即为第二级操作线,其与分配曲线交点 E_2 的坐标 (X_2, Y_2) 即为离开第二级萃余相与萃取相的质量比。

（3）以此类推,直至萃余相组成 $X_{RA,N}$ 等于或低于指定值为止。重复作出的操作线数目即为所需的理论级数。

若各级萃取剂用量不相等,则操作线不再相互平行,此时可仿照第一级的作法,过点 V 作斜率为 $-B/S_2$ 的直线与分配曲线相交,以此类推,即可求得所需的理论级数。若新鲜萃取剂中不含溶质,则 L、V 等点均落在 X 轴上。

二、解析法

若在操作范围内,以质量比表示的分配系数 m 为常数,则平衡关系可表示为

$$Y = mX \tag{8-19}$$

若纯溶剂萃取($Y_S = 0$),式(8-18)变为

动画:

完全不互溶
物系多级错
流萃取

第三节　萃取过程计算

$$Y_{EA,N} = -(B/S)(X_{RA,N} - X_{RA,N-1}) \tag{8-20}$$

联立式(8-19)、式(8-20)有

$$X_{RA,N} = \frac{X_{RA,N-1}}{mS/B+1} \tag{8-21}$$

令 $b = mS/B$，称为**萃取因数**，则有

$$X_{RA,N} = \frac{X_{RA,N-1}}{b+1} \tag{8-22}$$

则从第一级($X_{RA,N-1} = X_F$)开始，一直推算到第 N 级有

$$X_{RA,N} = \frac{X_F}{(b+1)^N} \tag{8-23}$$

$$Y_{EA,N} = mX_{RA,N} = \frac{mX_F}{(b+1)^N} \tag{8-24}$$

根据上两式可以计算溶液从组成 X_F 降至指定的 X_{RA} 所需要的理论级数 N 和各级萃余相和萃取相的组成。

例 8-2 以三氯乙烷(S)为萃取剂，从丙酮水溶液中萃取丙酮，采用五级错流萃取流程。原料液流量为500 kg/h，组成为0.5。欲使萃余相的组成降为0.1(以上均为质量分数)，问需萃取剂的总流量为多少？已知操作条件下，三氯乙烷与水不互溶，且 $m = 1.62$(用质量比表示)。

解：将质量分数组成转换成质量比

$$X_F = \frac{0.5}{1-0.5} = 1 \ (\text{kg/kg})$$

$$X_R = \frac{0.1}{1-0.1} = 0.111\ 1 \ (\text{kg/kg})$$

溶剂流量 $\qquad B = 500(1-0.5) \ \text{kg/h} = 250 \ \text{kg/h}$

则根据式(8-23)有 $\qquad X_R = \dfrac{X_F}{(1+b)^5} = \dfrac{1}{(1+b)^5} = 0.111\ 1$

解得 $\qquad b = 1.552$

即 $\qquad S = bB/m = (1.552 \times 250/1.62) \ \text{kg/h} = 239.506 \ \text{kg/h}$

所以 $\qquad S_{总} = 5S = 1\ 197.53 \ \text{kg/h}$

多级错流萃取过程中每级都加入新鲜的萃取剂，使过程推动力增加，有利于萃取传质，但是相应的新鲜萃取剂的用量大，使其回收和输送的能耗增加，因此应用上会有一定限制。而在生产中，为了用较少的萃取剂达到较高的萃取率，常采用多级逆流萃取操作。

8-3-3 多级逆流过程

多级逆流萃取过程如图 8-13 所示。原料液从第 1 级进入系统，依次经过各级萃取，成为各级的萃余相，其溶质组成逐级下降，最后从第 n 级流出；萃取剂则从第 n 级进入系

统,依次通过各级与萃余相逆向接触,进行多次萃取,其溶质组成逐级提高,最后从第 1 级流出。最终的萃取相与萃余相可在溶剂回收装置中脱除萃取剂得到萃取液 E' 与萃余液 R',脱除的溶剂返回系统循环使用。

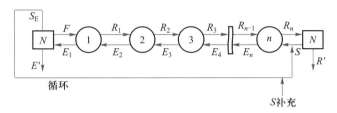

图 8-13　多级逆流萃取过程示意图

多级逆流萃取过程的计算类型和多级错流萃取过程基本相同,即已知操作条件下的相平衡数据,原料液量 F 及组成 w_{FA},溶剂的量 S 和组成 w_{SA} 和萃余相的组成 w_{RA},要求计算所需理论级数 N 和离开各级的萃余相和萃取相的量和组成。对于原溶剂 B 与萃取剂 S 部分互溶的物系,一般也是通过图解法求解,但具体过程与多级错流萃取不同。

一、三角形坐标图解法

如图 8-14 所示。具体求解步骤如下:

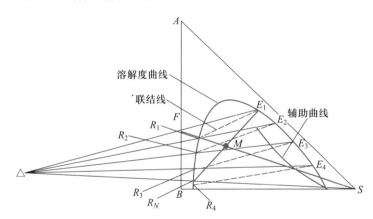

图 8-14　多级逆流萃取过程图解法

（1）在三角形坐标图上根据操作条件下的平衡数据绘出溶解度曲线和辅助曲线。

（2）根据原料液和萃取剂的组成,在图上定出点 F、S(图中是采用纯溶剂),再由溶剂比 S/F 依杠杆定律在 FS 连线上定出和点 M 的位置。应予指出的是在流程上新鲜萃取剂 S 并没有和原料液 F 直接发生混合,因此此处的和点 M 并不代表任何萃取级的操作点,只是图解过程的一个辅助点。

（3）由规定的最终萃余相组成 w_{RA} 在图上定出第 N 级的萃余相平衡组成点 R_N。根据图 8-13 的流程,总物料衡算式有:$F+S=E_1+R_N=M$,此式表明步骤(2)所作的 M 点既是 F 与 S 的和点也是 E_1 和 R_N 的和点,这样在图中连接 M 和 R_N 并延长与溶解度曲线相交,得到交点 E_1。应注意,此处 $R_N E_1$ 并不是平衡联结线。根据杠杆定律 $\dfrac{E_1}{R_N}=\dfrac{\overline{MR_N}}{\overline{ME_1}}$ 和总物料衡算式可计算最终萃取相 E_1 和萃余相 R_N 的流量。

（4）利用辅助曲线（图中未标出），作过 E_1 点的平衡联结线交溶解度曲线于 R_1 点。

（5）连接 E_1F 及 R_NS，两直线交于一点，记为"$\triangle$"，如图 8-14 所示。

（6）连接 $\triangle R_1$ 延长交溶解度曲线于 E_2 点。

（7）利用辅助曲线，作过 E_2 点的平衡联结线交溶解度曲线与 R_2 点。

（8）重复（6）~（7）步，直至得到的 R_i 点位置在 R_N 之下。

（9）作出的平衡联结线的数目即为所需要的理论级数，在图 8-14 中，需要 4 个理论级。

对步骤（5）~（7）的解释如下。

对每级萃取器做物料衡算：

第一级：$F+E_2=E_1+R_1$　即　$F-E_1=R_1-E_2$

第二级：$R_1+E_3=E_2+R_2$　即　$R_1-E_2=R_2-E_3$

……

第 N 级：$R_{N-1}+S=R_N+E_N$　即　$R_{N-1}-E_N=R_N-S$

由此不难发现：$\qquad F-E_1=R_1-E_2=\cdots=R_{N-1}-E_N=R_N-S=\Delta$ $\qquad$ （8-25）

式（8-25）表明在多级逆流萃取过程中的进入每级的萃余相流量和离开该级的萃取相流量之差为一个常数，记为 Δ。在相图上即表明，$\triangle$ 点同时是 F 与 E_1、R_1 与 E_2、$\cdots$、R_N 与 S 的差点，并且是一个定点，直线 FE_1、R_1E_2、$\cdots$、R_NS 都要通过该点。这样通过步骤（5）首先找到这个定点，然后通过找到的联结线的一个端点 R_i，利用差点的概念和溶解度曲线，找到对应的 E_{i+1}。

 小贴士：

点 $\triangle$ 的位置与物系联结线的斜率、原料液的流量及组成、萃取剂用量及组成、最终萃余相组成等有关，可能位于三角形相图的左侧，也可能位于三角形相图的右侧。若其它条件一定，则点 $\triangle$ 的位置由溶剂比决定：当 S/F 较小时（$S<R_N$），点 $\triangle$ 在三角形相图的左侧，R 为和点；当 S/F 较大时（$S>R_N$），点 $\triangle$ 在三角形相图的右侧，E 为和点；当 S/F 为某特定值（$S=R_N$）时，点 $\triangle$ 在无穷远处，此时各线是平行的，但无论以上哪种情况图解步骤都是相同的。

例 8-3 采用纯溶剂 S 多级逆流萃取水溶液中的乙醛。原料水溶液流量为 90 kg/h，其中乙醛的质量分数为 50%。已知萃取剂 S 的量也为 90 kg/h，要求在最终萃余相中乙醛的质量分数不大于 5%，求所需的理论级数及最终萃取相的量和组成。操作温度下的相平衡线见例 8-3 附图。

解：（1）在三角形相图的 AB 边上定出原料组成点 $F(50,50)$，连接 SF。

（2）由题定出溶剂比 $S/F=90/90=1$，根据杠杆定律 $\dfrac{FM}{MS}=\dfrac{S}{F}=1$，在 FS 线上定出和点 M。

（3）在溶解度曲线上找到乙醛含量为 5% 对应点 R_n，从相图上可以读出 R_n 点对应的 S 组成为 3%，水的组成为 92%。

（4）连接 R_nM 并延长交溶解度曲线与 E_1 点。

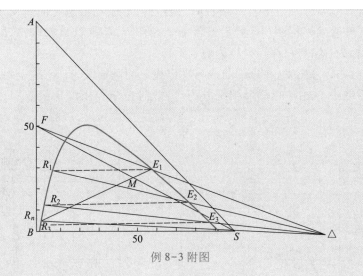

例 8-3 附图

（5）定出直线 FE_1 与直线 R_nS 的交点"△"，此例 △ 点在三角相图的右侧。

（6）利用辅助曲线作出过 E_1 的联结线 E_1R_1 交溶解度曲线于 R_1。

（7）此时 R_1 点在 R_n 点的上方，说明经过一个理论级的萃余相的浓度大于指定要求，还需要增加平衡级。

（8）连接点"△"和点 R_1 交溶解度度曲线于 E_2 点。

（9）重复步骤（6）~（8），发现 R_3 点已经在 R_n 点以下，说明完成本题的分离任务需要 3 个理论级。

（10）根据多级逆流萃取流程，最终萃取相的量及组成即为图中 E_1 点所对应的量及组成。

从相图上读出 E_1 点的坐标(30,57.9,12.1)，即最终萃取相中含有 30% 的乙醛和 57.9% 的萃取剂 S 和 12.1% 的水。

根据总物料衡算 $\qquad F+S=R_3+E_1$

即 $\qquad R_3+E_1=(90+90)\ \mathrm{kg/h}=180\ \mathrm{kg/h}$

根据乙醛的物料衡算有： $\qquad Fw_{FA}=R_3w_{RA}+E_1w_{EA}$

即 $\qquad R_3\cdot0.03+E_1\cdot0.30=90\times0.5$

联立两式解得 $\qquad E_1=146.7\ \mathrm{kg/h}$

二、直角坐标图解法

1. B 与 S 部分互溶

当萃取过程所需的理论级数较多时，由于各种关系线挤在一起，若仍在三角形坐标图上进行图解将很难得到准确的结果。此时可将平衡关系用分配曲线表示在 $x\text{-}y$ 直角坐标上利用阶梯法求解理论级数。其基本思路和精馏中确定理论板数是相似的，就是交替地应用物料衡算和相平衡关系。如图 8-15 所示，其具体步骤如下：

（1）根据已知的相平衡数据，分别在三角形坐标图（a）和 $x\text{-}y$ 直角坐标图（b）上绘出分配曲线。

（2）按前述方法在三角形相图（a）上定出操作点"△"。

（3）自操作点△分别引出若干条△RE操作线，分别与溶解度曲线交于点 R_i 和 E_i，根据其组成可在直角坐标图（b）上定出若干个操作点，将操作点相联结，即可得到操作线，其起点坐标为(x_F, y_1)，终点坐标为(x_N, y_S)。

（4）从点(x_F, y_1)出发，在分配曲线与操作线之间画梯级，直至某一梯级所对应的萃余相组成等于或小于规定的萃余相组成为止，此时重复作出的梯级数即为所需的理论级数。

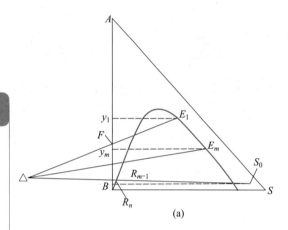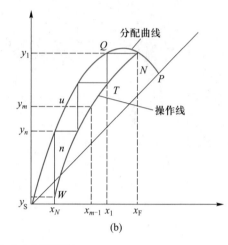

图 8-15　多级逆流萃取的直角坐标图解法

2. B 与 S 不互溶

（1）图解法　对于原溶剂 B 与萃取剂 S 不互溶的物系亦采用 X-Y 直角坐标图解法。与 B 与 S 互溶体系一样，此过程的图解法仍然是在操作线和平衡线之间画理论梯级，如图 8-16 所示。然而不互溶的物系的操作线要比互溶体系作法简单得多，它是一条起点坐标为(X_F, Y_1)，终点坐标为(X_N, Y_S)，斜率为 B/S 的线段。

（2）解析法　对于原溶剂 B 与萃取剂 S 不互溶的物系，若操作条件下的分配曲线为通过原点的直线，则萃取因数 $b = mS/B$ 为常数，可仿照解吸过程的计算方法，用下式求算理论级数，即

$$N = \frac{1}{\ln\left(\dfrac{1}{b}\right)} \ln\left[(1-b)\left(\frac{X_F - \dfrac{Y_S}{m}}{X_N - \dfrac{Y_S}{m}} \right) + b \right] \quad (8-26)$$

三、多级逆流萃取的最小萃取剂用量

类似于吸收操作中最小吸收剂用量，在多级逆流萃取操作中也存在着最小萃取剂用量 S_{min} 的概念。如图 8-17 所示，当溶剂比(S/F)减少时，操作线逐渐向分配曲线靠拢，过程推动力减小，达到同样分离要求所需的理论级数逐渐增加。当溶剂比减少至

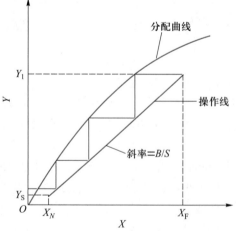

图 8-16　完全不互溶体系多级逆流图解法

某定值时,操作线和分配曲线相切(或相交),此时萃取过程推动力为零,所需的理论级数无限多,此溶剂比称为**最小溶剂比**,记为$(S/F)_{\min}$,相应的萃取剂用量称为**最小萃取剂用量** $S_{\min}$。

对于组分 B 和 S 不互溶的物系,当分离任务和萃取剂入口浓度一定时,即 X_N 和 Y_S 一定时,则在直角坐标系中操作线为过定点(X_N,Y_S),斜率为B/S的直线。根据上面的讨论,当操作线与分配曲线相交时,操作线斜率达到最大,对应的 S 即为最小值 $S_{\min}$,此时所需的理论级数为无穷多。$S_{\min}$ 的值通过原溶剂的流量 B 除以图上读出的最大斜率得到。

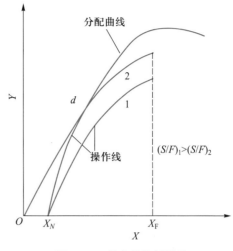

图 8-17　最小萃取剂用量

对于组分 B 和 S 部分互溶的物系,由图 8-15 的三角形相图可看出,S/F 值越小,操作线和联结线的斜率越接近,所需的理论级数越多,当萃取剂的用量减小至 $S_{\min}$ 时,就会出现操作线与联结线重合的情况,此时所需的理论级数为无穷多。$S_{\min}$ 的值可由杠杆定律确定。

显然,$S_{\min}$ 为理论上溶剂用量的最低极限值,实际用量必须大于此极限值。与吸收相似,实际萃取剂用量的选择必须综合考虑设备费和操作费随萃取剂用量的变化情况。适宜的萃取剂用量应使设备费与操作费之和最小。根据工程经验,一般取为最小萃取剂用量的 1.1~2.0 倍,即

$$S = (1.1 \sim 2.0) S_{\min} \tag{8-27}$$

例 8-4　用水萃取煤油中的苯甲酸,采用多级逆流萃取流程。已知原料煤油溶液中的苯甲酸含量为 1.4%,要求萃余相中苯甲酸的含量不高于 0.2%(均为质量分数)。若原料液处理量 1 000 kg/h,萃取剂水的用量为 5 000 kg/h,试求:(1) 所需要的理论级数;(2) 完成上述萃取任务水的最小用量。在操作条件下,可认为水与煤油互不相溶,分配曲线如例 8-4 附图。

解:由于是不互溶体系,采用质量比表示组成更为方便,则

原料液:$X_F = \dfrac{1.4}{100-1.4} = 0.014\,2$

最终萃余相组成:$X_N = \dfrac{0.2}{100-0.2} = 0.002$

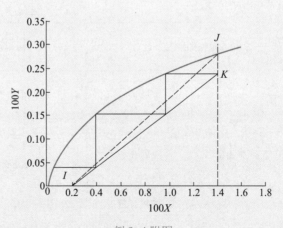

例 8-4 附图

原料中煤油的流量：　　　$B = F(1 - w_{FA}) = [1\ 000 \times (1 - 0.014)]$ kg/h $= 986$ kg/h

则操作线斜率　　　　　　　　　　　　　$B/S = \dfrac{986}{5\ 000} = 0.197\ 2$

（1）在图上过点 $I(0.2, 0)$，作斜率为 0.197 2 的直线与 $100X = 1.42$ 相交定出操作线段 IK。

从 K 点出发在分配曲线和操作线之间画梯级，当画至 2.5 个理论梯级时，所得萃余相的浓度已小于 X_N，故此萃取操作需要 2.5 个理论梯级。

（2）根据最小萃取剂用量的定义，当操作线与分配曲线相交时，即图中所示的 IJ 线，其斜率对应的萃取剂用量即为最小用量。由图中查出直线 IJ 的斜率：

$$\frac{B}{S_{\min}} = \frac{0.27 - 0}{1.42 - 0.2} = 0.22$$

故最小萃取剂用量为　　　　　　　$S_{\min} = \dfrac{B}{0.22} = \dfrac{986}{0.22}$ kg/h $= 4\ 481.82$ kg/h

第四节　萃　取　设　备

8-4-1　液液萃取设备简介

为完成溶质在两相间的传递，萃取设备应能提供较大的相际接触面积和较强的流体湍动程度，并能使两相在接触后分离完全。为此，人们开发了多种液液萃取设备，它们可以按照两相接触方式及有无外加能量进行分类，如表 8-1 所示。本节将介绍其中较为常用的设备。

表 8-1　常用萃取设备的分类

		逐级接触式	微分接触式
无外加能量		筛板塔	喷洒塔
			填料塔
有外加能量	脉冲	脉冲混合澄清器	脉冲填料塔
			液体脉冲筛板塔
	旋转搅拌	混合澄清器　夏贝尔（Scheibel）塔	转盘塔
			偏心转盘塔
			库尼塔
	往复搅拌		往复筛板塔
	离心力	逐级接触离心萃取机	离心萃取机

一、混合澄清器

混合澄清器是使用最早，而且目前仍广泛应用的一种萃取设备，典型的单级混合澄清器流程如图 8-18 所示，它主要由混合器与澄清器组成。在混合器中，原料液与萃取剂

文本：

本节学习纲要

借助搅拌装置的作用使其中一相破碎成液滴而分散于另一相中,以加大相际接触面积并提高传质速率。由于具有强烈的湍动,通常这个混合传质过程进行得较快,之后两相混合液流入澄清器。在澄清器中,轻、重两相依靠密度差进行重力沉降(或升浮),并在界面张力的作用下凝聚分层,形成萃取相和萃余相。一般澄清分离过程会慢一些,因此通常澄清器比混合器体积要大得多。此外为了增加萃取效果,混合澄清器还可以采用多级串联的方式。

动画:

混合澄清器

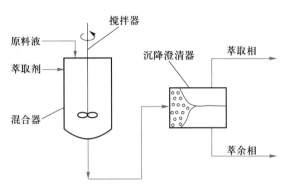

图 8-18　典型的单级混合澄清器流程

动画:

混合器与澄清器组合装置

混合澄清器具有如下优点:
(1) 处理量大,传质效率高,一般单级效率可达 80% 以上;
(2) 两液相流量比范围大,流量比达到 1/10 时仍能正常操作;
(3) 设备结构简单,易于放大,操作方便,运转稳定可靠,适应性强;
(4) 易实现多级连续操作,便于调节级数。

混合澄清器的缺点是水平排列的设备占地面积大,溶剂用量大,多级操作时每级内都设有搅拌装置,液体在级间流动需输送泵,设备费和操作费都较高。

二、萃取塔

萃取过程应用的塔设备外形一般为直立圆筒,轻相从塔底进入,塔顶溢出;重相从塔顶加入,塔底导出,两相在塔内呈逆流流动。为了获得满意的萃取效果,萃取塔应具有分散装置,以提供两相间良好的接触条件;同时,塔顶、塔底均应有足够的分离空间,以便两相的分层。根据两相混合和分散所采用的措施不同,萃取塔的结构型式也多种多样。下面介绍几种工业上常用的萃取塔。

1. 填料萃取塔

填料萃取塔的结构和精馏、吸收操作所使用的填料塔基本相同,如图 8-19 所示。塔内装有适宜的填料,轻、重两相分别由塔底和塔顶进入,在两相密度差的作用下分别由塔顶和塔底排出。萃取时,首先让连续相充满整个填料层,随后分散相由分布器分散成液滴进入填料层中的连续相,与其接触传质。塔内填料是核心部件,可以用拉西环、鲍尔环、鞍型填料等气液传质设备所用的填料。填料的作用是使分散相液滴不断发生凝聚与再分散,以促进液滴的表面更新,同时填料也能起到减少连续相轴向返混的作用。一般填料的材质应选用能被连续相优先润湿的材料。

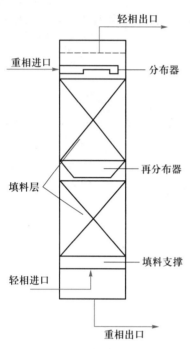

图 8-19　填料萃取塔

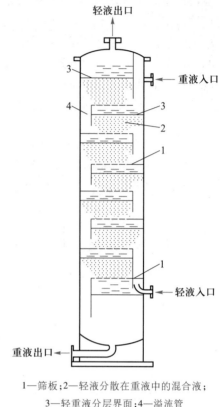

1—筛板；2—轻液分散在重液中的混合液；
3—轻重液分层界面；4—溢流管

图 8-20　筛板萃取塔

　　填料萃取塔的优点是结构简单，造价低，操作方便，适合于处理腐蚀性料液。缺点是传质效率低，一般用于所需理论级数较少（如 3 个萃取理论级）的场合；两相的处理量有限，不能处理含固体的悬浮液。

　　2. 筛板萃取塔

　　筛板萃取塔的结构和筛板塔类似，也属于分级接触式，如图 8-20 所示。塔内轻重两相依靠密度差做总体逆流流动，而在每块塔板上两相呈错流流动。筛板上开有一定数量的小孔，孔径一般为 3~9 mm，孔距为孔径的 3~4 倍，开孔率为 10%~25%，板间距为 150~600 mm。操作中若以轻相为分散相，如图 8-21(a) 所示，轻相通过塔板上的筛孔而被分散成细小的液滴，与塔板上的连续相充分接触进行传质。穿过连续相的轻相液滴逐渐凝聚，并聚集于上层筛板的下侧，待两相分层后，轻相借助压力差的推动，再经筛孔分散，液滴表面得到更新。如此分散、凝聚交替进行，到达塔顶进行澄清、分层、排出。而连续相则横向流过筛板，在筛板上与分散相液滴接触传质后，由降液管流至下一层塔板。若以重相为分散相，其过程如图 8-21(b) 所示，重相穿过板上的筛孔，分散成液滴落入连续的轻相中进行传质，穿过轻液层的重相液滴逐渐凝聚，并聚集于下层筛板的上侧，轻相则连续地从筛板下侧横向流过，从升液管进入上层塔板。

　　在筛板萃取塔内分散相的多次分散和聚集，液滴表面不断更新使其具有较高的传质效率，同时塔板的限制也减小了轴向返混现象的发生，加之筛板塔结构简单，造价低廉，可处理腐蚀性料液，因而得到相当广泛的应用。

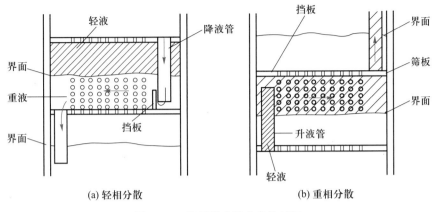

図中标注：
轻液　降液管　界面　重液　界面　挡板
（a）轻相分散

挡板　界面　筛板　界面　升液管　轻液
（b）重相分散

图 8-21　筛板塔中液体分散情况

3. 脉冲萃取塔

与前两种无外加能量的萃取塔不同,脉冲筛板塔是指在外力作用下,液体在塔内产生脉冲运动的筛板塔,其结构与气-液传质过程中无降液管的筛板塔类似,如图 8-22 所示。塔两端直径较大部分为上澄清段和下澄清段,中间为两相传质段,其中装有若干层具有小孔的筛板,板间距一般为 50 mm,没有降液管。在塔的下澄清段装有脉冲管,萃取操作时,由脉冲发生器提供的脉冲使塔内液体做上下往复运动,迫使液体经过筛板上的小孔,使分散相破碎成较小的液滴分散在连续相中,并形成强烈的湍动,从而促进传质过程的进行。

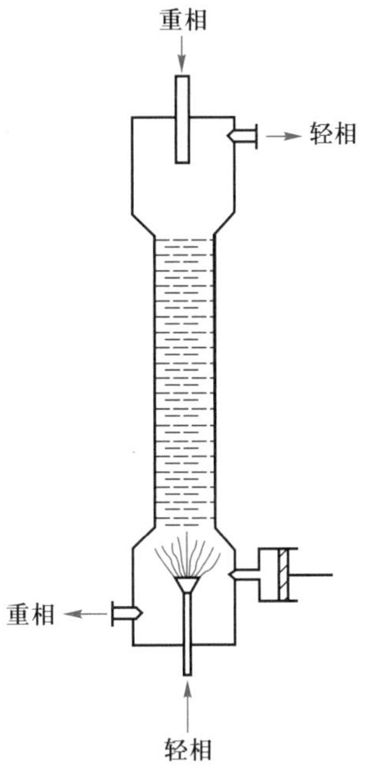

脉动通常通过往复泵的往复运动产生,有时也可采用压缩空气产生。在脉冲萃取塔内,萃取效率受脉冲频率影响较大,受振幅影响较小。一般认为频率较高、振幅较小时萃取效果较好。通常脉冲振幅为 9 ~ 50 mm,频率为 30 ~ 200 min^{-1}。

脉冲萃取塔的优点是结构简单,传质效率高,可以处理含固体的料液,但其生产能力一般有所下降,在化工生产中的应用受到一定限制。

4. 转盘萃取塔

转盘萃取塔的基本结构如图 8-23 所示,在塔体内壁面上按一定间距装有一系列环形挡板,称为固定环,固定环将塔内分割成若干个小空间。每两固定环间装有转盘,转盘固定在中心轴上,转轴由塔顶的电动机驱动。转盘的直径小于固定环的内径,以便于安装检修。

萃取操作时,转盘随中心轴高速旋转,其在液体中产生的剪应力使分散相破裂成许多细小的液滴,在液相中产生强烈的漩涡运动,增大了相际接触面积和传质系数。同时采用水平转盘避免了将分散相液滴破碎得过细而降低塔的通过能力,而固定环在一定程度上也抑制了轴向返混,因而转盘萃取塔的传质效率较高。转盘的转速是转盘萃取塔的

图 8-22　脉冲萃取塔

图中标注：重相　轻相　重相　轻相

主要操作参数,转速过低时不足以克服表面张力使液体分散,转速过高又会使塔的通量减小,因此应根据物系和塔的结构尺寸选择合适的转速。

转盘萃取塔结构简单,操作方便,传质效率高,易于放大,生产能力和操作弹性均较大,因而在石油化工中应用比较广泛。

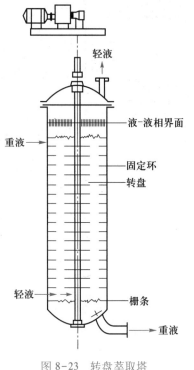

图 8-23 转盘萃取塔

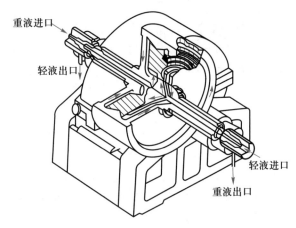

图 8-24 波德式离心萃取器

三、离心萃取器

离心萃取器是利用高速旋转所产生离心力使两相快速混合、分离的萃取装置。图 8-24 是波德式离心萃取器的结构示意图,这是一种连续式离心萃取器,它是由一水平转轴和随其高速旋转的圆形转鼓及固定的外壳组成。转鼓由一多孔的长带卷绕而成,其转速很高,一般为 2 000~5 000 r/min,操作时轻、重液体分别由转鼓外缘和转鼓中心引入。由于转鼓旋转时产生的离心力作用,重液从中心向外流动,轻液则从外缘向中心流动,同时液体通过螺旋带上的小孔被分散,两相在逆向流动过程中,于螺旋形通道内密切接触进行传质。最后重液和轻液分别由位于转鼓外缘和转鼓中心的出口通道流出。它适合于处理两相密度差很小或易乳化的物系,传质效率也很高,其理论级数可达 3~12。

离心萃取器的优点是结构紧凑,生产强度高,物料停留时间短,分离效果好,特别适用于两相密度差小、易乳化、难分相及要求接触时间短,处理量小的场合。缺点是结构复杂、制造困难、操作费高,在大规模的化工生产中应用较少。

8-4-2　萃取设备的选用

萃取设备的类型较多,特点各异,物系性质对操作的影响错综复杂。对于具体的萃取过程,在选择萃取设备时通常应考虑以下因素:

（1）物系的物性　通常对密度差较大、界面张力较小的物系,可选用无外加能量的设备;反之宜选用有外加能量的设备,对密度差甚小、界面张力小、易乳化的物系,应选用离心萃取器。对有较强腐蚀性的物系,宜选用结构简单的填料塔或脉冲填料塔,若物系中有固体悬浮物或在操作过程中产生沉淀物时,需定期清洗,此时一般选用混合澄清器或转盘塔。

（2）需要的理论级数　当需要的理论级数不超过3级时,各种萃取设备均可满足要求;当需要的理论级数较多(如超过5级)时,可选用筛板塔;当需要的理论级数再多(如10～20级)时,可选用有外加能量的设备,如混合澄清器、脉冲塔、往复筛板塔、转盘塔等。

（3）处理量的大小　一般处理量较小时,可选用填料塔、脉冲塔;处理量较大时,可选用混合澄清器、筛板塔及转盘塔。

（4）液体在设备内的停留时间　当物料要求在设备内停留时间短的场合,如抗菌素的生产,宜选用离心萃取器,反之,若物料要求有足够长的停留时间,则宜选用混合澄清器。

（5）其它　在选用萃取设备时,还应考虑其它一些因素,如能源供应情况,厂房面积等。

8-4-3　分散相的选择

在萃取操作过程中,哪一相的流体在设备内作为分散相是可以选择的,一般可参考以下原则:

（1）为增大相际接触面积,一般将流量大者作为分散相。

（2）当两相流量比相差很大时,为减小轴向返混,宜将流量小者作为分散相。

（3）黏度大的液体宜作为分散相;对填料、筛板润湿性较差的液体宜作为分散相;成本高、易燃易爆的液体宜作为分散相。

第五节　过程和设备的强化与展望

经过几十年的理论研究和大量的工程应用,萃取已经成为一项较为成熟的单元操作,广泛地应用在石油、化工、制药、生物化工、环境、冶金等行业。随着过程工业的发展,工业产品越来越体现出多样化和高纯度的特点,对应到萃取过程也出现了一批新的技术和装备。这些新的进展主要体现在萃取过程的强化和与其它单元操作的耦合上。

一、超临界萃取

超临界萃取是一项发展很快、应用很广的实用性新技术,它是基于超临界流体特殊的物质溶解性即在临界点附近,温度或压力的微小变化即可导致溶质在超临界流体中溶解度发生几个数量级的变化而达到分离的目的。其过程是在超临界状态下使超临界流体与待分离的物质在萃取罐中接触,选择适宜压力和温度使超临界流体选择性地萃取其中某一组分,经过一段时间以后,将萃取罐中的超临界流体通过减压阀进入分离罐,通过温度或压力的变化,降低超临界流体的密度,从而大幅度降低溶质在超临界流体中的溶解度使所萃取的物质与超临界流体进行分离,而析出溶质的超临界流体又可循环使用。理论上很多流体如水、乙烷、二氧化碳等都可作为超临界流体,但是目前应用最为广泛还是二氧化碳。

超临界萃取过程具有以下优点:

(1)通过调节温度和压力可提取纯度较高的有效成分或脱除有害成分;

(2)可在较低温度或无氧环境下操作,分离、精制热敏性物质和易氧化物质;

(3)超临界流体一般具有良好的渗透性和溶解性,能从固体或黏稠的原料中快速提取有效成分;

(4)通过降低超临界流体的密度,容易使溶剂与产品分离,无溶剂污染,且回收溶剂无相变过程,能耗低;

(5)兼有萃取和蒸馏的双重功效,可用于有机物的分离、精制;

(6)同类物质如有机同系物,可按沸点升高顺序进入超临界相。

目前超临界萃取技术已经有了相当多的工业应用,主要集中在从天然动、植物资源中提取有效成分。如纯酯类、生物碱类、胡萝卜素、萜类化合物的提取。

二、固相微萃取

固相微萃取技术是将涂有高分子固相液膜的石英纤维直接插入试样溶液或气样中,或者停放在溶液上方,根据气固吸附(吸收)或液固吸附(吸收)亲和力而达到被分离富集的目的。固相微萃取技术集取样、萃取、富集、进样于一身,简化了试样预处理过程,并且易于操作,试样与固相涂层直接作用,几乎不消耗萃取剂,既降低了成本,又保护了环境,一般在 2~30 min 内即可达到平衡,适用于微量或痕量组分的富集。

三、液膜萃取

液膜萃取,也称液膜分离,它是将第三种液体展开成膜状以便隔开两个液相,利用液膜的选择透过性,使料液中的某些组分透过液膜进入接受液,然后将三者各自分开,从而实现料液组分的分离。液膜萃取技术通过高度分散的微细界面传质,具有传质速度快、选择性高、萃取和反萃取同时进行、能耗低等特点,因此成为分离、纯化与浓缩溶质的有效手段,它与其它辅助设备、仪器、检测方法相结合,在石油化学、冶金工业、海水淡化、废水处理和综合回收、医学、生物学等方面的应用已日益受到人们的重视。

四、萃取结晶

萃取结晶过程是将"萃取"与"结晶"耦合而形成分离过程,是近年来发展迅速的一种新型分离技术,是分离无机盐和高熔点化合物及沸点、挥发度等物性相近组分,特别是有机物同分异构体的有效方法。萃取结晶其分离机理概括起来主要分为两类,一类是通过外加特定的萃取剂使萃取剂与原溶剂分子间作用力大于待分离物与溶剂间的作用力,从而造成目的产物溶解度减小而结晶析出,如使用丙酮、2-丙醇、叔丁醇等有机溶剂萃取硫酸钠或亚硫酸钠浓溶液中的水,从而使盐结晶析出的过程;另一类是外加试剂,与待分离的某一组分通过酸碱中和反应,或加合、络合等反应生成分子间化合物,即二者通过化学键等作用力相结合,生成的化合物从溶剂中析出,从而实现了混合物的分离,如采用叔丁醇作为外加加合试剂,结晶分离间甲酚和 2,6-二甲基苯酚混合物的过程。

萃取结晶与蒸发、结晶等传统分离技术相比，显示出了诸多优势:操作条件温和、能耗低、操作周期短;可实现水溶液中两种无机盐和同分异构体等难分物系的分离,尤其适用于沸点相近物系或高沸点、高熔点物系,热敏性物料及溶解度受温度变化影响较小物系的分离。作为一项新兴分离技术,萃取结晶仍需进一步深入研究,如萃取剂(外加试剂)的选择、回收,操作条件的确定及过程模拟等。相信随着精细化工、医药行业的迅猛发展,萃取结晶必将具有更加广阔的应用前景。

此外,人们还开发出微波萃取、双水相萃取及萃取精馏等新型萃取技术,使人们对萃取过程有了更深刻的认识,同时极大地扩展了萃取操作的应用领域。

文本:
思考题参考答案

思 考 题

1. 萃取操作的依据是什么? 它与精馏、吸收过程的差别主要有哪些?

2. 在 $x-y$ 或 $X-Y$ 图上分配曲线和操作线的相对位置是怎样的? 如何针对一定的分离要求减小所需的理论级数?

习　　题

1. 25 ℃时醋酸(A)-3-庚醇(B)-水(S)的平衡数据如本题附表所示。

文本:
习题参考答案

醋酸(A)-3-庚醇(B)-水(S)在 25 ℃下的平衡数据(质量分数)

醋酸(A)	3-庚醇(B)	水(S)	醋酸(A)	3-庚醇(B)	水(S)
0	96.4	3.6	48.5	12.8	38.7
3.5	93.0	3.5	47.5	7.5	45.0
8.6	87.2	4.2	42.7	3.7	53.6
19.3	74.3	6.4	36.7	1.9	61.4
24.4	67.5	7.9	29.3	1.1	69.6
30.7	58.6	10.7	24.5	0.9	74.6
41.4	39.3	19.3	19.6	0.7	79.7
45.8	26.7	27.5	14.9	0.6	84.5
46.5	24.1	29.4	7.1	0.5	92.4
47.5	20.4	32.1	0.0	0.4	99.6

联结线数据(醋酸的质量分数)

水相	3-庚醇相	水相	3-庚醇相
6.4	5.3	38.2	26.8
13.7	10.6	42.1	30.5
19.8	14.8	44.1	32.6
26.7	19.2	48.1	37.9
33.6	23.7	47.6	44.9

(1) 在等腰直角三角形坐标图上绘出溶解度曲线及辅助曲线,在直角坐标图上绘出分配曲线。(2) 确定由 100 kg 醋酸、100 kg 3-庚醇和 200 kg 水组成的混合液的物系点的位置,该混合液是否处于两相区,若是则确定两相的量和组成。(3) 试求醋酸在上述两液相中的分配系数 k_A 及选择性系数 β。

[图略;混合点处于两相区,两相组成为:水相($w_{EA}=0.27,w_{EB}=0.01,w_{ES}=0.72$),庚醇相 ($w_{RA}=0.2,w_{RB}=0.74,w_{RS}=0.06$);$k_A=1.35,\beta=100$]

2. 在单级萃取器内,以水为萃取剂从醋酸和氯仿的混合液中萃取醋酸,已知原料液量为 800 kg,其中醋酸的组成为35%(质量分数)。要求使萃取液的浓度降为96%。试求:(1)所需的水量;(2)萃取相 E 和萃余相 R 中醋酸的组成及两相的量;(3)萃取液 R′ 的量和组成。操作条件下的平衡数据如下:

氯仿相		水相	
$w_{醋酸}/\%$	$w_{水}/\%$	$w_{醋酸}/\%$	$w_{水}/\%$
0.00	0.99	0.00	99.16
6.77	1.38	25.10	73.69
17.72	2.28	44.12	48.56
25.72	4.15	50.18	34.71
27.65	5.20	50.56	31.11
32.08	7.93	49.41	25.39
34.16	10.03	47.87	23.28
42.50	16.50	42.50	16.50

(S 为 800 kg/h;E 为 1 082.3 kg;$w_{EA}=0.23$,R 为 517.7 kg,$w_{RA}=0.06$;R′ 为 508.7 kg,$w'_{RA}=0.062$)

3. 现有一原溶剂 10 g,内加 1 g 溶质 A,用萃取剂进行萃取,萃取剂与原溶剂不互溶,在萃取过程中,分配系数 $m=3$(用质量比表示),现用以下两种方式进行萃取:(1)用 10 g 萃取剂进行单级萃取,萃取后残液 A 的浓度为多少?(2)采用多级错流萃取,每级萃取剂用量为 2 g。问需多少级就能达到第一种单级萃取效果,萃取后各级残液 A 的浓度为多少?

($X_R=0.025$;3 级,$X_{R,1}=0.062\,5,X_{R,2}=0.039,X_{R,3}=0.024\,4$)

4. 用流量为 90 kg/h 的纯溶剂 S 从某二元混合液 AB 中逆流萃取溶质 A。原料液的流量为 225 kg/h,其中溶质的质量比为 0.25。在操作条件下,组分 B 和 S 互不相溶,分配系数 $m=1$(用质量比表示),若要求最后萃余相组成为 0.014 3,需要多少个理论级?　　　　　　　　　　　　　　　　　　(3个)

本章符号说明

拉丁文:

A——溶质的质量或质量流量,kg 或 kg/h;

b——萃取因数;

B——原料液中溶剂的质量或质量流量,kg 或 kg/h;

E——萃取相的质量或质量流量,kg 或 kg/h;

E'——萃取液的质量或质量流量,kg 或 kg/h;

F——原料液的质量或质量流量,kg 或 kg/h;

k——分配系数;

M——混合液的质量或质量流量,kg 或 kg/h;

N——总理论级数;

R——萃余相的质量或质量流量,kg 或 kg/h;

R'——萃余液的质量或质量流量,kg 或 kg/h;

S——萃取剂(溶剂)的质量或质量流量,kg 或 kg/h;

x——萃余相中溶质的质量分数;

X——萃余相中溶质的质量比;

y——萃取相中溶质的质量分数;

Y——萃取相中溶质的质量比;

w——溶质的质量分数。

希文：

β——溶剂的选择性系数。

下标：

A——溶质；

B——原溶剂；

E——萃取相；

F——原料液；

M——混合液；

min——最小；

max——最大；

R——萃余相；

S——萃取剂(溶剂)。

参 考 文 献

[1] 贾绍义,柴诚敬.化工传质与分离过程.2 版．北京:化学工业出版社,2007.

[2] 蒋维钧,雷良恒,刘茂林.化工原理:下册.3 版．北京:清华大学出版社,2009.

[3] 张浩勤,陆美娟.化工原理:下册.3 版．北京:化学工业出版社,2012.

[4] 陈敏恒,丛德滋,方图南,等.化工原理:下册.4 版.北京:化学工业出版社,2015.

[5] 谭天恩,麦本熙,丁惠华.化工原理:下册.4 版．北京:化学工业出版社,2013.

[6] 李云倩.化工原理:下册.北京:中央广播电视大学出版社,1991.

[7] 时钧,汪家鼎,余国琮,等.化学工程手册.2 版.北京:化学工业出版社,1996.

[8] 费维扬．萃取塔设备研究和应用的若干新进展．化工学报,2013,64(1):44.

[9] 杨冬芝,刘道杰.新型萃取技术应用进展.聊城大学学报(自然科学版),2004,17(4):46.

第九章 其它分离技术

第一节 结 晶

9-1-1 概述

固体物质以晶体状态从蒸气、溶液或熔融的物质中析出的过程称为**结晶**。由于它是获得纯净固态物质的一种基本单元操作，且能耗也较低，故在化工、轻工、医药生产中得到广泛应用。例如，化肥工业中，尿素、硝酸铵、氯化钾的生产；轻工行业中，盐、糖、味精的生产；医药行业中青霉素、链霉素等药品的生产。近年来，在精细化工、冶金工业、材料工业，特别是在高新技术领域，如生物技术中蛋白质的制造、材料工业中超细粉的生产及新材料工业中超纯物质的净化等，都离不开结晶技术。

结晶过程可分为溶液结晶、熔融结晶、升华结晶和沉淀结晶。由于溶液结晶是工业中最常采用的结晶方法，故本节仅讨论溶液结晶。

9-1-2 结晶原理

一、晶体的基本特性

晶体是一种其内部结构中的质点元素(原子、离子或分子)作三维有序排列的固态物质。在良好的生成环境下晶体可形成多面体外形。晶体的外形称为**晶习**，多面体的面称为**晶面**，棱边称为**晶棱**。

溶液结晶中，若结晶条件不同，则形成晶体的大小、形状其至颜色等都可能不同。例如，在良好的结晶条件下，可得到粗壮的粒状晶体；若加快冷却或蒸发速率则易形成针状、薄片状晶体；控制不同的结晶温度，可得不同颜色(如黄色或红色的碘化汞晶体)；又如，溶液中含有少量杂质和人为添加物，也会导致晶体的明显改变，因此工程上常用这种方法来控制结晶的形状。

二、结晶过程的相平衡

1. 溶解度与溶解度曲线

固体与其溶液间的相平衡关系，通常用固体在溶液中的溶解度来表示。溶解度是状态函数，随温度和压力而变。但大多数物质在一定溶液中的溶解度主要随温度而变化，随压力的变化很小，常可忽略，故溶解度曲线常用溶质在溶剂中的溶解度随温度而变化的关系来表示。图 9-1 为某些无机盐在水中的溶解度曲线。

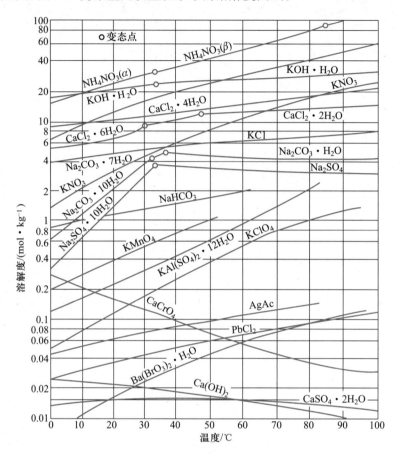

图 9-1 某些无机盐在水中的溶解度曲线

物质的溶解度曲线的特征会对结晶方法的选择起决定作用。例如,对于溶解度随温度变化大的物质,可采用变温方法来结晶分离,对于溶解度随温度变化不大的物质,则可采用蒸发结晶的方法来分离。此外,不同温度下的溶解度数据还是计算结晶理论产量的依据。

2. 溶液的过饱和与介稳区

当溶液浓度正好等于溶质的溶解度,即液固达到平衡状态时,该溶液称为**饱和溶液**。若溶液浓度低于溶质溶解度,则称为**不饱和溶液**。若溶液浓度大于溶解度,则称为**过饱和溶液**。将一个完全纯净的溶液在不受外界扰动和刺激的状况下(如无搅拌、无振荡、无超声波等作用)缓慢降温就可得到过饱和溶液。这时的溶液浓度与溶解度之差称为**过饱和度**。当过饱和度达到一定限度后,过饱和溶液就开始析出晶核。我们将溶液开始自发产生晶核的极限浓度曲线称为**超溶解度曲线**。如图 9-2 所示,其中 *AB* 为溶解度曲线,*CD* 为超溶解度曲线。

需要指出,一个特定物系只存在一条明确的溶解度曲线,而超溶解度曲线在工程上则受多种因素影响,如搅拌速度、冷却速率、有无晶种等,所以超溶解度曲线可有多条,其位置在 *CD* 线之下,与 *CD* 的趋势大体一致,如 *C′D′* 线。图中 *AB* 线以下的区域称为稳定区,此区溶液不可能发生结晶。当溶液浓度大于超溶解度曲线值时,会立即自发地产生晶核,此区称为不稳区,工业结晶过程应避免自发成核,以保证产品的粒度。在 *AB* 与 *CD* 线之间的区域称为介稳区。介稳区内,溶液不会自发地产生晶核,但加入晶种,可使晶种长大。可见介稳区的实用价值很大,设计工业结晶器时,应按工业结晶过程条件测出超溶解度曲线,并定出介稳区,以指导结晶器的操作。

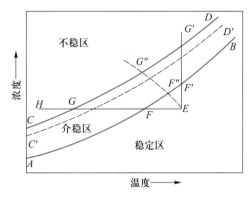

图 9-2　溶液的过饱和溶解度曲线

三、结晶动力学

1. 晶核的形成与成长

溶质从溶液中结晶出来经历两个阶段,即晶核的形成和晶体的成长。

在饱和溶液中新生成的晶体微粒称为**晶核**,其大小通常只有几纳米至几十微米。结晶成核机理有三种,即初级均相成核、初级非均相成核和二次成核。

初级均相成核是指溶液在较高过饱和度下自发生成晶核过程。**初级非均相成核**是指溶液在外来固体物的诱导下生成晶核过程。**二次成核**则是指含有晶体的过饱和溶液由于晶体间的相互碰撞或晶体与搅拌器(或容器壁)碰撞时导致晶体破碎产生的微小晶体过程。应该指出,初级成核的速率远大于二次成核的速率,而且受过饱和度的影响十分敏感,因此,一般结晶过程应尽量避免发生初级成核。工业结晶主要采用二次成核作为结晶的主要来源。

晶体成长是指溶液中的溶质质点(原子、离子、分子)在晶核表面上层层有序排列,使晶核或晶种微粒不断长大的过程。晶体成长的过程分两步进行,首先是溶质从溶液主体向晶体表面扩散传递过程,它是以浓度差为推动力;其次是溶质在晶体表面附着并按一定排列方式嵌入晶体面,使晶体长大并放出结晶热。对于多数结晶物系,晶体成长过程由第二步(又称表面反应过程)控制。

2. 影响结晶速率的因素

结晶速率包括成核速率和晶体成长速率,工业上影响结晶速率的因素很多。例如,溶液的过饱和度、温度、黏度、密度及外部条件,如有无搅拌等,特别是杂质对结晶过程的影响十分显著。

3. 添加剂或杂质对结晶过程的影响

许多结晶物系,如果在结晶母液中加入微量添加剂或杂质,其浓度仅为千分之一或 10^{-6} mg/L 量级,甚至更少,即可显著地影响结晶行为,其中包括对溶解度、介稳区宽度、结晶成核及成长速率、晶习及粒度分布等产生影响。杂质对结晶行为的影响十分复杂。下面就其对晶核形成、晶体成长及对晶习的影响简述如下:

一般来说,杂质对晶核的形成会起抑制作用,如胶体物质、某些表面活性剂、痕量的杂质离子等。一般认为前者抑制晶核生成的机理是它们被吸附于晶胚表面,从而抑制晶胚成长为晶核;而离子的作用是破坏溶液中的液体结构,从而抑制成核过程。

杂质对晶体成长速率的影响较复杂,有的杂质能抑制晶体的成长,有的却能促进成长,有的杂质极少量(10^{-6} mg/L 量级)即能发生影响,有的则需相当大量才起作用。另外,杂质影响晶体成长速率的途径和方法也各不相同。例如,有的是通过改变溶液的结构或其平衡饱和浓度,有的是因为吸附在晶面上的杂质发生阻挡作用,有的则是通过改变晶体与溶液界面处液层的特性而影响溶质质点嵌入晶面等。

杂质或添加剂对晶体形状即晶习的影响在工业结晶中很有实际意义。它们的存在或加入对改变晶习会起到惊人的效果,这些物质称为**晶习修改剂**,常用的有无机离子、表面活性剂等。

9-1-3　结晶器简介

结晶器的种类很多,按结晶方法可分为冷却结晶器、蒸发结晶器、真空结晶器;按操作方式可分为间歇式和连续式;按流动方式可分为混合型、多级型、母液循环型。下面介绍两种主要结晶器的结构和性能。

一、冷却结晶器

冷却结晶过程所需的冷量由冷却结晶器的夹套或外部换热器供给,如图 9-3 及图 9-4 所示,采用搅拌是为提高传热和传质速率并使釜内溶液温度和浓度均匀,同时可使晶体悬浮,有利于晶体各晶面成长。图 9-3 所示的结晶器既可间歇操作,也可连续操作。若制作大颗粒结晶,宜用间歇操作,而制备小颗粒结晶时,采用连续操作为好。图 9-4 为外循环式冷却结晶器,它的优点是:冷却换热器面积大,传热速率大,有利于溶液过饱和度的控制。缺点是循环泵易破碎晶体。

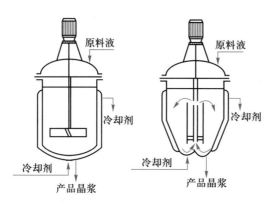
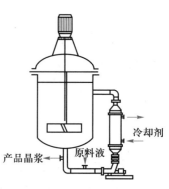

图 9-3　内循环式冷却结晶器　　　　图 9-4　外循环式冷却结晶器

二、蒸发结晶器

蒸发结晶与冷却结晶不同之处在于,前者需将溶液加热到沸点,并浓缩达过饱和而产生结晶。蒸发结晶通常采用减压操作,这是为使溶液温度降低,产生较大的过饱和度。图 9-5 为一种带导流筒和搅拌桨的真空结晶器。它内有一圆筒形挡圈 3,中央有一导流筒 2,其下端安有搅拌桨 5,悬浮液靠它实现导流筒及导流筒与挡圈环隙通道内的循环流动。圆筒形挡圈将结晶器分为晶体成长区和澄清区。挡圈与容器壁间的环隙为澄清区,此区溶液基本不受搅拌的干扰,故大晶体可以实现沉降分离,只有细晶粒,才随母液由顶部排出容器,进入加热器加热被清除。然后母液再送回结晶器,从而实现对晶核数量的控制,使产品的粒度分布均匀。由澄清区沉降下落的晶体,较大者进入淘洗腿 6 后,由泵送到下道工序,如过滤或离心分离后,得到固体产品。部分下落晶体(主要是中等粒度的晶体),随母液被吸入导流筒,进入成长区,实现晶粒继续成长。这种结晶器的优点是:生产强度高,能生产出粒度在 600 μm 到 1 200 μm 的大颗粒结晶产品,可实现真空绝热冷却法、蒸发法、直接接触冷冻法及反应法等多种结晶操作,且器内不易结疤。

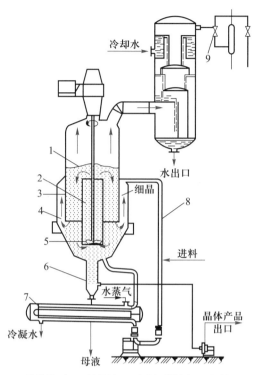

1—沸腾液面;2—导流筒;3—圆筒形挡圈;4—澄清区;
5—搅拌桨;6—淘洗腿;7—加热器;8—循环管;9—喷射真空泵
图 9-5　带导流筒和搅拌桨的真空结晶器

9-1-4　强化与展望

结晶过程及其强化的研究可以从结晶相平衡、结晶过程的传热传质(包括反应)、设备及过程的控制等方面,分别加以讨论。

1. 溶液的相平衡曲线

溶液的相平衡曲线即为溶解度曲线,尤其是其介稳区的测定十分重要,因为它是实现工业结晶获得产品的依据,对结晶优化操作具有重要指导意义。

2. 强化结晶过程的传热传质

结晶过程的传热与传质,通常采用机械搅拌、气流喷射、外循环加热等方法来实现。但是,应该注意控制速度,否则晶粒易被破碎,过大的速度也不利于晶体成长。

3. 改良结晶器结构

在结晶器内采用导流筒或挡筒是改良结晶器最常用的也是十分有效的方法,它们既有利于溶液在导流筒中的传热传质(及反应),又有利于导流筒(或挡筒)外晶体的成长。

4. 引入添加剂、杂质或其它能量

前面已经述及引入添加剂或微量杂质对结晶过程的影响,故不再赘述。有文献报道,外加磁场、声场对结晶过程也产生显著的影响。

5. 结晶过程控制

为了得到粒度分布特性好、纯度高的结晶产品,对于连续结晶过程,控制好结晶器内溶液的温度、压力、液面、进料及晶浆出料速率等十分重要。对于间歇结晶过程来讲,计量加入晶种,并采用程序控制及控制冷却速率等均是实现获得高纯度产品、控制产品粒度的重要手段。目前,工业上已应用计算机对结晶过程实现监控。

由上可以看出,结晶过程的强化,不仅涉及系统的流体力学、粒子力学、表面化学、热力学、结晶动力学等方面的研究和技术支持,同时还涉及新型设备与材料、计算机优化与测控技术等方面的综合知识与技术。

第二节 吸 附 分 离

9-2-1 概述

当流体与多孔固体接触时,流体中某一组分或多种组分在固体表面处产生积蓄,此现象称为**吸附**。在固体表面积蓄的组分称为**吸附物**或**吸附质**,多孔固体称为**吸附剂**。利用某些多孔固体有选择地吸附流体中的一种或几种组分,从而使混合物分离的方法称为**吸附操作**,它是分离和纯净气体和液体混合物的重要单元操作之一。

实际上,人们很早就发现并利用了吸附现象,如生活中用木炭脱湿和除臭等。随着新型吸附剂的开发及吸附分离工艺条件等方面的研究,吸附分离过程显示出节能、产品纯度高、可除去痕量物质、操作温度低等突出特点,使这一过程在化工、医药、食品、轻工、环保等行业得到了广泛的应用。例如:

(1) 气体或液体的脱水及深度干燥,如将乙烯气体中的水分脱到痕量,再聚合。

(2) 气体或溶液的脱臭、脱色及溶剂蒸气的回收,如在喷漆工业中,常有大量的有机溶剂逸出,采用活性炭处理排放的气体,既减少环境的污染,又可回收有价值的溶剂。

(3) 气体中痕量物质的吸附分离,如纯氮、纯氧的制取。

(4) 分离某些精馏难以分离的物系,如烷烃、烯烃、芳香烃馏分的分离。

(5) 废气和废水的处理,如从高炉废气中回收一氧化碳和二氧化碳,从炼厂废水中脱除酚等有害物质。

根据吸附质与吸附剂间吸附作用力性质的不同,将吸附分为物理吸附和化学吸附。**物理吸附**也称为**范德华吸附**,它是吸附质和吸附剂以分子间作用力为主的吸附。**化学吸附**是吸附质和吸附剂以分子间的化学键为主的吸附。

9-2-2 吸附剂及其特性

一、吸附剂

吸附分离的效果很大程度上取决于吸附剂的性能,工业吸附要求吸附剂满足以下要求:

(1) 具有较大的内表面:吸附容量大;

(2) 选择性高:吸附剂对不同的吸附质具有不同的吸附能力,其差异越显著,分离效果越好;

（3）具有一定的机械强度:抗磨损;

（4）有良好的物理及化学稳定性:耐热冲击,耐腐蚀;

（5）容易再生;

（6）易得,价廉。

吸附剂可分为两大类,一类是天然的吸附剂,如硅藻土、白土、天然沸石等。另一类是人工制作的吸附剂,主要有活性炭、活性氧化铝、硅胶、合成沸石分子筛、有机树脂吸附剂等,下面介绍几种广泛应用的人工制作的吸附剂。

1. 活性炭

活性炭是最常用的吸附剂。它具有非极性表面,比表面积较大,化学稳定性好,抗酸耐碱,热稳性高,再生容易。

合成纤维经炭化后可制成活性炭纤维吸附剂,使吸附容量提高数十倍,因活性炭纤维可以编制成各种织物,流体流动阻力减少。活性炭也可加工成碳分子筛,具有分子筛的作用,常用于空气分离制氮、改善饮料气味、香烟的过滤嘴等场合。

2. 硅胶

硅胶的分子式通常用 $SiO_2 \cdot nH_2O$ 表示。它的比表面积达 $800\ m^2/g$。工业用的硅胶有球形、无定形、加工成型和粉末状四种。硅胶是亲水性的极性吸附剂,对不饱和烃、甲醇、水分等有明显的选择性。主要用于气体和液体的干燥、溶液的脱水。

3. 活性氧化铝

活性氧化铝是一种极性吸附剂,对水分有很强的吸附能力。其比表面积为 $200\sim500\ m^2/g$,用不同的原料,在不同的工艺条件下,可制得不同结构、不同性能的活性氧化铝。

活性氧化铝主要用于气体的干燥和液体的脱水,如汽油、煤油、芳烃等化工产品的脱水;空气、氦、氢气、氯气、氯化氢和二氧化硫等气体的干燥。

4. 合成沸石分子筛

沸石分子筛是指硅铝酸金属盐的晶体,它是一种强极性的吸附剂,对极性分子,特别是对水有很大的亲和能力,它的比表面积可达 $750\ m^2/g$,具有很强的选择性。常用于石油馏分的分离、各种气体和液体的干燥等场合,如从混合二甲苯中分离出对二甲苯,从空气中分离氧。

5. 有机树脂吸附剂

有机树脂吸附剂是高分子物质,它可以制成强极性、弱极性、非极性、中性,广泛用于废水处理、维生素的分离及过氧化氢的精制等场合。

二、吸附剂的性能

吸附剂具有良好的吸附特性,主要是因为它有多孔结构和较大的比表面积,下面介绍与孔结构和比表面积有关的基础性能。

1. 密度

（1）填充密度 ρ_B（又称体积密度） 是指单位填充体积的吸附剂质量。通常将烘干的吸附剂装入量筒中,摇实至体积不变,此时吸附剂的质量与该吸附剂所占的体积比称为填充密度。

（2）表观密度 ρ_P（又称颗粒密度） 定义为单位体积吸附剂颗粒本身的质量。

（3）真实密度 ρ_t 是指扣除颗粒内细孔体积后单位体积吸附剂的质量。

2. 吸附剂的比表面积

吸附剂的比表面积是指单位质量的吸附剂所具有的吸附表面积,单位为 m^2/g。吸附剂孔隙的孔径大小直接影响吸附剂的比表面积,孔径的大小可分三类:大孔、过渡孔、微孔。吸附剂的比表面积以微孔提供的表面积为主,常采用气相吸附法测定。

3. 吸附容量

吸附容量是指吸附剂吸满吸附质时的吸附量(单位质量的吸附剂所吸附吸附质的质量),它反映了吸附剂吸附能力的大小。吸附量可以通过观察吸附前后吸附质体积或质量的变化测得。也可用电子显微镜等观察吸附剂固体表面的变化测得。

9-2-3 吸附平衡

当温度、压强一定时,吸附剂与流体长时间接触,吸附量不再增加,吸附相(吸附剂和已吸附的吸附质)与流体达到平衡,此时的吸附量为**平衡吸附量**。吸附平衡关系常用不同温度下的平衡吸附量与吸附质分压或浓度的关系表示,其关系曲线称为**吸附等温线**。

一、气相的吸附等温线

1. 气相单组分吸附平衡

因气相单组分吸附机理不同,所以吸附等温线有多种类型。

(1)单分子层物理吸附 假设吸附剂表面均匀,被吸附的分子间无作用,吸附质在吸附剂的表面只形成均匀的单分子层,则吸附量随吸附质分压的增加平缓接近平衡吸附量。如在 $-193\ ℃$ 下,氮在活性炭上的吸附,其吸附等温线如图 9-6 中 Ⅰ 所示。

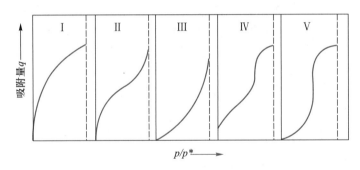

图 9-6 气相单组分吸附平衡曲线

(2)多分子层吸附 假设吸附分子在吸附剂上按层次排列,已吸附的分子之间作用力忽略不计,吸附的分子可以累叠,而每一层的吸附服从朗缪尔吸附机理,此吸附为多分子层吸附。如在 30 ℃ 下水蒸气在活性炭上的吸附,其吸附等温线见图 9-6 中 Ⅱ 。

(3)其它情况下的吸附等温曲线 也有人认为吸附是因产生毛细管凝结现象等所致,其吸附等温线如图 9-6 中Ⅲ、Ⅳ、Ⅴ所示。

2. 气相双组分吸附

当吸附剂对混合气体中的两个组分吸附性能相近时,可认为是双组分的吸附。此情况下吸附剂对某一组分的吸附量不仅与温度、压强有关,还随混合物组成的变化而变化。通常温度升高、压力下降会使吸附量下降,图 9-7 反映了用石墨炭吸附 $CFCl_3$-C_6H_6 混合气体,气相组成对吸附量的影响。可以看出,某组分在吸附相和气相中摩尔分数的关系与精馏中某组分在气液两相摩尔分数的关系非常相似。所以,有人使用吸附分离系数 α 描述吸附平衡,α 定义为

$$\alpha = \frac{y_B/y}{x_B/x}$$

式中：　y_B、x_B——分别为组分 B 在气相和吸附相中的摩尔分数。可见吸附分离系数 α 偏离 1 的程度越大,越有利于吸附分离。

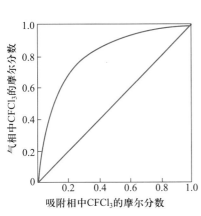

图 9-7　气相双组分吸附平衡曲线

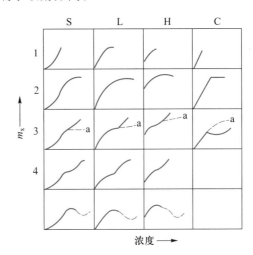

图 9-8　液相单组分吸附等温线

二、液相中的吸附平衡

1. 液相单组分吸附平衡

当吸附剂对溶液中溶剂的吸附忽略不计时,构成了液相单组分的吸附,如用活性炭吸附水溶液中的有机物。Giles 等人根据等温吸附曲线初始部分斜率的大小,把液相单组分吸附等温线分为 S、L、H、C 四大类型,而每一类型又分成 5 族,见图 9-8,图中横坐标为组分在液相中的浓度,纵坐标为组分的吸附量。S 型表示被吸附分子在吸附剂表面上成垂直方位吸附。L 型的吸附即朗缪尔吸附,是指被吸附分子在吸附剂表面呈平行状态。H 型的吸附是吸附剂与吸附质之间高亲和力的吸附。C 型是吸附质在溶液中和吸附剂上有一定分配比例的吸附。

2. 液相中双组分的吸附平衡

含吸附质 A 和 B 的溶液与新鲜的吸附剂长时间接触后,吸附量不再增加,吸附达到平衡。此情况下的吸附等温曲线一般呈 U 型或 S 型。U 型是在吸附过程中吸附剂始终优先吸附一个组分的曲线,如用 γ-Al_2O_3 吸附 CH_3Cl-苯溶液,CH_3Cl 被优先吸附。S 型为溶质和溶剂吸附量相当情况,如用炭黑吸附乙醇-苯溶液,在乙醇摩尔分数为 0~0.4 的范围内,乙醇优先吸附,而在 0.4~1 的范围内,苯优先吸附。

9-2-4　吸附过程与吸附速率的控制

吸附速率是设计吸附装置的重要依据。**吸附速率**是指当流体与吸附剂接触时,单位时间内的吸附量,单位为 kg/s。吸附速率与物系、操作条件及浓度有关,当物系及操作条

件一定时,吸附过程包括以下三个步骤:

(1)吸附质从流体主体以对流扩散的形式传递到固体吸附剂的外表面,此过程称为外扩散。

(2)吸附质从吸附剂的外表面进入吸附剂的微孔内,然后扩散到固体的内表面,此过程为内扩散。

(3)吸附质在固体内表面上被吸附剂所吸附,称为表面吸附过程。

通常吸附为物理吸附,表面吸附速率很快,故总吸附速率主要取决于内外扩散速率的大小。当外扩散速率小于内扩散速率时,总吸附速率由外扩散速率决定,此吸附为**外扩散控制**的吸附。当内扩散速率小于外扩散速率时,此吸附为**内扩散控制**的吸附,总吸附速率由内扩散速率决定。

9-2-5 吸附操作

吸附分离过程包括吸附过程和解吸过程。由于需处理的流体浓度、性质及要求吸附的程度不同,故吸附操作有多种形式。

一、接触过滤式吸附操作

该操作是把要处理的液体和吸附剂一起加入带有搅拌器的吸附槽中,使吸附剂与溶液充分接触,溶液中的吸附质被吸附剂吸附,经过一段时间,吸附剂达到饱和,将料浆送到过滤机中,吸附剂从液相中滤出,若吸附剂可用,经适当的解吸,回收利用之。

因在接触式吸附操作时,使用搅拌使溶液呈湍流状态,颗粒外表面的膜阻力减少,故该操作适用于外扩散控制的传质过程。接触过滤式吸附操作所用设备主要有釜式或槽式,设备结构简单,操作容易。广泛用于活性炭脱除糖液中的颜色等方面。

二、固定床吸附操作

固定床吸附操作是把吸附剂均匀堆放在吸附塔中的多孔支承板上,含吸附质的流体可以自上而下流动,也可自下而上流过吸附剂。在吸附过程中,吸附剂不动。

通常固定床的吸附过程与再生过程在两个塔式设备中交替进行,如图9-9所示,·表示阀门关闭,。表示阀门打开。吸附在吸附塔1中进行,当出塔流体中吸附质的浓度高于规定值时,物料切换到吸附塔2,与此同时吸附塔1采用变温或减压等方法进行吸附剂再生,然后再在塔1中进行吸附,塔2中进行再生,如此循环操作。

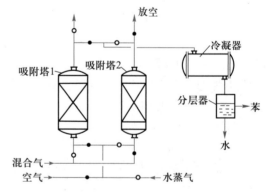

图9-9 固定床吸附操作流程示意图

固定床吸附塔结构简单,加工容易,操作方便灵活,吸附剂不易磨损,物料的返混少,分离效率高,回收效果好,故固定床吸附操作广泛用于气体中溶剂的回收、气体干燥和溶剂脱水等方面。但固定床吸附操作的传热性能差,且当吸附剂颗粒较小时,流体通过床层的压降较大,因吸附、再生及冷却等操作需要一定的时间,故生产效率较低。

三、移动床吸附操作

移动床吸附操作是指待处理的流体在塔内自上而下流动,在与吸附剂接触时,吸附质被吸附,已达饱和的吸附剂从塔下连续或间歇排出,同时在塔的上部补充新鲜的或再生后的吸附剂。与固定床相比,移动床吸附操作因吸附和再生过程在同一个塔中进行,所以设备投资费用少。

四、流化床吸附操作及流化床-移动床联合吸附操作

流化床吸附操作是使流体自下而上流动,流体的流速控制在一定的范围,保证吸附剂颗粒被托起,但不被带出,处于流态化状态进行的吸附操作。该操作的生产能力大,但吸附剂颗粒磨损程度严重,且由于流态化的限制,使操作范围变窄。

流化床-移动床联合吸附操作将吸附再生集一塔,如图9-10所示。塔的上部为多层流化床,在此原料与流态化的吸附剂充分接触,吸附后的吸附剂进入塔中部带有加热装置的移动床层,升温后进入塔下部的再生段。在再生段中吸附剂与通入的惰性气体逆流接触得以再生。最后靠气力输送至塔顶重新进入吸附段,再生后的流体可通过冷却器回收吸附质。流化床-移动床联合吸附床常用于混合气中溶剂的回收、脱除 CO_2 和水蒸气等场合。

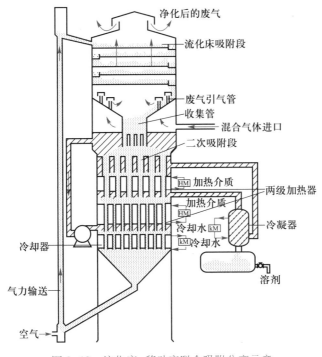

图 9-10　流化床-移动床联合吸附分离示意

该操作具有连续、吸附效果好的特点。因吸附在流化床中进行,再生前需加热,所以此操作存在吸附剂磨损严重、吸附剂易老化变性的问题。

五、模拟移动床的吸附操作

为兼顾固定床装填性能好和移动床连续操作的优点,并保持吸附塔在等温下操作,便于自动控制,设计一有许多小段塔节组成的塔,每一塔节都有进出物料口,采用特制的多通道(如24通道)的旋转阀,靠微机控制,定期启闭切换吸附塔的进出料液和解吸剂的

阀门,使各层料液进出口依次连续变动与四个主管道相连,这四个主管道是进料(A+B)管、抽出液(A+D)管、抽余液(B+D)管和解吸剂(D)管,见图9-11。

一般整个吸附塔分成四个段:吸附段、第一精馏段(简称一精段)、解吸段和第二精馏段(简称二精段),见模拟移动床吸附分离操作示意图9-12。

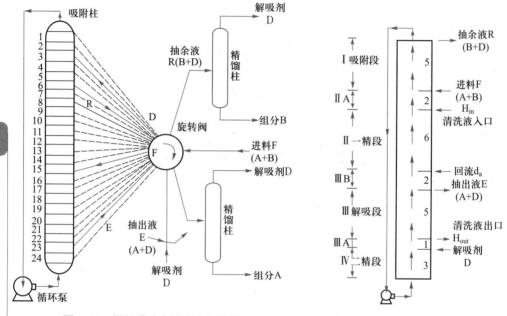

图 9-11　模拟移动床吸附分离装置　　　　图 9-12　模拟移动床吸附分离操作示意图

在吸附段内进行的是 A 组分的吸附,混合液从下向上流动,与已吸附着解吸剂 D 的吸附剂逆流接触,组分 A 与 D 进行吸附交换,随着流体向上流动,吸附质 A 和少量的 B 不断被吸附,D 不断被解吸,在吸附段出口溶液中主要为组分 B 和 D,作为抽余液从吸附段出口排出。

在一精段内完成 A 组分的精制和 B 组分的解吸,此段顶部下降的吸附剂与新鲜溶液接触,A 和 B 组分被吸附,在该段底部已吸附大量 A 和少量 B 的吸附剂与解吸段上部流入的流体(A+D)逆流接触,由于吸附剂对 A 的吸附能力比 B 组分强,故吸附剂上少量的 B 被 A 置换,B 组分逐渐被全部置换出来,A 得到精制。

在解吸段内完成组分 A 的解吸,吸附大量 A 的吸附剂与塔底通入的新鲜解吸剂 D 逆流接触,A 被解吸出来作为抽出液,再进精馏塔精得到产品 A 及解吸剂 D。

二精段目的在于部分回收 D,减少解吸剂的用量。从解吸段出来的只含解吸剂 D 的吸附剂,送到二精段与吸附段出来的主要含 B 的溶液逆流接触,B 和 D 在吸附剂上置换,组分 B 被吸附,D 被解吸出来,并与新鲜解吸剂一起进入吸附段形成连续循环操作。

从以上操作看,在吸附塔内形成流体由下向上,固体由上向下反方向的相对运动,每一小段床层是静止不动的小固定床,吸附塔内的吸附剂固体整体和流体是连续移动的,这就是模拟移动床吸附分离过程。

应用模拟移动床吸附分离混合物最早始于从混合二甲苯中分离对二甲苯,之后应用于从煤油馏分中分离出正构烷烃,以及 C_8 芳烃中分离己苯等,解决了有些体系用精馏和萃取等方法难分离的困难。

9-2-6 吸附过程的强化与展望

强化吸附过程可以从两个方面入手,一是对吸附剂进行开发与改进,二是开发新的吸附分离工艺。

一、吸附剂的改性与新型吸附剂的开发

吸附效果的好坏及吸附过程规模化与吸附剂性能的关系非常密切,尽管吸附剂的种类繁多,但实用的吸附剂却有限,通过改性或接枝的方法可得到各种性能不同的吸附剂,工业上希望开发出吸附容量大、选择性强、再生容易的吸附剂,目前大多数吸附剂吸附容量小限制了吸附设备的处理能力,使得吸附过程频繁地进行吸附、解吸和再生。近期开发的新型吸附剂如炭分子筛、活性炭纤维、金属吸附剂和各种专用吸附剂不同程度地解决了吸附容量小和选择性弱的缺憾,使得某些有机异构体、热敏性物质、性能相近的混合物分离成为可能。

二、开发新的吸附分离工艺

随着食品、医药、精细化工和生物化工的发展,需要开发出新的吸附分离工艺,吸附过程需要完善和大型化已成为一个重要问题。吸附分离工艺与解吸方法有关,而再生方法又取决于组分在吸附剂上吸附性能的强弱和进料量的大小等因素,随着各种新型吸附剂的不断开发,吸附分离工艺也得以迅速发展,例如:

(1)大型工业色谱吸附分离工艺 各种大型工业色谱吸附分离工艺都是基于吸附、分配、离子交换等原理。该工艺用于分离相对挥发度小或选择性系数接近于1、热敏性、要求高纯度产物等混合物系。

(2)快速变压吸附工艺 快速变压吸附工艺是进一步发展的变压吸附工艺,为恒定温度下,用快速改变流动方向的方法进行吸附和解吸操作,吸附-解吸循环周期仅为几秒,吸附剂量显著减少,设备体积小,分离纯度高。该工艺可用于制造航空高空飞机用氧和医用氧浓缩等方面。

(3)参数泵吸附分离工艺 利用两组分在流体与吸附剂两相中分配不同,循环变更温度或压力等热力学参数,使组分交替吸附、解吸,两组分分别在吸附设备的两端浓集,实现两组分的分离。参数泵吸附分离工艺可用于分离血红蛋白-白蛋白体系、酶及处理含酚废水等处理量小和难分离的混合物,但大型参数泵装置工业化较困难。

第三节 膜 分 离

9-3-1 概述

一、膜分离过程

膜分离是以选择性透过膜为分离介质,在膜两侧一定推动力的作用下,使原料中的某组分选择性地透过膜,从而使混合物得以分离,以达到提纯、浓缩等目的的分离过程。该分离方法于 20 世纪初出现,20 世纪 60 年代后迅速崛起成为一门新型分离技术,现广

泛应用于化工、电子、纺织、食品、医药等领域。

　　膜分离所用的膜可以是固相、液相,也可以是气相,而大规模工业应用中多数为固体膜,本节主要介绍固体膜的分离过程。物质选择透过膜的能力可分为两类:一类是借助外界能量,物质发生由低位到高位的流动;另一类是本身的化学位差,物质发生由高位到低位的流动。操作的推动力可以是膜两侧的压力差、浓度差、电位差、温度差等。依据推动力不同,膜分离又分为多种过程,表 9-1 列出了几种主要膜分离过程的基本特性。

表 9-1　膜分离过程的基本特性

过程	示意图	膜类型	推动力	传递机理	透过物	截留物
微滤 MF	原料液 → □ → 滤液	多孔膜	压力差(约 0.1 MPa)	筛分	水、溶剂、溶解物	悬浮物各种微粒
超滤 UF	原料液 → □ → 浓缩液/滤液	非对称膜	压力差(0.1~1 MPa)	筛分	溶剂、离子、小分子	胶体及各类大分子
反渗透 RO	原料液 → □ → 浓缩液/溶剂	非对称膜复合膜	压力差(2~10 MPa)	溶剂的溶解-扩散	水、溶剂	悬浮物、溶解物、胶体
电渗析 ED	浓电解质/溶剂 阳极 阴极 阴膜阳膜 原料液	离子交换膜	电位差	离子在电场中的传递	离子	非解离和大分子颗粒
气体分离 GS	混合气 → □ → 渗余气/渗透气	均质膜复合膜非对称膜	压力差(1~15 MPa)	气体的溶解-扩散	易渗透气体	难渗透气体
渗透汽化 PVAP	原料液 → □ → 溶质或溶剂/渗透蒸气	均质膜复合膜非对称膜	浓度差分压差	溶解-扩散	易溶解或易挥发组分	不易溶解或难挥发组分
膜蒸馏 MD	原料液 → □ → 浓缩液/渗透液	微孔膜	由于温度差而产生的蒸气压差	通过膜的扩散	高蒸气压的挥发组分	非挥发的小分子和溶剂

　　在各种膜分离过程中,反渗透、超滤、微滤及电渗析是已开发应用比较成熟的膜分离技术,其中前三种与过滤过程相似,用来分离含溶解的溶质或悬浮微粒的溶液;电渗析采

用荷电膜,用于脱除溶液中的离子。气体分离和渗透汽化是正在开发应用中的膜分离技术,其中气体分离已有工业规模的应用;渗透汽化常用于有机物-水等物系的分离。此外,将膜分离技术与常规分离操作结合,构成了目前正在开发研究中的新型膜过程,如膜蒸馏、膜吸收、膜萃取等。

二、膜分离特点

与传统的分离操作相比,膜分离具有以下特点:

(1) 膜分离是一个高效分离过程,可以实现高纯度的分离;

(2) 大多数膜分离过程不发生相变化,因此能耗较低;

(3) 膜分离通常在常温下进行,特别适合处理热敏性物料;

(4) 膜分离设备本身没有运动的部件,可靠性高,操作、维护都十分方便。

9-3-2 膜与膜组件

一、分离膜性能

分离膜是膜过程的核心部件,其性能直接影响分离效果、操作能耗及设备的大小。分离膜的性能主要包括两个方面:透过性能与分离性能。

1. 透过性能

能够使被分离的混合物有选择地透过是分离膜的最基本条件。表征膜透过性能的参数是**透过速率**,它是指单位时间、单位膜面积透过组分的通过量,对于水溶液体系,又称**透水率**或**水通量**,以 J 表示。

$$J = \frac{V}{A \cdot t} \tag{9-1}$$

式中: J——透过速率,$m^3/(m^2 \cdot h)$ 或 $kg/(m^2 \cdot h)$;

V——透过组分的体积或质量,m^3 或 kg;

A——膜有效面积,m^2;

t——操作时间,h。

膜的透过速率与膜材料的化学特性和分离膜的形态结构有关,且随操作推动力的增加而增大。此参数直接决定分离设备的大小。

2. 分离性能

分离膜必须对被分离混合物中各组分具有选择透过的能力,即具有分离能力,这是膜分离过程得以实现的前提。不同膜分离过程中膜的分离性能有不同的表示方法,如截留率、截留分子量、分离因数等。

(1) **截留率** 对于反渗透过程,通常用截留率表示其分离性能。截留率反映膜对溶质的截留程度,对盐溶液又称为脱盐率,以 R 表示,定义为

$$R = \frac{\rho_F - \rho_P}{\rho_F} \times 100\% \tag{9-2}$$

式中: ρ_F——原料中溶质的质量浓度,kg/m^3;

ρ_P——渗透物中溶质的质量浓度,kg/m^3。

（2）**截留分子量**　在超滤中，通常用截留分子量表示其分离性能。截留分子量是指截留率为 90% 时所对应的相对分子质量。截留分子量的高低，在一定程度上反映了膜孔径的大小，通常可用一系列不同相对分子质量的标准物质进行测定。

（3）**分离因数**　对于气体分离和渗透汽化过程，通常用分离因数表示各组分透过的选择性。对于含有 A、B 两组分的混合物，分离因数 α_{AB} 定义为

$$\alpha_{AB} = \frac{y_A / y_B}{x_A / x_B} \tag{9-3}$$

式中：　x_A, x_B——原料中组分 A 与组分 B 的摩尔分数；

　　　　y_A, y_B——透过物中组分 A 与组分 B 的摩尔分数。

通常，用组分 A 表示透过速率快的组分，因此 α_{AB} 的数值大于 1。分离因数的大小反映该体系分离的难易程度，α_{AB} 越大，表明两组分的透过速率相差越大，膜的选择性越好，分离程度越高；若 α_{AB} 等于 1，则表明膜没有分离能力。

膜的分离性能主要取决于膜材料的化学特性和分离膜的形态结构，同时也与膜分离过程的一些操作条件有关。该性能对分离效果、操作能耗都有决定性的影响。

二、膜材料及分类

目前使用的固体分离膜大多数是高分子聚合物膜，近年来又开发了无机材料分离膜。高聚物膜通常是用纤维素类、聚砜类、聚酰胺类、聚酯类、含氟高聚物等材料制成。无机分离膜包括陶瓷膜、玻璃膜、金属膜和炭分子筛膜等。

膜的种类与功能较多，分类方法也较多，但普遍采用的是按膜的形态结构分类，将分离膜分为对称膜和非对称膜两类。

对称膜又称为均质膜，是一种均匀的薄膜，膜两侧截面的结构及形态完全相同，包括致密的无孔膜和对称的多孔膜两种，如图 9-13（a）所示。一般对称膜的厚度为 10 ~ 200 μm，传质阻力由膜的总厚度决定，降低膜的厚度可以提高透过速率。

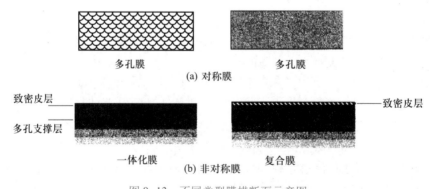

图 9-13　不同类型膜横断面示意图

非对称膜的横断面具有不对称结构，如图 9-13（b）所示。一体化非对称膜是用同种材料制备由厚度为 0.1 ~ 0.5 μm 的致密皮层和 50 ~ 150 μm 的多孔支撑层构成，其支撑层结构具有一定的强度，在较高的压力下也不会引起很大的形变。此外，也可在多孔支撑层上覆盖一层不同材料的致密皮层构成**复合膜**。显然，复合膜也是一种非对称膜。对于

复合膜,可优选不同的膜材料制备致密皮层与多孔支撑层,使每一层独立地发挥最大作用。非对称膜的分离主要或完全由很薄的皮层决定,传质阻力小,其透过速率较对称膜高得多,因此非对称膜在工业上应用十分广泛。

三、膜组件

膜组件是将一定膜面积的膜以某种形式组装在一起的器件,在其中实现混合物的分离。高聚物膜可制成平板、管式和中空纤维等不同形状,相应就产生了板框式、螺旋卷式、管式和中空纤维式组件。

板框式膜组件采用平板膜,其结构与板框过滤机类似,用板框式膜组件进行海水淡化的装置如图9-14所示。在多孔支撑板两侧覆以平板膜,采用密封环和两个端板密封、压紧。海水从上部进入组件后,沿膜表面逐层流动,其中纯水透过膜到达膜的另一侧,经支撑板上的小孔汇集在边缘的导流管后排出,而未透过的浓缩咸水从下部排出。板框式膜组件组装简单,结构较紧凑,膜易于更换,装填密度(单位体积的膜面积)为$160 \sim 500 \ \text{m}^2/\text{m}^3$。缺点是制造成本高,流动状态不良。

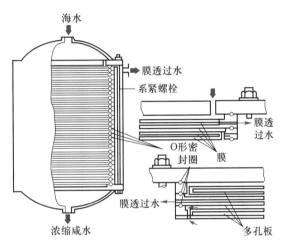

图 9-14　板框式膜组件

螺旋卷式膜组件也是采用平板膜,其结构与螺旋板式换热器类似,如图9-15所示。它是由中间为多孔支撑板、两侧是膜的"膜袋"装配而成,膜袋的三个边黏封,另一边与一根多孔中心管连接。组装时在膜袋上铺一层网状材料(隔网),绕中心管卷成柱状再放入压力容器内。原料进入组件后,在隔网中的流道沿平行于中心管方向流动,而透过物进入膜袋后旋转着沿螺旋方向流动,最后汇集在中心收集管中再排出。螺旋卷式膜组件结构紧凑,装填密度可达$830 \sim 1\,660 \ \text{m}^2/\text{m}^3$。缺点是制作工艺复杂,膜清洗困难。

管式膜组件是把膜和支撑体均制成管状,使二者组合,或者将膜直接刮制在支撑管的内侧或外侧,将数根膜管(直径$10 \sim 20 \ \text{mm}$)组装在一起就构成了管式膜组件,与列管式换热器相类似。若膜刮在支撑管内侧,则为内压型,原料在管内流动,如图9-16所示;若膜刮在支撑管外侧,则为外压型,原料在管外流动。管式膜组件的结构简单,安装、操作方便,流动状态好,但装填密度较小,为$33 \sim 330 \ \text{m}^2/\text{m}^3$。

将膜材料制成外径为$80 \sim 400 \ \mu\text{m}$、内径为$40 \sim 100 \ \mu\text{m}$的空心管,即为中空纤维膜。将大量的中空纤维一端封死,另一端用环氧树脂浇注成管板,装在圆筒形压力容器中,就构成了中空纤维膜组件,也形如列管式换热器,如图9-17所示。大多数膜组件采用外压式,即高压原料在中空纤维膜外侧流过,透过物则进入中空纤维膜内侧。中空纤维膜组件装填密度极大($10\,000 \sim 30\,000 \ \text{m}^2/\text{m}^3$),且不需外加支撑材料;但膜易堵塞,清洗不容易。

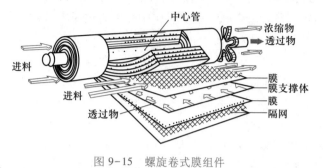

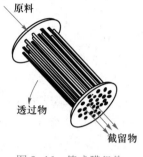

图 9-15　螺旋卷式膜组件

图 9-16　管式膜组件

9-3-3　反渗透

一、溶液渗透压

能够让溶液中一种或几种组分通过而其它组分不能通过的选择性膜称为**半透膜**。当把溶剂和溶液（或两种不同浓度的溶液）分别置于半透膜的两侧时，纯溶剂将透过膜而自发地向溶液（或从低浓度溶液向高浓度溶液）一侧流动，这种现象称为**渗透**。当溶液的液位升高到所产生的压差恰好抵消溶剂向溶液方向流动的趋势，渗透过程达到平衡，此压差称为该溶液的**渗透压**，以 Π 表示。若在溶液侧施加一个大于渗透压的压差 Δp 时，则溶剂将从溶液侧向溶剂侧反向流动，此过程称为**反渗透**，如图 9-18 所示。这样，可利用反渗透过程从溶液中获得纯溶剂。

二、反渗透膜与应用

反渗透膜多为不对称膜或复合膜，图 9-19 所示的是一种典型的反渗透复合膜的结构图。反渗透膜的致密皮层几乎无孔，因此可以截留大多数溶质（包括离

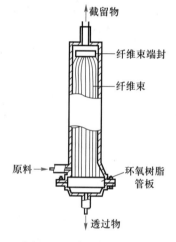

图 9-17　中空纤维膜组件

子）而使溶剂通过。反渗透操作压力较高，一般为 2 ~ 10 MPa。大规模应用时，多采用卷式膜组件和中空纤维膜组件。

评价反渗透膜性能的主要参数为透过速率（透水率）与截留率（脱盐率）。此外，在高压下操作对膜产生压实作用，造成透水率下降，因此抗压实性也是反渗透膜性能的一个重要指标。

反渗透是一种节能技术，过程中无相变，一般不需加热，工艺过程简单，能耗低，操作和控制容易，应用范围广泛。其主要应用领域有海水和苦咸水的淡化，纯水和超纯水制备，工业用水处理，饮用水净化，医药、化工和食品等工业料液处理和浓缩，以及废水处理等。

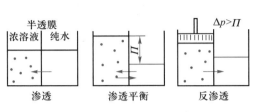

图 9-18 渗透与反渗透示意图

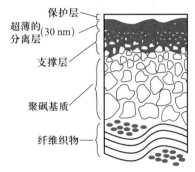

图 9-19 PEC-1 000 复合膜的断面放大结构图

9-3-4 超滤与微滤

一、基本原理

超滤与微滤都是在压差作用下根据膜孔径的大小进行筛分的分离过程,其基本原理如图 9-20 所示。在一定压差作用下,当含有高分子溶质 A 和低分子 B 的混合溶液流过膜表面时,溶剂和小于膜孔的低分子溶质(如无机盐类)透过膜,作为透过液被收集起来,而大于膜孔的高分子溶质(如有机胶体等)则被截留,作为浓缩液被回收,从而达到溶液的净化、分离和浓缩的目的。通常,能截留分子量 500 以上、10^6 以下分子的膜分离过程称为**超滤**;截留更大分子(通常称为分散粒子)的膜分离过程称为**微滤**。

实际上,反渗透操作也是基于同样的原理,只不过截留的是分子更小的无机盐类,由于溶质的相对分子质量小,渗透压较高,因此必须施加高压才能使溶剂通过,如前所述,反渗透操作压

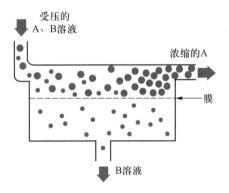

图 9-20 超滤与微滤原理示意图

差为 2~10 MPa。而对于高分子溶液而言,即使溶液的浓度较高,但渗透压较低,操作也可在较低的压力下进行。通常,超滤操作的压差为 0.3~1.0 MPa,微滤操作的压差为 0.1~0.3 MPa。

二、超滤膜与微滤膜

微滤和超滤中使用的膜都是多孔膜。超滤膜多数为非对称结构,膜孔径范围为 1 nm~0.05 μm,系由一极薄具有一定孔径的表皮层和一层较厚具有海绵状和指孔状结构的多孔层组成,前者起分离作用,后者起支撑作用。微滤膜有对称和非对称两种结构,孔径范围为 0.05~10 μm。图 9-21 所示的是超滤膜与微滤膜的扫描电镜图片。

表征超滤膜性能的主要参数有透过速率和截留分子量及截留率,而更多的是用截留分子量表征其分离能力。表征微滤膜性能的参数主要是透过速率、膜孔径和空隙率,其中膜孔径反映微滤膜的截留能力,可通过电子显微镜扫描法或泡压法、压汞法等方法测定。孔隙率是指单位膜面积上孔面积所占的比例。

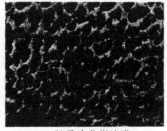
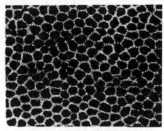

(a) 不对称聚合物超滤膜　　　　　　(b) 聚合物微滤膜　　　　　　(c) 陶瓷微滤膜

图 9-21　超滤膜与微滤膜结构

三、浓差极化与膜污染

对于压力推动的膜过程,无论是反渗透,还是超滤与微滤,在操作中都存在浓差极化现象。在操作过程中,由于膜的选择透过性,被截留组分在膜料液侧表面都会积累形成浓度边界层,其浓度大大高于料液的主体浓度,在膜表面与主体料液之间浓度差的作用下,将导致溶质从膜表面向主体的反向扩散,这种现象称为**浓差极化**。浓差极化使得膜面处浓度增加,加大了渗透压,在一定压差下使溶剂的透过速率下降,同时界面浓度的增加又使溶质的透过速率提高,使截留率下降。

膜污染是指料液中的某些组分在膜表面或膜孔中沉积导致膜透过速率下降的现象。组分在膜表面沉积形成的污染层将产生额外的阻力,该阻力可能远大于膜本身的阻力而成为过滤的主要阻力;组分在膜孔中的沉积,将造成膜孔减小甚至堵塞,实际上减小了膜的有效面积。膜污染主要发生在超滤与微滤过程中。

浓差极化与膜污染均使膜透过速率下降,是操作过程的不利因素,应设法降低。减轻浓差极化与膜污染的途径主要有:

（1）对原料液进行预处理,除去料液中的大颗粒;

（2）增加料液的流速或在组件中加内插件以增加湍动程度,减薄边界层厚度;

（3）定期对膜进行反冲和清洗。

四、应用

超滤主要适用于大分子溶液的分离与浓缩,广泛应用在食品、医药、工业废水处理、超纯水制备及生物技术工业,包括牛奶的浓缩、果汁的澄清、医药产品的除菌、电泳涂漆废水的处理、各种酶的提取等。微滤是所有膜过程中应用最普遍的一项技术,主要用于细菌、微粒的去除,广泛应用在食品和制药行业中饮料和制药产品的除菌和净化,半导体工业超纯水制备过程中颗粒的去除,生物技术领域发酵液中生物制品的浓缩与分离等。

9-3-5　气体分离

一、基本原理

气体膜分离是在膜两侧压差的作用下,利用气体混合物中各组分在膜中渗透速率的差异而实现分离的过程,其中渗透快的组分在渗透侧富集,相应渗透慢的组分则在原料侧富集,气体分离流程示意图如图 9-22 所示。

气体分离膜可分为多孔膜和无孔(均质)膜两种。在实际应用中,多采用均质膜。气体在均质膜中的传递靠溶解-扩散作用,其传递过程由三步组成:① 气体在膜上游表面吸附溶解;② 气体在膜两侧分压差的作用下扩散通过膜;③ 在膜下游表面脱附。此时渗透速率主要取决于气体在膜中的溶解度和扩散系数。

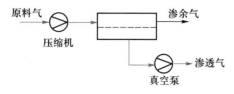

图 9-22　气体分离过程示意图

评价气体分离膜性能的主要参数是渗透系数和分离因数。分离因数反映膜对气体各组分透过的选择性,定义式同式(9-3)。渗透系数表示气体通过膜的难易程度,定义为

$$P = \frac{V\delta}{At\Delta p} \qquad (9-4)$$

式中：P——渗透系数,$m^2/(s \cdot Pa)$;

$\qquad V$——气体渗透量,m^3;

$\qquad \delta$——膜厚,m;

$\qquad \Delta p$——膜两侧的压差,Pa;

$\qquad A$——膜面积,m^2;

$\qquad t$——时间,s。

二、应用

气体膜分离的主要应用如下:

(1) H_2 的分离回收　主要有合成氨尾气中 H_2 的回收、炼油工业尾气中 H_2 的回收等,是当前气体分离应用最广的领域。

(2) 空气分离　利用膜分离技术可以得到富氧空气和富氮空气,富氧空气可用于高温燃烧节能、家用医疗保健等方面;富氮空气可用于食品保鲜、惰性气氛保护等方面。

(3) 气体脱湿　如天然气脱湿、压缩空气脱湿、工业气体脱湿等。

思 考 题

1. 吸附分离过程的依据是什么?
2. 吸附分离过程有哪些方面的应用?
3. 工业上常用的吸附剂有哪些? 各自的特点是什么?
4. 吸附过程包括哪些步骤?
5. 有哪几种吸附操作? 所用吸附设备的特点是什么?
6. 什么是膜分离过程? 膜分离有哪些特点?
7. 膜组件有哪些型式? 各有哪些特点?
8. 简述气体膜分离的基本原理与膜性能评价指标。

本章符号说明

拉丁文:

A——膜面积,m^2;

J——透过速率,$m^3/(m^2 \cdot h)$ 或 $kg/(m^2 \cdot h)$;

Δp——压差,Pa;

R——截留率;

t——时间,s 或 h;

V——透过组分的体积或质量,m^3 或 kg;

x——吸附质在吸附相中的摩尔分数；

x_A , x_B——原料中组分 A 与组分 B 的摩尔分数；

y——吸附质在气相中的摩尔分数；

y_A , y_B——透过物中组分 A 与组分 B 的摩尔分数。

希文：

α——吸附分离系数、分离因数；

δ——膜厚，m；

Π——渗透压，Pa；

ρ_F——原料中溶质的质量浓度，kg/m^3；

ρ_P——渗透物中溶质的质量浓度，kg/m^3。

参 考 文 献

[1] 时钧,汪家鼎,余国琮,等.化学工程手册:上卷.2 版.北京:化学工业出版社,1996.

[2] 袁一.化学工程师手册.北京:机械工业出版社,1999.

[3] 贾绍义.化工传质与分离过程.北京:化学工业出版社,2001.

[4] 丁绪淮,谈道.工业结晶.北京:化学工业出版社,1985.

[5] Doshi. AIChE J., Symposium series 67,117.

[6] 河添,川井.化学工程,1973,3:37.

[7] Giles C H. J Chem Soc. 1960;3973.

[8] Chu J C. Chem Eng Prog. 1953,49:141.

[9] Carson D B. Petroleum Refiner,1959.34(4):130.

[10] 叶振华.化工吸附分离过程.北京:中国石化出版社,1992.

[11] 蒋维钧.新型传质分离技术.北京:化学工业出版社,1997.

[12] 北川浩铃木谦一郎.吸附的基础与设计.鹿政理,译.北京:化学工业出版社,1983.

[13] 陈敏恒,丛德滋,方图南,等.化工原理:下册.4 版.北京:化学工业出版社,2015.

[14] 郑领英,王学松.膜技术.北京:化学工业出版社,2000.

[15] Mulder M.膜技术基本原理.李琳,译.北京:清华大学出版社,1999.

[16] 刘茉娥.膜分离技术.北京:化学工业出版社,1998.

[17] 时钧.膜技术手册.北京:化学工业出版社,2001.

[18] 高以烜,叶凌碧.膜分离技术基础.北京:科学出版社,1989.

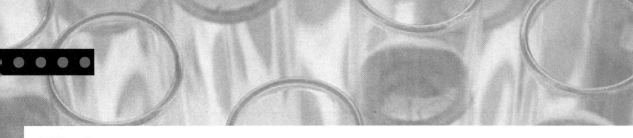

附录

I . 某些气体的重要物理性质

名称	分子式	密度 (0℃， 101.3 kPa) kg/m³	比热容 kJ/ (kg·℃)	黏度 10⁻⁵ Pa·s	沸点 (101.3 kPa) ℃	相变焓 kJ/kg	临界点		热导率 W/ (m·℃)
							温度 ℃	压力 kPa	
空气		1.293	1.009	1.73	−195	197	−140.7	3 768.4	0.024 4
氧	O₂	1.429	0.653	2.03	−132.98	213	−118.82	5 036.6	0.024 0
氮	N₂	1.251	0.745	1.70	−195.78	199.2	−147.13	3 392.5	0.022 8
氢	H₂	0.089 9	10.13	0.842	−252.75	454.2	−239.9	1 296.6	0.163
氦	He	0.178 5	3.18	1.88	−268.95	19.5	−267.96	228.94	0.144
氩	Ar	1.782 0	0.322	2.09	−185.87	163	−122.44	4 862.4	0.017 3
氯	Cl₂	3.217	0.355	1.29(16℃)	−33.8	305	+144.0	7 708.9	0.007 2
氨	NH₃	0.771	0.67	0.918	−33.4	1 373	+132.4	11 295	0.021 5
一氧化碳	CO	1.250	0.754	1.66	−191.48	211	−140.2	3 497.9	0.022 6
二氧化碳	CO₂	1.976	0.653	1.37	−78.2	574	+31.1	7 384.8	0.013 7
硫化氢	H₂S	1.539	0.804	1.166	−60.2	548	+100.4	19 136	0.013 1
甲烷	CH₄	0.717	1.70	1.03	−161.58	511	−82.15	4 619.3	0.030 0
乙烷	C₂H₆	1.357	1.44	0.850	−88.5	486	+32.1	4 948.5	0.018 0
丙烷	C₃H₈	2.020	1.65	0.795(18℃)	−42.1	427	+95.6	4 355.0	0.014 8
正丁烷	C₄H₁₀	2.673	1.73	0.810	−0.5	386	+152	3 798.8	0.013 5
正戊烷	C₅H₁₂	—	1.57	0.874	−36.08	151	+197.1	3 342.9	0.012 8
乙烯	C₂H₄	1.261	1.222	0.935	+103.7	481	+9.7	5 135.9	0.016 4
丙烯	C₃H₆	1.914	2.436	0.835(20℃)	−47.7	440	+91.4	4 599.0	—
乙炔	C₂H₂	1.171	1.352	0.935	−83.66 (升华)	829	+35.7	6 240.0	0.018 4
氯甲烷	CH₃Cl	2.303	0.582	0.989	−24.1	406	+148	6 685.8	0.008 5
苯	C₆H₆	—	1.139	0.72	+80.2	394	+288.5	4 832.0	0.008 8
二氧化硫	SO₂	2.927	0.502	1.17	−10.8	394	+157.5	7 879.1	0.007 7
二氧化氮	NO₂	—	0.315	—	+21.2	712	+158.2	10 130	0.040 0

Ⅱ. 某些液体的重要物理性质

名称	分子式	密度 (20 ℃) kg/m³	沸点 (101.3 kPa) ℃	相变焓 kJ/kg	比热容 (20 ℃) kJ/(kg·℃)	黏度 (20 ℃) mPa·s	热导率 (20 ℃) W/(m·℃)	体积膨胀系数 (20 ℃) 10⁻⁴℃⁻¹	表面张力 (20 ℃) 10⁻³ N/m
水	H_2O	998	100	2 258	4.183	1.005	0.599	1.82	72.8
氢化钠盐水(25%)	—	1 186 (25 ℃)	107	—	3.39	2.3	0.57 (30 ℃)	(4.4)	
氧化钙盐水(25 ℃)	—	1 228	107	—	2.89	2.5	0.57	(3.4)	
硫酸	H_2SO_4	1 851	340 (分解)	—	1.47(98%)		0.38	5.7	
硝酸	HNO_3	1 513	86	481.1		1.17 (10 ℃)			
盐酸(30%)	HCl	1 149			2.55	2(31.5%)	0.42		
二硫化碳	CS_2	1 262	46.3	352	1.005	0.38	0.16	12.1	32
戊烷	C_5H_{12}	626	36.07	357.4	2.24 (15.6 ℃)	0.229	0.113	15.9	16.2
己烷	C_6H_{14}	659	68.74	335.1	2.31 (15.6 ℃)	0.313	0.119		18.2
庚烷	C_7H_{16}	684	98.43	316.5	2.21 (15.6 ℃)	0.411	0.123		20.1
辛烷	C_8H_{18}	763	125.67	306.4	2.19 (15.6 ℃)	0.540	0.131		21.3
三氯甲烷	$CHCl_3$	1 489	61.2	253.7	0.992	0.58	0.138 (30 ℃)	12.6	28.5 (10 ℃)
四氯化碳	CCl_4	1 594	76.8	195	0.850	1.0	0.12		26.8
1,2-二氯乙烷	$C_2H_4Cl_2$	1 253	83.6	324	1.260	0.83	0.14 (60 ℃)		30.8
苯	C_6H_6	879	80.10	393.9	1.704	0.737	0.148	12.4	28.6
甲苯	C_7H_8	867	110.63	363	1.70	0.675	0.138	10.9	27.9
邻二甲苯	C_8H_{10}	880	144.42	347	1.74	0.811	0.142		30.2
间二甲苯	C_8H_{10}	864	139.10	343	1.70	0.611	0.167	10.1	29.0
对二甲苯	C_8H_{10}	861	138.35	340	1.704	0.643	0.129		28.0
苯乙烯	C_8H_8	911 (15.6 ℃)	145.2	352	1.733	0.72			
氯苯	C_6H_5Cl	1 106	131.8	325	1.298	0.85	1.14 (30 ℃)		32
硝基苯	$C_6H_5NO_2$	1 203	210.9	396	1.47	2.1	0.15		41
苯胺	$C_6H_5NH_2$	1 022	184.4	448	2.07	4.3	0.17	8.5	42.9
酚	C_6H_5OH	1 050 (50 ℃)	181.8 (熔点 40.9 ℃)	511		3.4 (50 ℃)			

名称	分子式	密度 (20℃) kg/m^3	沸点 (101.3 kPa) ℃	相变焓 kJ/kg	比热容 (20℃) kJ/(kg·℃)	黏度 (20℃) mPa·s	热导率 (20℃) W/(m·℃)	体积膨胀系数 (20℃) $10^{-4}℃^{-1}$	表面张力 (20℃) 10^{-3} N/m
萘	$C_{10}H_8$	1 145 (固体)	217.9 (熔点 80.2℃)	314	1.80 (100℃)	0.59 (100℃)			
甲醇	CH_3OH	791	64.7	1 101	2.48	0.6	0.212	12.2	22.6
乙醇	C_2H_5OH	789	78.3	846	2.39	1.15	0.172	11.6	22.8
乙醇 (95%)		804	78.2			1.4			
乙二醇	$C_2H_4(OH)_2$	1 113	197.6	780	2.35	23			47.7
甘油	$C_3H_5(OH)_3$	1 261	290 (分解)	–		1 499	0.59	5.3	63
乙醚	$(C_2H_5)_2O$	714	34.6	360	2.34	0.24	0.14	16.3	8
乙醛	CH_3CHO	783(18℃)	20.2	574	1.9	1.3 (18℃)			21.2
糠醛	$C_5H_4O_2$	1 168	161.7	452	1.6	1.15 (50℃)			43.5
丙酮	CH_3COCH_3	792	56.2	523	2.35	0.32	0.17		23.7
甲酸	$HCOOH$	1 220	100.7	494	2.17	1.9	0.26		27.8
醋酸	CH_3COOH	1 049	118.1	406	1.99	1.3	0.17	10.7	23.9
醋酸乙酯	$CH_3COOC_2H_5$	901	77.1	368	1.92	0.48	0.14 (10℃)		
煤油		780~820				3	0.15	10.0	
汽油		680~800				0.7~0.8	0.19 (30℃)	12.5	

Ⅲ. 干空气的物理性质(101.3 kPa)

温度 ℃	密度 kg/m^3	比热容 kJ/(kg·℃)	热导率 10^{-2} W/(m·K)	黏度 10^{-5} Pa·s	普朗特数 Pr
−50	1.584	1.013	2.035	1.46	0.728
−40	1.515	1.013	2.117	1.52	0.728
−30	1.453	1.013	2.198	1.57	0.723
−20	1.395	1.009	2.279	1.62	0.716
−10	1.342	1.009	2.360	1.67	0.712
0	1.293	1.005	2.442	1.72	0.707
10	1.247	1.005	2.512	1.77	0.705
20	1.205	1.005	2.593	1.81	0.703
30	1.165	1.005	2.675	1.86	0.701
40	1.128	1.005	2.756	1.91	0.699
50	1.093	1.005	2.826	1.96	0.698
60	1.060	1.005	2.896	2.01	0.696

温度 ℃	密度 kg/m³	比热容 kJ/(kg·℃)	热导率 10^{-2} W/(m·K)	黏度 10^{-5} Pa·s	普朗特数 Pr
70	1.029	1.009	2.966	2.06	0.694
80	1.000	1.009	3.047	2.11	0.692
90	0.972	1.009	3.128	2.15	0.690
100	0.946	1.009	3.210	2.19	0.688
120	0.898	1.009	3.338	2.29	0.686
140	0.854	1.013	3.489	2.37	0.684
160	0.815	1.017	3.640	2.45	0.682
180	0.779	1.022	3.780	2.53	0.681
200	0.746	1.026	3.931	2.60	0.680
250	0.674	1.038	4.288	2.74	0.677
300	0.615	1.048	4.605	2.97	0.674
350	0.566	1.059	4.908	3.14	0.676
400	0.524	1.068	5.210	3.31	0.678
500	0.456	1.093	5.745	3.62	0.687
600	0.404	1.114	6.222	3.91	0.699
700	0.362	1.135	6.711	4.18	0.706
800	0.329	1.156	7.176	4.43	0.713
900	0.301	1.172	7.630	4.67	0.717
1 000	0.277	1.185	8.041	4.90	0.719
1 100	0.257	1.197	8.502	5.12	0.722
1 200	0.239	1.206	9.153	5.35	0.724

Ⅳ. 水及蒸汽的物理性质

1. 水的物理性质

温度 ℃	饱和蒸气压 kPa	密度 kg/m³	焓 kJ/kg	比热容 kJ/(kg·℃)	热导率 10^{-2} W/(m·K)	黏度 10^{-5} Pa·s	体积膨胀系数 10^{-4}℃$^{-1}$	表面张力 10^{-3} N/m	普朗特数 Pr
0	0.608 2	999.9	0	4.212	55.13	179.21	-0.63	75.6	13.66
10	1.226 2	999.7	42.04	4.191	57.45	130.77	+0.70	74.1	9.52
20	2.334 6	998.2	83.90	4.183	59.89	100.50	1.82	72.6	7.01
30	4.247 4	995.7	125.69	4.174	61.76	80.07	3.21	71.2	5.42
40	7.376 6	992.2	167.51	4.174	63.38	65.60	3.87	69.6	4.32
50	12.34	988.1	209.30	4.174	64.78	54.94	4.49	67.7	3.54
60	19.923	983.2	251.12	4.178	65.94	46.88	5.11	66.2	2.98
70	31.164	977.8	292.99	4.187	66.76	40.61	5.70	64.3	2.54
80	47.379	971.8	334.94	4.195	67.45	35.65	6.32	62.6	2.22
90	70.136	965.3	376.98	4.208	68.04	31.65	6.95	60.7	1.96
100	101.33	958.4	419.10	4.220	68.27	28.38	7.52	58.8	1.76
110	143.31	951.0	461.34	4.238	68.50	25.89	8.08	56.9	1.61
120	198.64	943.1	503.67	4.260	68.62	23.73	8.64	54.8	1.47
130	270.25	934.8	546.38	4.266	68.62	21.77	9.17	52.8	1.36
140	361.47	926.1	589.08	4.287	68.50	20.10	9.72	50.7	1.26
150	476.24	917.0	632.20	4.312	68.38	18.63	10.3	48.6	1.18
160	618.28	907.4	675.33	4.346	68.27	17.36	10.7	46.6	1.11
170	792.59	897.3	719.29	4.379	67.92	16.28	11.3	45.3	1.05
180	1 003.5	886.9	763.25	4.417	67.45	15.30	11.9	42.3	1.00
190	1 255.6	876.0	807.63	4.460	66.99	14.42	12.6	40.0	0.96

温度 /℃	饱和蒸气压 /kPa	密度 /kg/m³	焓 /kJ/kg	比热容 /kJ/(kg·℃)	热导率 /10⁻²W/(m·K)	黏度 /10⁻⁵Pa·s	体积膨胀系数 /10⁻⁴℃⁻¹	表面张力 /10⁻³N/m	普朗特数 Pr
200	1 554.77	863.0	852.43	4.505	66.29	13.63	13.3	37.7	0.93
210	1 917.72	852.8	897.65	4.555	65.48	13.04	14.1	35.4	0.91
220	2 320.88	840.3	943.70	4.614	64.55	12.46	14.8	33.1	0.89
230	2 798.59	827.3	990.18	4.681	63.73	11.97	15.9	31	0.88
240	3 347.91	813.6	1 037.49	4.756	62.80	11.47	16.8	28.5	0.87
250	3 977.67	799.0	1 085.64	4.844	61.76	10.98	18.1	26.2	0.86
260	4 693.75	784.0	1 135.04	4.949	60.48	10.59	19.7	23.8	0.87
270	5 503.99	767.9	1 185.28	5.070	59.96	10.20	21.6	21.5	0.88
280	6 417.24	750.7	1 236.28	5.229	57.45	9.81	23.7	19.1	0.89
290	7 443.29	732.3	1 289.95	5.485	55.82	9.42	26.2	16.9	0.93
300	8 592.94	712.5	1 344.80	5.736	53.96	9.12	29.2	14.4	0.97
310	9 877.6	691.1	1 402.16	6.071	52.34	8.83	32.9	12.1	1.02
320	11 300.3	667.1	1 462.03	6.573	50.59	8.3	38.2	9.81	1.11
330	12 879.6	640.2	1 526.19	7.243	48.73	8.14	43.3	7.67	1.22
340	14 615.8	610.1	1 594.75	8.164	45.71	7.75	53.4	5.67	1.38
350	16 538.5	574.4	1 671.37	9.504	43.03	7.26	66.8	3.81	1.60
360	18 667.1	528.0	1 761.39	13.984	39.54	6.67	109	2.02	2.36
370	21 040.9	450.5	1 892.43	40.319	33.73	5.69	264	0.471	6.80

2. 水在不同温度下的黏度

温度/℃	黏度/(mPa·s)	温度/℃	黏度/(mPa·s)	温度/℃	黏度/(mPa·s)
0	1.792 1	19	1.029 9	36	0.708 5
1	1.731 3			37	0.694 7
2	1.672 8	20	1.005 0	38	0.681 4
3	1.619 1	20.2	1.000 0		
4	1.567 4	21	0.981 0	39	0.668 5
		22	0.957 9	40	0.656 0
5	1.518 8	23	0.935 8	41	0.643 9
6	1.472 8			42	0.632 1
7	1.428 4	24	0.914 2	43	0.620 7
8	1.386 0	25	0.893 7		
9	1.346 2	26	0.873 7	44	0.609 7
		27	0.854 5	45	0.598 8
10	1.307 7	28	0.836 0	46	0.588 3
11	1.271 3			47	0.578 2
12	1.236 3	29	0.818 0	48	0.568 3
13	1.202 8	30	0.800 7		
14	1.170 9	31	0.784 0	49	0.558 8
		32	0.767 9	50	0.549 4
15	1.140 4	33	0.752 3	51	0.540 4
16	1.111 1			52	0.531 5
17	1.082 8	34	0.737 1	53	0.522 9
18	1.055 9	35	0.722 5		

温度/℃	黏度/(mPa·s)	温度/℃	黏度/(mPa·s)	温度/℃	黏度/(mPa·s)
54	0.514 6	70	0.406 1	86	0.331 5
55	0.506 4	71	0.400 6	87	0.327 6
56	0.498 5	72	0.395 2	88	0.323 9
57	0.490 7	73	0.390 0		
58	0.483 2			89	0.320 2
		74	0.384 9	90	0.316 5
59	0.475 9	75	0.379 9	91	0.313 0
60	0.468 8	76	0.375 0	92	0.309 5
61	0.461 8	77	0.370 2	93	0.306 0
62	0.455 0	78	0.365 5		
63	0.448 3			94	0.302 7
		79	0.361 0	95	0.299 4
64	0.441 8	80	0.356 5	96	0.296 2
65	0.435 5	81	0.352 1	97	0.293 0
66	0.429 3	82	0.347 8	98	0.289 9
67	0.423 3	83	0.343 6		
68	0.417 4			99	0.286 8
		84	0.339 5	100	0.283 8
69	0.411 7	85	0.335 5		

3. 饱和水蒸气表(按温度排列)

温度/℃	绝对压力/kPa	蒸汽密度/(kg·m⁻³)	焓/(kJ·kg⁻¹)		相变焓/(kJ·kg⁻¹)
			液体	蒸汽	
0	0.608 2	0.004 84	0	2 491	2 491
5	0.873 0	0.006 80	20.9	2 500.8	2 480
10	1.226	0.009 40	41.9	2 510.4	2 469
15	1.707	0.012 83	62.8	2 520.5	2 458
20	2.335	0.017 19	83.7	2 530.1	2 446
25	3.168	0.023 04	104.7	2 539.7	2 435
30	4.247	0.030 36	125.6	2 549.3	2 424
35	5.621	0.039 60	146.5	2 559.0	2 412
40	7.377	0.051 14	167.5	2 568.6	2 401
45	9.584	0.065 43	188.4	2 577.8	2 389
50	12.34	0.083 0	209.3	2 587.4	2 378
55	15.74	0.104 3	230.3	2 596.7	2 366
60	19.92	0.130 1	251.2	2 606.3	2 355
65	25.01	0.161 1	272.1	2 615.5	2 343
70	31.16	0.197 9	293.1	2 624.3	2 331
75	38.55	0.241 6	314.0	2 633.5	2 320
80	47.38	0.292 9	334.9	2 642.3	2 307
85	57.88	0.353 1	355.9	2 651.1	2 295
90	70.14	0.422 9	376.8	2 659.9	2 283
95	84.56	0.503 9	397.8	2 668.7	2 271

温度/℃	绝对压力/kPa	蒸汽密度/(kg·m⁻³)	焓/(kJ·kg⁻¹) 液体	焓/(kJ·kg⁻¹) 蒸汽	相变焓/(kJ·kg⁻¹)
100	101.33	0.597 0	418.7	2 677.0	2 258
105	120.85	0.703 6	440.0	2 685.0	2 245
110	143.31	0.825 4	461.0	2 693.4	2 232
115	169.11	0.963 5	482.3	2 701.3	2 219
120	198.64	1.119 9	503.7	2 708.9	2 205
125	232.19	1.296	525.0	2 716.4	2 191
130	270.25	1.494	546.4	2 723.9	2 178
135	313.11	1.715	567.7	2 731.0	2 163
140	361.47	1.962	589.1	2 737.7	2 149
145	415.72	2.238	610.9	2 744.4	2 134
150	476.24	2.543	632.2	2 750.7	2 119
160	618.28	3.252	675.8	2 762.9	2 087
170	792.59	4.113	719.3	2 773.3	2 054
180	1 003.5	5.145	763.3	2 782.5	2 019
190	1 255.6	6.378	807.6	2 790.1	1 982
200	1 554.8	7.840	852.0	2 795.5	1 944
210	1 917.7	9.567	897.2	2 799.3	1 902
220	2 320.9	11.60	942.4	2 801.0	1 859
230	2 798.6	13.98	988.5	2 800.1	1 812
240	3 347.9	16.76	1 034.6	2 796.8	1 762
250	3 977.7	20.01	1 081.4	2 790.1	1 709
260	4 693.8	23.82	1 128.8	2 780.9	1 652
270	5 504.0	28.27	1 176.9	2 768.3	1 591
280	6 417.2	33.47	1 225.5	2 752.0	1 526
290	7 443.3	39.60	1 274.5	2 732.3	1 457
300	8 592.9	46.93	1 325.5	2 708.0	1 382

379

4. 饱和水蒸气表(按压力排列)

绝对压力 kPa	温度 ℃	蒸汽密度 kg/m³	焓/(kJ·kg⁻¹) 液体	焓/(kJ·kg⁻¹) 蒸汽	相变焓 kJ/kg
1.0	6.3	0.007 73	26.5	2 503.1	2 477
1.5	12.5	0.011 33	52.3	2 515.3	2 463
2.0	17.0	0.014 86	71.2	2 524.2	2 453
2.5	20.9	0.018 36	87.5	2 531.8	2 444
3.0	23.5	0.021 79	98.4	2 536.8	2 438
3.5	26.1	0.025 23	109.3	2 541.8	2 433
4.0	28.7	0.028 67	120.2	2 546.8	2 427
4.5	30.8	0.032 05	129.0	2 550.9	2 422
5.0	32.4	0.035 37	135.7	2 554.0	2 418
6.0	35.6	0.042 00	149.1	2 560.1	2 411
7.0	38.8	0.048 64	162.4	2 566.3	2 404

绝对压力 kPa	温度 ℃	蒸汽密度 kg/m³	焓/(kJ·kg⁻¹)		相变焓 kJ/kg
			液体	蒸汽	
8.0	41.3	0.055 14	172.7	2 571.0	2 398
9.0	43.3	0.061 56	181.2	2 574.8	2 394
10.0	45.3	0.067 98	189.6	2 578.5	2 389
15.0	53.5	0.099 56	224.0	2 594.0	2 370
20.0	60.1	0.130 7	251.5	2 606.4	2 355
30.0	66.5	0.190 9	288.8	2 622.4	2 334
40.0	75.0	0.249 8	315.9	2 634.1	2 312
50.0	81.2	0.308 0	339.8	2 644.3	2 304
60.0	85.6	0.365 1	358.2	2 652.1	2 294
70.0	89.9	0.422 3	376.6	2 659.8	2 283
80.0	93.2	0.478 1	39.01	2 665.3	2 275
90.0	96.4	0.533 8	403.5	2 670.8	2 267
100.0	99.6	0.589 6	416.9	2 676.3	2 259
120.0	104.5	0.698 7	437.5	2 684.3	2 247
140.0	109.2	0.807 6	457.7	2 692.1	2 234
160.0	113.0	0.829 8	473.9	2 698.1	2 224
180.0	116.6	1.021	489.3	2 703.7	2 214
200.0	120.2	1.127	493.7	2 709.2	2 205
250.0	127.2	1.390	534.4	2 719.7	2 185
300.0	133.3	1.650	560.4	2 728.5	2 168
350.0	138.8	1.907	583.8	2 736.1	2 152
400.0	143.4	2.162	603.6	2 742.1	2 138
450.0	147.7	2.415	622.4	2 747.8	2 125
500.0	151.7	2.667	639.6	2 752.8	2 113
600.0	158.7	3.169	676.2	2 761.4	2 091
700.0	164.7	3.666	696.3	2 767.8	2 072
800.0	170.4	4.161	721.0	2 773.7	2 053
900.0	175.1	4.652	741.8	2 778.1	2 036
1×10³	179.9	5.143	762.7	2 782.5	2 020
1.1×10³	180.2	5.633	780.3	2 785.5	2 005
1.2×10³	187.8	6.124	797.9	2 788.5	1 991
1.3×10³	191.5	6.614	814.2	2 790.9	1 977
1.4×10³	194.8	7.103	829.1	2 792.4	1 964
1.5×10³	198.2	7.594	843.9	2 794.5	1 951
1.6×10³	201.3	8.081	857.8	2 796.0	1 938
1.7×10³	204.1	8.567	870.6	2 797.1	1 926
1.8×10³	206.9	9.053	883.4	2 798.1	1 915
1.9×10³	209.8	9.539	896.2	2 799.2	1 903
2×10³	212.2	10.03	907.3	2 799.7	1 892
3×10³	233.7	15.01	1 005.4	2 798.9	1 794
4×10³	250.3	20.10	1 082.9	2 789.8	1 707
5×10³	263.8	25.37	1 146.9	2 776.2	1 629

380

绝对压力 kPa	温度 ℃	蒸汽密度 kg/m³	焓/(kJ·kg⁻¹)		相变焓 kJ/kg
			液体	蒸汽	
6×10^3	275. 4	30. 85	1 203. 2	2 759. 5	1 556
7×10^3	285. 7	36. 57	1 253. 2	2 740. 8	1 488
8×10^3	294. 8	42. 58	1 299. 2	2 720. 5	1 404
9×10^3	303. 2	48. 89	1 343. 5	2 699. 1	1 357

V. 固体热导率

1. 常用金属材料的热导率

名称	热导率/[W·(m·K)⁻¹]				
	0 ℃	100 ℃	200 ℃	300 ℃	400 ℃
铝	228	228	228	228	228
铜	384	379	372	367	363
铁	73. 3	67. 5	61. 6	54. 7	48. 9
铅	35. 1	33. 4	31. 4	29. 8	—
镍	93. 0	82. 6	73. 3	63. 97	59. 3
银	414	409	373	362	359
碳钢	52. 3	48. 9	44. 2	41. 9	34. 9
不锈钢	16. 3	17. 5	17. 5	18. 5	—

381

2. 常用非金属材料的热导率

名称	温度/℃	热导率 /[W·(m·K)⁻¹]	名称	温度/℃	热导率/ [W·(m·K)⁻¹]
石棉绳	—	0. 10~0. 21	云母	50	0. 430
石棉板	30	0. 10~0. 14	泥土	20	0. 698~0. 930
软木	30	0. 043 0	冰	0	2. 33
玻璃棉	—	0. 034 9~0. 069 8	膨胀珍珠岩散料	25	0. 021~0. 062
保温灰	—	0. 069 8	软橡胶	—	0. 129~0. 159
锯屑	20	0. 046 5~0. 058 2	硬橡胶	0	0. 150
棉花	100	0. 069 8	聚四氟乙烯	—	0. 242
厚纸	20	0. 14~0. 349	泡沫塑料	—	0. 046 5
玻璃	30	1. 09	泡沫玻璃	−15	0. 004 89
	−20	0. 76		−80	0. 003 49
搪瓷	—	0. 87~1. 16	木材(横向)	—	0. 14~0. 175
木材(纵向)	—	0. 384	酚醛加玻璃纤维	—	0. 259
耐火砖	230	0. 872	酚醛加石棉纤维	—	0. 294
	1 200	1. 64	聚碳酸酯	—	0. 191
混凝土	—	1. 28	聚苯乙烯泡沫	25	0. 041 9
绒毛毡	—	0. 046 5		−150	0. 001 74
85%氧化镁粉	0~100	0. 069 8	聚乙烯	—	0. 329
聚氯乙烯	—	0. 116~0. 174	石墨	—	139

VI. 管子规格

1. 低压流体输送用焊接钢管（GB/T 3091—2008）

公称直径/mm	外径/mm	壁厚/mm	
		普通钢管	加厚钢管
6	10.2	2.0	2.5
8	13.5	2.5	2.8
10	17.2	2.5	2.8
15	21.3	2.8	3.5
20	26.9	2.8	3.5
25	33.7	3.2	4.0
32	42.4	3.5	4.0
40	48.3	3.5	4.5
50	60.3	3.8	4.5
65	76.1	4.0	4.5
80	88.9	4.0	5.0
100	114.3	4.0	5.0
125	139.7	4.0	5.5
150	168.3	4.5	6.0

注：表中的公称直径系近似内径的名义尺寸，不表示外径减去两个壁厚所得的内径。

2. 输送流体用无缝钢管（GB/T 8163—2008）（摘录）

外径/mm	壁厚/mm	外径/mm	壁厚/mm
10	0.25~3.5	168	3.5~45
13.5	0.25~4.0	219	6.0~55
17	0.25~5.0	273	6.5~85
21	0.4~6.0	325	7.5~100
27	0.4~7.0	356	9.0~100
34	0.4~8.0	406	9.0~100
42	1.0~10	457	9.0~100
48	1.0~12	508	9.0~110
60	1.0~16	610	9.0~120
76	1.0~20	711	12~120
89	1.4~24	813	20~120
114	1.5~30	914	25~120
140	3.0~36	1 016	25~120

注：壁厚系列有 0.25 mm,0.30 mm,0.40 mm,0.50 mm,0.60 mm,0.80 mm,1.0 mm,1.2 mm,1.4 mm,1.5 mm, 1.6 mm,1.8 mm,2.0 mm,2.2 mm,2.5 mm,2.8 mm,3.0 mm,3.2 mm,3.5 mm,4.0 mm,4.5 mm,5.0 mm,5.5 mm, 6.0 mm,6.5 mm,7.0 mm,7.5 mm,8.0 mm,8.5 mm,9.0 mm,9.5 mm,10 mm,11 mm,12 mm,13 mm,14 mm,15 mm, 16 mm,17 mm,18 mm,19 mm,20 mm,22 mm,24 mm,25 mm,26 mm,28 mm,30 mm,32 mm,34 mm,36 mm,38 mm, 40 mm,42 mm,45 mm,48 mm,50 mm,55 mm,60 mm,65 mm,70 mm,75 mm,80 mm,85 mm,90 mm,95 mm,100 mm, 110 mm,120 mm。

VII. IS 型单级单吸离心泵规格(摘录)

泵型号	流量 m³/h	压头 m	转速 r/min	必需汽蚀余量 m	效率 %	功率/kW 轴功率	功率/kW 电机功率
IS50—32—125	7.5	22		2.0	47	0.96	
	12.5	20	2 900	2.0	60	1.13	2.2
	15	18.5		2.5	60	1.26	
	3.75	5.4		2.0	43	0.13	
	6.3	5	1 450	2.0	54	0.16	0.55
	7.5	4.6		2.5	55	0.17	
IS50—32—160	7.5	34.3		2.0	44	1.59	
	12.5	32	2 900	2.0	54	2.02	3
	15	29.6		2.5	56	2.16	
	3.75	8.5		2.0	35	0.25	
	6.3	8	1 450	2.0	48	0.28	0.55
	7.5	7.5		2.5	49	0.31	
IS50—32—200	7.5	52.5		2.0	38	2.82	
	12.5	50	2 900	2.0	48	3.54	5.5
	15	48		2.5	51	3.84	
	3.75	13.1		2.0	33	0.41	
	6.3	12.5	1 450	2.0	42	0.51	0.75
	7.5	12		2.5	44	0.56	
IS50—32—250	7.5	82		2.0	28.5	5.67	
	12.5	80	2 900	2.0	38	7.16	11
	15	78.5		2.5	41	7.83	
	3.75	20.5		2.0	23	0.91	
	6.3	20	1 450	2.0	32	1.07	1.5
	7.5	19.5		2.5	35	1.14	
IS65—50—125	15	21.8			58	1.54	
	25	20	2 900	2.0	69	1.97	3
	30	18.5			68	2.22	
	7.5						
	12.5	5	1 450	2.0	64	0.27	0.55
	15						
IS65—50—160	15	35		2.0	54	2.65	
	25	32	2 900	2.0	65	3.35	5.5
	30	30		2.5	66	3.71	
	7.5	8.8		2.0	50	0.36	
	12.5	8.0	1 450	2.0	60	0.45	0.75
	15	7.2		2.5	60	0.49	
IS65—40—200	15	63		2.0	40	4.42	
	25	50	2 900	2.0	60	5.67	7.5
	30	47		2.5	61	6.29	
	7.5	13.2		2.0	43	0.63	
	12.5	12.5	1 450	2.0	66	0.77	1.1
	15	11.8		2.5	57	0.85	

泵型号	流量 m³/h	压头 m	转速 r/min	必需汽蚀余量 m	效率 %	功率/kW 轴功率	功率/kW 电机功率
IS65—40—250	15 25 30	80	2 900	2.0	63	10.3	15
IS65—40—315	15	127	2 900	2.5	28	18.5	30
	25	125		2.5	40	21.3	
	30	123		3.0	44	22.8	
IS80—65—125	30	22.5	2 900	3.0	64	2.87	5.5
	50	20		3.0	75	3.63	
	60	18		3.5	74	3.93	
	15	5.6	1 450	2.5	55	0.42	0.75
	25	5		2.5	71	0.48	
	30	4.5		3.0	72	0.51	
IS80—65—160	30	36	2 900	2.5	61	4.82	7.5
	50	32		2.5	73	5.97	
	60	29		3.0	72	6.59	
	15	9	1 450	2.5	66	0.67	1.5
	25	8		2.5	69	0.75	
	30	7.2		3.0	68	0.86	
IS80—50—200	30	53	2 900	2.5	55	7.87	15
	50	50		2.5	69	9.87	
	60	47		3.0	71	10.8	
	15	13.2	1 450	2.5	51	1.06	2.2
	25	12.5		2.5	65	1.31	
	30	11.8		3.0	67	1.44	
IS80—50—250	30	84	2 900	2.5	52	13.2	22
	50	80		2.5	63	17.3	
	60	75		3.0	64	19.2	
IS80—50—315	30	128	2 900	2.5	41	25.5	37
	50	125		2.5	54	31.5	
	60	123		3.0	57	35.3	
IS100—80—125	60	24	2 900	4.0	67	5.86	11
	100	20		4.5	78	7.00	
	120	16.5		5.0	74	7.28	

VIII. 其它资料

1. 黏度　　　2. 液体及气体热导率　　　3. 比热容　　　4. 液体相变焓共线图　　　5. 换热器系列（摘录）

385